JN040285

Google 4
アナリティクス
成果を生み出す 192
分析・改善ワザ

株式会社プリンシプル取締役副社長 木田和廣 & できるシリーズ編集部

インプレス

まえがき

本書で解説するGoogleアナリティクスの最新バージョン「Googleアナリティクス4」、通称「GA4」は、2020年10月に正式版となりました。そして2022年3月には、前バージョンである「ユニバーサルアナリティクス」におけるデータ計測を2023年6月をもって停止すると、Googleが突如アナウンスしています。本書の校正作業をしている2023年3月現在では、多くの企業でGA4への導入が進んでいる、もしくは導入がひとまず完了した、というところではないでしょうか。

GA4は、導入することに限っていえば、それほど難しくはありません。しかし、これまで利用してきたユニバーサルアナリティクスと比較して、仕組みを理解することも、使いこなすことも難しいツールです。

また、ツールとしての性質上、「導入して終わり」ではなく「導入してからが始まり」です。今後数年にわたって、GA4を適切に設定したい、GA4をカスタマイズして追加的なデータを取得したい、GA4の機能をより理解して最大限に活用したい、GA4のデータを定常的に監視するダッシュボードを作成したい……といったニーズが、企業のWeb担当者に生まれることは間違いありません。

本書を手に取っていただいたみなさんも、そのようなニーズをお持ちなのではないでしょうか？
だとすると、今まさに最適な書籍を手にしていることになります。

GA4が、仕組み理解することも、使いこなすことも難しいツールである理由は、以下の3点に集約できると私は考えています。

・データの構造が複雑になった
・最適化する対象が「セッション」から「ユーザー」に変わった
・分析機能が大幅にアップした

とはいえ、難しいことは悪いことばかりではありません。
GA4ではデータの構造が複雑になったことで、より詳細なユーザー行動を記録できるようになっています。
最適化対象がユーザーに変わったのは、より本質的なデジタルマーケティングができるようになったということです。むしろ、これまでは分析しやすいセッションを最適化することにかまけて、ユーザーを見てこなかったといえるかもしれません。
そして、分析機能が大幅にアップしたということは、これまで以上に深くユーザーを理解し、Webサイトのパフォーマンスの改善につながる知見を引き出せるようになったということでもあります。

また、ツールが難しいと、利用者のリテラシーに差がつきます。GA4について自らのリソースを割いてしっかり学んだWeb担当者と、何となく見よう見まねで使っているだけのWeb担当者では、分析の質に大きな差がつくでしょう。GA4は「学んだ人に対する報酬がより大きいツール」と言ってよいと思います。

本書は規模を問わず、あらゆる企業のWeb担当者のみなさんに役立てていただくことを念頭に執筆しました。具体的には、GA4の導入を主導し、その設定に責任を持つ方。各部署から寄せられるデータの追加取得の要望を、エンジニアの協力を得ながら実装する管理者的な立場にいる方。さらには、取得したデータをフル活用し、仮説を立て、検証し、マーケティング施策の立案・実施を通じてコンバージョンの増加に尽力する方を想定しています。

そうしたみなさんは「いちからGA4を学びたい」という熱意を持ちながらも、現実的には「今、必要とする知識やノウハウを素早く得たい」というニーズも強いはずです。そこで本書では、前書にあたる『できる逆引き Googleアナリティクス 増補改訂2版 Web解析の現場で使える実践ワザ 260』を踏襲し、知識やノウハウの1つ1つを「ワザ」として解説するスタイルをとりました。

そして各ワザは、その主たる内容に従って9つの「章」に分類しています。GA4はそもそもどのようなツールなのか、概要を知りたい場合には第1章「基礎知識」からお読みください。GA4の導入については第2章「導入」、設定については第3章「設定」で解説しています。すでにGA4を導入済みでも、より正確な計測を行いたい、追加的なデータを取得したいなどのニーズがあれば、第2章・第3章が大いに参考になるはずです。

GA4のレポートを見ているが今ひとつ解釈ができないという場合には、第4章「指標」、第5章「ディメンション」で、主要な指標やディメンションの定義を確認してください。レポートの解釈ができないということは、そこに表示されている指標やディメンションの理解が甘いということを意味しています。

GA4にデフォルトで用意されているレポート（標準レポート）は理解したが、それだけでは物足りない、もっとしっかり分析したいという場合は、第6章「データ探索」と第7章「成果の改善」が役立つでしょう。組織における情報共有に課題を感じている場合は、第8章「Looker Studio」（旧Googleデータポータル）が参考になるはずです。さらに、GA4からBigQueryにエクスポートしたデータで、GA4ではできない高度な分析をしたいという場合は、第9章「BigQuery」からヒントを得られるでしょう。

私はデータに基づいてデジタルマーケティングを支援するコンサルティング会社・株式会社プリンシプルの取締役を務める傍ら、「データサイエンスで人生を拓きたいあなたにとっての最高の教師」をビジョンとし、書籍の執筆（既刊4冊）や動画講座の提供などをしています。本書でGA4を学んだみなさんが、デジタルマーケティング分野にとどまらず、GA4のデータを用いたDX分野でも活躍されることをお祈りしています。

最後になりましたが、本書の刊行にあたっては、株式会社インプレスの水野純花さん、小渕隆和さんに大変お世話になりました。ありがとうございました。

2023年3月　木田和廣

本書の読み方

本書では、Googleアナリティクス4（GA4）やGoogleタグマネージャー（GTM）などの関連ツールを正しく導入・設定することで、Webサイトの分析・改善を効率的に行い、コンバージョンの増加やLTVの向上といった成果を生み出すための知識やノウハウを「ワザ」として紹介しています。ワザの主な構成要素は次の通りです。

ワザ

知りたいこと、やりたいことをタイトルからすぐに引けます。左上の中項目では、内容に応じてワザを分類しています。

概要

そのワザを実施する目的や得られるメリットなどを端的にまとめています。

章インデックス

章の一覧です。現在開いている章には色が付いています。

キーワード

ワザ内に登場する重要な用語や、各ツールの機能名などを挙げています。

解説

そのワザで実施する設定や分析方法、必要な知識などを解説しています。

操作手順

Googleアナリティクス4や関連ツールの操作手順を画面で解説しています。

ソースコード

関連するHTMLやJavaScript、トラッキングコード、タグ、SQL文などを記載しています。一部のソースコードには、行ごとの説明も併記しています。

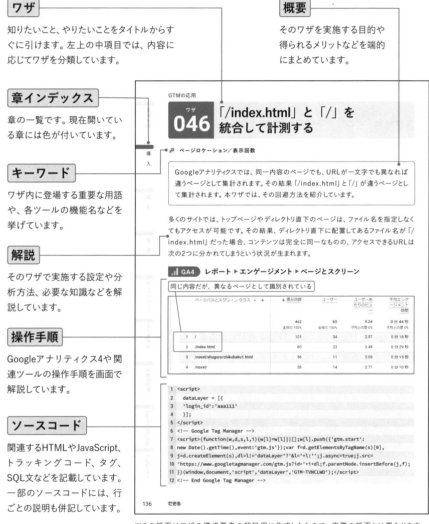

GTMの応用

ワザ 046 「/index.html」と「/」を統合して計測する

🔑 ページロケーション／表示回数

Googleアナリティクスでは、同一内容のページでも、URLが一文字でも異なれば違うページとして集計されます。その結果「/index.html」と「/」が違うページとして集計されます。本ワザでは、その回避方法を紹介しています。

多くのサイトでは、トップページやディレクトリ直下のページは、ファイル名を指定しなくてもアクセスが可能です。その結果、ディレクトリ直下に配置してあるファイル名が「/index.html」だった場合、コンテンツは完全に同一なものの、アクセスできるURLは次の2つに分かれてしまうという状況が生まれます。

📊 GA4 レポート ▶ エンゲージメント ▶ ページとスクリーン

同じ内容だが、異なるページとして識別されている

ページパスとスクリーン クラス ▼ +	↓表示回数	ユーザー	ユーザーあたりのビュー	平均エンゲージメント時間
	462 全体の100%	50 全体の100%	9.24 平均との差0%	0分44秒 平均との差0%
1 /	101	34	2.97	0分18秒
2 /index.html	80	23	3.48	0分29秒
3 /novel/shugoro/chikuhaku1.html	56	11	5.09	0分15秒
4 /novel/	38	14	2.71	0分10秒

```
1  <script>
2    dataLayer = [{
3      'login_id':'aaa111'
4    }];
5  </script>
6  <!-- Google Tag Manager -->
7  <script>(function(w,d,s,l,i){w[l]=w[l]||[];w[l].push({'gtm.start':
8  new Date().getTime(),event:'gtm.js'});var f=d.getElementsByTagName(s)[0],
9  j=d.createElement(s),dl=l!='dataLayer'?'&l='+l:'';j.async=true;j.src=
10 'https://www.googletagmanager.com/gtm.js?id='+i+dl;f.parentNode.insertBefore(j,f);
11 })(window,document,'script','dataLayer','GTM-TVNCLWD');</script>
12 <!-- End Google Tag Manager -->
```

136 できる

※この紙面はワザの構成要素の解説用に作成したもので、実際の紙面とは異なります。

サンプルコードやSQL文の利用について

本書の一部のワザで紹介しているサンプルコードやSQL文（クエリ）は、以下の
サポートページで公開しています。お使いの環境でコピー＆ペーストして、利用
したいときに参照してください。

 🔗『できる逆引き Googleアナリティクス4』サポートページ
https://dekiru.net/ga4

変数1の作成とCookieへの書き込み

◆ GTM　変数 ▸ ユーザー定義変数 ▸ 新規

DOMに書き込まれたlogin_idを
GTMの変数に格納する

× datalayer_login_id 🗀　　　　　　　　保存 ⋮

変数の設定

変数のタイプ

Ⓑ　データレイヤーの変数

データレイヤーの変数名 ⑦
login_id
データレイヤーのバージョン
バージョン 2

設定内容　変数名 datalayer_login_id
　　　　　変数のタイプ データレイヤーの変数
　　　　　変数名 login_id　バージョン バージョン2

GA4のUser_ID（ログインID、会員IDなどのユーザーに固有の値）でのユーザー識
別は、ユーザーが閲覧したすべてのページ、発生したすべてのイベントで送信する必要
があります。従って、ログイン中のユーザーのサイト利用中は、一定の値を送信し続ける
必要があります。

🖐ポイント

・GTMのアカウントは通常「1社につき1アカウント」を作成します。
・最初のアカウント作成と同時に、最初のコンテナが作成されます。1つのアカウン
　ト配下で複数のコンテナを同時に運用することも可能です。

いかがでしたか？ 意外と簡単にGTMアカウントの開設と、最初
のコンテナの作成ができたのではないでしょうか？

関連ワザ 022 Googleタグマネージャーの役割と機能を理解する　P.68

できる　137

使用画面

操作手順の画面を表示するために、Googleアナリティクス4や関連ツールのメニュー、ボタン、画面などを操作する順序を示しています。

設定内容

主にGoogleタグマネージャーで、操作手順の画面で設定しているタグ、トリガー、変数の内容を記載しています。
なお、タグ、トリガー、変数の名称は、筆者が推奨する命名ルールに則っています。

ポイント

ワザを使うときの注意点や補足情報を確認できます。

アドバイス

ワザの難易度や注意点、応用方法などを、筆者からのひと言としてまとめています。

関連ワザ

関連するワザや参考になるワザをすぐに参照できます。

目次

第1章	基礎知識	15

第6章 データ探索 467

第 **1** 章

基礎知識

本章では、Web担当者の役割やKGI・KPIの再認識といったWeb解析についての前提、およびGA4を学ぶうえでの基礎知識を解説しています。難易度が高いツールではありますが、一緒に学んでいきましょう。

001 ワザ Web担当者の役割を理解する

🔑 Web担当者／役割／DX

> これからGA4を学ぶにあたり、まずはWeb担当者に求められる役割を考えてみましょう。自社サイトの改善やユーザーのニーズに応えることだけでなく、「DX」を適切に進めることも意識する必要があります。

Webサイトを訪問するユーザーの姿は通常は見えませんが、Googleアナリティクスを導入すると、ユーザーの詳細なサイト利用状況が可視化されます。レポートを見るのは非常に興味深く、知的な喜びさえもたらすでしょう。

それゆえ、Googleアナリティクスが可視化したデータを上長や同僚に報告することを仕事と考え、それだけで満足してしまうWeb担当者が少なからずいます。しかし、それはGoogleアナリティクスを導入しさえすれば誰でもできることで、付加価値のない仕事です。

付加価値のある仕事とは、データからユーザーのニーズや困りごと、サイトの使いやすい点や使いにくい点を洞察することです。そして、その洞察をもとに、自社が解決できるニーズを持つユーザーを選択的に集客し、そのユーザーが自社の商品・サービスをストレスなく閲覧し、過不足なく情報を取得できるように変える「行動」を起こすことです。

また、昨今では、デジタルトランスフォーメーション（Digital Transformation：DX）によってユーザーとのつながりを密にし、異なる次元の顧客体験を提供することで、顧客から選ばれる存在になる努力をしている企業があります。そうした企業にとっても、潜在的な顧客であるサイト訪問ユーザーが、自社サイトでどのような振る舞いをしているかについてのデータを取得分析することは必須です。

従って、今やWeb担当者は、従来からあるWeb上のパフォーマンス改善の役割に加え、DXを適切に進めるための基礎データの取得者としての役割も期待されていると考えるべきでしょう。

本書でこれから解説する、Googleアナリティクスの最新バージョンである「Googleアナリティクス4」は、以前の「ユニバーサルアナリティクス」と比較すれば、確かに使いこなしの難易度が高いツールではあります。しかし、それは逆にいえば、ユーザーの詳細な

行動を取得し、それらを分析しやすい「ディメンション」と「指標」に分類することで、高度な分析フォーマットを私たちに提供してくれている、ということでもあります。

まとめると、Web担当者の役割は次の2点に集約できます。

- サイト利用状況のデータからユーザーのニーズを洞察し、そのニーズに応えるための行動を自ら進んで起こすこと
- 自社のDXを推進する旗振り役のひとりとして、サイト利用状況のデータを適切に取得・管理し、その分析に取り組むこと

次に示すのはGA4の［ホーム］画面と、Google BigQuery（第9章を参照）のテーブルです。本書で学ぶことで、みなさんはこれらのツールを使いこなしながら、Web担当者としての役割をよくよく果たせるようになるでしょう。

GA4の［ホーム］画面では、サイト利用状況の概要を確認できる

BigQueryではGA4のデータを利用し、高度な分析が行える

DXを適切に進めるにあたり、Web担当者は「自社とお客様との接点のデータ」を精緻に収集する役割も大切です。

基礎知識

導入

設定

指標

ディメンション

データ探索

成果の改善

Looker Studio

BigQuery

ワザ 002 Webサイトの目的を理解する

🔑 **Webサイト／分類**

> 企業が運営するWebサイトは、コーポレートサイト、ECサイトなどに分類できます。サイトの種類によって目的や改善対象となる「指標」は異なるので、自社サイトがどれに該当するかを理解してください。

Googleアナリティクス4を利用する目的は、第一義的には「Webサイトのパフォーマンスをデータに基づいて改善すること」にあります。このサイトのパフォーマンスを表すデータのことを、Web解析においては「指標」と呼びます。よって、サイトのパフォーマンスを改善することは、特定の指標の数値を改善することと言い換えられます。

ただ、GA4で取得できる指標は多数あり、どの指標の改善が自社サイトにとってのパフォーマンス改善に当たるのか、分からなくなってしまう場合もあるでしょう。サイトを運営する目的は各企業によって異なり、改善したい指標も異なります。

そこで理解しておきたいのが、代表的なサイトの類型とそれぞれの目的、改善対象となる「KGI」と「KPI」に当たる指標です。次に解説する内容を基本として把握しつつ、読者のみなさんのサイトにとっての改善対象指標を見つけてください。なお、KGIとKPIについては、次のワザ003であらためて解説します。

コーポレートサイト

いわゆる「企業のオフィシャルサイト」に当たります。自社に関する情報、例えば企業理念やミッション、行動基準、商品・サービス、オフィス所在地、採用情報、IR情報などを広く知らせることを目的としたサイトです。

ブランディングサイト

自社、または自社の商品・サービスの認知や好感度を高めることを目的としたサイトです。コーポレートサイトとは別に運営している、特定の商品やブランドのオフィシャルサイトが該当します。

ECサイト

自社商品などを販売することで、直接的な売上を上げることを目的としたサイトです。

リードジェネレーションサイト

ユーザーからの「問い合わせ」や「資料請求」を受け付けることによって、将来的に顧客になる可能性が高い「見込み客」(リード)を獲得することを目的としたサイトです。BtoBの商品・サービスを手がける企業でよく見られます。

メディアサイト

ニュースや読み物などの記事を、より多くのユーザーに見てもらうことで広告収益を上げることを目的としたサイトです。

ここまでに述べたサイトの類型ごとに、KGIとKPIを一覧にすると次の表の通りとなります。自社サイトの類型や目的が明確ではないと感じたら、上長に確認するなどして、その見解を統一したうえでサイト改善に取り組むようにしてください。

図表002-1 Webサイトの類型と改善対象指標

サイトの類型	改善対象指標	
	KGI	KPI
コーポレートサイト	主要ページ熟読数	・ユニークユーザー数 ・主要ページの熟読率
ブランディングサイト	ブランドリフト※	
ECサイト	売上額	・ユニークユーザー数 ・購入頻度 ・購入単価
リードジェネレーションサイト	リード数	・ユニークユーザー数・コンバージョン率
メディアサイト	広告収益	・ユニークユーザー数 ・訪問頻度 ・セッションあたりのページビュー数

※ブランドリフトとは、サイトを閲覧したユーザーと閲覧していないユーザーを区別したうえで、「商品やブランドが記憶に残っているか?」「どの程度の好意を持っているか?」などを調査し、その差分を指標として取り出したものです。しかし、GA4で数値として計測することはできません。

「どの指標を改善するべきか?」と考えるときには、よりビジネスの成長に近しい指標を選ぶのが望ましいです。

関連ワザ **003** 「KGI」と「KPI」を正しく理解する　　　　　　　　　　　P.20

関連ワザ **005** サイトのパフォーマンスを改善する考え方を理解する　　　P.25

003 「KGI」と「KPI」を正しく理解する

ワザ

🔑 KGI / KPI

> Web担当者とも関わりの深い「KGI」と「KPI」について、あらためて理解しましょう。いずれもWebサイトのパフォーマンスを改善するために重要であり、適切なKPIの設定が、適切な施策立案につながります。

前のワザ002では、Webサイトの目的を類型化することにより、Googleアナリティクス4が提供する指標のうち、どの指標の改善を目指したらよいのかを説明しました。また、その改善対象となる指標を「KGI」と「KPI」に分けて挙げています。

KGIとKPIはビジネス全般で用いられる用語ですが、デジタルマーケティングやWeb解析の世界ではとりわけ頻繁に登場します。Web担当者としては、それぞれを正確に理解することを避けては通れないため、本ワザで整理します。

▍「重要目標達成指標」を表す「KGI」

KGIは「Key Goal Indicator」の略で、日本語では「重要目標達成指標」と表現されます。サイトの目的を端的に表す指標がKGIに該当し、例えばECサイトであれば、商品を販売することによる売上を目的としているので「売上額」がKGIになります。

▍「重要業績評価指標」を表す「KPI」

KPIは「Key Performance Indicator」の略で、「重要業績評価指標」と表現されます。なぜKGIとは別にKPIが存在するのかというと、KGIだけをウォッチしていても、Webサイトのパフォーマンスを改善するアクション、ひいてはビジネスを改善するアクションが起こせないからです。

例えば、ECサイトのWeb担当者が「売上額を増やしたい」といくら願っても、売上額は結果としての指標なので、直接的に改善することはできません。そこで、KGIを因数分解したKPIを設定し、それに該当する指標を改善するためのアクションを立案・実行・最適化していくことがWeb担当者の役割となってきます。

ただし、KPIとなりうる指標は、次の3つの要件を満たさなくてはなりません。どれか1つが欠けても、KPIとしては不適切です。

①KGIと相関すること

KPIが改善しているのに、KGIが改善しないのでは意味がありません。「KPIが改善すれば、KGIも改善する」という相関関係が成立する指標を、KPIとして設定する必要があります。

例えば、ECサイトにおけるKPIとして「ユニークユーザー数」という指標を設定するのは適切です。なぜなら、KGIである売上額は、「ユニークユーザー数×コンバージョン率×購入単価」という計算式で表せるためです。言い換えれば、売上額を因数分解したユニークユーザー数、コンバージョン率、購入単価は、いずれもECサイトのKPIとして成立します。

②数値として表現できること

ECサイトのKPIとして、例えば「Web担当者の頑張り」は成立するでしょうか? Web担当者の頑張りは大切なことですが、KPIとしては適切ではありません。なぜなら、頑張りの度合いを数値で表現することはできないからです。

しかし、「発信したメルマガ数」「実行したキャンペーン数」であれば、数値として表現できるためKPIの要件を満たします。Web担当者の頑張りによって実現される「数値化できる何か」をKPIとして設定しましょう。

③自分(あるいは自社)で制御可能なこと

例えば、みなさんが担当するECサイトで、傘を商品として販売しているとします。このサイトを分析すると、「雨の日の日数」がKGIと高く相関していることが分かりました。しかも、雨の日の日数は数値として表現可能です。ではKPIとして適切かというと、そうではありません。なぜなら、自社で天気を制御することはできないからです。

一方、例えば「メルマガからサイトを訪問するユーザー数」「広告からサイトを訪問するユーザーのコンバージョン率」であれば、メルマガの発信数やランディングページの改善など、自社が実行する施策によって制御可能です。こうした指標はKPIになり得ます。

> 社内や部署で統一したKPIを設定したうえで、Web担当者はその
> 改善に向けて施策を立案し、実行・検証すべきです。

基礎知識

導 入

設 定

指 標

ディメンション

データ探索

成果の改善

Looker Studio

BigQuery

基礎知識

導入

設定

指標

ディメンション

データ探索

成果の改善

Looker Studio

BigQuery

ワザ 004 デジタルマーケティングと Web解析の基本用語を理解する

🔑 **用語集**

> デジタルマーケティング、およびGoogleアナリティクス4とGoogleタグマネージャーの利用においては、多数の専門用語が登場します。早い段階で概要を理解してほしい用語を、本ワザで整理しておきます。

■ デジタルマーケティング関連の用語

コンバージョン

サイト運営者側がユーザーに起こしてほしいアクションのこと。Webサイトにおける目標の達成とも言い換えられ、具体的にはECサイトなら「商品の購入」、リードジェネレーションサイトなら「問い合わせ」「セミナーの申し込み」などが該当します。「Conversion」を略して「CV」とも表現されます。ワザ097、126も参照してください。

CVR（コンバージョン率）

サイトを訪問したユーザーのうち、どの程度がコンバージョンに至ったのかを表す指標のこと。「Conversion Rate」を略して「CVR」と表現されます。GA4ではセッションとユーザーに基づく2つのCVRが指標として提供されます。ワザ127も参照してください。

CPC（クリック単価）

「Cost Per Click」の略です。例えば、検索連動型広告においてユーザーの1クリックに対して広告主が支払う金額を指します。

CPA（獲得単価）

「Cost Per Action（Acquisition）」の略です。1件のコンバージョンを獲得するためのコストを指します。通常は「コスト÷コンバージョン」の計算式で求めますが、「クリック単価÷コンバージョン率」でも求められます。

リターゲティング広告

過去に自社サイトを訪問したことがあるユーザーに対して配信する広告のこと。通常、サイト訪問時の行動をもとに条件を設定し、それに合致したユーザーに配信します。

Googleアナリティクス関連の用語

ユニバーサルアナリティクス

Googleアナリティクス4が登場する以前から提供されてきた、従来のバージョンのGoogleアナリティクスを指します。「Universal Analytics」を略して「UA」とも呼ばれます。2023年6月30日をもって、データの計測が停止されることがGoogleから発表されています。ワザ006も参照してください。

イベント

GA4でユーザーのサイト内行動を記録する単位のこと。ワザ029も参照してください。

パラメータ

ユーザー行動を記録したイベントの属性のこと。ワザ030も参照してください。

指標

Webサイトのパフォーマンスを表すデータ(数値)のこと。表形式のレポートにおいては、左端(ディメンション)以外の列に配置されます。第4章も参照してください。

ディメンション

Googleアナリティクスの各レポートにおける分析軸のこと。表形式のレポートにおいては、左端の列に配置されます。第5章も参照してください。

カスタム指標

ユーザー自身が作成できる指標のこと。ワザ103も参照してください。

カスタムディメンション

ユーザー自身が作成できるディメンションのこと。ワザ101、102も参照してください。

スコープ

ディメンションや指標が持つ属性のこと。GA4の画面上では「範囲」とも表現されます。スコープには「ユーザー」「セッション」「イベント」「商品」の4種類があります。また、ディメンションのスコープは「どの単位で一意か」、指標のスコープは「何を測定しているか」で決定されます。ワザ012、100も参照してください。

次のページに続く ▷

基礎知識

導入

設定

指標

ディメンション

データ探索

成果の改善

Looker Studio

BigQuery

ユーザープロパティ

ユーザー属性を格納する単位のこと。ワザ064、102も参照してください。

正規表現

「メタ文字」と呼ばれる特別な意味を持つ記号を用いて、複数の文字列の中から一定のルールにマッチする文字列を抽出する表現方法のこと。GA4だけでなくGoogleタグマネージャーでもよく利用されます。ワザ015も参照してください。

▍Googleタグマネージャー関連の用語

タグ

ユーザーの行動をトラッキングするために稼働させるJavaScriptのプログラムのこと。GA4をサイトに導入する方法としては、GTMのコンテナスニペットをサイトに設置したうえで、そのサイト内のすべてのページにおいて「GA4設定タグ」を稼働させるのが一般的です。ワザ025、044も参照してください。

変数

コンピューター用語としては、任意の数値や文字列を入れておく「箱」によく例えられます。GTMでは、例えば会員のログインIDを格納する箱として「login_id」といった変数を作成し、その値をGA4に送信できるようにします。ワザ022も参照してください。

トリガー

GTMのタグを稼働させるきっかけとなる条件のこと。デジタルマーケティング関係者の間では、タグを稼働させることを「発火」と表現することがよくあります。ワザ022も参照してください。

DOM

「Document Object Model」の略です。JavaScriptからHTMLに記述されたツリー状のタグを解釈し、フォントや背景色を変更可能にするためのモデルを指します。ワザ053、057も参照してください。

Googleアナリティクス4に接するWeb担当者として、知っておくべき重要度の高い用語をピックアップしています。

ワザ 005 サイトのパフォーマンスを改善する考え方を理解する

🔑 ファネル／セグメント／コンバージョン

> みなさんがGoogleアナリティクス4を活用し、Webサイトのパフォーマンスを改善する施策を立案・実行していくうえでは、「ファネル」と「セグメント」という2つの考え方を理解しておく必要があります。

前のワザ004で解説した通り、Webサイトにおける目標の達成のことをコンバージョンと呼びます。「サイトのパフォーマンスを改善する」とは、このコンバージョンを増加させることにほかなりません。

そして、そのためのプロセスとして頭に入れておきたいのが、「ファネル」と「セグメント」という考え方です。それぞれを順に説明します。

┃ サイト訪問ユーザーの行動や状態を表現する「ファネル」

ファネル（Funnel）とは「じょうご」のことで、サイトを訪問したユーザーが徐々に絞り込まれ、その一部だけがコンバージョンに至ることを端的に表します。

例えば、次の図はECサイトにおけるユーザーの「行動」をファネルとして表現したものです。コンバージョンから遠い行動、つまり「サイトを訪問する」ユーザーはもっとも多いですが、「商品を購入する」という行動＝コンバージョンに近づくにつれ、ユーザーは減っていくことが分かります。

図表005-1 ECサイトにおける「行動」のファネルの例

サイトを訪問する		100人
サイト内で商品を探す		60人
商品詳細ページを見る		36人
商品をカートに入れる		22人
商品を購入する		13人

次のページに続く ▷

基礎知識
導入
設定
指標
ディメンション
データ探索
成果の改善
Looker Studio
BigQuery

基礎知識

導入

設定

搭載

ディメンション

データ探索

成果の改善

Looker Studio

BigQuery

また、ECサイトにおけるユーザーの「状態」であれば、次の図のようなファネルを描けます。「商品を知らない」というコンバージョンから遠い状態のユーザーは多く、「商品を欲しいと思っている」というコンバージョンに近い状態のユーザーは少なくなります。

図表005-2 ECサイトにおける「状態」のファネルの例

対象の商品を知らない　100人

対象の商品を知っている（認知）　72人

対象の商品に興味がある（関心）　40人

対象の商品が欲しい（購入）　13人

これら2つのファネルのうち、**ユーザーの行動に基づくファネルは「戦術的」、状態に基づくファネルは「戦略的」な考え方である**、と表現できるでしょう。

行動に基づくファネルが示すのは「コンバージョンを得るために、ファネルのどのステップに対して施策を実行すべきか?」という考え方です。一方、状態に基づくファネルが示すのは「どのような状態にあるユーザーにアプローチしてコンバージョンを得るべきか?」、さらには「そのためにどのような施策を実行すべきか?」という考え方となります。

前者が局所的・具体的なアクションを想定しているのに対し、後者はより大局的な視点からターゲットや施策を検討するためのフレームワークであるといえます。

とはいえ、行動・状態に基づくファネルのどちらも、サイトのパフォーマンスを改善する鍵は、それぞれのステップにおけるユーザーの脱落を防ぐ、あるいはユーザーを次のステップに進ませる施策を提案し、社内の同意を得て実行していくことにあります。この考え方はユニバーサルアナリティクスでも、Googleアナリティクス4でも変わりません。

サイトを全体ではなく部分の集合体と捉える「セグメント」

セグメント（Segment）とは「区切り」「部分」のことです。Web解析においては、サイトのパフォーマンスを「全体」として捉えるのではなく「部分」、つまりセグメントの集合体として捉えるという考え方が重要になります。

例えば、次の図はサイトの流入元を表す「メディア」を軸として、部分（セグメント）を取り出したイメージです。サイト全体のパフォーマンスは「自然検索」「広告」「参照トラフィック」「ダイレクトトラフィック」というセグメントの総計である、ということが分かります。

図表005-3　サイト全体からセグメントを取り出す例

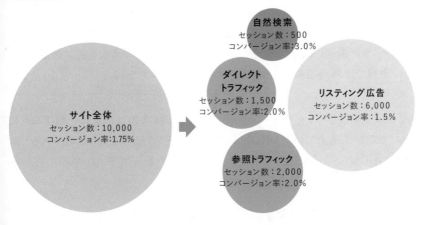

ほかにも、ユーザーのアクセス元を表す「地域」を軸とすれば、サイト全体のパフォーマンスは47都道府県というセグメントの総計である、と捉えることができます。

このように、サイトのパフォーマンスをセグメントに分けて確認すると、必ず「良いセグメント」と「悪いセグメント」があることに気付きます。Web担当者は、良いセグメントはその数量を増やし、悪いセグメントは「ファネルの目詰まりを取り除く」ことで、サイト全体のパフォーマンスを上げていく役割を担うことになります。

ポイント

・GA4において、ファネルは「探索」メニュー配下のテンプレートとして用意されている「目標到達プロセスデータ探索」レポートで可視化できます。
・セグメントはGA4の各ディメンションがその役割を果たします。

ファネルとセグメントという2つの考え方の「型」をベースに、サイトのパフォーマンス改善に取り組んでみましょう。

関連ワザ **154** 「目標到達プロセスデータ探索」レポートを作成する　　　　　　　　P.502

ワザ 006 パフォーマンス改善への UAのアプローチを理解する

🔑 ファネル／コンバージョン／ UA

> GA4をより活用するために、まずはUAがどのようなアプローチでWebサイトのパフォーマンスを可視化してきたのかを、ユーザーの「状態」ファネルを例に確認します。この過程ではネット広告を取り巻く変化についても見えてきます。

前のワザ005で解説したユーザーの「状態」に基づくファネルは、購買行動プロセスのモデルとして広く知られている「AIDMA」や「AISAS」を簡略化したものであると表現できます。AIDMA、AISASでいう「Action」(行動) のフェーズが、ファネルの最下層にある「商品が欲しい (購入)」ステップに該当します。

そして、Googleアナリティクスの以前のバージョンであるユニバーサルアナリティクスは、こうしたファネルの購入段階にいるユーザーのセッションを獲得する施策を最適化するためのツールであったといえます。なぜなら、UAは「獲得したセッション中でコンバージョンが発生したかどうか」を可視化するように設計されているからです。

UAではコンバージョンを「目標」として登録し、その目標を完了した割合が「コンバージョン率」として可視化されます。そして、UAにおけるコンバージョン率は、分子をコンバージョン数 (目標の完了数)、分母をセッション数とした計算式で定義されます。この点も、UAが「獲得したセッション中でコンバージョンが発生したかどうか」を可視化するように設計されていると考えると、つじつまが合います。

また、UAでは「直帰率」という指標も重視されていました。「直帰」とは1セッションで1ページビューしか発生していない訪問を指し、その直帰数を全体のセッション数で割った指標が直帰率です。

直帰率がなぜ重視されていたかといえば、直帰の有無が、同一セッション中にコンバージョンが発生するための第一関門であったからです。コンバージョンは直帰セッションからは発生せず、非直帰セッションからのみ発生します。そのため直帰率は、ファネルの購入段階にいるユーザーからのセッションが十分にあるかを判断するために、都合のよい指標だったといえます。

一方、広告経由でのコンバージョン増加施策という観点では、UAは検索連動型広告を評価し、最適化するためのツールであったといえます。検索連動型広告は、ファネルの購入段階にいるユーザーのセッションを獲得する施策だからです。

Googleとしては、多くのWeb担当者にUAを利用してもらい、自社が提供する検索連動型広告（Google広告）のパフォーマンスを改善させることで、より大きな広告予算を投下してほしいという狙いがあったものと筆者は考えます。

しかし、検索連動型広告が普及しきった現在では、非常に多くの広告主が利用しているため、CPC（クリック率）が高止まりし、CPA（獲得単価）が下がりづらい状況となっています。これはGoogleにとっては、検索連動型広告からの収益が頭打ちとなり、広告ビジネスの成長が鈍化することを意味します。広告主の企業にとっても、検索連動型広告以外の広告からのコンバージョン増加施策を考えなければいけない時期にきています。

Googleアナリティクス4の登場は、このような広告を取り巻く状況と無縁ではないと筆者は考えています。次のワザではGA4におけるパフォーマンス改善へのアプローチについて解説するので、本ワザと対比することで、UAからGA4へと至る変化がより理解しやすくなるはずです。

☝ ポイント

- AIDMAは、Attention（興味）、Interest（関心）、Desire（欲望）、Memory（記憶）、Action（行動)でフェーズが構成されます。
- AISASは、Attention（興味）、Interest（関心）、Search（検索）、Action（行動）、Share（シェア)でフェーズが構成されます。
- 検索連動型広告では、ユーザー自身が能動的に検索したキーワードに対して広告を配信します。広告をクリックするユーザーは「この商品が欲しい」というニーズが顕在化していると考えられるため、ファネルの購入段階にいるユーザーのセッションを獲得する施策として利用されます。

UAは、セッションに紐付く参照元やメディアのパフォーマンスについて可視化が得意なツールだったといえます。

関連ワザ **007** パフォーマンス改善へのGA4のアプローチを理解する　P.30

基礎知識

導入

設定

指標

ディメンション

データ探索

成果の改善

Looker Studio

BigQuery

ワザ 007 パフォーマンス改善への GA4のアプローチを理解する

🔑 **コンバージョン／ユーザー最適化**

> GA4におけるサイトパフォーマンス改善へのアプローチは「ユーザー軸」、つまり「自社にフィットしたユーザーを見つけ、訪問を増やす」というものです。そのため、UAと比較してユーザーに関する機能や指標が強化されています。

前のワザ006では、ユニバーサルアナリティクスが「ファネルの購入段階にいるユーザーからのセッションを獲得する」戦略に基づき、そのための施策の立案と最適化を可能にすることで、コンバージョンを増加させるアプローチをとっていたという説明をしました。このアプローチにおいては、セッションがコンバージョンするかどうかが重視されるため、UAにおける最適化対象はセッションでした。

それに対して、Googleアナリティクス4は「ユーザーがファネルのどこにいるかは問わず、自社にフィットしたユーザーを獲得する」という戦略に基づき、そのための施策の立案と最適化を可能にすることで、コンバージョンを増加させるアプローチを取ります。1人のユーザーは複数のセッションをもたらし得るので、セッションを最適化するのではなく「ユーザーを最適化する」という考え方になるのが、GA4の特徴です。

UAとGA4のアプローチ方法を対比すると、次の図のように表現できます。UAがファネルの「アクション」＝購入段階にいるユーザーのセッションを獲得できているかを重視するのに対し、GA4はファネルの「認知」「関心」「アクション」のいずれの段階からも、自社にフィットするユーザーを獲得できているかを重視します。

図表007-1 UAとGA4のアプローチ方法の違い

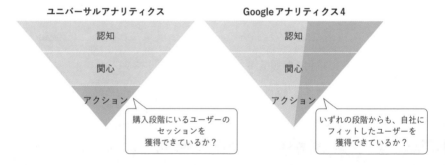

こうしたGA4の「ツールとしての設計思想」が端的に現れているのが、新しく登場した「ユーザー獲得」レポートだと考えます。このレポートは、ユーザーが複数回の訪問を経てからコンバージョンした場合でも、そのユーザーが初回訪問をしたチャネルやメディアにコンバージョンを付与します。そのため「どのようなチャネルやメディアからユーザーを獲得すると、効率よくコンバージョンが増えるのか?」が分かるのです。

また、次の通り、ユーザー最適化を志向した機能や指標も大幅に強化されています。詳細については各ワザを参照してください。

- ユーザー最適化を志向している機能
  - Cookieのみに依存しないユーザー識別方法（ワザ090を参照）
  - 属性や行動でユーザーに目印を付ける「オーディエンス」（ワザ098を参照）
  - ユーザーセグメント（ワザ148を参照）

- ユーザー最適化を志向している指標
  - アクティブユーザー数（ワザ122を参照）
  - 新規ユーザー数（ワザ123を参照）
  - 平均エンゲージメント時間（ワザ124を参照）
  - エンゲージのあったセッション数（1ユーザーあたり）（ワザ125を参照）
  - ユーザーコンバージョン率（ワザ127を参照）

これから本書を通じてGA4を学んでいくにあたっては、UAの最適化アプローチをいったん脇に置き、本ワザで説明してきたGA4の最適化アプローチを念頭に置くと、学習をスムーズに進められると思います。

ポイント

- 自社にフィットしたユーザーとは、サイトを熱心に利用し、ゆくゆくはコンバージョンし、かつLTVが高まりそうなユーザーを指します。

GA4の「探索」メニュー配下にあるレポートにも、「ユーザー軸」での分析を行うテンプレートが用意されています。

| 関連ワザ | 006 | パフォーマンス改善へのUAのアプローチを理解する | P.28 |
| 関連ワザ | 009 | GA4のアトリビューションモデルを理解する | P.35 |

ワザ 008 GA4のレポートの全体像を理解する

🔑 標準レポート／探索レポート／ライブラリ

> GA4が備えているレポートの種類について理解しましょう。大きくは、画面左側のメニューにある「レポート」「探索」「広告」というレポート群に分かれており、「レポート」配下には、さらに2つのレポートのタイプがあります。

Googleアナリティクス4のレポートには、いくつかの種類があります。スムーズに学習を進められるよう、本ワザではレポートの全体像について解説します。

GA4の画面左側を確認すると、[ホーム] の下に[レポート][探索][広告] というメニューがあり、それぞれをクリックすると次のような画面になります。[レポート] と [広告] には最初からいくつかのレポートがあり、本書ではそれらをまとめて「標準レポート」と表記します。一方、[探索] には最初はレポートが存在しません。

[レポート] ではユーザー関連の標準レポートを確認できる

[探索] には最初はレポートが存在しない

[広告] では広告関連の標準レポートを確認できる

GA4を正しく導入すれば、標準レポートを参照することで、誰でも最初から自社サイトのユーザーや広告に関するレポートを確認できます。これらのレポートは「分析」に利用するというよりは、サイトの「現状確認」や「主要な指標のモニタリング」の用途で利用するものだと覚えてください。標準レポートの操作方法は、ワザ108 ～ 110で解説しています。

一方の［探索］は、画面に「データ探索」とも表示される通り、自社サイトが抱える課題に応じて、みなさん自身がレポートを作成して分析する場所となっています。こうしたレポートを本書では「探索レポート」と表記します。探索レポートの概要と作成方法については第6章、探索レポートを活用した改善ヒントの取得については第7章を参照してください。

標準レポートの2つのタイプ

標準レポートは、さらに「サマリーレポート」と「詳細レポート」の2つのタイプに分類できます。サマリーレポートは次の画面のように、「カード」と呼ばれるレポートのサマリーがウィジェットとしてタイル状に並んでいるレポートです。

詳細レポートは、指標とディメンションが組み合わされた表形式のレポートです。代表的な画面を次のページに掲載します。

サマリーレポートでは、カードを追加したり削除したりといったカスタマイズが可能です。詳細レポートでも、不要な指標やディメンションを削除して、別のディメンションや指標を追加することや、フィルタを適用するといったカスタマイズが可能になっています。詳しくはワザ104を参照してください。

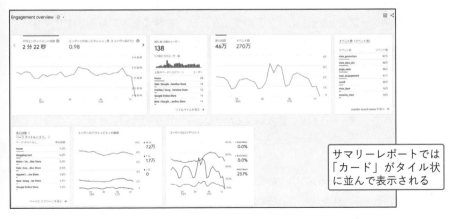

サマリーレポートでは「カード」がタイル状に並んで表示される

次のページに続く ▷

詳細レポートでは指標とディメンションが表形式で表示される

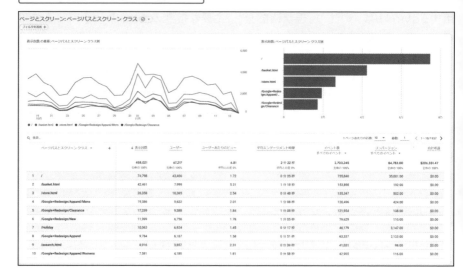

レポート構造をカスタマイズできる「ライブラリ」

なお、標準レポートには、レポートのメニューや、そのメニューの配下に配置するレポートを新規に作成する「ライブラリ」機能も用意されています。この機能を利用すると、画面左側のメニューやレポート構造のカスタマイズが可能です。ライブラリについて、詳しくはワザ105を参照してください。

ポイント

・GA4のトップページにあたる［ホーム］画面、［レポート］メニューの上部にある［レポートのスナップショット］と［リアルタイム］も、すべてテンプレートはサマリーレポートとなっており、カードがタイル状に配置されています。

「標準レポート」と「探索レポート」は、本書で以降も頻出する表記なので、違いを理解しておいてください。

ワザ 009 GA4のアトリビューションモデルを理解する

🔑 **アトリビューション**

> GA4のレポートが前提としている「アトリビューションモデル」について理解しましょう。異なるアトリビューションモデルが使われれば、異なるコンバージョン値がチャネルやメディアに付与されます。

「アトリビューション」とは、複数のセッションをもたらしたユーザーがコンバージョンに至った場合、そのコンバージョンをどの流入経路に付与するかを決めることを指します。流入経路の決定には一定のルールに従います。そのルールのことを「アトリビューションモデル」と呼びます。モデルは複数あります。詳細についてはワザ088を参照してください。

GA4では、利用するレポートやディメンションによって異なるアトリビューションモデルが使われます。それらを本ワザで整理します。

広告メニュー配下のレポート

アトリビューションモデルを明示的に切り替えながら、2つのモデル間での差異を確認できるレポートとして、広告メニュー配下の「モデル比較」レポートがあります。次の画面では「クロスチャネルラストクリックモデル」と「クロスチャネルデータドリブンモデル」を比較していますが、コンバージョンや収益の合計は同じ値ながら、各デフォルトチャネルグループに紐付く値が微妙に異なっていることが見て取れます。

📊 GA4 広告 ▶ アトリビューション ▶ モデル比較

2つのアトリビューションモデルを比較している

デフォルト チャネル グループ	アトリビューション モデル（間接） クロスチャネル ラスト クリック ↓ コンバージョン	収益	アトリビューション モデル（間接） クロスチャネル データドリブン コンバージョン	収益	コンバージョン
	434,016 全体の 100%	$105,561.76 全体の 100%	434,016.00 全体の 100%	$105,561.76 全体の 100%	0%
1 Organic Search	160,014	$37,581.96	159,468.91	$37,783.08	-0.34%
2 Direct	152,244	$53,448.34	152,244.00	$53,448.34	0%
3 Cross-network	42,054	$3,010.10	41,958.31	$2,412.29	-0.23%

次のページに続く ▷

基礎知識

導 入

設 定

指 標

ディメンション

データ探索

成果の改善

Looker Studio

BigQuery

次に、同じ広告メニュー配下の「すべてのチャネル」レポートを説明します。このレポートは、管理画面からの設定（ワザ087を参照）によって利用するアトリビューションモデルが変わります。次の2つの画面は同じレポートですが、左は設定を「クロスチャネルラストクリック」としたとき、右は「クロスチャネルデータドリブン」としたときの画面です。合計が222件なのは同じでも、各チャネルに配分されるコンバージョンは異なっています。

.ıl GA4 　**広告 ▶ パフォーマンス ▶ すべてのチャネル**

同じレポートでもコンバージョンの配分が異なっている

	デフォルト チャネル グループ ▾ ＋	↓ コンバージョン
		222.00 全体の 100%
1	Organic Social	91.00
2	Organic Search	74.00
3	Direct	45.00
4	Referral	12.00

	デフォルト チャネル グループ ▾ ＋	↓ コンバージョン
		222.00 全体の 100%
1	Organic Social	92.78
2	Organic Search	73.23
3	Direct	45.00
4	Referral	10.99

┃ レポートメニューの集客配下のレポート

［レポート］▶［集客］の順にクリックすると表示される2つのレポートでも、異なるアトリビューションモデルが採用されています。まずは「ユーザー獲得」レポートです。このレポートは「ユーザーの最初の〇〇」というディメンションが使われています（デフォルトチャネルグループだけは「最初のユーザーのデフォルトチャネルグループ」）。

その名の通り、ユーザーが最初にサイトを訪問したチャネルにコンバージョンが紐付きます。

例えば、次の図のような訪問とコンバージョンをしたユーザーがいたとします。このユーザーの行動を、ユーザー獲得レポートは下の表のように可視化します。つまり、セッションも表示回数も、ユーザーの初回訪問チャネルであるソーシャルに紐付きます。

図表009-1 　複数セッション後のコンバージョン発生モデル

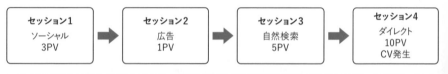

| セッション1
ソーシャル
3PV | → | セッション2
広告
1PV | → | セッション3
自然検索
5PV | → | セッション4
ダイレクト
10PV
CV発生 |

最初のユーザーのデフォルトチャネルグループ	セッション	表示回数	CV
ソーシャル	4	19	1

次に、同じくレポートの集客配下にある「トラフィック獲得」レポートのアトリビューションを見ていきましょう。このレポートはセッションをもたらしたチャネルごとに行ができ、それぞれのパフォーマンスが可視化されます。コンバージョンが紐付けられるのはダイレクトトラフィックを除いた、ユーザーが最後に利用したセッションの参照元やメディア、チャネルです。ダイレクトトラフィックのパフォーマンスはその直前のチャネルに付与されます。

図表009-1で挙げたモデルをトラフィック獲得レポートで可視化すると、次の表の通りとなります。このアトリビューションモデルはユニバーサルアナリティクスとまったく同じです。

セッションのデフォルトチャネルグループ	セッション	表示回数	CV
ソーシャル	1	3	0
広告	1	1	0
自然検索	2	15	1

▎探索レポート（自由形式）でのアトリビューション

最後に、探索レポートの「自由形式」（ワザ146を参照）でのアトリビューションについて解説します。探索レポートでは、利用するディメンションによってアトリビューションの方法が変わります。

「ユーザーの最初のメディア」のように「ユーザーの最初の」が最初に付いた経路識別ディメンション（参照元、メディア、キャンペーン、チャネル）を利用すると、ユーザー獲得レポートのようにユーザーの初回訪問時に利用した経路にコンバージョンが紐付きます。

一方、「セッションのメディア」のように「セッションの」が最初に付いた経路識別ディメンションを利用すると、トラフィック獲得レポートのようにユーザーが最後に利用した経路にコンバージョンが紐付きます。

さらに、「メディア」のように頭に何も付かない経路識別ディメンションを利用すると、すべてのチャネルレポートのように、管理画面で設定した「レポート用のアトリビューションモデル」に従って、各経路にコンバージョンが紐付きます。

GA4では、レポートや利用されるディメンションによって異なるアトリビューションモデルが採用されています。

関連ワザ **087**	デフォルトのアトリビューションモデルを設定する	P.306
関連ワザ **088**	複数のアトリビューションモデルを理解する	P.310

ワザ 010 データに文脈を付与する 5つのテクニックを理解する

🔑 説明／ステークホルダー

> Web担当者には、GA4のレポートから得たデータをただ提示するのではなく、そこに「意味付け」を行って上司や同僚に示すことで、組織としての意思決定につなげていく役割が求められます。本ワザのテクニックを活用してください。

Googleアナリティクス4を利用してユーザーのWebサイト利用状況を可視化し、サイト改善を進めていくにあたっては、Web担当者が上長や同僚、他部署などの関係者（ステークホルダー）を「データで説得する」ことが必要な場面が多々あります。

しかし、そのような場面で単純にデータだけを提示しても、ステークホルダーの同意を得ることは難しいでしょう。なぜなら、日常的にデータをモニタリング・分析しているWeb担当者が解釈している事柄と、ある瞬間にデータを見せられただけのステークホルダーが解釈できる事柄には、大きな差があるからです。

その差を埋めるため、データに説得力を持たせる説明方法として次の5つのテクニックがあります。データが示す事柄に文脈を付与し、ステークホルダーの理解を得て、パフォーマンス改善施策の実現度を高めていきましょう。

トレンド

時系列での量的な変化（推移）を訴求するテクニックです。

例えば「新規ユーザー数が四半期に3%のペースで減少している」というトレンドを提示することで、「新規ユーザーの訪問を獲得するためのキャンペーンを実施したい」といった改善施策に説得力を持たせられます。

構成比

サイト全体のパフォーマンスを構成する比率を見せることで、ある構成要素の重要度を訴求するテクニックです。

例えば「リスティング広告経由のコンバージョン率はサイト全体を下回っているが、コンバージョン数は全体の15%を占めている」といった構成比のデータを提示すれば、「広

告出稿を継続する」という施策の有効性が伝わりやすくなります。

同期比

前月、前週、前年の同じ月など、同じ期間で比較したデータで訴求するテクニックです。

例えば「Googleの検索アルゴリズムの変更により、前年同月比で自然検索からのセッションが35%も減少してしまった」といった同期比のデータを提示することで、「本質的な解決を図るため、外部SEOコンサルタントを雇用したい」というアイデアが承認されやすくなるでしょう。

サイト全体との比較

特定セグメントのパフォーマンスが、サイト全体から乖離していることを訴求するテクニックです。

例えば、メールマガジン経由のセッションでは指標「セッションのコンバージョン率」は3%だが、サイト全体の「セッションのコンバージョン率」は2%だったとします。このとき「メルマガのコンバージョン率はサイト全体のそれの1.5倍である」というふうにサイト全体との比較を提示することで、「新たにシステムを導入し、購入履歴をベースにしたターゲットメールを配信したい」という施策の説得力が高まります。

金額での表現

施策の期待効果を金額で訴求するテクニックです。

例えば「ランディングページを最適化して直帰率を5ポイント下げられれば、月間30万円の売上の増加が期待できる」という金額での表現をすることで、「ライターを手配してコンテンツの制作に取りかかりたい」というアクションがビジネス上の意味を持ちます。

> GA4よりもデータの訴求力を高めるには、Looker Studioや Tableauでのビジュアル分析も検討しましょう。

関連ワザ **173** Looker Studioを利用するメリットを理解する　　　　　　　P.570

ワザ 011 平均値が適切な代表値ではない 可能性を常に意識する

🔑 代表値／平均値

> GA4には「平均値」の指標が多数存在しますが、実際のデータの「ばらつき」を踏まえると、最適な「代表値」でない場合が多々あります。平均値はよく使われる代表値ですが、平均値だけを見ているのは危険という認識を持つべきです。

ユニバーサルアナリティクスと同様に、Googleアナリティクス4にも「平均値」に基づく指標が多数あります。具体的には「平均セッション継続時間」「平均エンゲージメント時間」などが該当します。

平均値とは「代表値」と呼ばれる指標の1つです。そして代表値とは、実際には多数のユーザーやセッションが存在する中で、「ばらつき」のある（分布する）値を1つの値で代表させ、状況の理解を助けるために存在します。代表値には平均値のほか、「中央値」「最頻値」などがあります。その中でも、平均値がもっともよく利用される代表値です。

一方、平均値がいつでも「ばらつき」を踏まえた適切な代表値でない場合があり得ます。Web担当者は平均値を盲信するのではなく、その背後にある「ばらつき」はどのようなものかを想像する思考の癖を持つとよいでしょう。

次のページの2つの表は、左が自然検索、右が広告からもたらされた5つのセッションについて、それぞれの「セッション継続時間（分）」を示したものです。セッション継続時間（分）の平均値を求めると、自然検索は4分、広告は5分と計算できますが、それだけで「広告のほうがセッション継続時間が長い」といえるでしょうか？

図表011-1 自然検索と広告のユーザーエンゲージメントの違いの例

セッション番号	メディア	セッション継続時間（分）
1	自然検索	4
2	自然検索	3
3	自然検索	4
4	自然検索	5
5	自然検索	4

セッション番号	メディア	セッション継続時間（分）
1	広告	1
2	広告	2
3	広告	1
4	広告	1
5	広告	20

これらの表をあらためて見ると、広告についてはセッション番号5のセッション継続時間が突出して長くなっており、平均値が代表値となっているとはいえません。一方、自然検索のセッション継続時間は「ばらつき」の度合いが小さく、平均値が代表値として機能しています。実際、自然検索からのセッションのほうが、Webサイトをじっくり見てくれていると表現してよいでしょう。

ここではあえて極端な例を提示しましたが、このようなことはGA4のレポートでも実際に起こり得ます。平均値の指標を扱うときには常に意識してください。

👆 ポイント

・GA4が提示する平均値の指標名に、いつも「平均」と付くわけではありません。
・ワザ121「セッションを評価する割り算の指標を理解する」、ワザ125「ユーザーを評価する割り算の指標を理解する」で解説する指標は、すべて平均値による指標です。
・「ばらつき」を踏まえ、平均値が代表値であるかどうかを確認するには、BigQuery上のデータを利用する必要があります（ワザ188を参照）。

Web担当者はデータを扱う仕事です。代表値、平均値、中央値、最頻値などは説明できるくらいに理解しましょう。

関連ワザ **121**	セッションを評価する割り算の指標を理解する	P.418
関連ワザ **125**	ユーザーを評価する割り算の指標を理解する	P.426
関連ワザ **188**	平均以外の指標でセグメントの本当の評価を行う	P.619

ワザ 012 「スコープ」を正しく理解する

🔑 スコープ／ディメンション／指標

> Googleアナリティクスのディメンションと指標は、属性として「スコープ」を持ちます。UAのレポートではそれぞれのスコープを一致させるという制限があり、GA4ではその制限はなくなったものの、引き続き注意が必要です。

Googleアナリティクス4がレポートで利用できるディメンションと指標は、属性として「スコープ」を持っています。スコープは直訳すると「範囲」という意味で、GA4の画面上でも「範囲」と表記されることがあります。

スコープには次の4つの種類があり、「このディメンションはユーザースコープである」といった表現をします。ディメンションと指標でスコープの意味するところが異なるため、以降で見ていきましょう。

- ユーザー
- セッション
- イベント
- アイテム

ディメンションのスコープ

ディメンションのスコープは「ディメンションが、何によって一意に決まるか」を指しています。例えば、「ユーザーの最初のメディア」というディメンションは、ユーザーによって一意に決まり、そのユーザーが何回セッションをもたらしても変化することはありません。よって、このディメンションはユーザースコープです。

また、「ランディングページ」というディメンションがあったとしましょう。あるセッションのランディングページは1つであり、セッションに2つ以上のランディングページが存在することはあり得ません。よって、ランディングページはセッションによって一意に決まるため、セッションスコープです。

指標のスコープ

指標のスコープは「何を数えているか」を指しています。また、割り算の指標については、

分母に使われている指標のスコープと同じになります。

例えば「アクティブユーザー数」という指標は、サイトに1秒以上滞在したユーザーを数えているので、ユーザースコープです。「エンゲージのあったセッション数（1ユーザーあたり）」という指標は、分母がアクティブユーザー数というユーザースコープの指標なので、こちらもユーザースコープになります。

また、「セッション」はセッションの数を数えているのでセッションスコープとなり、「エンゲージメント率」はエンゲージのあったセッション数をセッションで割っているので、こちらもセッションスコープとなります。

┃ レポートにおけるスコープの一致

ユニバーサルアナリティクスでは、レポートにおいてディメンションと指標のスコープが一致している必要がありました。

一方、GA4の「自由形式」レポートでは、そうした制限はありません。自由形式レポートとは、Web担当者自身がディメンションと指標を組み合わせて作成できるGA4の探索レポートの一種で、UAでいうカスタムレポートに相当します。

ただし、スコープの「大きさ」をユーザー>セッション>イベント＝アイテムとした場合、小さいスコープのディメンションに、より大きいスコープの指標を組み合わせると、各行の合計数が全体の数よりも多くなるので、その点には注意が必要です。

次の画面は、ディメンションがイベントスコープである「ページタイトル」、指標がユーザースコープである「総ユーザー数」の組み合わせで作成したレポートです。レポートとしては成立していますが、実際の総ユーザー数が2人なのに対し、7行すべてのユーザーを合計すると8人となってしまいます。

	ページタイトル	↓総ユーザー数
	合計	2 全体の100%
1	トップページ | kazkidaテストサイト	2
2	お買い上げありがとうございます	1
3	カート	1
4	スイーツ一覧	1
5	ログインありがとうございます	1
6	月餅	1
7	竹柏記1	1

各行のユーザー数の合計が、総ユーザー数より大きくなっている

次のページに続く ▷

基礎知識

導入

設定

指標

ディメンション

データ探索

成果の改善

Looker Studio

BigQuery

基礎知識

導　入

設　定

指　標

ディメンション

データ探索

成果の改善

Looker Studio

BigQuery

一方、同じ「大きさ」のディメンションと指標の組み合わせの場合、または、大きなディメンションに小さな指標を組み合わせた場合には、各行の合計が総数と一致します。

次の画面は、ディメンションを「ユーザーの最初のメディア」(ユーザースコープ)、指標を「総ユーザー数」(ユーザースコープ) としたレポートです。つまり、同じ大きさのディメンションと指標を組み合わせた例ですが、総ユーザー数と各行の合計が一致していることが分かります。

ユーザーの最初のメディア	↓総ユーザー数
合計	**2** 全体の100%
1　(none)	1
2　display	1

> 各行のユーザー数の合計が総ユーザー数と一致している

また、次の画面はディメンションを「ユーザーの最初のメディア」(ユーザースコープ)、指標を「セッション」(セッションスコープ) としています。大きなディメンションに小さな指標を組み合わせた例ですが、こちらも総ユーザー数と各行の合計が一致します。

ユーザーの最初のメディア	↓セッション
合計	**4** 全体の100%
1　(none)	3
2　display	1

> 各行のユーザー数の合計が総ユーザー数と一致している

BigQueryでも、ディメンションより大きな指標を組み合わせると、各行の合計値が総計値より大きくなります。

013 「Cookie」を正しく理解する

ワザ

基礎知識

導入

設定

指標

ディメンション

データ探索

成果の改善

Looker Studio

BigQuery

🔑 **Cookie**

> 「Cookie」を耳にしたことがないWeb担当者は少ないと思いますが、正確に説明できる人もまた、少ない印象です。本ワザを参照したこの機会に、CookieそのものやGA4が利用するCookieについての理解を深めてください。

Googleアナリティクス4では、ユニバーサルアナリティクスと同様に「Cookie」(クッキー)を利用してユーザーの識別を行っています。Cookieをごく基本的な言葉で表現すると、「ユーザーのブラウザーに格納される識別子」といえます。

GA4ではCookie以外のユーザー識別方法も加わり、詳細はワザ090で解説しています。ただ、Cookieによるユーザー識別はGoogleアナリティクスの原理における根幹部分を担うため、Web担当者がCookieについての理解を深めることは重要です。

Cookieを取り巻く近年の話題としては、Appleが開発しているブラウザー「Safari」にプライバシー保護の観点から「ITP」(Intelligent Tracking Prevention)と呼ばれる機能が搭載されたことが筆頭に挙げられるでしょう。ITPは一定の条件でCookieを自動的に削除する働きをするため、iPhoneユーザーなどのSafariを日常的に利用する人々については、Googleアナリティクスをはじめとした計測ツールにおいてユーザー数などを正確にトラッキングすることが困難になってきている状況があります。

では、なぜCookieが削除されると、ユーザー数などが正確にトラッキングできないのでしょうか? その仕組みを知るためにも、Cookieについての知識を身に付けておきましょう。まずはCookieそのもの、続いてGA4が利用するCookieについて説明します。

Cookieとは

CookieはGoogleアナリティクスだけが利用しているテクノロジーではなく、インターネットで一般的に利用されている標準的な仕組みです。

Cookieは「Cookieの名前」と「Cookieの値」が対になった「キーバリューペア」で構成されます。また、「所属先ドメイン」と「有効期限」という属性を持っています。

次のページに続く ▷

基礎知識

導入

設定

指標

ディメンション

データ探索

成果の改善

Looker Studio

BigQuery

ユーザーがWebサイトを訪問したとき、WebサーバーにCookieが送信されることがありますが、送信されるのは所属先ドメインに対してのみです。例えば、所属先ドメインAの属性を持つCookieが、ドメインBのサイトを閲覧しているときに、ドメインBのサーバーに送信されることはありません。

さらに、Cookieには「1st Party Cookie」(ファーストパーティクッキー) と、「3rd Party Cookie」(サードパーティクッキー) という種類があります。1st Party Cookieは、ユーザーが訪問したサイトのドメインから直接発行されたCookieのことを指します。一方、3rd Party Cookieはサードパーティ (第三者) と付く通り、ユーザーが訪問したサイト以外の第三者のドメインが発行したCookieのことを指します。

1st Party Cookieと3rd Party Cookieの違いについては、次の図も参考にしてください。図に示した通り、3rd Party Cookieはドメインを横断したネット広告の配信などを可能にしますが、その点がプライバシーや個人情報保護の気運に反するとして、規制の対象となっている背景があります。

図表013-1 1st Party Cookieと3rd Party Cookieの違い

①このユーザーは「sample.jp」を閲覧している。「sample.jp」のサーバーはユーザーのブラウザーに対してCookieを発行できる。

②「sample.jp」のメインコンテンツは同一ドメイン内にあるが、広告は「adserver.com」から配信されている。そのため「adserver.com」のサーバーも、ユーザーのブラウザーに対してCookieを発行できる。

③結果、ユーザーのブラウザーには以下の2つのCookieが書き込まれる。

Cookie名	値	ドメイン
User_id(1st Party Cookie)	abc123	sample.jp
uid(3rd Party Cookie)	xyz987	adserver.com

▌GA4が利用するCookieとは

GA4は、GA4が導入済みのサイト (計測対象サイト) を訪問したユーザーに対して「_ga」という名前のCookieを発行します。正確には、計測対象サイトに対するユーザーの初回訪問が発生した時点でCookieを作成し、ユーザーのブラウザーに格納します。ユーザーが訪問した計測対象サイトのドメインから発行されるため、「_ga」は1st Party Cookieだと表現できます。

そして、「_ga」の値は、ユーザーが計測対象サイトでページの表示やスクロールなどのイベントを発生させるたびに、Googleアナリティクスのサーバーに毎回送信されます。

「_ga」の値は「GA1.1.1775670180.1660266055」のようなかたちをしています。ランダムな値が組み込まれているため、確率的に他のユーザーと同じ値になることはありません。公式情報ではありませんが、末尾の10桁の数字はUNIX時での初回訪問時刻です。「_ga」の値はブラウザーごとに異なり、当然、デバイスごとにも異なります。

Cookieの確認方法

自分のブラウザーに格納されている「_ga」の値を確認するには、Google Chromeで拡張機能「EditThisCookie」を利用するのが便利です。

 🔗 **EditThisCookie**
https://chrome.google.com/webstore/detail/editthiscookie/fngmhnnpilhplaeedifhccceomclgfbg?hl=ja

Cookieの名前や値を確認できる

EditThisCookieに表示される代表的な情報は次の通りです。自社サイトでどのようなCookieが発行されているか、一度確認してみるとよいでしょう。

❶Cookieの名前　❷Cooikeの値　❸所属ドメイン　❹有効期限

本書ではCookieを利用したテクニックを多数紹介しているので、その前提としてしっかり理解しておいてください。

関連ワザ **090** ログインIDやGoogleシグナルをユーザー識別に利用する　P.316

基礎知識

導入

設定

指標

ディメンション

データ探索

成果の改善

Looker Studio

BigQuery

014 URLの構成要素を正しく理解する

🔑 **URL**

> Web担当者はURLの構成要素について、それぞれの名前や意味をしっかり覚えておくことが必要です。また、URLのどの要素がGA4やGTMで利用されているかを知ることで、それらの設定をスムーズに進められるようになります。

Googleアナリティクス4を効率的に使いこなしたり、Googleタグマネージャーを通じたタグのカスタマイズをエンジニアに依頼したりするときには、Web担当者がURLの構成要素を正しく理解していることが重要です。

なぜなら、URLのどの部分がGA4に記録されているのかが理解できていなければ、レポートを読み誤る可能性があるからです。また、Web担当者とエンジニアの間で理解の齟齬があれば、GTMを意図通りに設定できないトラブルにつながります。まずは次のURLを例に、URLの構成要素について正しく理解しましょう。

https://www.impress.co.jp/newsrelease/index.php?id=123#detail_1

図表014-1 URLの構成要素

構成要素	呼称	説明
https	プロトコル	通信手順を指定するもの。Webサイトの表示にはhttp、あるいはhttpsが使われる
www	ホスト名	サブドメインとも呼ばれる。ドメインに属するコンピューターを識別する文字列
impress.co.jp	ドメイン名	インターネット上のネットワークを識別する文字列。ホスト名とドメイン名を結合したものを指してホスト名と呼ぶことがある
/newsrelease/	ディレクトリ名	サブディレクトリとも呼ばれる。Webサーバー上のフォルダー名
index.php	ファイル名	Webサーバー上のファイル名
?id=123	クエリパラメータ	URLパラメータとも呼ばれ、Webサーバー上のファイルに追加的な情報を伝えられる。複数指定することもでき、その場合はクエリパラメータ同士を「&」でつないで「?id=123&id2=234」のように記述する
#detail_1	フラグメント	アンカーやハッシュとも呼ばれる。ページの中の特定のパートをブラウザーで表示する場合に利用する

GA4における利用例

URLの各要素について理解したところで、GA4における利用例を見ていきます。GA4のディメンションでは、次の表の内容を理解しておくと、素早く必要なレポートに到達したり、適切なレポートを作成したりできます。

基礎知識

導入

設定

指標

ディメンション

データ探索

成果の改善

Looker Studio

BigQuery

図表014-2 GA4のディメンションに必要なURLの要素

ディメンション名	対象となる要素	具体例
ページロケーション	プロトコルからクエリパラメータまで	https://www.impress.co.jp/newsrelease/index.php?id=123
ホスト名	ホスト名とドメイン名を結合した文字列	www.impress.co.jp
ページパスとスクリーンクラス	ディレクトリ名とファイル名を結合した文字列	/newsrelease/index.php
ページパスとスクリーン名		
ランディングページ＋クエリ文字列	ディレクトリ名、ファイル名、クエリパラメータを結合した文字列	/newsrelease/index.php?id=123
ページの参照URL	（直前ページの）プロトコルからクエリパラメータまで	https://www.google.com/search?q=ga4

GTMにおける利用例

一方、GTMの利用時には、次の表にまとめた知識があるとエンジニアとスムーズに意思疎通できます。GTMの「組み込み変数」として用意されているURL関連の変数に、具体的にURLのどの部分（要素）が格納されるのかが分かります。

図表014-3 GTMに必要なURLの要素

変数名	対象となる要素	具体例
Page URL	プロトコルからクエリパラメータまで	https://www.impress.co.jp/newsrelease/index.php?id=123
Page Hostname	ホスト名とドメイン名を結合した文字列	www.impress.co.jp
Page Path	ディレクトリ名とファイル名を結合した文字列	/newsrelease/index.php

URLは分かっているようでも、実は深いところは理解していないことがあります。本ワザでおさらいしてください。

ワザ
015 GA4で利用機会が多い 正規表現を理解する

🔑 正規表現

> 「正規表現」を利用すると、一定のパターンを持つ文字列が条件にマッチしているかを判定したり、条件にマッチする文字列を抽出したりといった処理が行えます。GA4とGTMでよく使う正規表現を見ていきましょう。

「正規表現」とは、「メタ文字」と呼ばれる特別な意味を持つ記号を用いて、もととなる文字列の中から一定のパターンにマッチする文字列を抽出したり、もととなる文字列の中に一定のパターンが存在するかを判断する表現方法のことです。

Googleアナリティクス4では、特定の条件で絞り込みを行いたいとき、「正規表現一致」が利用できる場合があります。例えば、探索レポートでのセグメント作成や、フィルタ適用などの場合です。また、GTMでは、例えばページタイトルから一部の文字列だけを抽出して「変数」に取り込むときに正規表現を利用できます。いずれの場合にも、正規表現を利用することで「パターン」を一括して指定できるので、効率的かつ柔軟に絞り込みや抽出の条件指定ができます。

まずはGA4とGTMでよく利用する、基本的な正規表現を理解しましょう。正規表現に使用するメタ文字とその意味を次の表にまとめました。

図表015-1 GA4とGTMでよく使う正規表現

メタ文字	意味
\	次に来る文字をメタ文字として扱わない
^	次の文字で始まる
$	前の文字で終わる
.	任意の1文字
*	直前の文字の0回以上の繰り返し
+	直前の文字の1回以上の繰り返し
?	直前の文字の0回または1回の繰り返し
[0-9]	任意の数字1文字
[a-z]	任意のアルファベット1文字（小文字）
|	複数のアイテムのいずれか
()	グループ
\s	半角スペース

実例として、次の5つの文字列を対象に、その下の表に示した正規表現で条件を指定すると、表内で示した通りにマッチします。

①Home
②Home-Japan
③Company-Home
④ABC123-Home
⑤Detail-ABC123

基礎知識

導入

設定

指標

ディメンション

データ探索

成果の改善

Looker Studio

BigQuery

図表015-2 正規表現に該当する文字列

正規表現	該当する文字列の番号				
	①	②	③	④	⑤
^Home	●	●			
Home$	●		●	●	
^Home$	●				
(Company|ABC123)-Home			●	●	
(Detail-)?ABC123.*				●	●

また、正規表現を利用して、文字列の該当する部分を抽出できます。例えば、次の文字列から「トップページ」だけを抜き出すには、その下にある正規表現を記述します。

対象文字列：トップページ | kazkidaテストサイト
正規表現：　^(.+)\s\|\skazkidaテストサイト

この正規表現では、まず「^」で「次の文字で始まる」と指定しています。続いて「(.+)」で「任意の1文字が1回以上繰り返される部分を抽出する」と指定しました。正規表現では括弧でくくった部分が抽出されることを覚えておきましょう。これにより「トップページ」が抽出対象となります。

それ以降の「\s\|\skazkidaテストサイト」は、半角スペース+「|」（パイプ）+半角スペースに続く「kazkidaテストサイト」の部分に一致します。この部分は「()」に含めていないため抽出対象にはならず、結果的に「トップページ」のみが抽出されます。

> 正規表現は一見とっつきにくいですが、学ぶコストに比べて、学んだ後のメリットが大きい知識です。

関連ワザ **052** 長いページタイトルの一部だけを利用する　　　　　　　　P.166

ワザ 016 GA4の認定資格で自分の知識を確認する

🔑 Googleアナリティクス認定資格／GAIQ

> Googleは「GAIQ」に変わる新しい認定資格として「Googleアナリティクス認定資格」を提供しています。試験問題はすべてGA4が対象です。GA4の知識レベルを確認するため、受験してみてもよいでしょう。

2022年8月、GoogleはGoogleアナリティクス4を対象とした新しい資格「Googleアナリティクス認定資格」を発表しました。ユニバーサルアナリティクスに対しては「GAIQ」（Google Analytics Individual Qualification）という資格がありましたが、Googleアナリティクス認定資格は、その後継となる資格です。

試験の詳細は次の通りで、受験はGoogleが提供するラーニングサイト「スキルショップ」から行えます。

- 制限時間： 75分
- 出題： 50問（日本語）
- 合格レベル：80%
- 受験料： 無料
- 再受験： 不合格だった場合、24時間経過後に再受験可能

スキルショップには「認定を受けると、プロパティの設定と構成、各種レポートツールや機能の使い方など、Googleアナリティクスを理解していることを証明できます」という記載があります。みなさん自身のGA4の知識レベルを確認し、対外的に証明するためにも、ある程度習熟できたところで受験してみることをおすすめします。

🔗 Googleアナリティクス認定資格
https://skillshop.exceedlms.com/student/path/525062-google?sid_i=4

> 筆者は認定資格が発表された翌日に受験し、無事合格しました。難易度の高い問題もいくつかありました。

017 GA4を英語表示にしてUIを確認する

ワザ

基礎知識

導入

設定

指標

ディメンション

データ探索

成果の改善

Looker Studio

BigQuery

🔑 言語

> GA4を通常は日本語表示にして利用している人がほとんどだと思います。しかし、時には英語表示にすることで、開発者が意図した指標をダイレクトに理解できる場合があります。言語の切り替え方法を解説します。

筆者も日常的にはGoogleアナリティクス4を日本語で利用していますが、時々英語表示に切り替えて、メニューやディメンション名、指標名を確認しています。GA4は英語で開発されているため、英語表示にすることで「翻訳前の原書」にあたることができます。より開発者の意図したかたちで、GA4という「ツール」を利用できるわけです。

また、英語表示にするメリットとして大きいのは、指標や設定項目の意味が名前から直接的に理解できることです。例えば、GA4で登場した新しい指標に「エンゲージのあったセッション（1ユーザーあたり）」があります。日本語では直感的に理解しづらい印象がありますが、英語表記にすると「Engaged sessions per user」です。こちらのほうが、スッと頭に入ってくる感覚があるのではないでしょうか?

GA4の言語を英語に切り替えるには、次のように操作したうえで、いったんGoogleアカウントからログアウトします。その後にログインし直すと、GA4が英語表記になります。

📊 GA4 　**管理 ▶ ユーザー**

［言語］で［English (United States)］を選択する

> GA4のURL中の「hl=ja」を「hl=en」に変えることでも、当座の表示を英語に切り替えることが可能です。

ワザ 018 Googleの公式リソースを活用する

🔑 ヘルプ

> GA4の学習に役立つ、Google公式のコンテンツを集めました。どの情報源も貴重な情報を提供してくれます。本書と併せてチェックしていくと、困ったことがあった場合に、きっと解決への近道になるでしょう。

Googleアナリティクス4の学習を進めるにあたり、参考になるGoogle公式のリソースを次にまとめます。最新情報を調べたいときにも活用してください。

公式ヘルプ

Google公式によるヘルプです。日本語が多少「翻訳調」であったり、意味が取りづらかったりしますが、公式な情報として非常に価値があります。

🔗 次世代のアナリティクスであるGoogleアナリティクス4（GA4）のご紹介
https://support.google.com/analytics/answer/10089681?hl=ja

GA4デモアカウント

Googleのエンジニアが「Google Merchandise Store」という実在するECサイトに実装したGA4プロパティを、みなさん自身のアカウントに紐付けてデモアカウントとして利用できます。ライブラリ機能が利用できないなど、多少の制約はありますが、どのようなレポートが存在し、どのようなディメンションや指標があるのか、セグメントはどのように作れるのかなどを実際に確認・操作でき、学習用の基盤としても非常に有用です。

🔗 デモアカウント
https://support.google.com/analytics/answer/6367342?hl=ja

Google Merchandise Store

GA4のデモアカウントの計測対象サイトで、Googleのグッズを販売しています。

🔗 Google Merchandise Store
https://shop.googlemerchandisestore.com/

GA4デベロッパーサポート

GA4の実装について、エンジニア向けの技術的なリファレンスやサンプルコードなどが掲載されています。

🔗 **Googleアナリティクス▶Measurement▶GoogleAnalytics4**
https://developers.google.com/analytics/devguides/collection/ga4?hl=ja

BigQuery GA4サンプルデータセット

BigQuery上のGA4のデータセットが公開されています。プライバシー配慮のために加工されていますが、どのようなデータが記録されているのかを確認するのに最適な環境になっています。

🔗 **Googleアナリティクス4 eコマースウェブ実装向けのBigQueryサンプルデータセット**
https://developers.google.com/analytics/bigquery/web-ecommerce-demo-dataset

Googleアナリティクス公式コミュニティ

Googleアナリティクス公式コミュニティは、自由に質問できるコミュニティです。回答者は有志のユーザーであるため、回答内容は公式ではありませんが、「場」としてのコミュニティはGoogleがホストしています。

🔗 **Googleアナリティクスのヘルプコミュニティ**
https://support.google.com/analytics/community?hl=ja

What's new

GA4への機能追加、新しいディメンションや指標の追加といった最新情報がアナウンスされます。英語版と日本語版がありますが、翻訳に時間がかかるため、英語版のほうが情報が新しいです。

🔗 **What's new**（英語）
https://support.google.com/analytics/answer/9164320?hl=en

🔗 **What's new**（日本語）
https://support.google.com/analytics/answer/9164320?hl=ja

基礎知識

導入

設定

指標

ディメンション

データ探索

成果の改善

Looker Studio

BigQuery

次のページに続く ▷

Googleスキルショップ

GA4の学習コンテンツ、およびGoogleアナリティクス認定試験（ワザ016を参照）に関するコンテンツが掲載されているサイトです。GA4だけでなく、他のGoogleプロダクトについても取り扱われています。

 🔗 スキルショップ
https://skillshop.withgoogle.com/intl/ja_ALL/

Twitter公式アカウント

番外編として、Googleアナリティクスの公式Twitterアカウント（英語）をフォローしておくことをおすすめします。GA4関連のニュースや機能のアップデートについてアナウンスがあり、最新情報をいち早く入手できるでしょう。

 🔗 GoogleAnalyticsTwitter
https://twitter.com/googleanalytics

Google Analytics ✔
1.3万 件のツイート

… フォロー

Google Analytics ✔
@googleanalytics

Get the latest news and product updates on Google Analytics, Tag Manager and the Google tag. Learn more at g.co/marketingplatf...
自己紹介を翻訳

> Twitter公式アカウントでは、GA4関連のニュースなどが投稿されている

これらの情報に加え、不明点があったら自分で検証する習慣を付けると、GA4をより使いこなせるようになるはずです。

第 2 章

導　入

Googleアナリティクスの新しいアカウントを開設し、GA4を導入をしましょう。また、イベントの収集やGoogleタグマネージャーの利用についても学び、必要なデータを計測できるようにしていきます。

ワザ 019 GA4の導入と追加的なデータ取得の流れを理解する

🔑 導入／計測

> GA4の導入を行いましょう。本章ではGA4で計測を始めるための設定方法に加え、レポートを利用するうえで必要な知識、デフォルトでは収集されないユーザー行動を取得するテクニックを解説していきます。

本章に収録しているのは、Googleアナリティクス4の導入に関連するワザです。具体的には、Googleアナリティクスアカウントの開設（ワザ020）と、GA4プロパティの新規作成（ワザ021）など、GA4でサイトの計測を始める準備についてのワザがあります。

また、Googleタグマネージャー経由で設定する、GA4のもっとも基本的なタグ「GA4設定タグ」の実装方法（ワザ025）と、実装したタグが想定通りのイベント、パラメータをGA4に送信しているかどうかの確認方法（ワザ026〜028）を紹介しています。

初級者の方は、前述のワザだけでGA4でのサイト計測を開始できます。一方、レポートを利用するうえではイベントとパラメータについて理解する必要があります。本章では、GA4が収集する「拡張計測イベント」（ワザ035〜040）についても解説しているので、それらで学んでください。また、データ収集の根幹をなすデータモデル（ワザ029）や、イベントとパラメータの関係（ワザ030）、4つあるイベントの種類（ワザ031〜034）についても理解を深めてください。

しばらくGA4を利用すると、デフォルトで収集される行動以外のユーザー行動や、会員IDなどのユーザーの情報や属性をGA4に追加し、収集したくなる場合があると思います。それらのニーズに柔軟に対応できるのがGA4の特徴の1つです。

デフォルトでは収集されないデータを追加するには、ワザ044で追加的なデータの全体像を理解したうえで、残りのワザを参照してください。すでに追加で取得したいユーザー行動がある場合はもちろん、「どのようなユーザー行動を追加で取得できるのか?」という疑問にも答えるワザをたくさん用意しています。

GA4実装後、1日以上経過したらデータの蓄積を確認するために［ホーム］を表示する

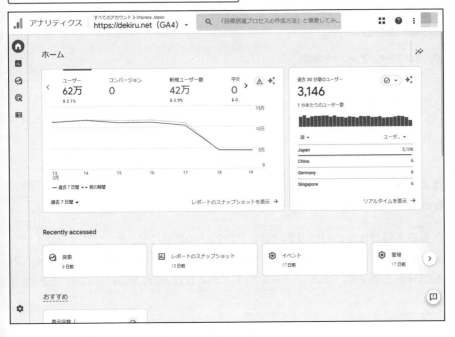

GA4の実装についての知識、カスタマイズについてのアイデア、
データモデルについて網羅的に理解できます。

ワザ 020 Googleアナリティクスの アカウントを開設する

🔑 **アカウント／アカウント開設**

> Googleアナリティクスのアカウントの開設方法を解説します。今からGoogleアナリ
> ティクスを新規に導入する場合は、本ワザから操作を始めてください。通常は「1
> 社につき1アカウント」を作成します。

読者のみなさんには、今から新規にGoogleアナリティクスでWebサイトの計測を行う人
もいると思います。Googleアナリティクスは次の手順で利用できます。

最初の手順がGoogleアナリティクスのアカウントの開設です。本ワザではその手順を
説明するので、次のリンクから操作してください。また、アカウントの開設にはGoogleア
カウントが必要です。Gmailのメールアドレスがあれば、それがGoogleアカウントとなり
ます。

Googleアカウントを入手した後、Googleアナリティクスアカウントを作成する手順として
は、Googleアナリティクスのトップページを表示して［測定を開始］をクリックすることか
ら始めます。その後、アカウント名、プロパティ名（ワザ021を参照）を入力し、レポート
のタイムゾーンや通貨指定を行います。

 🔗 **Google** アナリティクス
https://analytics.google.com/analytics/web/?hl=ja#/provision

1 ［測定を開始］をクリック

.ɪl アナリティクス

Google アナリティクスへようこそ

Google アナリティクスなら、ビジネスのデータ分析に必要なさまざまなツールを無料でご利用いただけるた
め、よりスマートな決断を下せます。

測定を開始

詳細な情報

サイトやアプリのユーザー像を詳しく分析
し、ご自身のマーケティングやコンテン
ツ、商品などのパフォーマンスを的確に把

2 アカウント名を入力

Googleとのデータ共有を希望しない場合はチェックをすべて外す

3 [次へ]をクリック

4 プロパティ名を入力

5 [日本]を選択

6 [日本円（JPY ¥）]を選択

次のページに続く ▷

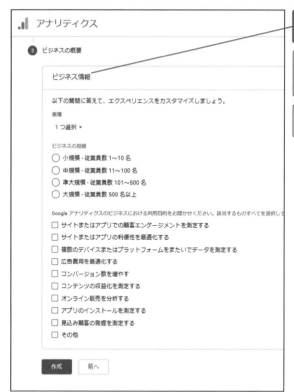

7 ビジネス情報を入力

入力しなくてもGoogleアナリティクスのアカウントは作成できる

次の画面で利用規約を確認し、同意する

Googleアナリティクスのアカウントの開設が完了し、各種の設定が行える管理画面が表示される

次のステップは、WebサイトにGoogleアナリティクスのトラッキングコード、もしくは
Googleタグマネージャーのコンテナスニペットを挿入することです。本書では、Google
タグマネージャーのコンテナスニペット経由でGoogleアナリティクス4を実装することを
強く推奨します。

🖐️ ポイント

- Googleアナリティクスのアカウントは、複数のサイトやアプリを運営していても、
  通常は「1社につき1アカウント」を所有するのが一般的です。
- 従って、アカウント名には自社名やGoogleアナリティクスを利用する組織の名称を
  入力するのが望ましいです。
- プロパティとは「1つの固まりとして測定したい単位」を表しています。従って、自社
  に①コーポレートサイト、②アプリとWebで展開するECサイトがあるのであれば、
  通常は①と②それぞれのプロパティを作成し、2つのプロパティを作成するのが一
  般的です。
- アカウントの開設操作の中に、最初のプロパティを作成する手順も組み込まれてい
  ます。そのため、最初のプロパティはアカウント作成中に作成することになります
  が、後から追加もできます。
- プロパティ名にはWebサイト名やアプリ名、アプリとWebサイトで提供するサービ
  ス名などを入力してください。

今からGA4を初めて実装する人は、本章のうちワザ021 ～ 025
を実施するだけで基本的な導入は完了します。

| 関連ワザ **022** Googleタグマネージャーの役割と機能を理解する | P.68 |
| 関連ワザ **023** Googleタグマネージャーのアカウントを開設する | P.72 |

ワザ 021 プロパティとデータストリームを新規作成する

🔑 **プロパティ／データストリーム**

> 本ワザでは引き続き、GA4で新たに計測を開始する手順を解説します。アカウント開設時に作成される「プロパティ」はデータを分析する単位であり、データを格納する器です。その器にデータを投入するのが「データストリーム」です。

Googleアナリティクスのアカウントを新規に開設すると、自動的にプロパティが作成された状態になっています。分析するWebサイトやアプリを追加したい場合は、次の方法で新規にGA4プロパティを作成しましょう。

プロパティ作成の手順は、管理画面の「プロパティを作成」をクリックし、プロパティ名、レポートのタイムゾーンや通貨を指定します。次に、プロパティにデータを蓄積するもととなるデータストリームを作成します。データストリーム作成には計測対象のサイトのURLが必要です。

.ıl GA4 　**管理**

1 ［プロパティを作成］を
クリック

2 プロパティ名を入力

3 [日本] を選択

4 [日本円（JPY ¥）] を選択

5 ビジネス情報を入力

入力しなくてもGoogleアナリティクスのアカウントは作成できる

次のページに続く ▷

前述の操作でプロパティは作成できていますが、プロパティは「計測したデータを受け取る器」であり、実際にプロパティに対して計測データを送信するのは「データストリーム」なので、次はデータストリームを作成します。

基礎知識
導入
設定
接続
ディメンション
データ探索
成果の改善
Looker Studio
BigQuery

.ıl GA4 管理 ▶ データストリーム

1 プラットフォームを選択

Webサイトの計測であれば［ウェブ］をクリックする

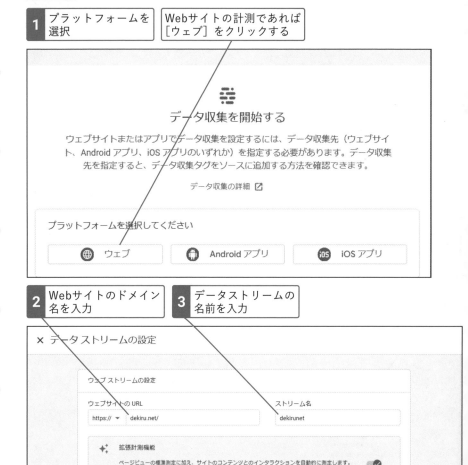

データ収集を開始する

ウェブサイトまたはアプリでデータ収集を設定するには、データ収集先（ウェブサイト、Android アプリ、iOS アプリのいずれか）を指定する必要があります。データ収集先を指定すると、データ収集タグをソースに追加する方法を確認できます。

データ収集の詳細 ☑

プラットフォームを選択してください

| ⊕ ウェブ | 🤖 Android アプリ | iOS iOS アプリ |

2 Webサイトのドメイン名を入力

3 データストリームの名前を入力

✕ データ ストリームの設定

ウェブ ストリームの設定

ウェブサイトの URL
https:// ▼ | dekiru.net/

ストリーム名
dekirunet

✦ 拡張計測機能
ページビューの標準測定に加え、サイトのコンテンツとのインタラクションを自動的に測定します。関連するイベントとともに、ページ上にある要素（リンクや埋め込み動画など）からもデータが収集される場合があります。個人を特定できる情報が Google に送信されないようにご注意ください。詳細

測定中： 👁 ページビュー数　⟷ スクロール数　🖱 離脱クリック　他 3 個　⚙

ストリームを作成

［拡張計測機能］は基本的にはデフォルトのままでよい

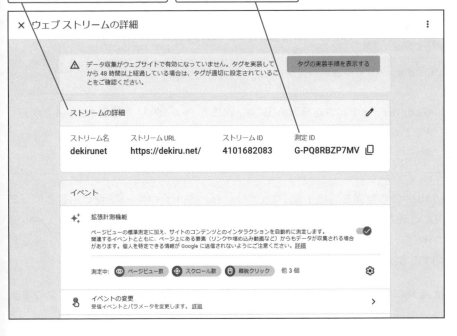

［ウェブストリームの詳細］画面では、GA4プロパティの「測定ID」を取得できます。この測定IDをGoogleタグマネージャーで作成したタグに入力することで、サイトの計測を開始できます。また、プロパティとデータストリームが完成したことで、各種設定を行えるようになりました。第3章を参照しながら必要な設定を行ってください。

✋ ポイント

・プロパティはデータを集約する器、データストリームはプロパティにデータを収集する実体と考えてください。

本書では、Webサイトの計測を前提としています。データストリームを「ウェブ」で作成したうえで、各ワザを参照してください。

| 関連ワザ **025** | GA4設定タグをコンテナに追加する | P.76 |
| 関連ワザ **071** | データストリームについて理解する | P.258 |

ワザ 022 Googleタグマネージャーの役割と機能を理解する

🔑 **タグマネージャー／タグ／トリガー**

> Googleアナリティクスを導入するには、Webサイトで「タグ」を稼働させる必要がありますが、そのタグを埋め込むツールとして現在主流なのが「Googleタグマネージャー」です。役割と機能を理解してください。

Webサイトの計測を開始するには、サイトにJavaScriptのコードを埋め込む必要があります。それには、2つの方法があります。1つは、Googleアナリティクスの「トラッキングコード」を直接Webサイトに記述する方法、もう1つはタグマネージャーというツールを利用する方法です。

大企業においては、2つ目のタグマネージャー経由でのGoogleアナリティクスの導入が一般的になっています。個人のサイトであっても、タグマネージャー経由でGoogleアナリティクスを導入したほうがメリットが大きいです。

そこで、Googleが提供するタグマネージャツールである「Googleタグマネージャー」（GTM）を例に、タグマネージャーとは何か、どんな仕組みなのか、どのようなメリットがあるのかを解説します。

┃タグマネージャーの仕組み

タグマネージャーというツールは、別名「ワンタグソリューション」と呼ばれます。Webの施策は広告、レコメンデーション、マーケティングオートメーションなど、ほとんどがサイトに「タグ」と呼ばれる十数行のJavaScriptを貼り付けることが必要です。いろいろな施策をすればするほど、Webページに多様な「タグ」が貼り付けられていきます。

次のページの図の左側がタグマネージャー導入前の状態です。そもそもタグをHTMLに埋め込む作業は手間がかかるだけではなく、埋め込む途中で他のタグを誤って消してしまうという事故も発生する恐れがあるでしょう。結果として、実施したい施策をスピーディーに導入できないという弊害が生まれてしまいます。

また、新規の施策を行うためにタグを埋め込んでほしいとシステム側に依頼するマーケティング側の担当者はいますが、施策が終了したり、ツールを使わなくなったりしたからといって、埋め込んだタグを削除してほしいと依頼する担当者は見たことがありません。かくしてHTMLは利用中、あるいは利用後のツールのタグがどんどん増えていくばかりの状態で、タグのメンテナンス自体に手間がかかるようになります。

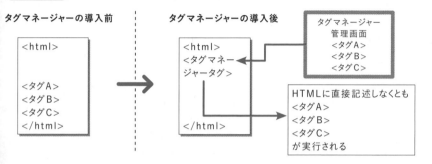

図表022-1 タグマネージャーの導入前と導入後の違い

前述の状態を解決するのがタグマネージャーです。タグマネージャーを導入すると、図表022-1右側の「タグマネージャーの導入後」の通り、HTMLにはタグマネージャーのタグしか埋め込む必要がありません。そのうえ、HTMLで稼働させたいタグは管理画面から比較的簡単に稼働させることができます。つまり、各種のタグを一元管理できるということです。

以上が、タグマネージャーの基本的な仕組みです。GTMも、前述の仕組みの通りに動作します。また、GTMは無料で利用できます。GTMでは、図表022-1の「タグマネージャータグ」のことを「GTMコンテナスニペット」、あるいは単にコンテナスニペットと呼びます。

▌GTMのフレキシビリティ

タグマネージャーのメリットの1つは、各種のタグを一元管理できることであると説明しましたが、他にもメリットがあります。タグを直接HTMLに記述した場合、そのタグはどのような条件でも動作するので、特定のページでだけ動作してほしいタグは特定のページにだけ埋め込むことが必要になります。

次のページに続く ▷

基礎知識

導入

設定

抽出

ディメンション

データ探索

成果の改善

Looker Studio

BigQuery

代表的な例として「コンバージョンタグ」があります。「コンバージョンタグ」は広告ソリューションが提供するタグで、広告ソリューションが配信した広告からコンバージョンが発生したことを通知する役割があります。そのため、サンキューページにのみ埋め込む必要があります。そのような「条件を伴ったタグの稼働」をさせる機能がGTMには備わっています。次の図の左側で示している通り、あるルールに沿って、タグを稼働させることができるのです。

図表022-2 タグを実行するためのルールの例

【ルールを作成できる項目の例】
- ✔ パス（=URL）
- ✔ クエリパラメータ
- ✔ ページタイトル
- ✔ スクロール
- ✔ Cookie
- ✔ クリック

×

【タグ=実際に実行するスクリプト】
- ✔ GAの設定タグ
- ✔ GAのイベントタグ
- ✔ Google広告のリマケタグ
- ✔ Google広告のCVタグ
- ✔ Yahoo!広告のCVタグ
- ✔ その他任意のJavaScript

例えば、「URLが○○○を含む場合」にタグAを稼働させる、「ページ全体の○%までスクロールされたら」タグBを稼働させる、「ブラウザーがCookie値○○を持っていたら」タグCを稼働させる、などの使い方があります。そうしたフレキシビリティもGTMを利用する大きなメリットの1つです。

さらに、GTMには「動的な値」を取得できる機能が備わっています。例えば、広告のコンバージョンタグが、広告ソリューションに売上の金額を送信したい場合、その値は動的です。つまり、100円の売上があれば「100」を、1,000円の売上があれば「1000」を広告ソリューションに送信する必要があります。

別の例として、Googleアナリティクス4で「会員ID」を取得したい場合、ログイン完了ページでAさんがログインしたときの会員IDは「aaa111」かもしれませんが、Bさんがログインしたときの会員IDは「bbb111」かもしれません。その場合も、会員IDという動的な値をGA4に送信する必要があります。フレキシブルにタグを運用し、管理できることがGTMのメリットです。

GTM内で作成する3種類の機能部品

GTMコンテナスニペットをサイトに埋め込んだあと、実際にタグを作成し、目的のタグ運用を行いましょう。そのためには、GTMの管理画面で「タグ」「トリガー」「変数」の3種類の機能部品を作成する必要があります。それぞれ次の通りに説明しているので、参照してください。

タグ

タグは通常、十数行のJavaScriptのコードを意味します。一方、GTMでは、必ずJavaScriptを記述しないとタグを作成できないのかというと、そうではありません。GTMには特定のツールで簡単に実装ができるよう「プリセットタグ」という「あらかじめ所定の動作をするタグ」が用意されています。

「プリセットタグ」が存在する場合には、そのタグに簡単な設定を加えるだけで、JavaScriptを記述することなく、タグを動作させられます。タグは、動作（例：GA4のトラッキングビーコンの送信）するための「条件」を必要とします。その条件を「トリガー」と呼びます。

トリガー

タグを動作させる条件です。例えば「page_view」イベントを取得したい場合には、全ページでタグを稼働させる必要があるため、作成するトリガーは「すべてのページ」となります。一方、ネット広告のコンバージョンを送信するタグを動かす条件は、「URLがサンキューページに一致する特定のページ」となります。

変数

GA4に送信できるのは、「page_view」「scroll」などの、どのユーザーが操作しても送信される固定的な文字列だけではありません。例えば、ユーザーのログインIDも送信できます。ログインIDはユーザーによって異なるので、決まった値（定数）を送信することはできません。そこで、ユーザーがログインするたびにログインIDを「変数」に取り込み、タグは「変数」をGA4に送信します。

GTMには、GA4にトラッキングビーコンを送信する基本的な「GA4設定タグ」がプリセットタグとして用意されています。

関連ワザ **023** Googleタグマネージャのアカウントを開設する　　　　P.72

基礎知識

導入

設定

指標

ディメンション

データ探索

成果の改善

Looker Studio

BigQuery

ワザ 023 Googleタグマネージャーの アカウントを開設する

🔑 Googleタグマネージャー／アカウント開設

> Googleタグマネージャーについて「エンジニア向けのツールでは?」と認識している人もいると思いますが、基本的なGA4導入であればWeb担当者でも十分に可能です。まずはアカウントの作成方法を見ていきましょう。

本ワザではGoogleタグマネージャーのアカウント作成方法を解説します。GTMのログインにはGoogleアカウントが必要ですが、Googleアナリティクスと同じアカウントが使用できます。 GoogleアカウントでログインしているブラウザーでGTMのトップページを訪問し、アカウント作成手順に従ってください。

🔗 Googleタグマネージャー
https://tagmanager.google.com/#/home

1 [アカウントを作成] をクリック

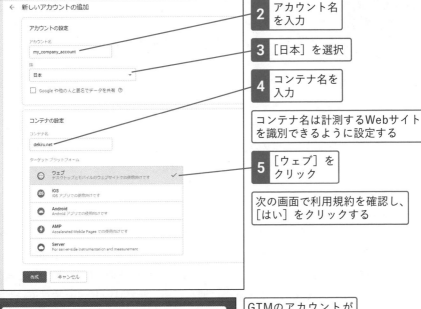

2 アカウント名を入力

3 [日本]を選択

4 コンテナ名を入力

コンテナ名は計測するWebサイトを識別できるように設定する

5 [ウェブ]をクリック

次の画面で利用規約を確認し、[はい]をクリックする

GTMのアカウントが開設された

Webサイトに埋め込むためのコンテナスニペットが表示された

ポイント

・GTMのアカウントは通常「1社につき1アカウント」を作成します。

・最初のアカウント作成と同時に、最初のコンテナが作成されます。1つのアカウント配下で複数のコンテナを同時に運用することも可能です。

いかがでしたか? 意外と簡単にGTMアカウントの開設と、最初のコンテナの作成ができたのではないでしょうか?

関連ワザ 022 Googleタグマネージャーの役割と機能を理解する　　P.68

基礎知識

導入

設定

指標

ディメンション

データ探索

成果の改善

Looker Studio

BigQuery

ワザ 024 コンテナスニペットを HTMLソースに挿入する

🔑 コンテナスニペット

> みなさんが運営するWebサイトの全ページにGTMのコンテナスニペットを設置することで、GTMを利用したタグの管理が可能となります。本ワザを参考に、HTMLソースの指定の位置にスニペットを挿入してください。

前のワザ023に従いGoogleタグマネージャーのアカウントの作成が完了すると、GTMコンテナスニペットが入手できます。GTMコンテナスニペットは2つあり、それぞれ貼り付け場所が指定されています。また、次のコードに含まれている「GTM-PHDM6VL」はコンテナIDです。開設したコンテナによって異なるので、自身のGTMアカウントで確認してください。1つ目は<head>タグ直後に埋め込み、2つ目は<body>タグ直後に埋め込むコンテナスニペットです。

```
<!-- Google Tag Manager -->
<script>(function(w,d,s,l,i){w[l]=w[l]||[];w[l].push({'gtm.start':
new Date().getTime(),event:'gtm.js'});var f=d.getElementsByTagName(s)[0],
j=d.createElement(s),dl=l!='dataLayer'?'&l='+l:'';j.async=true;j.src=
'https://www.googletagmanager.com/gtm.js?id='+i+dl;f.parentNode.insertBefore(j,f);
})(window,document,'script','dataLayer','GTM-PHDM6VL');</script>
<!-- End Google Tag Manager -->
```

```
<!-- Google Tag Manager (noscript) -->
<noscript><iframe src="https://www.googletagmanager.com/ns.html?id=GTM-PHDM6VL"
height="0" width="0" style="display:none;visibility:hidden"></iframe></noscript>
<!-- End Google Tag Manager (noscript) -->
```

HTMLは簡略化すると、次のページの表のような構造をしています。それぞれのコンテナスニペットの貼り付け位置について確認してください。

基礎知識

導入

設定

指標

ディメンション

データ探索

成果の改善

Looker Studio

BigQuery

図表024-1 HTMLにコンテナスニペットを貼り付ける位置

```
<html>
  <head>
    1つ目のコンテナスニペット
  </head>

  <body>
    2つ目のコンテナスニペット
    <!-- 省略-->
  </body>
</html>
```

ただし、2つ目のコンテナスニペット(実質的なタグが<noscript>で始まるスニペット)は、JavaScriptが動作しない端末や環境から「ヒット」だけを収集するためのものです。分析できるようなデータを収集しないので、2つ目のコンテナスニペットは特別な事情がなければ実装は不要です。その場合、JavaScriptが動作しない環境からのサイト利用はまったく取得しないことになります。

1つ目のコンテナスニペットは必ず全ページに埋め込んでください。通常、企業が運営するサイトはWordPressなどのコンテンツ管理システム(Contents Management Sysyste:CMS)で作成されているので、システムにコンテナスニペットを登録すれば全ページに実装されるはずです。具体的な実装方法は利用しているCMSの仕様に従ってください。

コンテナスニペットの「コンテナ」に「タグ」を入れることで、タグが動作するイメージを持ってください。

基礎知識

導入

設定

指標

ディメンション

データ探索

成果の改善

Looker Studio

BigQuery

ワザ 025 GA4設定タグをコンテナに追加する

🔑 **GA4設定タグ／コンテナ**

> コンテナスニペットをWebサイトの全ページに埋め込んだら、コンテナに「GA4設定タグ」を投入しましょう。GTMでの設定が完了すると、GA4における詳細なユーザー行動のトラッキングが始まります。

前のワザ024に従い、Googleタグマネージャーのコンテナスニペットを全ページに埋め込んだら、次はGoogleアナリティクス4の実装です。GTMにおけるGA4関連のプリセットタグは2種類あります。1つは基本となる「設定タグ」、もう1つは追加的なイベントを送信する「イベントタグ」です。本ワザで紹介する「GA4設定タグ」さえ導入すれば、自動収集イベント（ワザ032を参照）と拡張計測イベント（ワザ033を参照）が収集されます。

手順としては、GTMにログインし、左列のメニュー「タグ」から「新規」をクリックします。あらかじめGTMが用意しているプリセットタグのリストから「GA4設定」タグを選択し、GA4のデータストリームからコピーしてきた「測定ID」を貼り付けます。その後、そのタグを発火させるため、「トリガー」を同タグに紐付けます。

◆ **GTM** **タグ ▶ 新規 ▶ タグの設定**

設定タグとイベントタグがある

GA4 管理 ▶ データストリーム ▶ （ストリーム名）

[測定ID] をコピーする

トリガーを設定する

設定内容

タグ名	GA4-CONFIG
タグの種類	Googleアナリティクス4：GA4設定
測定ID	前掲の画面でコピーした測定ID
トリガー	Initialization - All Pages

ポイント

・[Initialization - All Pages] トリガーは、GTMに投入する他のタグよりも早く発火させたいタグに紐付けます。GA4設定タグは、カスタムイベントなどを送信する「GA4イベント」タグよりも先に発火させたいため、このトリガーを選択します。

意外と簡単にGTM経由でのGA4実装が完了しました。次はタグの「公開」前に行うプレビューについて学びましょう。

関連ワザ **023** Googleタグマネージャのアカウントを開設する　　　　　　　　　　P.72

ワザ 026 追加したタグの動作を GTMのプレビューで確認する

🔑 検証／拡張機能

> GTMに投入したタグを稼働させるには「公開」の作業が必要です。ただし、公開はタグの動作やサイトの表示に問題ないことを確認してから行いましょう。GTMの機能を使用して、確認する方法を紹介します。

前のワザ025に従い、GoogleタグマネージャーでのGA4設定タグの実装が完了しても、そのタグを「公開」するまでは、まだ一般のサイト訪問者の行動をトラッキングしていません。そこで公開の作業が必要になりますが、その前に実装したタグの動作、およびサイトに崩れがないかを検証するのが作法となっています。企業によっては、トラブルを未然に防ぐため、公開前の手順をルール化している場合もあるかと思います。

検証には次の表の通り、いくつかの方法があります。本ワザでは、タグの動作とサイトの崩れの両方を検証できるGTMのプレビューモードを紹介します。

図表026-1 公開前の検証方法の一覧

方法	タグの動作の検証	サイト崩れの検証	イベントやパラメータの詳細の検証
GTMの プレビューモード	○	○	○
GA4の Debug View	○	×	○
BigQueryの ストリーミング	○	×	○

GTMのプレビューモードは、Chromeの拡張機能である「Tag Assistant Legacy」をインストールして操作します。アドオンなしでもプレビューはできますが、筆者が実験したところ、アドオンなしの場合は検証用ウィンドウが別ウィンドウで開いてしまい、操作性がよくありません。そのため、基本的にはこのアドオンを入れておくのが望ましいと考えます。ここで紹介する操作手順はすべて、このアドオンがインストールされていることを前提としています。

タグ、トリガーなどの設定が完了したら、画面右上の［プレビュー］ボタンをクリックします。するとタブが2つ開くので、1つはトラッキングビーコンの送信確認、もう1つは画面崩れがないかどうかの確認に利用します。

Tag Assistant Legacy (by Google)

https://chrome.google.com/webstore/detail/tag-assistant-legacy-by-g/kejbdjndbnbjgmefk
gdddjlbokphdefk?hl=ja

◆ GTM タグ ▶ プレビュー

> 自動的にタブA（右から2番目のタブ）
> とタブB（右端のタブ）が表示された

> [Continue] をクリックして
> プレビューモードを開始する

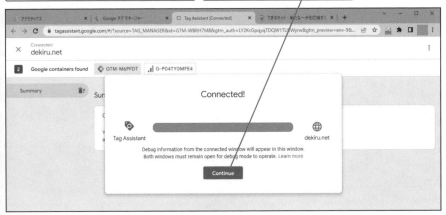

初回プレビューの場合は、検証用サイトのドメイン名の入力を促されるので、ドメイン名
を入力します。タブAでは、Tag Assistantによるタグの動作の検証を行います。タブ
Bでは、サイトの表示の崩れがないことを確認しましょう。

> サイトの表示の崩れをチェックするには、
> サイトが表示されているタブBを確認する

次のページに続く ▷

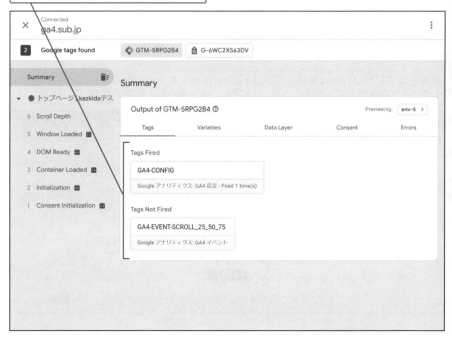

GA-CONFIGは発火し、GA4-EVENT-SCROLL_25_50_75は発火していない

上記の画面では、GA4-CONFIGタグは発火し、GA4-EVENT-SCROLL_25_50_75タグは発火していないことを示しています。

続いて、Googleアナリティクス4に送信された値の確認をします。ここで検証中のGTMの設定では、URLが「chikuhaku」を含むページで、25%、50%、75%スクロールのカスタムイベント（ワザ044を参照）を取得する設定をしています。カスタムイベントが送信されるかどうかを確認するため、タブBで「/chikuhaku1.html」を表示し、目分量で25%を超える程度までスクロールしましょう。タブA（Tag Assistant）に戻ると、次のページの画面が表示されています。

基礎知識

導入

設定

指標

ディメンション

データ探索

成果の改善

Looker Studio

BigQuery

[Tags Fired] の欄に「GA4-EVENT-SCROLL_25_50_75」タグが表示された

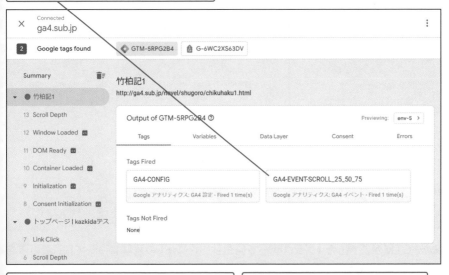

イベントとして「scroll」、パラメータとして「percent_scrolled」が送信されている

[13 Scroll Depth] をクリックすると、イベントの詳細を確認できる

Tag Details

Properties

Name	Value
Type	Google アナリティクス: GA4 イベント
e コマースデータを送信	false
イベント名	"scroll"
イベント パラメータ	[{name: "percent_scrolled", value: "Scroll Depth Threshold"}]
設定タグ	"G-6WC2XS63DV"

Messages Where This Tag Fired

13 Scroll Depth

Firing Triggers

Scroll_25_50_75

Filters		
_event	equals	gtm.scrollDepth
_triggers	matches RegEx	(^$|((,*|,)61231368_63($|,)))
Page URL	does not match RegEx	http://ga4\.sub\.jp(/$|/\?.*|/index\.html.*)

Blocking Triggers

No blocking triggers

次のページに続く ▷

前掲の画面にある [13 Scroll Depth] の「13」というのは、GTMが認識した「イベント」の13番目という意味です。

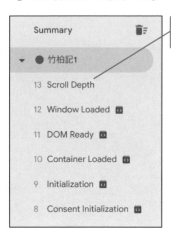

イベントが認識された順序を表している

また、GTMが認識した「ブラウザーで発生したイベント」の意味については、次の表を参照してください。

図表026-2 イベントの値と意味

番号	イベント / 日本語での呼称	イベントの意味
8	Consent Initialization / 同意の初期化	確実に他のすべてのトリガーの配信よりも前に適用するためのトリガータイプ。もしユーザーにCookieの利用について同意を得るためのタグを配信する場合には、このイベントでトリガーを配信する。
9	Initialization / 初期化	同意の初期化の次に早く配信するためには、このイベントでトリガーを配信する。GA4設定タグは、この初期化に紐付けるのが一般的。
10	Container Loaded / ページビュー	ページが表示されたときに検知されるイベント。ページビューとともに発火させたいタグがあった場合に、トリガーをこのイベントに紐付ける。
11	DOM Ready / DOM Ready	ブラウザーでHTMLの読み込みが完了し、DOMと呼ばれるHTMLのツリー構造が解析できる状態になった後にタグを発火させたい場合に、トリガーをこのイベントに紐付ける。
12	Window Loaded / ウィンドウの読み込み	画像やスクリプトなど、HTMLに埋め込んであるリソースを含め、ページが完全に読み込まれた後にタグを配信したい場合に、トリガーをこのイベントに紐付ける。ここまでがページがブラウザーで読み込まれるまでに起きる各段階でのイベント。
13	Scroll Depth	ページがスクロールされたことを検知したというイベント。このイベントをトリガーに紐付けているため、25%スクロールが検知された際にタグが発火した。

また、前掲の画面で [13 Scroll Depth] をクリックすると、「percent scrolled」の値が「25」であることを示す記載があります。もしValueに値が入ってない場合、画面右上のDisplay Variables as のラジオボタンで [Values] を選択してください。

以上の操作でタグが発火していること、GA4に想定通りのイベントが想定通りの値とともに送信されていること、サイトに表示の崩れがないこと、サイト内検索やフォームがきちんと動作していることが確認できます。すべて想定通りであれば、プレビューモードを終了してGTMに戻り、公開の操作を行います。

 🔗 トリガーについて
https://support.google.com/tagmanager/answer/7679316

 🔗 ページビュー トリガー
https://support.google.com/tagmanager/answer/7679319?hl=ja

👆 ポイント

・タブBで最初に表示されるページは、最初は指定したドメインのトップページになります。このタブ内で別ページを表示したり、サイト内にある機能、例えば動画の再生やサイト内検索、フォームの操作などを試したりして確認します。

・GTMのプレビューモードを実行しているタブB以外のタブでサイトを表示・操作しても、GTMに投入したタグは稼働せず、プレビューの意味をなしません。必ず画面に「Tag Assistant Connected」の表示が表示されているプレビューモードが開いたタブで動作を検証するようにしてください。

・タブAに表示される「Tags Fired」が発火したタグ、「Tags Not Fired」がGTMには存在するが発火しなかったタグを意味します。自分が設定したトリガーの内容に合わせて、発火するべきタグが発火し、発火するべきではないタグが発火していないことを確認してください。想定通りになっていない場合には、発火条件を制御しているトリガーの内容をGTMから確認します。

GTMのプレビューモードを用いたタグの動作確認は、以前から
GTMの操作に慣れている人におすすめの方法です。

関連ワザ 027	追加したタグの動作をGA4のDebug Viewで確認する	P.84
関連ワザ 028	追加したタグの動作をBigQueryで確認する	P.87
関連ワザ 044	GTM経由で追加的なデータをGA4に送信する	P.128

基礎知識

導入

設定

指標

ディメンション

データ探索

成果の改善

Looker Studio

BigQuery

基礎知識
導入
設定
指標
ディメンション
データ探索
成果の改善
Looker Studio
BigQuery

ワザ 027 追加したタグの動作を GA4のDebug Viewで確認する

🔑 検証／DebugView

> GA4以前は、Googleアナリティクスでデバッグを行うことはできませんでした。GA4では、管理メニュー配下に「Debug View」が追加されたため、他のツールを使用しなくてもデバッグが可能になっています。

前のワザ026の冒頭で紹介した3つの方法の2つ目が、本ワザで解説するGoogleアナリティクス4の「Debug View」を利用した方法です。GTMでの検証が難しい場合でも、どのようなイベントやパラメータが収集されているのかを確認できます。

Chromeにアドオン「Google Analytics Debugger」(GA Debugger) をインストールし、オンにした状態で自社サイトを表示しましょう。

🔗 **Google Analytics Debugger**
https://chrome.google.com/webstore/detail/google-analytics-debugger/jnkmfdileelhofjcijamephohjechhna?hl=ja

アイコンをクリック
してオンにする

検証したい動作をブラウザーで実行

次に、検証したい動作をブラウザーで実行します。25%スクロールを送信するという動作を検証したい場合には、実際に25%以上のスクロールを行います。GA Degubberをオンにしてある状態のブラウザーからのユーザー行動のうち、直近の30分で発生したものが10 〜 20秒ほど遅れてGA4のDebug Viewに反映されます。

🔗 **[GA4] DebugView でイベントをモニタリングする**
https://support.google.com/analytics/answer/7201382?hl=ja

16:16:29近辺に「scroll」
イベントが発生した

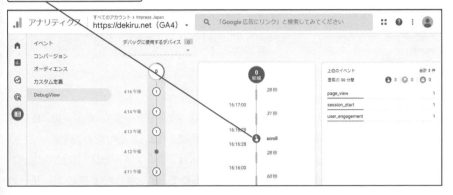

イベントに紐付くパラメータを確認するには、イベント名をクリックします。次の画面は、上記の画面にある［scroll］をクリックし、紐付いているパラメータのうち「percent_scrolled」を開いたところです。「25」という値が確認できます。

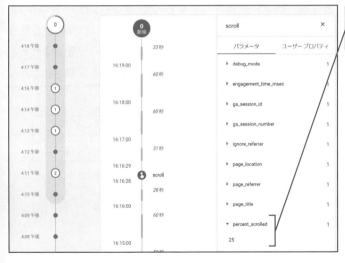

イベントに紐付く
パラメータを確認
できる

また、Debug Viewの右側列には「上位のイベント」欄があり、「直近の30分間でどのようなイベントが送信されたのか?」の全体像を確認できます。次のページの画面の状態は、直近の30分間に「page_veiw」イベントが2回、「scroll」イベントが1回、「user_engagement」イベントが1回発生したことを示しています。

次のページに続く ▷

基礎知識

導入

設定

指標

ディメンション

データ探索

成果の改善

Looker Studio

BigQuery

直近の30分間に発生したイベントが表示される

上位のイベント	合計 **4** 件
直前の **30** 分間	👆 4 🏁 0 🎯 0
page_view	2
scroll	1
user_engagement	1

確認できるデータはリアルタイムレポートと似ていますが、リアルタイムレポートは自分を含め、サイトを利用している全ユーザーの行動が反映されます。そのため、確実なデバッグをするのは難しいでしょう。その点Debug Viewは、ブラウザーでGA Debuggerをオンにしているユーザーの行動のみが反映されるので、限定された少数のユーザーのみのサイト内行動を確認できます。

また、同時に2人以上のユーザーがDebug Viewを利用した場合、次の画面のように「デバッグに使用するデバイス」の部分に、Debug Viewを利用している人数が表示されます。ただ、現在の仕様ではどれが自分かが分からないため、ドロップダウンリストを開くことで表示される選択肢を切り替えながら、自分だと見当がつくデバイスを見つける必要があります。違うデバイスを表示していると、意図しないイベントが記録されたように見えたり、記録されるべきと考えているイベントがいつまで経っても記録されなかったりするので注意してください。

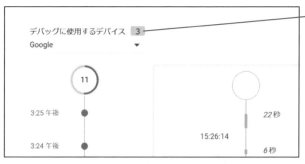

デバッグに使用するデバイスに「3」と表示されている

GA4のDebug Viewは、データの反映が少し遅いのが欠点ですが、比較的簡単にデータ取得状況を確認できる機能です。

関連ワザ **026** 追加したタグの動作をGTMのプレビューで確認する　　　　　P.78

ワザ 028 追加したタグの動作をBigQueryで確認する

🔑 BigQuery ／ 拡張機能 ／ GA Debugger

> ワザ026、027でも解説した通り、GTMのデバッグを行う方法は複数ありますが、BigQueryを利用している企業のWeb担当者は、SQLを利用するほうが時間的にも早く網羅的にデバッグを行うことが可能になります。

ワザ026の冒頭で紹介した、Googleタグマネージャーに追加したタグが正しく動作しているかを確認する3つの方法のうち、本ワザでは3つ目を解説します。

この方法は、自社のGoogleアナリティクス4がBigQueryにデータをエクスポートしていること、加えて「ストリーミング」というエクスポート方法をオンにしていること、さらには多少のSQLの知識が必要となることという前提があるため、誰でも利用できるとはいえません。しかし、利用できる人にとってはもっとも便利な方法です。GA4のDebug Viewと比較して、この方法のメリットは次の通りです。

- GA4のDebug Viewよりかなり早くイベントがBigQueryに記録される
  Debug Viewがヒット発生後10 ～ 20秒後にそのヒットを反映するのに対し、BigQueryのストリーミングは数秒後にヒットが反映されます。
- GA4のDebug Viewよりイベントやパラメータなどの対象を絞って確認できる
  GA4のDebug Viewでは、当該イベントを発見し、確認したいパラメータをクリックして値を確認します。別のパラメータの値を確認したい場合は再度クリックする必要がありますが、BigQueryのストリーミングでは、確認したいイベントとパラメータを一覧にして確認できます。
- GA4のDebug Viewのように過去データに対する制限がない
  GA4のDebug Viewは「直近の30分間に収集されたイベントだけ確認できる」という過去データに対する制限がありますが、BigQueryのストリーミングではいくらでも過去にさかのぼって検証可能です。

メリットを理解したところで、BigQueryのストリーミングでGTMのデバッグを行う方法を見ていきましょう。大きく4つの手順に分かれているので、順に説明します。

次のページに続く ▷

基礎知識

導入

設定

指標

ディメンション

データ探索

成果の改善

Looker Studio

BigQuery

①BigQueryへのデータエクスポートをオンにする

ワザ091を参照し、データエクスポートをオンにしてください。その際、「ストリーミング」の
オプションをオンにしてください。

②ChromeにGA Debuggerをインストールする

ワザ027を参考にGA Debuggerをインストールし、拡張機能をオンにしてください。
GA4のイベントのほとんどは1件ずつ送信されるのではなく、グループ化（またはバッチ
処理）されますが、GA Debuggerをオンにすることで、バッチ処理がストップしてリアル
タイムでヒットの内容を確認できます。イベントのバッチ処理については次の公式ヘルプ
を参照してください。

🔗 **[GA4]** イベントについて
https://support.google.com/analytics/answer/9322688?hl=ja

③検証したい動作をブラウザーで実行する

続いて、検証したい動作をブラウザーで実行します。例えば、URLに「chikuhaku」
が含まれるページで25%、50%、75%スクロールを送信するという動作を検証したい
場合は、該当するページで75%以上のスクロールを行います。

④BigQueryで検証する

次のようなわずか数行のSQL文を記述するだけで、特定の時刻より後に発生した
scrollイベントだけに限定し、時系列順に並べたうえで「scroll」イベントが発生した
「page_title」と「percent_scrolled」を一覧で確認できます。

SQL文を実行することでデバッグ結果を確認できる

```
1  SELECT event_timestamp, user_pseudo_id, event_name
2  ,(select value.string_value from unnest(event_params) where key = 'page_title') as page_title
3  ,(select value.int_value from unnest(event_params) where key = 'percent_scrolled') as percent_scrolled
4  FROM `bigquerytableauoct.analytics_254394192.events_20220911`
5  WHERE event_name = "scroll"
6  ORDER BY event_timestamp
```

ユーザー補助機能のオプションを表

クエリ結果　　　　　　　　　　　　　　　　　　　　📥 結果を保存 ▾

ジョブ情報　　結果　　JSON　　実行の詳細　　実行グラフ **プレビュー**

行	event_timestamp	user_pseudo_id	event_name	page_title	percent_scrolled
1	1662888794487345	430076083.1662888792	scroll	竹柏記1	25
2	1662888798625946	430076083.1662888792	scroll	竹柏記1	50
3	1662888801314763	430076083.1662888792	scroll	竹柏記1	75
4	1662888803007298	430076083.1662888792	scroll	竹柏記1	90

基礎知識

導入

設定

指標

ディメンション

データ探索

成果の改善

Looker Studio

BigQuery

```
1  SELECT event_timestamp, user_pseudo_id, event_name
2  , (SELECT value.string_value FROM UNNEST(event_params) WHERE key = 'page_title')
   AS page_title
3  , (SELECT value.int_value FROM UNNEST(event_params) WHERE key = 'percent_
   scrolled') AS percent_scrolled
4  FROM 'bigquerytableauoct.analytics_254394192.events_20220911'
5  WHERE event_name = "scroll"
6  ORDER BY event_timestamp
```

また、上記のSQL文では行っていませんが、自分によるヒットだけを確認したい場合には、WHERE句でパラメータ「debug_mode」が1のヒットに絞り込むか、「user_pseudo_id」で絞り込むことで確認できます。

なお、自分のブラウザーの「user_pseudo_id」は、GA4が利用するユーザー識別用のCookie「_ga」の数字部分から確認できます。Chromeにアドオン「Edit This Cookie」をインストールすると、_gaの値を確認することができます。すると、例えば、_gaの値が「GA1.1.430076083.1662888792」となっているのが確認できます。

BigQuery上に記録される「user_pseudo_id」は、_gaから「GA1.1」を削除した値なので、SQL文で確認したuser_pseudo_idが「430076083.1662888792」であれば、そのヒットこそが自分のブラウザーから行われたものであることが分かります。

🔗 **EditThisCookie**

https://chrome.google.com/webstore/detail/editthiscookie/fngmhnnpilhplaeedifhccceom
clgfbg?hl=ja

GA4が登場して、Web担当者がSQLを学ぶメリットはかなり大きくなっています。ぜひチャレンジしてみてください。

^{ワザ}029 データモデルを理解する

🔑 **データモデル／ヒット／イベント**

> GA4が収集するデータは、「データモデル」と呼ばれる構造で保持されています。その最小単位は「ヒット」と呼び、ヒットには「イベント」と「パラメータ」が記録されます。これらの概要を理解しましょう。

Googleアナリティクス4は、収集したデータを一定の構造に従って保持しています。その構造を「データモデル」と呼びます。データモデルの最小単位は「ヒット」です。例えば、ユーザーがページを表示した際に1つのヒットが収集・記録されます。そのページ内で90%のスクロールが完了した際には、別のヒットが収集・記録されます。

また、ヒットにはユーザーの行動ごとに種類があります。その種類を「イベント」と呼びます。例えば、セッションの開始は「session_start」イベント、ページ表示には「page_view」イベントが、そのイベントが発生した日、国、デバイスカテゴリなどとともに記録されます。

さらに、それぞれのイベントには「パラメータ」として、詳細な属性が付与されています。例えば、セッションの開始時に記録される「session_start」イベントに付与されるパラメータには、セッションを識別するIDのほか、「何回目のセッションだったのか?」「どのURLから始まったセッションだったのか?」などの属性があります。次の表は1つのヒットに含まれるイベントとパラメータの一例を示しています。

図表029-1 1つのヒットにおける属性の例

イベントの名前	発生日	国	デバイスカテゴリ	パラメータ名	パラメータ値
session_start	20221017	Japan	desktop	ページURL	https://dekiru.net/
				ページタイトル	できるネット - 新たな一歩を応援するメディア
				セッション識別子	1674923675
				何回目のセッションか	1

図表029-1で示している通り、1つのイベントに対してパラメータが名前と値のセットになって、複数格納されていることが確認できます。名前と値のセットのことを、一般に「キーバリューペア」と呼ぶので覚えておくとよいでしょう。

複雑な構造だと思う人もいるかもしれませんが、この構造は、対象に対してさまざまな属性を付与することに適しています。例えば、人として筆者を、会社として筆者が取締役を務める株式会社プリンシプルを、パラメータを使って次の表に示してみます。どのような「人」「会社」なのか、明確に理解できるのではないでしょうか。GA4のイベントも、パラメータで詳細な属性が記録されていると理解してください。

図表029-2 キーバリューペアを利用して人や会社に属性を付与した例

人	会社
└名前＝木田和廣	└名前＝株式会社プリンシプル
└生まれ年＝1966年	└所在地＝東京都千代田区
└性別＝男性	└代表者＝楠山健一郎
└生まれた場所＝東京都	└設立年＝2011年

BigQueryに記録されているデータを見ると、データモデルの理解が促進されます。Googleが提供するBigQuery上のサンプルデータセットのデータも参照してください。

🔗 **Googl** アナリティクス**4 e**コマースウェブ実装向けの**BigQuery**サンプル データセット
https://developers.google.com/analytics/bigquery/web-ecommerce-demo-dataset?hl=ja

データモデルの理解は、GA4の活用に大変重要です。次のワザ030も必ず参照してください。

関連ワザ **032**	自動収集イベントを理解する	P.97
関連ワザ **184**	テーブルのスキーマを理解する	P.610

基礎知識

導入

設定

指標

ディメンション

データ探索

成果の改善

Looker Studio

BigQuery

ワザ 030 イベントごとのパラメータを理解する

🔑 **イベント／パラメータ**

> イベントの内容を説明するパラメータには、すべてのイベントに紐付くものと、特定のイベントにのみ紐付くものがあります。主要なパラメータの種類と意味、値について解説します。

前のワザ029では、Googleアナリティクス4のデータモデルとしてイベントとパラメータを紹介しました。イベントには、セッション開始のときに記録される「session_start」イベントや、ページを表示したときに送信される「page_view」イベントなど、複数の種類があります。Google BigQuery上のGA4のサンプルデータを確認すると、16種類のイベントが確認できます。さらに、独自のイベントである「カスタムイベント」を追加的に記録できます（ワザ044を参照）。

パラメータも同様に、イベントが発生したページの場所を記録する「page_location」や、ページのタイトルを記録する「page_title」など、複数の種類があります。サンプルデータでは34種類ものパラメータが確認できます。また、ユーザー側で独自のパラメータを付与することも可能です。

イベントとパラメータについては、次の点に注意が必要です。

- すべてのWebサイトですべてのイベントを収集する必要はない
- すべてのイベントに必ず紐付くパラメータがある一方、特定のイベントにしか紐付かないパラメータもある

主要なパラメータは次の表の通りです。

図表030-1 すべてのイベントに付与されるパラメータ

パラメータ名	意味
ga_session_id	セッションを識別する整数の値
ga_session_number	ユーザーの何番目の訪問であったかを示す整数の値
page_location	プロトコル名から始まるフルパスのURL※1
page_title	ページタイトル

※1 フルパスのURLの例
https://www.principl-c.com/?utm_source=google&utm_medium=ppc
ハッシュ（#）は記録されません。

図表030-2 特定のイベントに紐付くパラメータの例

ユーザー行動	イベント名	パラメータ名	パラメータの値
セッション開始	session_start	session_engaged	エンゲージのあったセッションに対して1
サイト内検索の実行	view_search_results	search_term	サイト内検索キーワード
外部リンククリック	click	link_domain	ジャンプ先ドメイン
		link_url	ジャンプ先URL
90%スクロール完了	scroll	percent_scrolled	90
ファイルダウンロード	file_download	file_extention	ダウンロードされたファイルの拡張子
		file_name	ダウンロードされたファイルの名前

図表030-3 その他の主要なパラメータ

パラメータ名	意味・値
page_referrer	前のページ
entrances	セッションの最初のpage_viewイベントに対して1
medium	utm_mediumの値、もしくは organic、referral
source	utm_sourceの値、もしくは参照元サイトのドメイン名
campaign	utm_campaignの値、もしくは(organic)、(referral)

🔗 **[GA4]自動的に収集されるイベント**
https://support.google.com/analytics/answer/9234069?hl=ja

🔗 **[GA4] 拡張イベント計測機能**
https://support.google.com/analytics/answer/9216061?hl=ja&ref_topic=9756175

ユーザー行動を記録するのがイベント、そのイベントの詳細を説明するのがパラメータという理解をしてください。

基礎知識

導入

設定

指標

ディメンション

データ探索

成果の改善

Looker Studio

BigQuery

ワザ 031 4種類のイベントを区別して理解する

🔑 イベント

GA4のイベントは、「自動収集イベント」をはじめとした4種類に分類できます。Web担当者側の設定により追加的に取得できる「カスタムイベント」もその1つです。4種類それぞれの性質を理解してください。

Googleアナリティクス4のイベントは、次の4種類に分類できます。

図表031-1 イベントの種類と性質

種類	性質	例	公式ヘルプ
自動収集イベント	GA4の基本的なタグを実装しただけで収集できる	first_visit sessin_start page_view user_engagement	※1
拡張計測イベント	GA4の管理画面から「拡張計測機能」をオンにすると収集できる	scroll click file_download video_startなど	※1
推奨イベント	多くのサイトで共通するユーザーアクションについてイベントを収集する場合に準拠する	login purchase sign_upなど	※2
カスタムイベント	上記に該当しないイベントをユーザー側で取得する		※3

 🔗 [GA4]自動収集イベント（※1）
https://support.google.com/analytics/answer/9234069?hl=ja

 🔗 [GA4]推奨イベント（※2）
https://support.google.com/analytics/answer/9267735?hl=ja

 🔗 [GA4]カスタム イベント（※3）
https://support.google.com/analytics/answer/12229021

▌推奨イベントの名前には注意が必要

特に注意が必要な項目が「推奨イベント」です。もし、推奨イベントに当てはまるユーザー行動を自社サイトで取得する場合には、該当する推奨イベントのイベント名と同じ名前を利用してください。

例えば、ユーザーが購入を完了した場合は「purchase」イベントを送信しましょう。「transaction_complete」や「order」といった独自名は使わないでください。また、ユーザーが自社サイトにログインしたことをイベントとして記録する場合、イベント名は「login」とすべきです。「loggoed_in」「sign_in」「login_complete」などの独自名にはしないでください。

なぜなら、Googleが機械学習を利用した予測を行う場合、購入を意味する目的変数は「purchase」と定めており、それ以外のイベント名では目的変数とみなされないためです。そのため、ユーザーが独自の命名をしてしまうと、Googleにユーザーの行動が適切に伝わらなくなってしまいます。

┃カスタムイベントを取得する2つの方法

また、カスタムイベントはGoogleタグマネージャーに新しいタグを投入する（ワザ044を参照）、あるいはGA4の管理画面からの設定（ワザ095を参照）で取得可能です。管理画面からのカスタムイベント取得は一定の条件に合致した場合だけ可能であり、どのようなユーザー行動でもイベントとして取得できるものではありませんが、Googleアナリティクス側からカスタムイベントを取得可能というのは、ユニバーサルアナリティクスでは考えられなかった機能です。

GTM経由、およびGA4の管理画面からのカスタムイベント取得について、次の表の通りにまとめました。

図表031-2 カスタムイベントを収集する場所と手法

カスタムイベントを収集する場所	手法	詳細
GTM	新規タグの追加・修正	GTMのタグに追加、あるいは修正を加え、トラッキングビーコンレベルで新たなイベントを収集する
GA4の管理画面	イベントを作成	GTM経由ですでに収集しているイベント＋パラメータを利用し、それらが特定の条件に合致した場合に新しいイベントを作成する

GTM経由でのカスタムイベント収集の例を1つ挙げましょう。例えば、ユーザーがとあるページで90％スクロールを完了した際には、拡張計測イベントとして「scroll」イベントが収集されます。もし、Web担当者がそれに加えて、ユーザーの25％、50％、75％をしきい値とするスクロール行動を、新たにイベントとして取得したいと考えたとしましょう。その場合は、GTMへ新規タグの投入を行い、GTM経由でのカスタムイベントを取得する必要があります。

次のページに続く ▷

基礎知識

導入

設定

指標

ディメンション

データ探索

成果の改善

Looker Studio

BigQuery

基礎知識

導入

設定

指標

ディメンション

データ探索

成果の改善

Looker Studio

BigQuery

次に、GA4の管理画面からのカスタムイベント収集についても例を1つあげます。例えば、Web担当者が「特定ページが表示された」というユーザー行動を、新規にイベントとして取得したくなった場合を考えてください。ユーザーがページを表示したという行動は、自動収集イベントの「page_view」としてすでに収集されています。そのイベントが利用できるため、GA4の管理画面からカスタムイベントの収集が可能です。

具体的には、ユーザーが「特定のページを表示した」という行動は、『「特定のpage_locationで発生した」を条件とした「page_viewイベント」』というかたちで定義が可能です。その内容をGA4の管理画面から設定することで、新規カスタムイベントとして収集できます。

一方、「サイト内での多様なユーザー行動のうち、どのような行動をカスタムイベントとして取得するべきか?」については、次の通りに考えるとよいでしょう。

カスタムイベント取得の考え方1

「コンバージョンと相関が高いと考えたユーザー行動」についての仮説があれば、その行動をカスタムイベントとして取得しましょう。カスタムイベントを収集すれば、仮説を検証できます。また、仮説が正しかった場合、その行動を増やすようにサイト内改善を行うことで、コンバージョンを増加させることができます。

カスタムイベント取得の考え方2

ユーザー行動の「詳細度合い」を増したい場合、カスタムイベントを収集しましょう。例えば、拡張計測イベントで「90%スクロール」というユーザー行動は把握できます。一方、それだけでは途中のスクロール行動が分かりません。そのようなときにユーザー行動の詳細度合いを増すという観点から、25%、50%、75%スクロールというユーザー行動を取得する考え方があります。

イベントの種類を4つに分けて整理することで、GA4がデフォルトで取得するユーザー行動を理解できるでしょう。

| 関連ワザ **044** | GTM経由で追加的なデータをGA4に送信する | P.128 |
| 関連ワザ **095** | GA4の管理画面経由で新規イベントを作成する | P.338 |

032 自動収集イベントを理解する

ワザ

🔑 イベント／自動収集イベント

> 自動収集イベントは、GTMでGA4設定タグを実装するだけで収集できます。イベントの種類には「first_visit」「sessin_start」「page_view」「user_engagement」があります。内容と取得タイミングを解説します。

前のワザ031で紹介した「自動収集イベント」ついて詳しく見ていきましょう。自動収集イベントの定義は、GA4の管理画面から設定できる 「拡張計測機能」をすべてオフにした場合でも、自動的に収集されるイベントのことです。

イベントの種類は次の4つがあります。これらのイベントは、Googleタグマネージャー経由でのGoogleアナリティクス4実装時点で、「GA4設定タグ」を実装するだけで収集できます。詳しくはワザ025を参照してください。

- first_visit
- sessin_start
- page_view
- user_engagement

GTMでGA4設定タグを設定している

タグの設定

タグの種類

> 📊 **Google** アナリティクス: **GA4** 設定
> Google マーケティング プラットフォーム

測定 ID ⑦
G-6WC2XS63DV

first_visit

「first_visit」イベントは、ユーザーがWebサイトに初回訪問したときに記録されます。初回訪問かどうかは、GA4がユーザー識別に利用するCookieをブラウザーが保持しているかどうかで判定します。

次のページに続く ▷

ユーザーが自主的にCookieを削除したり、あるいはSafariのITP機能で強制的に削除されたりした場合は、人間としてはすでに訪問済みのWebサイトであっても別ユーザーとして識別され、「first_visit」イベントが記録されます。

GA4の「新規ユーザー」という指標は、この「first_visit」イベントの個数を数えています。このイベントに紐付く主要なパラメータ（ワザ029、030を参照）としては次の通りです。

- page_location： ページのURL
- page_title： ページタイトル
- ga_session_number：セッション数（既訪問回数）。必ず1

このイベントとパラメータを利用して、例えば「初回訪問がトップページからだったユーザー」というセグメントを作成できます（ワザ147、148を参照）。

session_start

「session_start」イベントはユーザーが新規にセッションを開始したときに記録されます。GA4のセッションの定義は、ユニバーサルアナリティクスとは多少異なるので、ワザ119も併せて参照してください。このイベントに紐付く主要なパラメータは次があります。

- page_location
- page_title
- ga_session_number
- ga_session_id： セッションの識別子※

※1651023621のような10桁の数値です。公式ヘルプに記述はありませんが、セッション開始時刻の秒単位でのUNIX時間が記録されているようです。従って、異なったユーザーが同一秒にセッションを開始した場合は、同一の「ga_session_id」が記録されることがあり得ます。

page_view

「page_view」イベントはユーザーがページを表示したときに記録されます。GA4の「表示回数」という指標（ユニバーサルアナリティクスのページビューと同じ意味の指標）は、このイベントの個数を数えています。このイベントに紐付く主要なパラメータは次のページの通りです。

基礎知識

導入

設定

指標

ディメンション

データ探索

成果の改善

Looker Studio

BigQuery

- page_location
- page_title
- page_referrer：直前のページが存在する場合。ダイレクトトラフィックでランディングしたページの「page_view」イベントには直前のページは存在しない
- entrances：　セッションの開始となったページのpage_viewイベントには、1が付与される

user_engagement

ユーザーのページ滞在時間を取得するイベントが「user_engagement」です。このイベントはユーザーのサイト滞在時間である「user_engagement_msec」を取得するために送信されます。送信されるタイミングは、あるページAから別のページBに遷移したとき（ページAの滞在時間が取得される）や、ページBのタブをブラウザー上で、もしくはブラウザーごと閉じたとき（ページBの滞在時間が取得される）です。

注意すべきなのは、サイト自体は開いていても、サイトを開いているタブにフォーカスがあたっていないと user_engagement_msecは記録されない点です。「user_engagement_msec」はサイト滞在時間をミリ秒（1/000秒単位）で取得しているので、ページ滞在が10秒だった場合には、値は10,000となります。

このパラメータを通じて収集したページ滞在時間の合計は、GA4のレポート上の「ユーザーエンゲージメント」という指標で利用できます。

> 自動収集イベントは、GA4が収集する多数のイベントの中でももっとも基本的なものです。4種類なので、覚えてしまいましょう。

ワザ
033 拡張計測機能によって
収集されるイベントを理解する

🔑 拡張計測イベント

GA4では、6種類のユーザー行動を「拡張計測イベント」として取得できます。それらのイベントの取得は、GTMにタグを投入することなく、管理画面から容易にオン／オフが可能です。

本ワザでは「拡張計測イベント」について詳しく見ていきます。拡張計測機能は、Googleアナリティクス4の管理画面のデータストリームの設定からクリック1つで計測を開始・停止できるデータ収集項目です。

拡張計測機能によるユーザー行動のトラッキングを行うために、GoogleタグマネージャーにGA4設定タグ以外のタグを投入する必要はありません。拡張計測機能で取得できるユーザー行動は、次の通り6種類あります。それぞれ、かっこ内に記述したイベントがユーザー行動の発生時にGA4に送信されます。

- スクロール数（scroll）
- 離脱クリック（click）
- サイト内検索（view_search_results）
- フォームの操作(form_start、form_submit)
- 動画エンゲージメント（video_start、video_progress、video_complete）
- ファイルのダウンロード（file_download）

拡張計測機能の設定画面は、次のページの通りです。

.ıl GA4 管理 ▶ データストリーム ▶ （ストリーム名）▶ 拡張計測機能の設定

> デフォルトでは「フォームの
> 操作」以外がすべてオン（計
> 測する）になっており、ペー
> ジビュー数以外、個別にオン
> オフの切り替えができる

👆 **ポイント**

・拡張計測機能をオンにしても目的のユーザー行動が取得できない場合は、ウェブ
　ストリームの詳細▶Googleタグ▶タグ設定を行う▶自動イベント検出を管理するを
　確認し、すべてオンになっていることを確認してください。
・6つの拡張計測イベントの詳細は、ワザ035 ～ 040で説明しています。

以降のワザで、6種類ある拡張計測イベントをそれぞれ解説して
いるので、併せて参照してください。

関連ワザ **031** 4種類のイベントを区別して理解する　　　　　　　　　　　　　　P.94

ワザ 034 推奨イベントを理解する

🔑 **推奨イベント／カスタムイベント**

> 4種類あるイベントの1つである「推奨イベント」は、イベント名とパラメータ名に注意
> が必要です。推奨イベントの概要と、推奨に従ってイベントやパラメータを命名する
> 必要性を見ていきましょう。

4種類のイベントのうちの1つが「推奨イベント」です。この種類のイベントは、自社のサイトに合わせて標準では取得できていないイベントを取得する、カスタムイベントの一種です。カスタムイベントではありますが、「多くのサイトで同種のユーザー行動を取得することがある」イベントがピックアップされており、それらについては「決まったイベント名」を付与することが推奨されているため、推奨イベントと呼ばれます。推奨イベントは、Googleの公式情報上、次の3種類に分類されています。

- すべてのプロパティ向け
- オンライン販売向け（小売、eコマース、教育、不動産、旅行分野）
- ゲーム向け

詳しくは公式ヘルプを参照してください。

🔗 **[GA4]推奨イベント**
https://support.google.com/analytics/answer/9267735?hl=ja

推奨イベントを実装する際は、Googleデベロッパーのサイトを参照しながら、適宜パラメータも付与してください。

🔗 **イベントをセットアップする**
https://developers.google.com/analytics/devguides/collection/ga4/
events#recommended_events

例えば、ユーザーが自社サイトのコンテンツをソーシャルメディア上で共有してくれたというアクションには、イベント名として「share」の利用が推奨されているので、それを利用します。その際、次のパラメータを付与することが推奨されています。

- method： コンテンツを共有する方法（値の例：Twitter）
- content_type：共有コンテンツの種類（値の例：image）
- item_id： 共有コンテンツのID（値の例：C_12345）

重要なのはイベント名とパラメータ名なので、パラメータの値については文字数の制限
（ワザ041を参照）内であれば自由に記述して構いません。推奨イベントに従ってイベン
トやパラメータに名前を付けるメリットは、以下の2つです。

GA4が持っている機械学習による予測をより正確に動かすため

Googleアナリティクス4では一定の条件をクリアすれば、予測指標に基づくユーザー
セグメントを作成できます。例えば、「7日以内に初回の購入を行う可能性が高いユー
ザー」というセグメントです。ユーザーの抽出には機械学習を利用します。

機械学習は、「購入の可能性」を予測するにあたり、データが持つ特徴を利用します。
仮に、購入を行う可能性を予測するのに重要なデータの特徴として、「ユーザーがコン
テンツをSNSでシェアしたことがあるかどうか?」があったとしましょう。その場合、GA4
はデータに含まれるはずの「share」イベントの有無を購入可能性の予測に利用しま
す。もし、推奨イベントに従わずSNSでのコンテンツ共有というユーザー行動を「SNS_
shareing」などとしてしまうと、GA4はそのユーザー行動を理解できず、結果的に推測
の精度が下がってしまう可能性があります。

将来実装されるかもしれない機能をフル活用できるようにするため

Googleの公式ヘルプに、推奨イベントを利用するメリットとして「今後リリースされる最
新の機能と統合をいち早く利用することができます」という一文があります。つまり、推
奨イベントに従ってカスタムイベントをネーミングしておけば、将来的にそのイベントを利用
した機能がリリースされた場合、その機能をフル活用できると解釈できます。

もちろん、どのような機能がリリースされるかは分かりませんが、推奨イベントのネーミン
グルールに従ってイベントやパラメータをネーミングすることにデメリットは1つもないの
で、基本的には従っておくべきです。

> ユーザー行動をカスタムイベントとして取得しようとする際、推奨
> イベントの対象になっていないか確認しましょう。

基礎知識

導入

設定

指標

ディメンション

データ探索

成果の改善

Looker Studio

BigQuery

基礎知識

導入

設定

指標

ディメンション

データ探索

成果の改善

Looker Studio

BigQuery

035 拡張計測イベントの「スクロール数」を理解する

ワザ

🔑 scrollイベント／カスタムイベント

> GA4では、拡張計測イベントとしてユーザーの90%スクロールを「scroll」イベントとして取得できます。便利ですが「全ページで90%」しか取得できない仕様であることに注意が必要です。

拡張計測イベントの「スクロール数」は、GA4設定タグ（ワザ025を参照）が入っているすべてのページで、縦方向の90%スクロールが発生したときに「scroll」イベントを送信します。しきい値の90%を変更することも、特定のページのみを対象に「scroll」イベントを収集することもできません。

そのため、90%以外でもイベントを取得したい場合や、特定のページのみ「scroll」イベントを取得したいという場合には、拡張計測機能のスクロール数取得設定はオフにしたうえで、任意のスクロールしきい値、任意のページでスクロールを記録する、カスタムイベントを設定することになります（ワザ044を参照）。

ただし、scrollはすでに拡張計測イベントとして収集されているので、イベント名、パラメータ名は元の「scroll」イベントに合わせる必要があります。「scroll」イベントと同時に送信されるパラメータの中で固有なものは次の通りです。

- percent_scrolled：何%スクロールしたのかを示す整数値

次のページの画面は、http://999.oops.jp/index.htmlでscrollイベントが発生したときに記録されたBigQuery上のイベントとパラメータです。

percent_scrolledの値が記録されている

行	event_name	event_params.key	event_params.value.string_value	event_params.value.int_value	e...float_value
1	scroll	percent_scrolled	null	90	null
		page_location	http://ga4.ciao.jp/chikuhaku1.h...	null	null
		ga_session_number	null	4	null
		engagement_time_msec	null	1686	null
		ignore_referrer	true	null	null
		debug_mode	null	1	null
		session_engaged	1	null	null
		page_referrer	http://ga4.ciao.jp/index.html	null	null
		ga_session_id	null	1662888738	null
		page_title	竹柏記1	null	null

scrollイベントは、ページごとに1回しか送信されない仕様になっています。そのため、あるユーザーが、ページを表示→90%スクロール→ページの上部にスクロールで戻る→再び90%スクロールという行動をした場合でも、scrollイベントは1回しか送信されません。

この仕様により、スクロール数はページビュー数（GA4では「表示回数」）を超えることはありません。あるページを表示したユーザーが全員、90%スクロールを完了した場合でも、スクロール数はページの表示回数と同数になります。

なお、イベント「scroll」は収集されているものの、本書執筆時点では「スクロール数」は指標として用意されていません。そのため、「スクロール数」をレポートで利用するには、本書の次のワザを参照して「カスタム指標」として作成する必要があります。

- 「イベントの変更」機能（ワザ096を参照）を利用してパラメータscrollsを新規に作成し、値「1」を格納する
- 「カスタム指標」機能（ワザ103を参照）を利用して「スクロール回数」を作成する

90%スクロールはページを最下部まで表示したというユーザー行動と理解して構いません。

基礎知識

導入

設定

指標

ディメンション

データ探索

成果の改善

Looker Studio

BigQuery

ワザ 036 拡張計測イベントの「離脱クリック」を理解する

🔑 **clickイベント**

> 拡張計測イベントの「離脱クリック」では、外部サイトへのリンククリックを「click」イベントとして取得します。商品を自社サイトではなくAmazonなどで販売している場合に、送客の成果として見なせます。

「離脱クリック」は、GA4設定タグが稼働しているすべてのページで、計測対象サイトにある外部リンク（計測対象以外のサイトにジャンプするリンク）がクリックされたときに発生するイベントです。イベント名は「click」となります。

商品を自社サイトではなく、Amazonなどの外部ECサイトで販売している企業も多いと思います。GA4では、ユーザーが自社サイトのリンクからAmazonなどに遷移したことを離脱クリックとして自動的に計測できるため、このイベントを「サイトがユーザーを買いたい気持ちにさせた成果」と見なし、コンバージョンとして登録するとよいでしょう。

clickイベントに紐付パラメータとしては以下があります。

- link_domain：ジャンプ先サイトのドメイン
- link_url：　　ジャンプ先ページのURL
- link_classes：クリックされた<a>タグのclass属性
- link_id：　　クリックされた<a>タグのID属性
- outbound：　　外部サイトへのジャンプを示すフラグで常にtrue

次のページにある画面は、http://999.oops.jp/index.htmlに記述されている次の<a>タグがクリックされた際に記録されたイベントとパラメータです。

```
<a href="https://www.yahoo.co.jp" class="outboundLink" id="yahooJapan">「yahoo!」へのジャンプ</a>
```

前述のURLの内容がパラメータとして
表示されている

```
1  SELECT event_name, event_params FROM `bigquerytableauoct.analytics_322368130.
   events_intraday_20230227` where event_name = 'click'
2
```

ユーザー補助機能のオプションを表示するには、Alt+F1 キーを押します。

クエリ結果

🖫 結果を保存 ▾　　📊 データを探索 ▾　　↕

ジョブ情報　　結果　　JSON　　実行の詳細　　実行グラフ　プレビュー

行	event_name	event_params.key	event_params.value.string_value	event_params.value.int_value	e
1	click	engaged_session_event	null	1	
		debug_mode		1	
		traffic_type	internal	null	
		link_url	https://www.yahoo.co.jp/	null	
		page_location	http://999.oops.jp/	null	
		page_title	トップページ	kazkidaテスト...	null	
		ga_session_id	null	1677484769	
		link_classes	outboundLink	null	
		ga_session_number	null	23	
		session_engaged	1	null	
		engagement_time_msec	null	2771	
		link_id	yahooJapan	null	
		link_domain	yahoo.co.jp	null	
		outbound	true	null	

前述の<a>タグ内のclassとは、タグに付与する属性の1つでCSSで背景色、フォント
の大きさと色などを装飾するときの目印です。classは1つのページで複数箇所で使っ
てよい決まりになっており、複数の箇所（前述の例では外部サイトへのリンク）に対して
一度に同一の装飾を行うことができます。

同様にidもタグに付与する属性の1つで、CSSで装飾するときに利用します。1つのID
の値（前述の例ではyahooJapan）は1つのページで一箇所しか使ってはいけない決
まりです。それにより、ページ内の特定のタグを識別することができます。また、1つのタ
グにclass属性とid属性を同時に利用することも可能です。

リンクをたどらない離脱はどのサイトに離脱したか分かりません
が、リンク経由での離脱はどのサイトへの離脱か分かります。

関連ワザ 033 拡張計測機能によって収集されるイベントを理解する　　　　P.100

ワザ 037 拡張計測イベントの「サイト内検索」を理解する

🔍 **サイト内検索／クエリパラメータ**

> 拡張計測機能の「サイト内検索」は、特定のクエリパラメータがURLに記録されることを前提として機能します。自社サイトのサイト内検索機能を利用し、クエリパラメータを確認しましょう。

「サイト内検索」は、GA4設定タグが入っているすべてのページで、サイト内検索が実行された際に送信されるイベントです。イベント名は「view_search_results」です。Googleアナリティクス4はサイト内検索が実行されたことを、サイト内のページで特定のクエリパラメータが記録されたことで検知します。次の画面は、できるネットで「sql」と検索した結果ですが、URLが

dekiru.net/s/?q=sql

となっていることが確認できます。GA4の拡張計測機能のサイト内検索は、この場合クエリパラメータ「q」を手がかりに、サイト内検索が実行されたことを検知します。また、パラメータqが格納している検索クエリ（サイト内検索に利用されたキーワード）をGA4に送信します。

> 検索クエリ「sql」を
> GA4に送信する

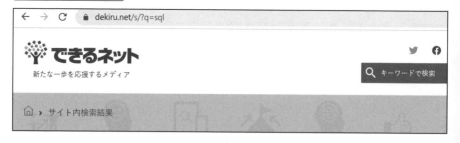

サイト内検索クエリを格納するパラメータとしては、デフォルトで「q」「s」「search」「query」「keyword」が設定されています。自社のサイト内検索の仕様が前述のクエリパラメータ以外であれば、GA4のデータストリーム配下の設定画面で追加する必要があります。

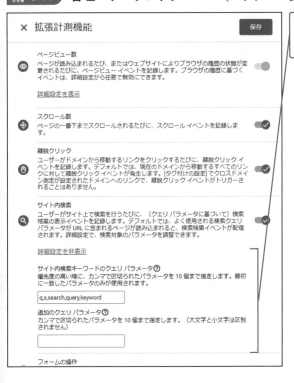

[サイト内検索] で
クエリパラメータ
を設定する

サイト内検索キーワードのクエリパラメータには優先順位があります。上記の画面の設定で「/?q=hello&keyword=world」というクエリパラメータ付きのURLが記録されても、検索キーワードとしては「hello」のみが記録され、「world」は無視されます。

また、検索が2つの要素で成り立っている場合があります。例えば、あるカテゴリにおいてキーワード検索するといった場合です。その場合は追加のクエリパラメータのところに、カテゴリを表す「cat」などを登録します。そのうえで次のように、

/?cat=greetings&q=hello

というクエリパラメータ付きのURLが記録された場合、greetingsとhelloの両方が記録されます。「view_search_results」イベントに紐付く固有なパラメータは次の通りです。

- search_term: 主となる検索クエリが格納されます。
- q_xxx： 　　追加のクエリパラメータの値が格納されます。

次のページに続く ▷

xxxのところには、「追加のクエリパラメータ」で指定したクエリパラメータ名が入ります。例えば、追加のクエリパラメータにcatを設定した場合、「q_cat」となります。次の画面が実際に取得されたデータの、BigQuery上のデータ（パラメータのリスト、一部）です。「earch_term」「q_cat」が適切に記録されていることが分かります。

追加したクエリパラメータが
取得できた

event_params.key	event_params.value.string_value	event_params.value.int_value
engaged_session_event	null	1
page_title	トップページ｜kazkidaテストサイト	null
ga_session_id	null	1677484769
session_engaged	1	null
search_term	hello	null
q_cat	greetngs	null
ga_session_number	null	23
page_location	http://999.oops.jp/?cat=greetngs&q=hello	null

🖐 ポイント

- サイトによっては検索クエリが、パラメータに残らない場合もあると思います。そのような場合には次のワザを参照してください。
  → 検索クエリが、HTMLソース（DOM）に出力されている場合：ワザ053
  → 検索クエリがページタイトルの一部となっている場合：ワザ054
- 「サイト内検索キーワードのクエリパラメータ」も「追加のクエリパラメータ」もアルファベット小文字で設定することを推奨します。追加のクエリパラメータの設定画面には「パラメータの大文字・小文字は区別されません」というガイダンスがありますが、実験した結果、大文字では認識されませんでした。

サイト内検索キーワードは、訪問者のニーズを端的に表しています。必ず取得しましょう。

ワザ 038 拡張計測イベントの 「フォームの操作」 を理解する

🔑 拡張計測イベント／フォームの操作

> GA4ではユーザーのフォームの操作が「form_start」「form_submit」イベントとして記録されるようになりました。どのようなパラメータが取得できるのか、犬の動画の感想を送信するフォームを例に解説します。

Googleアナリティクス4の拡張計測イベントである「フォームの操作」では、GA4設定タグが動作しているすべてのページに配置してあるフォームの入力開始と、送信のイベントが送信されます。送信されるイベントとタイミングは次の通りです。

- form_start： フォームの入力開始（フォームの項目に値が入力された時点）
- form_submit：フォームの送信（送信ボタンがクリックされた時点）

「form_start」「form_submit」に固有のパラメータは次の表の通りです。2種類のイベントに共通して送信されるパラメータと、「form_start」「fom_submit」に固有のパラメータが存在するので注意してください。

図表249-1 「form_start」イベント、「form_submit」イベントで送信される固有のパラメータ

	form_start	form_submit
form_id	●	●
form_name	●	●
form_length	●	●
form_destination	●	●
first_field_type	●	
first_field_name	●	
first_field_position	●	
form_submit_text		●

パラメータが格納する情報がどこから取得されているのかを、HTML上のformが次のページの通りに記述されている前提で説明します。

次のページに続く ▷

基礎知識

導

入

設　定

指　標

ディメンション

データ探索

成果の改善

Looker Studio

BigQuery

フォームではニックネーム、感想、
気に入り度合いを送信できる

```
1  <div style="background #0000ff;color;#ffffff;width;600px;padding; 10px 0px 10px
   15px;">
2  <form id="form1" name="opinion_for_dog_movie" action="/thankyou.html" method=
   "post">← 1 2 4
3    <label>ニックネームを教えてください。</ /label><br>
4    <input type="text" name="nickname" maxlength="10" size="50" placeholder="ニックネー
   ム"><br><br>← 3
5    <label>犬の動画の感想を全角17字でお聞かせください。</label><br>
6    <input type="text" name="comment" maxlength="34" size="50" placeholder="17文字以内
   で入力"><br><br>← 3
7      <label>気に入り度合い<br>1（とても気に入らない）から5（とても気に入った）で教えてください。</
   label><br>
8    <input type="number" name="score" maxlength="1" size="50" placeholder="1から5で入力
   "><br><br>← 3
9    <input type="submit" name="submit" value="犬の動画の感想を送信する">← 3 5
10 </form>
11 </div>
```

1 form_id：　　　　　formに付与されたid属性
2 form_name：　　　　formに付与されたname属性
3 form_length：　　　formに存在するinput要素の個数
4 form_destination：　formが送信されたときに表示されるURL
　　　　　　　　　　　※実際にはプロトコルからフルパスで記録される
5 form_submit_text：submit属性を持つinput要素のvalueの値

「first_field_type」が「number」であることから、最初に入力された項目のタイプが「数値」であることが分かる

「first_field_posision」が「3」であることから、最初に入力されたのが3番目の項目であることが分かる

event_name	event_params.key	event_params.value.string_value	event_params.value.int_value	e... fl
form_start	form_id	form1	null	
	page_title	トップページ	kazkidaテストサイト	null	
	first_second_directory	(none)(none)	null	
	first_field_type	number	null	
	debug_mode	null	1	
	short_page_title	トップページ	null	
	page_location	http://ga4.sub.jp/index.html	null	
	form_destination	http://ga4.sub.jp/thankyou.html	null	
	ga_session_number	null	3	
	first_directory	(none)	null	
	first_field_name	score	null	
	content_group	top	null	
	form_name	opinion_for_dog_movie	null	
	form_length	null	4	
	content_sub_group	(none)	null	
	session_engaged	1	null	
	first_field_position	null	3	
	ga_session_id	null	1677531103	
	engagement_time_msec	null	12732	
	second_directory	(none)	null	

「first_field_name」が「score」であることから、最初に入力された項目のname属性が「score」であることが分かる

上記の画面は「フォームの入力が開始された」というユーザー行動を記録するform_startイベントと、そのイベントの属性であるパラメータが記録された画面です。HTML上の<form>内にあるinputタグの属性を拾って、first_field_typeやfirst_field_nameなどのパラメータに値が格納されていることが見て取れます。

自社のWebサイトのフォームがユーザーにどのように利用されているのかを正しく認識するには、本ワザで紹介した「フォーム操作」が収集するイベントやパラメータと併せて、フォームのHTMLを参照する必要があります。

「フォームの操作」はデフォルトでオンになっていません。必要に応じてオンにしてデータ取得を開始してください。

| 関連ワザ 033 | 拡張計測機能によって収集されるイベントを理解する | P.100 |
| 関連ワザ 062 | フォーム項目へのフォーカス時にカスタムイベントを送信する | P.224 |

できる　113

ワザ 039 拡張計測イベントの 「動画エンゲージメント」を理解する

🔑 **動画エンゲージメント／パラメータ**

> 「動画エンゲージメント」では、ユーザーの動画再生状況をイベントとして取得できます。動画の種類ごとの再生数や、動画の長さによる再生の完了数などが分かるので、動画自体の最適化に利用できます。

GA4設定タグが入っているすべてのページで、動画エンゲージメントを測定します。動画エンゲージメントとは動画の再生開始、動画再生の進行、動画再生の完了の3種類のユーザー行動を指し、次のイベントが送信されます。

- 動画再生の開始：video_start
- 動画再生の進行：video_progress
- 動画再生の完了：video_complete

さらに、動画再生の進行を測定する「video_progress」イベントは、動画の再生が10%、25%、50%、75%のときに送信されます。よって、1つの動画の1回の再生から最大4回「video_progress」イベントが送信されます。動画エンゲージメントに紐付く固有のパラメータは次の通りです。

- video_current_time：イベントが送信された時点の動画の再生秒数を示す整数
- video_title：動画タイトル
- video_percent：動画の再生された割合（再生時間／ビデオの全長）を示す整数。値は0、10、25、50、75、100のいずれか。0は「video_start」、100は「video_complete」に紐付く。残りはすべて「video_progress」に紐付く
- video_duration：ビデオの全長を秒数で表す整数
- video_url：ビデオのオリジナルのURL。YouTube動画であれば、YouTubeドメインのURL
- video_provider：ビデオ再生プラットフォーム名。YouTubeであれば、YouTube

次のページの画面がBigQueryに記録された「video_start」イベントと、そのパラメータ群です。

基礎知識

導入

設定

指標

ディメンション

データ探索

成果の改善

Looker Studio

BigQuery

「video_start」イベントとパラメータを確認できる

行	event_name	event_params.key	event_params.value.string_value	event_params.va...int_value	e..
1	video_start	short_page_title	トップページ	null	
		page_title	トップページ｜kazkidaテストサイト	null	
		visible	true	null	
		ga_session_number	null	3	
		video_duration	null	19	
		first_second_directory	(none)(none)	null	
		video_url	https://www.youtube.com/watch?v=o1DBdeYTx6I	null	
		content_sub_group	(none)	null	
		engagement_time_msec	null	37984	
		session_engaged	1	null	
		second_directory	(none)	null	
		ga_session_id	null	1677531103	
		video_provider	youtube	null	
		video_percent	null	0	
		first_directory	(none)	null	
		debug_mode	null	1	
		video_title	a_dog_eating_with_joy	null	

自社サイトに埋め込んだYouTube動画には、リンク先のYouTubeの動画を示すURL
の末尾に、クエリパラメータ「enablejsapi=1」を付与しないと計測できないので注意
してください。次の画面のYouTubeのオリジナル動画URLの末尾の部分です。

URLの末尾にクエリパラメータを付与する

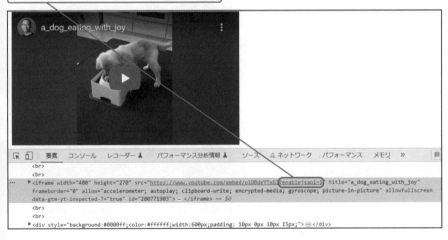

```
<br>
▶ <iframe width="480" height="270" src="https://www.youtube.com/embed/o1DBdeYTx6I?enablejsapi=1" title="a_dog_eating_with_joy"
  frameborder="0" allow="accelerometer; autoplay; clipboard-write; encrypted-media; gyroscope; picture-in-picture" allowfullscreen
  data-gtm-yt-inspected-7="true" id="200771903"> ... </iframe> == $0
<br>
<br>
▶ <div style="background:#0000ff;color:#ffffff;width:600px;padding: 10px 0px 10px 15px;">  </div>
```

動画の閲覧開始（あるいは完了）有無を条件にセグメントを作成
し、比較することで、動画のコンバージョン貢献を分析できます。

関連ワザ 033 拡張計測機能によって収集されるイベントを理解する　　　　　　　　　　P.100

ワザ 040 拡張計測イベントの「ファイルのダウンロード」を理解する

🔑 **file_downloadイベント／ダウンロード**

> ユーザーのファイルダウンロード行動を「ファイルのダウンロード」イベントとして計測できます。対象となる拡張子が決まっているので注意しましょう。カタログなどのダウンロード数を把握する用途で便利です。

「ファイルのダウンロード」は、GA4設定タグが稼働しているすべてのページで、ページ内のリンクからファイルをダウンロードしたときに発生するイベントです。イベント名は「file_download」となります。

BtoBサイトでは、サービスのカタログや仕様書、導入事例などのホワイトペーパーをユーザーがダウンロードできるようにしていることが多いでしょう。これらのダウンロード数をコンバージョンとして登録したい場合に、このイベントが活用できるでしょう。計測の対象となるファイルは次の通りです。

- ドキュメント
- テキスト
- 実行可能ファイル
- プレゼンテーション
- 圧縮ファイル
- 動画
- 音声

また、計測対象となるファイルの拡張子を正規表現で記載すると、次のようになります。PDF形式、Word/Excel/PowerPoint形式、ZIP形式など、現実的に利用されるファイル形式はほぼ網羅されていると思いますが、すべての拡張子を対象にしているわけではないことに注意してください。

pdf|xlsx?|docx?|txt|rtf|csv|exe|key|pp(s|t|tx)|7z|pkg|rar|gz|zip|avi|mov|mp4|mpe?g|wmv|midi?|mp3|wav|wma

「file_download」イベントに含まれる固有のパラメータは次の通りです。ただし、「link_id」「link_classes」は「click」イベントでも取得されます。

- file_name： ダウンロードされたファイルのファイル名
- file_extension：ダウンロードされたファイルの拡張子

- link_url： 　　　ダウンロードされたファイルのフルパス（プロトコルから始まるURL）
- link_text： 　　　ファイルをダウンロードする\<a\>タグのアンカーテキスト
- link_id： 　　　　ファイルをダウロードする\<a\>タグのid属性
- link_classes：ファイルをダウンロードする\<a\>タグのclass属性※

※「link_classes」パラメータが取得されるべきことは公式ヘルプに記述がありますが、本書執筆時点では実際には取得されませんでした。

http://999.oops.jp/index.htmlページにある以下の\<a\>タグからファイルをダウンロードした場合に記録されたBigQuery上のイベントとパラメータは次の通りです。

```
<a href="/sample.pdf" class="file_DL" id="sample_1">サンプルPDFファイルのダウンロード</a>
```

ファイルをダウンロードした際のイベントとパラメータを確認できる

event_name	event_params.key	event_params.value.string_value	event_params.value.int_value	e... float_value	ed
file_download	file_extension	pdf	null	null	
	session_engaged	1	null	null	
	page_title	トップページ	kazkidaテスト…	null	null	
	link_text	サンプルPDファイルのダウン…	null	null	
	traffic_type	internal	null	null	
	debug_mode	null	1	null	
	link_id	sample_1	null	null	
	ga_session_id	null	1677532483	null	
	ga_session_number	null	24	null	
	link_url	http://999.oops.jp/sample.pdf	null	null	
	page_location	http://999.oops.jp/	null	null	
	engagement_time_msec	null	6975	null	
	file_name	/sample.pdf	null	null	

上記のイベントとパラメータを確認すると、ダウンロードされたファイル名（link_url）と、ダウンロードされたページ（page_location）が記録されていることが分かります。そのデータをレポートで利用すれば「どのページで、どのファイルがダウンロードされたのか」が分かることになります。

> イベントの作成（ワザ095を参照）を利用すると、特定ファイルのダウンロードを簡単にコンバージョンとして登録できます。

ワザ 041 イベント収集上の制限について理解する

🔑 **イベントの仕様**

> 「カスタムイベント」や「ユーザープロパティ」を作成する場合、作成できる上限や文字数などの制限があります。それらの制限を理解しておくことで、分析に利用しないデータを取得してしまうことを防止できます。

本章のワザでは、Web担当者が取得したくなるカスタムイベントや、ユーザープロパティといった追加的なデータの取得方法を解説しています。一方、それらを行うにあたって、作成できる個数の上限や文字数の上限があります。

次の表の通りにまとめたので、この制限の中で追加的なデータ取得を行ってください。また、一次情報としてはGoogleの公式ヘルプがもっとも信頼できるソースとなります。制限事項が記述されているヘルプページも適宜参照してください。

図表041-1 GA4において作成できる個数の上限

項目	個数
プロパティあたりのユーザープロパティ数	25個
ウェブストリームあたりのイベント	なし
イベントあたりのパラメータ数	25個

図表041-2 GA4における文字数の上限

項目	文字数
イベント名	40文字
パラメータ名	40文字
パラメータの値	100文字
ユーザープロパティ名	24文字
ユーザープロパティの値	36文字
User-IDの値	256文字

🔗 **[GA4]** イベントの収集に適用される制限
https://support.google.com/analytics/answer/9267744?hl=ja

また、誰がいつ取得を依頼したカスタムイベントについて、いつどのような条件で実装が完了したのかを一覧表で管理することを推奨します。そうした表がないと、自社の

GA4でのカスタムイベント取得状況を一元的に把握できません。そのため、無駄なカスタムイベントの取得が発生したり、担当者の異動や入退社があった際、誰も全容を説明できなかったりということになりかねません。

大きな組織でなくとも、担当者の入退社はありえるので、今はGA4に触るのは自分だけという場合でも、作成することを推奨します。

掲載すべき項目とサンプルは以下の通りです。

- 項番
  - 1
- 起案者
  - 木田和廣（マーケティング部）
- 起案内容
  - トップページのカルーセルがクリックされた際、①クリックされたこと、および②クリックされた画像を識別するようなイベントを実装していただきたい。
- 承認日
  - 2023/1/18
- 実装完了日
  - 2023/1/23
- 確定カスタムイベント名
  - onsite_click
- 確定パラメータ名と格納内容
  - click_type：　　　top_carousel（固定文字列）
  - caclick_image：クリックされた画像のファイル名
  - click_dest：　　　クリック先サイト内ページURL
- GTM or GA4
  - GTM

これらの制限事項のほか、カスタムイベントやユーザープロパティの命名ルールは社内で統一することが望ましいです。

関連ワザ 044	GTM経由で追加的なデータをGA4に送信する	P.128
関連ワザ 064	GTM経由でユーザー固有の属性を送信する	P.236
関連ワザ 065	ユーザー識別用のUser-IDをGA4に送信する	P.238

ワザ 042 複数の資料請求を種類ごとに計測する

🔑 **イベントを変更／ダウンロード**

> 企業によっては、商品カタログやホワイトペーパーといった、異なる種類の資料を
> ダウンロードできるようにしていることがあります。異なるファイルのダウンロードを区
> 別して計測する方法を解説します。

BtoB企業の中には、商品カタログやホワイトペーパーといった複数の資料をユーザー
にダウンロード提供していることが多いと思います。その場合、資料が全体で何件ダウ
ンロードされたのか、そして資料ごとに何件ダウンロードされたのかを計測したいケース
があると思います。これらはGoogleタグマネージャーでの計測も可能ですが、本ワザ
ではGoogleアナリティクス4の「イベントを作成」機能を利用して、そうしたケースに対応
する実装を学びましょう。前提は次の通りです。

- ダウンロード提供している資料の種類が数種類程度である
- ダウンロード完了時に表示するサンキューページが、資料ごとに次のようなクエリパラ
  メータで分かれている
  - 資料1がダウンロードされた場合　　　　/thankyou.html?doc_id=123
  - 資料2がダウンロードされた場合　　　　/thankyou.html?doc_id=234

計測実装の全体的な手順は次の通りです。

- ダウンロードされた資料のサンキューページごとに「イベントを作成」を設定する
- 「イベントを作成」では、新規に「doc_request」という名前で作成する
- 「doc_request」イベントでは、パラメータとして新規に「doc_id」（名前は何でもよ
  い）を作成し、値を資料を識別する番号とする

.il GA4 管理 ▶ イベント ▶ イベントを作成

特定のイベント名、パラメータ名の条件に
合致した際、新規にイベントを作成する

× イベントの作成 999.oops.jp
G-N91E7LNRFZ   保存

既存のイベントに基づいて新しいイベントを作成します。詳細

設定

カスタム イベント名 ⑦
doc_request

一致する条件
他のイベントが次の条件のすべてに一致する場合にカスタム イベントを作成する

パラメータ	演算子	値	
event_name	次と等しい ▼	page_view	⊗
page_location	次を含む ▼	/thankyou.html?doc_id=123	⊗

条件を追加

パラメータ設定

☑ ソースイベントからパラメータをコピー

パラメータを変更 ⑦

パラメータ	新しい値	
doc_id	123	⊗

修正を追加

設定内容　| カスタムイベント名 | doc_request

| 一致する条件① | event_name　次と等しい　page_view

| 一致する条件② | page_location　次を含む　/thankyou.html?doc_id=123

パラメータ設定

| パラメータ | doc_id　| 新しい値 | 123

上記の画面で行っている設定を解説します。

- 一致する条件
  - パラメータ「event_name」が「page_view」に一致
  - パラメータ「page_location」が「/thankyou.html?doc_id=123」を含む
- パラメータの設定
  - 「ソースイベントからパラメータをコピー」を「オン」
  - パラメータ名「doc_id」を追加し、「新しい値」を123とする

次のページに続く ▷

基礎知識

導入

設定

指標

ディメンション

データ探索

成果の改善

Looker Studio

BigQuery

設定が完了すると、次の通りにカスタムイベント「doc_request」と、パラメータ「doc_id=123」が記録されます。

「doc_requst」イベントが
記録される

event_name	event_params.key	event_params.value.string_value	event_params.value.int_value
doc_request	ga_session_id	null	1669271898
	session_engaged	1	null
	engagement_time_msec	null	2
	page_location	http://999.oops.jp/thankyou.html?doc_id=123	null
	ga_session_number	null	72
	page_title	ありがとうございました	null
	doc_id	null	123
	first_directory	top_page	null
	engaged_session_event	null	1
	request_uri	/thankyou.html	null

同様の方法で、資料の種類の数だけ「イベントの作成」を行います。さらに、イベント「doc_request」をコンバージョンイベントとして登録すれば、資料ダウンロードの総数を計測できます。

また、パラメータ「doc_id」を、イベントスコープのカスタムディメンションとして登録すれば、探索レポートで利用できます。カスタムディメンションについてはワザ101を参照してください。

ダウンロード提供している資料の種類が数種類を大きく超える場合は、GTMで「カスタムイベント」を作成して対応してください。

関連ワザ **101** 「イベント」スコープのカスタムディメンションを作成する　　　　　P.356

ワザ 043 特定カテゴリの複数回閲覧時にカスタムイベントを送信する

🔑 閲覧／カスタムイベント

> 複雑な条件でのコンバージョン設定として、特定のカテゴリに属するページを複数回閲覧したことを条件にしたいことがあります。本ワザでは、そうした条件でカスタムイベントを送信する方法を紹介します。

サイト内で特定の行動をしたユーザーに目印を付け、リターゲティング広告でアプローチしたい、もしくは、そのユーザーからメール送信のオプトインをもらっていればメールを送信したいというニーズはよくあります。次に、その特定の行動の例を挙げます。

- 自然検索でトップページにランディングした（だから、自社の商品や社名を知っていて、能動的に商品を探しているユーザーである可能性が高いのではないか?）
- カートに商品を投入したが購入しなかった（だから、商品の購入を迷っているが背中をひと押しすれば購入してくれるのではないか?）
- SNSから商品詳細ページにランディングした（だから、評判になっている商品を購入したいという傾向の強いユーザーなのではないか?）

上記の場合、Googleアナリティクス4の標準的な機能で実現できます。具体的には「オーディエンスビルダー」（ワザ098を参照）を利用します。さらにオーディエンスビルダーでは、一定の期間にあるイベント（例えば「page_view」イベントや「scroll」イベント）を発生させた回数で、オーディエンス（目印の付いたユーザー）を作成できます。

具体的には、「7日間でpage_view イベントを5 回送信したユーザー」、「同一セッションでscrollイベントを3回送信したユーザー」などを作成できます。

一方、オーディエンスビルダーでは、オーディエンスの作成条件はイベントを対象にしており、パラメータが対象ではありません。そのため「7日間でpage_viewイベントを<トップページで>5回送信したユーザー」、「同一セッションでscrollイベントを<ブログ記事のページで>3回送信したユーザー」などのオーディエンスを作成することができません。

本ワザではそれを実現するテクニックを紹介します。全体像は次のページの通りです。

次のページに続く ▷

基礎知識

導入

設定

指標

ディメンション

データ探索

成果の改善

Looker Studio

BigQuery

基礎知識

導入

設定

指標

ディメンション

データ探索

成果の改善

Looker Studio

BigQuery

①特定のページ、あるいは特定カテゴリのページが表示されたというイベントをもとに新しいイベントを作成する（イベント1）

②オーディエンスビルダーを利用して「○日間で（あるいは同一セッションで）△回イベント1を発生させたユーザー」という条件のオーディエンスを作成する

③手順②と同時に「オーディエンストリガー」を利用してイベント2を作成し、カスタムイベントとして収集する

例として、/novel/shugoro/chikuhaku1.htmlや、/bio/shugoro/index.htmlのようにディレクトリをまたがって、URLに「shugoro」を含む複数のページがあるサイトをがあったとします。

そのサイトを計測しているGA4で、「同一セッションでURLにshugoroを含むページを3回以上表示した」という条件で、オーディエンス「shugoro_fan」を作成します。かつ、shugoroファンのユーザーを獲得したという意味で、カスタムイベント「get_shugoro_fan」を登録したいとします。

イベント1の作成

最初にイベント名が「page_view」に一致、「page_location」に「shugoroを含む」という条件で次の通りにカスタムイベントを作成します。

📊 **GA4** 管理 ▶ イベント ▶ イベントを作成

イベント1として、「view_shugoro_contents」を作成する

設定内容　**カスタムイベント名** view_shugoro_contents

一致する条件① event_name　次と等しい　page_view

一致する条件② page_location　次を含む　shugoro

オーディエンスの作成

.Il GA4　**管理 ▶ オーディエンス ▶ カスタムオーディエンスを作成する**

カスタムオーディエンスの作成画面では、「view_shugoro_contents」イベントを同一セッションで3回以上発生させたという条件を指定します。具体な設定方法はイベント1（view_shugoro_contents）に対して、「イベント数 > 2」の条件でオーディエンスを作成します。同時に、「条件のスコープ指定」を「同じセッション内」とします。

❶オーディエンスの名前を shugoro_fanとする

❷対象のイベントを view_shugoro_contentsとする

❸コメント数 > 2 を設定する

❹条件のスコープ指定を「同じセッション内」とする

次のページに続く ▷

設定が完了すると次の画面となります。

カスタムイベントの設定

さらに、上記の画面にある「オーディエンストリガー」の [+新規作成] をクリックすると、次の画面が開きます。

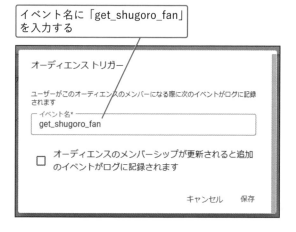

この設定により、ユーザーが同一セッションで3回以上「view_shugoro_contents」イベントを発生させた場合、そのユーザーはオーディエンス「shugoro_fan」に組み込まれると同時に、「get_shugoro_fan」のカスタムイベントが送信されます。

基礎知識

導入

設定

指標

ディメンション

データ探索

成果の改善

Looker Studio

BigQuery

次の画面はBigQueryでカスタムイベントの送信状況を検証したものです。「view_shugoro_contents」イベントが3回以上発生したのはセッション数5のセッションですが、「get_shugoro_fan」イベントが記録されたのはセッション数6となっています。

このことから、オーディエンストリガーによるイベント送信はリアルタイムではなく、ユーザーが条件を満たしたセッションの次のセッションで記録される仕様と考えられます。

オーディエンストリガーによるイベント送信は、ユーザーが
条件を満たしたセッションの次のセッションで記録される

行	user_pseudo_id	JST	event_name	session_count
1	1531929253.1669423825	2022-11-28T13:43:11	session_start	5
2	1531929253.1669423825	2022-11-28T13:43:11	view_shugoro_contents	5
3	1531929253.1669423825	2022-11-28T13:43:13	view_shugoro_contents	5
4	1531929253.1669423825	2022-11-28T13:43:17	view_shugoro_contents	5
5	1531929253.1669423825	2022-11-29T10:35:30	get_shugoro_fan	6
6	1531929253.1669423825	2022-11-29T10:35:30	session_start	6
7	1531929253.1669423825	2022-11-29T10:35:45	view_shugoro_contents	6
8	1531929253.1669423825	2022-11-29T10:35:48	view_shugoro_contents	6
9	1531929253.1669423825	2022-11-29T10:35:52	view_shugoro_contents	6
10	1531929253.1669423825	2022-11-29T10:35:56	view_shugoro_contents	6
11	1531929253.1669423825	2022-11-29T10:58:21	view_shugoro_contents	6
12	1531929253.1669423825	2022-11-30T07:30:10	session_start	7
13	1531929253.1669423825	2022-11-30T07:30:12	view_shugoro_contents	7
14	1531929253.1669423825	2022-11-30T07:30:16	view_shugoro_contents	7
15	1531929253.1669423825	2022-11-30T07:30:19	view_shugoro_contents	7

※クエリ結果／ジョブ情報／結果／JSON／実行の詳細／実行グラフ／プレビュー／結果を保存

仮に「get_shugoro_fan」イベントをコンバージョンとして設定したい場合には、ワザ097を参照してコンバージョン登録してください。

🔗 [GA4] オーディエンス トリガー
https://support.google.com/analytics/answer/9934109?hl=ja

本ワザを応用すると、ECサイトで特定商品やカテゴリに高い興味を持つオーディエンスを作成できます。

関連ワザ **098** 特定の行動をしたユーザーに目印を付ける　　　　　　　　P.346

ワザ 044 GTM経由で追加的なデータを GA4に送信する

🔑 ユーザープロパティ／カスタムイベント

GTMを経由してGA4に送信できるデータには、大きく分けてユーザーの属性を示す「ユーザープロパティ」と、ユーザーの行動を示す「カスタムイベント」があります。それぞれの概要について解説します。

自動収集イベント（ワザ032を参照）、拡張計測イベント（ワザ033を参照）を通じて、Googleアナリティクス4ではかなり詳細に、サイトでのユーザー行動をトラッキングできることを学びました。また、それ以外のユーザー行動を収集する場合、イベントのネーミングルールは推奨イベントに準拠することが望ましいことをワザ034で説明しました。

本ワザでは、それらの理解を踏まえてGoogleタグマネージャー経由でGA4に追加的なデータを送信する際の概要を解説します。このワザで学んだ概要はワザ047、049、064の理解を助けます。

GA4に追加的なデータを送信する際、データの種類は次の2つに大別されます。

- ユーザープロパティ
- カスタムイベント

ユーザープロパティとは

ユーザープロパティは、ユーザーに対して一意に決まる属性のことです。代表的な属性は、会員ID、会員ステータス、会員になった日付、性別などです。ユーザーの登録が必要なので、会員制のサイトで収集される属性だといえます。利用規約上、GA4では個人情報を記録してはいけないので、氏名、クレジットカード番号、マイナンバーカード、メールアドレス、電話番号などは収集してはいけません。

ユーザープロパティは「member_status=gold」のようなキーバリューペアのかたちで収集されます。GA4側の予約語であるため、ユーザープロパティとして次の名前は使えません。

- first_open_time
- first_visit_time
- last_deep_link_referrer
- user_id
- first_open_after_install

また、次の接頭辞は使えません。

- google_
- ga_
- firebase_

┃ カスタムイベントとは

ユーザープロパティがユーザーの属性を格納したのに対し、カスタムイベントは自動収集イベント（ワザ032を参照）や、拡張計測イベント（ワザ033を参照）では取得していない、サイト内でのユーザーの行動を捕捉するために利用するイベントです。

例えば、ワザ041ではユーザーがサイト内のあるページから、特定の画像やボタンをクリックして別のページに遷移する場合に「onsite_click」というカスタムイベントを収集するワザを紹介しています。これも、自動収集イベントでは収集していないユーザー行動をカスタムイベントで収集している例の1つということになります。

ユーザープロパティが単一階層の「名前＝値」というキーバリューペアで構成されていたのに対し、カスタムイベントは「イベント名」「パラメータ名」「パラメータの値」の3つの項目があり、パラメータがイベントを説明するキーバリューペアで表現されることに注意してください。イベントとパラメータの関係はワザ029、030を参照してください。

> カスタムイベントは非常に幅広く利用できます。本書でも多数の
> 活用例と取得テクニックを紹介しています。

基礎知識
導入
設定
指標
ディメンション
データ探索
成果の改善
Looker Studio
BigQuery

ワザ 045 GA4でeコマーストラッキングを実現する

🔑 eコマース／view_itemイベント

> GA4では、eコマースに関する詳細なユーザー行動を取得する枠組みが用意されています。本ワザを参考にエンジニアと相談して適切なdataLayer変数の出力を行えば、GA4でeコマーストラッキングができます。

Googleアナリティクス4でeコマーストラッキングを実現するには、eコマース固有のユーザー行動をイベントとしてGA4に送信する必要があります。eコマース固有のユーザー行動とは次の表のような行動です。

図表045-1 公式ヘルプのeコマース関連の推奨イベントと行動

イベント	トリガーのタイミング
add_payment_info	ユーザーが支払い情報を送信したとき
add_shipping_info	ユーザーが配送先情報を送信したとき
add_to_cart	ユーザーがカートに商品を追加したとき
add_to_wishlist	ユーザーがウィッシュリストに商品を追加したとき
begin_checkout	ユーザーが購入手続きを開始したとき
generate_lead	ユーザーが問い合わせのためにフォームまたはリクエストを送信したとき
purchase	ユーザーが購入を完了したとき
refund	ユーザーが払い戻しを受けたとき
remove_from_cart	ユーザーがカートから商品を削除したとき
select_item	ユーザーがリストから商品を選択したとき
select_promotion	ユーザーがプロモーションを選択したとき
view_cart	ユーザーがカートを表示したとき
view_item	ユーザーが商品を表示したとき
view_item_list	ユーザーが商品やサービスの一覧を表示したとき
view_promotion	ユーザーがプロモーションを表示したとき

もっとも詳細にeコマーストラッキングを行いたい場合は、上記のイベントをすべて実装する方法があります。しかし、実際はどのような最適化を行うために、どのような分析を行うかを定義し、その分析に必要なイベントだけを実装するというのが基本方針として妥当、かつ現実的です。

本ワザでは「商品詳細ページの表示」「カート追加」「購入」の3つのユーザー行動を
eコマーストラッキングのレポートに反映する、次の3つのイベントに限って説明します。他
のイベントについては、該当するユーザー行動が発生した際に、イベント名などを変更
するなどの小幅な修正で実装できるはずです。

- view_item
- add_to_cart
- purchase

基礎知識

導入

設定

指標

ディメンション

データ探索

成果の改善

Looker Studio

BigQuery

.ıl GA4 レポート ▶ 収益化 ▶ eコマース購入数

アイテムの表示回数や購入数を確認できる

アイテム名 ▾	+	↓ 閲覧されたアイテム数	カートに追加されたアイテム数	アイテムの購入数	アイテムの収益
		76,203 全体の100%	705 全体の100%	8,825 全体の100%	$119,223.36 全体の100%
1	Chrome Dino Collectible Figurines	1,847	1	16	$426.00
2		1,349	0	0	$0.00
3	Google Land & Sea Recycled Puffer Blanket	1,345	0	2	$192.00
4	Google Campus Bike	1,269	3	37	$1,528.80
5	Chrome Dino Dark Mode Collectible	1,101	2	21	$588.00
6	Google RIPL Ocean Blue Bottle	1,077	1	2	$99.00

▌ view_itemイベントの取得

「view_item」イベントは、商品詳細ページが表示されたときに送信するべきイベントで
す。商品詳細ページが表示された場合、HTMLソースコード内に記述されたGoogle
タグマネージャーのコンテナスニペットの下に、次のようなスクリプトを追加します。

```
1  <script>
2  dataLayer.push({ ecommerce: null }); ← 1
3  dataLayer.push({
4   event: "view_item", ← 2
5   ecommerce: {
6    items: [
7     {
8      item_name:" 月餅", ← 3
9      item_id: "12345", ← 4
10     price: 300, ← 5
11     item_brand: "Kazkida" ← 6
12     item_category: "Sweets", ← 7
13     item_category2: "Chinese", ← 7
14     item_variant:large, ← 8
15     quantity: 1 ← 9
16    }]
17   }
18  });
19 </script>
```

次のページに続く ▷

基礎知識

導入

設定

指標

ディメンション

データ探索

成果の改善

Looker Studio

BigQuery

1 コマースイベント同士の干渉を防ぐためにeコマースオブジェクトを消去します。
2 イベント名を送信しています。商品詳細ページ表示の推奨イベント名が「view_item」なので、それを記述します。
3 商品名です。日本語も設定できます。商品名、商品IDのどちらかは必須です。
4 商品IDです。商品名、商品IDのどちらかは必須です。
5 商品の単価です。プロパティ設定で通貨の表示を日本円にしてある場合は「300円」を意味します。
6 ブランド名です。
7 商品カテゴリです。このコードでは「item_category2」までしか記述していませんが、最大でitem_category5まで記述できます。
8 商品のバリエーションです。同一商品でサイズ違いや色違いがあれば記述します。
9 商品の数量です。

2行目で念のため、「ecommerce」オブジェクト(dataLayerが持つ商品情報)をいったん空にし、3行目から17行目でdataLayer変数に「push」、つまり書き込みを行っています。dataLayer変数に書き込まれた情報はGTMからアクセス可能なため、GA4に送信できるという仕組みです。

公式ヘルプを参照すると、商品に紐付くパラメータとして次のものが存在することが分かります。「商品情報についてどこまでをGA4に送信するか?」についても、「分析に必要な範囲で取得する」を原則として設計・設定してください。

図表045-2 商品に紐付くパラメータ

パラメータ	意味
affiliation	仕入れ先業者や実店舗を指定する商品アフィリエーション
coupon	商品アイテムに関連付けられたクーポンの名前またはコード
currency	通貨(3文字のISO4217形式)
creative_name	プロモーション用のクリエイティブの名前
creative_slot	商品アイテムに関連付けられたプロモーション用のクリエイティブ スロットの名前
discount	商品アイテムに関連付けられた割引額
item_list_id	ユーザーに商品アイテムが表示されたリストの ID
item_list_name	ユーザーに商品アイテムが表示されたリストの名前
location_id	商品アイテムに関連付けられた場所(実店舗の所在地など)
promotion_id	商品アイテムに関連付けられたプロモーションの ID
promotion_name	商品アイテムに関連付けられたプロモーションの名前

では、dataLayer変数にpush（書き込み）された情報をGA4に送信するタグを発火させるトリガーを作成しましょう。

トリガーのタイプとしては、「カスタムイベント」を利用します。このタイプは、dataLayer変数にpushされたイベント名に基づいて発火します。具体的には、HTMLに記述された次の行がpushしたイベント名「view_item」をGTMが検知して発火します。

```
1  <script>
2  dataLayer.push ({ ecommerce: null });
3  dataLayer.push({
4   event: "view_item",
5   ecommerce: {
6    items: [
```

基礎知識

導入

設定

指標

ディメンション

データ探索

成果の改善

Looker Studio

BigQuery

◆ GTM トリガー ▶ 新規

トリガーを設定する

設定内容

トリガー名	Event-View_Item

トリガーのタイプ	カスタムイベント

イベント名	view_item

このトリガーの発生場所	すべてのカスタムイベント

最後に、商品詳細ページ表示イベントを、表示された商品のパラメータとともにGA4に送信するタグを作成しましょう。イベント名は「view_item」とします。「詳細設定」の「eコマース」を次のページの通りに設定することにより、dataLayer変数にpushされた商品の詳細情報を取得してGA4に送信します。

次のページに続く ▷

◆ GTM **タグ ▶ 新規**

タグを作成する

設定内容　タグ名 GA4-EVENT-EC-VIEW-ITEM

　　　　　タグの種類 Google アナリティクス: GA4 イベント

　　　　　設定タグ GA4-CONFIG

　　　　　イベント名 view_item　トリガー Event-View_Item

以上で、商品詳細ページ表示というeコマース固有のユーザー行動を「view_item」というイベントと、それに紐付く商品情報の詳細をGA4に送信することで計測できました。

カート追加イベントについても、イベント名が「add_to_cart」という推奨イベント名を利用するところ以外はまったく同じです。ユーザーが「カートに商品を投入する」という行動を行った際に、dataLayer変数にadd_to_cartイベント、および、カートに投入された商品の属性をpushするスクリプトを実行します。

購入については、「ショッピングが成立した」という行動を「purchase」というイベントとともにGA4に送信します。ここで気を付けることは、商品に関する情報のほかに「ショッピング自体」についての情報、つまり取引ID、売上、税、送料などの情報をGA4に送信する必要があることです。従って、それらをGTMに伝えるdataLayer変数にpushする情報も増えます。

また、複数の商品が購入された場合には、前掲のソースコードの6行目から16行目を、購入された商品の数だけ繰り返します。

次の画面は、BigQueryでeコマース関連の情報を商品軸で確認したものです。

時系列順にdataLayer変数にpushした通りの
データが取得されている

行	event_name	items.item_id	items.item_name	items.item_brand	items.item_variant	items.item_category	items.item_category2
1	view_item	12345	月餅	Kazkida	large	Sweets	Chinese
2	add_to_cart	12345	月餅	Kazkida	large	Sweets	Chinese
3	purchase	12345	月餅	Kazkida	large	Sweets	Chinese

また、次の画面はeコマース関連のイベントがBigQueryに記録されている状態を時系列に並べたものです。

「ecommerce.purchase_revenue」「ecommerce.transaciton_id」
などは「purchase」イベントだけに紐付いている

行	event_name	total_item_quantity	e.. purchase_revenue_in_usd	ecommerce.purchase_revenue	re	re	shipping_value_i	shipping_value	tax_value_in_usc	ec.. ta
1	view_item	1	null	null			null	null	null	
2	add_to_cart	1	null	null			null	null	null	
3	purchase	1	3.03222	424.0			0.715146	100.0	0.171635	

 🔗 **[GA4] 推奨イベント**

https://support.google.com/analytics/answer/9267735?hl=ja

 🔗 **view_item**

https://developers.google.com/analytics/devguides/collection/ga4/reference/events?hl=ja&client_type=gtag#view_item

Googleが提供するデモアカウントがECサイトを対象にしたデータ取得を行っています。実装前に見ておくと、参考になるでしょう。

関連ワザ **034** 推奨イベントを理解する

P.102

ワザ 046 「/index.html」と「/」を 統合して計測する

🔑 ページロケーション／表示回数

Googleアナリティクスでは、同一内容のページでも、URLが一文字でも異なれば違うページとして集計されます。その結果「/index.html」と「/」が違うページとして集計されます。本ワザでは、その回避方法を紹介しています。

多くのサイトでは、トップページやディレクトリ直下のページは、ファイル名を指定しなくてもアクセスが可能です。その結果、ディレクトリ直下に配置してあるファイル名が「/index.html」だった場合、コンテンツは完全に同一なものの、アクセスできるURLは次の2つに分かれてしまうという状況が生まれます。

https://www.impress.co.jp/
https://www.impress.co.jp/index.html

一方、ユニバーサルアナリティクスだけでなくGoogleアナリティクス4も、「クエリパラメータまで含めたURLが1文字でも異なれば違ったページとする」というルールを採用しています。従って、前述の2つのページは、コンテンツがまったく同一であるにも関わらず、異なるページとして識別・計測されます。

その結果、GA4の標準レポートでディメンションを「ページパスとスクリーンクラス」にした場合、2行に分かれてレポートされます。

📊 GA4 レポート ▶ エンゲージメント ▶ ページとスクリーン

同じ内容だが、異なるページとして識別されている

ページパスとスクリーン クラス ▾ ＋	↓ 表示回数	ユーザー	ユーザーあたりのビュー…	平均エンゲージメント時間
	462 全体の 100%	50 全体の 100%	9.24 平均との差 0%	0 分 44 秒 平均との差 0%
1　／	101	34	2.97	0 分 18 秒
2　/index.html	80	23	3.48	0 分 29 秒
3　/novel/shugoro/chikuhaku1.html	56	11	5.09	0 分 15 秒
4　/novel/	38	14	2.71	0 分 10 秒

このレポートで2つのページに分かれた指標を統合したいとき、「表示回数」は単純に足し算をすればいいですが、「ユーザーあたりのビュー」や「平均エンゲージメント時間」についてはExcelなどで再計算をする必要があり、ページのパフォーマンスを即座に知ることが難しくなります。

UAでは、この問題をビューの設定にある［デフォルトのページ］という項目で回避できました。

.Ⅱ UA 　管理 ▶ ビューの設定

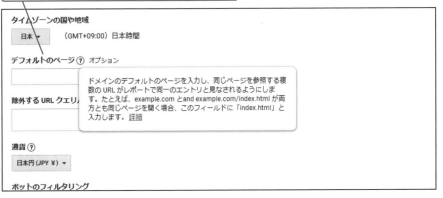

［デフォルトのページ］を指定することで、「/index.html」と「/」を統合して計測できた

しかし、GA4ではビューがなくなったため、同様の設定を行うことができなくなりました。解決方法としては、Googleタグマネージャーに投入するタグを調整し、データを収集する際に2つのURLが同一の文字列となるようにすることが挙げられます。解決の方向性は次の通りです。

- デフォルトで取得している「page_location」パラメータはそのままにしておく
- 「page_location」とは別のパラメータ「request_uri」（名前は何でもよい）を新規に作成する
- 「request_uri」には「/」「/index.html」を、両方とも「/index.html」として格納する

※「page_location」は、ブラウザーのアドレスバーに表示された通りのURLを取得する
※ページパスとはURLのホスト名以降、かつクエリパラメータを含まない文字列部分

次のページに続く ▷

次のようにGoogleタグマネージャーを操作して設定しましょう。

①全体の方針は「GA4設定タグ」のトリガーを、a）ページパスの末尾が「/」で終わっている場合、b）「/」で終わっていない場合に分けて配信する

②ページパスの末尾が「/」で終わっている場合、ページパスに「index.html」を付与したものを「request_uri」パラメータに格納して送信する

③ページパスの末尾が「/」で終わっていない場合、ページパスをそのまま「request_uri」パラメータに格納して送信する

GTM内の手順は、まず上記②を実現するために、トリガー1、タグ1を作成します。上記③を実現するためのトリガー2とタグ2は、それぞれトリガー1、タグ1を参照して作成してください。

◆ GTM　トリガー ▶ 新規

トリガー1の作成

トリガー1を「ページパスが/で終わる初期化」の条件で作成します。

トリガー1を作成する

設定内容　トリガー名　Initialization-End-With-Slash

トリガーのタイプ　初期化

このトリガーの発生場所　一部の初期化イベント

条件　Page Path　最後が一致　/

タグ1の作成

タグ1を作成し、トリガー1に紐付けます。フィールド名「request_uri」を作成し、値として、{{page_path}}index.htmlを設定しています。ページパスが「/」なので、結果的に「/index.html」がrequest_uriとして送信されます。

基礎知識

導入

設定

指標

ディメンション

データ探索

成果の改善

Looker Studio

BigQuery

◆ GTM　タグ ▶ 新規

[トリガー1に紐付くタグ1を作成する]

設定内容　[タグ名] GA4-CONFIG-END-WITH-SLASH

[タグの種類] Googleアナリティクス：GA4 設定　[測定ID] 自社のID

設定フィールド

[フィールド名] request_url　[値] {{Page Path}}index.html

[トリガー] Initialization-End-With-Slash

次のページに続く ▷

基礎知識

導入

設定

指標

ディメンション

データ探索

成果の改善

Looker Studio

BigQuery

トリガー2、タグ2の作成

前掲のトリガー1、タグ1を参考に、トリガー2に紐付くタグ2を作成します。

| トリガー2 | トリガー名 | Initialization-End-Without-Slash | トリガーのタイプ | 初期化

このトリガーの発生場所 一部の初期化イベント 条件 Page Path 最後が一致しない　/

| タグ2 | タグ名 | GA4-CONFIG-END-WITHOUT-SLASH

測定ID 自社のID タグの種類 Google アナリティクス：GA4設定

設定フィールド

フィールド名 request_uri 値 {{Page Path}} トリガー Initialization-End-Without-Slash

URLが「/novel/」で終わっていても、「request_uri」
には「/novel/index.html」が記録される

GA4のレポートでは、「page_location」が以下の4つのパターンのすべてにおいて、
「クエリパラメータなしの/index.html」に統一されていることが確認できます。

- 「/index.html」で終わる場合
- 「/index.html」にクエリパラメータが付与される場合
- 「/」で終わる場合
- 「/」にクエリパラメータが付与される場合

「request_uri」パラメータをもとにカスタムディメンション「リクエスト URI」が作成され、末尾がすべて「/index.html」で記録されている

	リクエストURI	ページロケーション	↓表示回数
	合計		18 全体の 100.0%
1	/bio/index.html	http://999.oops.jp/bio/	2
		http://999.oops.jp/bio/index.html	2
2	/index.html	http://999.oops.jp/	5
		http://999.oops.jp/?gtm_debug=1668988553510	1
		http://999.oops.jp/?gtm_debug=1668989326083	1
		http://999.oops.jp/index.html	2
3	/novel/index.html	http://999.oops.jp/novel/	3
		http://999.oops.jp/novel/index.html	1
4	/novel/ryunosuke/inutofue.html	http://999.oops.jp/novel/ryunosuke/inutofue.html	1

（自由形式 1）

ポイント

- 本ワザで作成した「request_uri」パラメータは、実際のURLが、「/で終わっている場合」、「/index.htmlで終わっている場合」のどちらでも、「/index.html」と記録されます。
- それにより、「/」と「/index.html」を統合した「表示回数」（UAでのページビュー数）や「ユーザーエンゲージメント」などをレポートで表示できます。
- レポートで利用する際には、request_uriを利用してイベントスコープのカスタムディメンション（ワザ101を参照）を作成してください。
- 本ワザで「/」と「/index.html」を「/index.html」に統一できましたが、GTMの運用が煩雑になるという副作用があります。
- GTM運用の煩雑さを避けるには、Looker Studio、あるいはBigQueryを利用して「/」と「/index.html」を統合したレポートを利用するのが現実的です。

「/」と「/index.html」の統合は、本ワザの他にLooker StudioやBigQueryを使った方法があります。

関連ワザ 030 イベントごとのパラメータを理解する　P.92

ワザ 047 90%未満のスクロール深度を カスタムイベントで取得する

🔑 **スクロール／拡張計測機能**

> GA4の拡張計測機能をオンにすると、90%スクロールを取得できます。しかし、90%以外のスクロールを取得したい場合もあると思います。本ワザでは25%、50%、75%スクロールを取得するテクニックを紹介します。

ワザ035で解説した通り、Googleアナリティクス4の拡張計測機能は、管理画面からオンにするだけで全ページの90%スクロールを取得します。これはこれで便利な仕様ではありますが、次の2点に代表される不便なところもあります。

①すべてのページで90%スクロールを取得してしまう
②90%未満のスクロール深度を取得できない

まず①ですが、自社サイト内のページの中には、スクロールを取得しなくても構わないページもあるでしょう。しかし、拡張計測機能のスクロール数取得は、全ページで稼働している「GA4設定タグ」によって行われるので、特定のページでだけ取得しなかったり、取得したりができません。

すると、特に利用する予定もないイベントがGA4で収集されてレポートが見づらくなるおそれがあります。また、BigQueryの費用（ワザ092を参照）は「保持するデータ量」「分析する量」で課金されるので、不要なデータのために課金される料金が増える可能性があるというデメリットがあります。

次に②ですが、Webページの構成にもよるものの、一定の高さを持つフッターエリアがあるページでは、90%スクロールは「ページをスクロールしきった」と同じ意味になります。すると、このイベントからページの利用状況を判断しようとすると「スクロールしきったか、しきってないか?」の2値に基づくことになります。

それでは少し乱暴で、改善施策が立てづらい場合が多いかと思います。25%、50%、75%のスクロール深度を追加的に計測する、もしくは10%刻みで、10%から90%までのスクロールを計測することが必要な場合があります。

本ワザでは、これらの不便なところを解消するため、次の設定を学びます。

- 拡張計測機能の90%スクロール取得はオフにする
- Googleタグマネージャー経由で25%、50%、75%、90%のスクロールを捕捉する
- サイト内の全ページではなく、特定のディレクトリ配下だけを対象とする

拡張計測機能の90%スクロール取得のオフ

.Ⅰ GA4　管理 ▶ データストリーム ▶ （ストリーム名） ▶ 拡張計測機能

拡張計測機能から［スクロール数］
をオフにする

スクロールしきい値を取得する組み込み変数のオン

Googleタグマネージャーの変数には、あらかじめGTM側で用意してある「組み込み変数」と、ユーザーが独自に設定できる「ユーザー定義変数」の2つがあります。組み込み変数は本書執筆時点で44種類用意されていますが、最初は次の画面のように使える状態になっていないため、以降の手順の通りに有効化する必要があります。

次のページに続く ▷

基礎知識
導入
設定
指標
ディメンション
データ探索
成果の改善
Looker Studio
BigQuery

今回の実装で必要なのは、組み込み変数の中の「Scroll Depth Threshold」です。[設定]から利用できるようにしましょう。ちなみに、英語のDepthは「深度」、Thresholdは「しきい値」という意味です。従って、Scroll Depth Thresholdは「スクロール深度のしきい値」という意味になります。具体的には、ユーザーがスクロールした深度をパーセンテージで返す変数です。

変数の作成

◆ GTM　**変数 ▶ 組み込み変数**

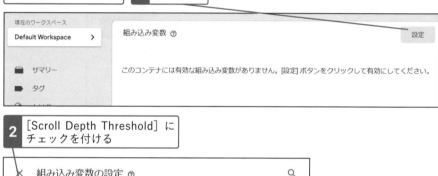

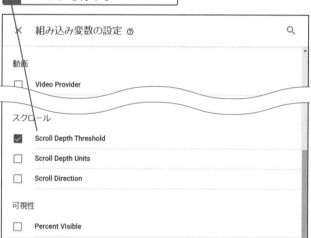

25%、50%、75%、90%で発火するトリガーの作成

続いて、新規にトリガーを作成します。トリガーのタイプとして[スクロール距離]を選択したうえで、その割合を指定します。また、特定のディレクトリ配下だけを対象とするため、トリガーの発生場所を[一部のページ]とし、条件を指定します。ここでは例として「/novel/」配下のページ（ただし、ディレクトリルート「/novel/」「/novel/index.html」を除く）としています。

基礎知識

導入

設定

指標

ディメンション

データ探索

成果の改善

Looker Studio

BigQuery

◆ GTM　**トリガー ▶ 新規**

トリガーを作成する

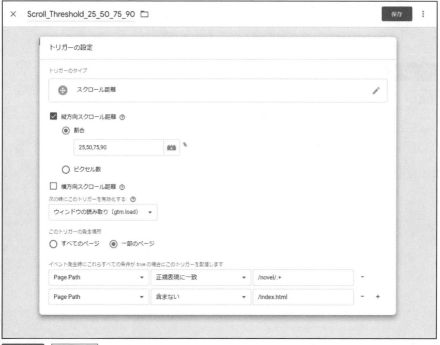

×　Scroll_Threshold_25_50_75_90 ☐　　　　　　　　　　保存　⋮

トリガーの設定

トリガーのタイプ

⊕　スクロール距離　　　　　　　　　　　　　　　　　✎

☑ 縦方向スクロール距離 ⑦
　◉ 割合
　　　25,50,75,90　　　　🔢　%

　○ ピクセル数

☐ 横方向スクロール距離 ⑦

次の時にこのトリガーを有効化する: ⑦
ウィンドウの読み取り（gtm.load）　▼

このトリガーの発生場所
○ すべてのページ　　◉ 一部のページ

イベント発生時にこれらすべての条件が true の場合にこのトリガーを配信します

| Page Path ▼ | 正規表現に一致 ▼ | /novel/.+ | − |
| Page Path ▼ | 含まない ▼ | /index.html | − + |

設定内容　トリガー名 Scroll_Threshold_25_50_75_90

　　　トリガーのタイプ スクロール距離

　　　縦方向スクロール距離

　　　割合 25,50,75,90

　　　次の時にこのトリガーを有効化する ウィンドウの読み取り（gtm.load）

　　　発生場所 一部のページ

　　　条件① Page Path　正規表現に一致　/novel/.+

　　　条件② Page Path　含まない　index.html

GA4イベントタグの新規作成

最後に、GA4イベントタグを次の内容で新規に設定します。イベント名、パラメータ名は、拡張計測機能で90%スクロールが取得されていた際に利用されていた名前と一致させます。このネーミングルールは「推奨イベント」を設定するときの考え方と似ています。デフォルトに近いネーミングがあればそれに準拠し、それがない場合のみ自社独自のネーミングを行うという原則に従っています。

次のページに続く ▷

設定内容は難しくないと思いますが、「percent_scrolled」というパラメータに、変数で設定したスクロール深度（{{Scroll Depth Threshold}}）が入るようにしています。このタグを公開すると、次のように想定通りのユーザーのスクロール行動が取得できます。「percent_scrolled」パラメータは、カスタムディメンションを作成しなくとも、探索レポートでは「スクロール済みの割合」として利用できます。

◆ GTM　タグ ▶ 新規

GA4イベントタグを作成する

設定内容
　タグ名 GA4-EVENT-SCROLL_25_50_75_90
　タグの種類 Googleアナリティクス：GA4 イベント
　設定タグ GA4-CONFIG
　イベント名 scroll
　イベントパラメータ
　　パラメータ名 parcent_scrolled
　　値 {{Scroll Depth Threshold}})
　　トリガー Scroll_Threshold_25_50_75_90

基礎知識

導
入

設
定

指
標

ディメンション

データ探索

成果の改善

Looker Studio

BigQuery

タグを公開するとユーザーのスクロール
行動を取得できる

行	event_timestamp	event_name	page_location	percent_scrolled
1	1677564369113791	scroll	http://999.oops.jp/novel/shugoro/chikuhaku1.html	25
2	1677564373051563	scroll	http://999.oops.jp/novel/shugoro/chikuhaku1.html	50
3	1677564375302633	scroll	http://999.oops.jp/novel/shugoro/chikuhaku1.html	75
4	1677564375955851	scroll	http://999.oops.jp/novel/shugoro/chikuhaku1.html	90

ジョブ情報 　結果　 JSON 　実行の詳細　 実行グラフ プレビュー

GA4 探索 ▶ 自由形式

スクロール済みの割合ごとに
レポートで可視化できる

ページタイトル	竹柏記1	竹柏記2	合計
↑　スクロール済みの割合	イベント数	イベント数	イベント数
合計	**248** 全体の97.6%	**6** 全体の2.4%	**254** 全体の100.0%
1　25	59	0	59
2　50	45	0	45
3　75	47	1	48
4　90	97	5	102

90%未満のスクロール深度のイベント取得は、あまり読まれてい
ないと思われるページの改善に役立ちます。

ワザ 048 ディレクトリ別にユーザー数、セッション数、PV数を確認する

🔑 ディレクトリ／カスタムディメンション／正規表現

> GA4でディレクトリごとにユーザー数など指標を確認するには、ディレクトリの階層を表すパラメータをGTMから送信し、それをディメンションとして利用する必要があります。GTM側の設定方法を紹介します。

Googleアナリティクス4では、ユニバーサルアナリティクスに存在していた「ディレクトリ」レポートがなくなってしまいました。そのため、ディレクトリ別にユーザー数、セッション数、PV数などを確認するには、次の手順が必要です。

①Googleタグマネージャーを利用して、ディレクトリに相当するパラメータをGA4に送信する
②送信したパラメータに基づき、カスタムディメンションを作成する
③作成したカスタムディメンションをレポートで利用する

カスタムディメンションについては、ワザ100を参照してください。本ワザでは、第1ディレクトリ、第2ディレクトリ、そしてそれらを連結した、第1第2ディレクトリの3つのパラメータを取得します。

この手順の内容を具体的に説明します。ディレクトリに相当するパラメータとなる文字列は、ページパスの一部を正規表現で抜き出して作成するので、変数のタイプとしては「正規表現の表」を利用します。

変数1（第1ディレクトリを示す文字列）の作成

◆ GTM **変数 ▶ ユーザー定義変数 ▶ 新規**

右側縦ラベル: 基礎知識 / 導入 / 設定 / 指標 / ディメンション / データ探索 / 成果の改善 / Looker Studio / BigQuery

設定内容 **変数名** `regex_table_1stdirectory` **変数のタイプ** 正規表現の表
入力変数 `{{Page Path}}`
正規表現の表
パターン `^/([^/]+)/.*` **出力** `/$1/` **デフォルト値** (none)

まず、第1ディレクトリを格納するための変数1を作成します。[入力変数] では、正規表現で抜き出す対象を{{Page Path}}としています。[パターン] では、正規表現を使って最初の「/」から次の「/」の間の文字列を抜き出しています。カッコで囲まれた部分が抽出文字列です。

[出力] では、抜き出した文字列を「$1」として抽出できます。その際、抽出した文字列は「/」を含んでいないので、レポート上の分かりやすさを考慮して、$1の前後を「/」で囲んでいます。

[デフォルト値を設定する] では、もし抜き出した文字列が空文字である（該当がない）場合は「(none)」という文字列を指定しています。

次のページに続く ▷

基礎知識

導入

設定

指標

ディメンション

データ探索

成果の改善

Looker Studio

BigQuery

変数2（第2ディレクトリを示す文字列）の作成

同様に、第2ディレクトリを表す変数である「regex_table_2nddirectory」を、変数1と同様に作成します。［パターン］に着目すると、今度は2番目の「/」と3番目の「/」の間の文字列を抽出していることが分かります。

設定内容　変数名 regex_table_2nddirectory　変数のタイプ 正規表現の表

入力変数 {{Page Path}}

正規表現の表

パターン ^/.+/(.+)/.* 　出力 /$1/　デフォルト値 (none)

変数3（第1第2ディレクトリを連結させた文字列）の作成

第1ディレクトリと第2ディレクトリを
文字列連結した変数を作成する

設定内容　変数名 regex_table_1st2nddirectory　変数のタイプ 正規表現の表

入力変数 {{Page Path}}

正規表現の表

パターン ^/(.+)/(.+)/.* 　出力 /$1/$2/

デフォルト値 {{regexp_table_1stdirectory}}{{regexp_table_2nddirectory}}

最後に、第1ディレクトリと第2ディレクトリを文字列連結した変数である「regex_table_1st2nddirectory」を作成します。

具体的には、第1ディレクトリの文字列、第2ディレクトリの文字列の2箇所がカッコで囲まれているのが分かります。それぞれ、$1、$2として取得できるので、それを「/$1/$2/」のように「/」で囲んで整形しています。

各変数を「GA4設定タグ」に登録する

◆ GTM **タグ ▶ 編集**

「GA4設定タグ」を編集する

設定内容

タグ名	GA4-CONFIG
タグの種類	Googleアナリティクス：GA4設定
測定ID	自社のID
フィールド名①	first_directory
値①	{{regex_table_1stdirectory}}
フィールド名②	second_directory
値②	{{regex_table_2nddirectory}}
フィールド名③	first_second_directory
値③	{{regex_table_1st2nddirectory}}

次のページに続く ▷

基礎知識

導
入

設 定

指 標

ディメンション

データ探索

成果の改善

Looker Studio

BigQuery

基礎知識

導入

設定

指標

ディメンション

データ探索

成果の改善

Looker Studio

BigQuery

GTMのバージョンを公開したら、次の通りのデータがGoogle BigQueryに記録されていることを確認してください。

設定した3つの変数が記録されている

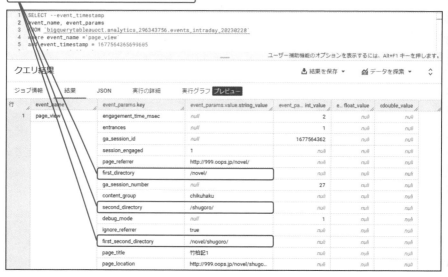

設定したパラメータをディメンション化すれば、レポートで利用できるようになります（ワザ100を参照）。

| 関連ワザ **049** | GTM経由でコンテンツグループを送信する | P.153 |
| 関連ワザ **100** | カスタム定義について理解する | P.354 |

ワザ 049 GTM経由でコンテンツグループを送信する

🔑 コンテンツグループ

> 「コンテンツグループ」とは、複数のページを1つのまとまりとしてグループ化する
> GA4の機能で、コンテンツをまとまりとして分析するのに適しています。GTM側での
> 設定方法を見ていきましょう。

Googleアナリティクス4では、ユニバーサルアナリティクスと同様、コンテンツをページ
単位で評価するのではなく、グループとして評価するための機能として「コンテンツグ
ループ」があります。コンテンツグループをレポートで利用するには、本ワザで紹介する
Googleタグマネージャーを利用した方法と、ワザ096で紹介しているGA4の管理画面
から「イベントの変更」を利用した方法の2つがあります。

本ワザで紹介する方法のほうが柔軟にコンテンツグループを作成できるので、GTMを
操作可能であれば、本ワザに従ってコンテンツグループを作成するのが望ましいです。
一方、GTMを操作できない場合には、ワザ096の方法で実現してください。

例えば、コンテンツグループを作成したいWebサイトのページ構成（サイトマップ）と、
作成したいコンテンツグループが次の表の通りだったとします。

図表049-1 サイトマップとコンテンツグループ

サイトマップ			コンテンツグループ
第一階層	第二階層	第三階層	
index.html			top
novel	index.html		other
	shugoro	chikuhaku1.html	shugoro
		chikuhaku2.html	shugoro
		aodake.html	shugoro
	ryunosuke	inutofue.html	ryunosuke
bio	index.html		other
	yamamotoshugoro.html		shugoro
	akutagawaryunosuke.html		ryunosuke

次のページに続く ▷

基礎知識

導
入

設
定

指
標

ディメンション

データ探索

成果の改善

Looker Studio

BigQuery

このとき、「shugoro」「ryunosuke」といったコンテンツグループは、異なるディレクトリ
の配下にあるページを含んでいます。従って、ディレクトリ単位でのコンテンツグループ
は作成できません。そこで、正規表現の表を利用して変数を作成します。

◆ GTM **変数 ▶ ユーザー定義変数 ▶ 新規**

設定内容の通りに変数を
作成する

設定内容 **変数名** regexp_table_content_group

変数タイプ 正規表現の表 **入力変数** {{Page Path}}

パターン① ^/(index\.html)?$ **出力①** top

パターン② .*shugoro.* **出力②** shugoro

パターン③ .*ryunosuke.* **出力③** ryunosuke

デフォルト名 other

前掲の画面で設定している内容は「Page Path」(ワザ014を参照)を対象に、その
文字列が正規表現のパターンに一致する場合に「出力」欄の値を返すというもので
す。正規表現を用いることで、柔軟にパターンマッチを行えることが利点です。各行の
解説は次のページの通りです。

- 1行目：Page Pathが/index.htmlで始まっていたら、あるいは「/」であればtopという値を返す
- 2行目：Page Pathがshugoroを含んでいたら、shugoroという値を返す
- 3行目：Page Pathがryunosukeを含んでいたら、ryunosukeという値を返す

上記に当てはまらない場合には、「デフォルト値を設定する」「other」を返すように設定します。次に、GA4設定タグのフィールド名にcontent_groupを設定します。ここは誤字のないようにしてください。値は、正規表現の表が返す値である、{{regexp_table_content_group}}とします。

基礎知識

導入

設定

指標

ディメンション

データ探索

成果の改善

Looker Studio

BigQuery

◆ GTM **タグ ▶ 編集**

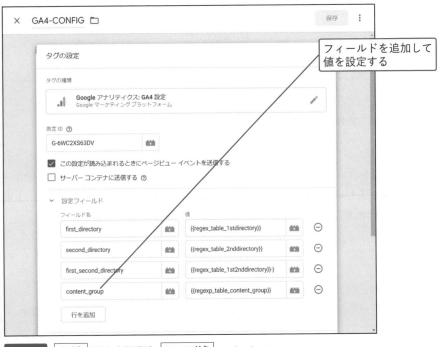

設定内容 タグ名 GA4-CONFIG フィールド名 content_group
値 {{regexp_table_content_group}}

BigQueryで収集されているデータを確認すると、「page_location」に合わせて、設計した通りのコンテンツグループ（content_group）が送信されていることが分かります。GA4のレポート側では、ディメンションにデフォルトで用意されている「コンテンツグループ」を設定することで、標準レポートおよび探索レポートでコンテンツグループが利用できます。

次のページに続く ▷

基礎知識

導入

設定

指標

ディメンション

データ探索

成果の改善

Looker Studio

BigQuery

コンテンツグループごとにイベントが収集
されていることがBigQueryで確認できる

クエリ結果　　　　　　　　　　　　　　📥 結果を保存 ▾　　📊 データを探索 ▾　　↕

| ジョブ情報 | 結果 | JSON | 実行の詳細 | 実行グラフ | プレビュー |

行	event_name	page_location	content_group
1	page_view	http://ga4.sub.jp/novel/shugoro/chikuhaku1.html	shugoro
2	page_view	http://ga4.sub.jp/novel/shugoro/chikuhaku2.html	shugoro
3	page_view	http://ga4.sub.jp/dev.html	other
4	page_view	http://ga4.sub.jp/index.html	top
5	page_view	http://ga4.sub.jp/novel/ryunosuke/inutofue.html	ryunosuke
6	page_view	http://ga4.sub.jp/novel/	other
7	page_view	http://ga4.sub.jp/novel/shugoro/aodake.html	shugoro
8	page_view	http://ga4.sub.jp/	top
9	page_view	http://ga4.sub.jp/bio/	other
10	page_view	http://ga4.sub.jp/bio/akutagawa_ryunosuke.html	ryunosuke
11	page_view	http://ga4.sub.jp/search_results.html	other
12	page_view	http://ga4.sub.jp/search_results_ga4.html	other
13	page_view	http://ga4.sub.jp/bio/yamamoto_shugoro.html	shugoro

コンテンツグループをレポートで使うときには、このディメンションがイベントスコープ（ワザ012を参照）であることに注意してください。

例えば、コンテンツグループにAとBがあり、1人のユーザーがAとBの両方を、別のユーザーがAだけを表示したとしましょう。GA4のレポートで、コンテンツグループ別に総ユーザー数を確認した場合、Aは2人、Bは1人となります。単純に合計すると3人となりますが、サイト全体の総ユーザー数は2人であり、単純合計は全体と合致しません。

コンテンツサブグループの作成は次のワザ050を、ディレクトリ別に各種指標を確認するにはワザ048を参照してください。

関連ワザ **015** GA4で利用機会が多い正規表現を理解する　　　　　　　　　　　　　　　　P.50

関連ワザ **096** 管理画面から「イベントを変更」でコンテンツグループを作成する　　　　　　P.340

ワザ 050 GTM経由でコンテンツサブグループを送信する

🔑 変数／コンテンツグループ／カスタムディメンション

> コンテンツグループを「大分類」とし、さらに「中分類」に相当するようなグループを作成したい場合は、GTM側に変数を追加してGA4設定タグに紐付け、コンテンツサブグループを送信できるようにしましょう。

階層が深いサイトの場合、コンテンツグループだけでは分析にあたって不十分な場合があります。コンテンツグループがいわばコンテンツの「大分類」だとすると、その大分類をもう一段深掘りした「中分類」が欲しくなるケースがよくあるからです。

そのような場合に利用したいのが、Googleタグマネージャーを利用したコンテンツサブグループの設定です。大きな方向性としては前のワザ049と同じですが、コンテンツサブグループの場合には、カスタムディメンションを作成する必要があるので注意してください。正規表現の表を利用して、「/novel/作家名/作品名.html」という構造を持ったURLから、作品名を「content_sub_group」として取得するケースを例とした変数の作成画面は次の通りです。

◆ GTM　変数 ▶ ユーザー定義変数 ▶ 新規

「正規表現の表」を利用して変数を設定する

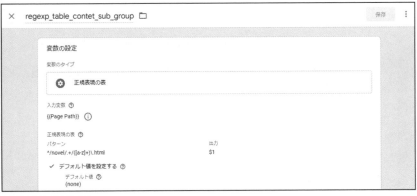

設定内容	変数名	regexp_table_content_sub_group
	変数のタイプ	正規表現の表
	入力変数	{{Page Path}}
	パターン	^/novel/.+/([a-z]+)\.html
	出力	$1

次のページに続く ▷

基礎知識

導入

設定

指標

ディメンション

データ探索

成果の改善

Looker Studio

BigQuery

パターンと出力の組み合わせで、次の処理を実現しています。

Page Pathが「/novel/[文字列]/[文字列].html」で始まっていたら、2番目の文字列の中から小文字のアルファベットで構成された文字列を返す

この設定により、将来的に/novel/shugoro/chikuhaku3.htmlというページや、/novel/saneatsu/yujo.htmlというページが新設されても、それぞれchikuhaku、yujoという文字列がregexp_table_content_sub_groupの変数に格納されます。

次に、GA4設定タグに対して以下の1行を追加します。

◆ GTM　**タグ ▶ 編集**

フィールドと値を追加する

設定内容	タグ名	GA4-CONFIG	フィールド名	content_sub_group
	値	{{regexp_table_content_sub_group}}		

また、「content_sub_group」の値をレポートで利用するために、カスタムディメンションを作成してください。

GA4のレポート側で、ディメンションとしてコンテンツグループとコンテンツサブグループを2つ利用すると、次のようなレポートを作成できます。

基礎知識

導
入

設
定

指
標

ディメンション

データ探索

成果の改善

Looker Studio

BigQuery

📊 GA4 探索 ▶ 自由形式

利用ユーザーや表示回数
などが分かる

	コンテンツ グループ	コンテンツサブグ…	総ユーザー数	セッション	↓表示回数
	合計		**1** 全体の100.0%	**2** 全体の100.0%	**13** 全体の100.0%
1	shugoro	chikuhaku	1	1	5
		aodake	1	1	4
2	ryunosuke	inutofue	1	2	4

コンテンツグループという「大分類」の下に「中分類」としてコンテンツサブグループが位置していることが確認できます。上記のレポートは、探索レポートの「自由形式」で作成しています。複数のディメンションを利用すると、このような大分類、中分類の可視化ができることを覚えておくとよいでしょう。

> コンテンツの種類が多い場合には、コンテンツグループだけではなく、コンテンツサブグループも作成するとよいでしょう。

関連ワザ **049**	GTM経由でコンテンツグループを送信する	P.153
関連ワザ **096**	管理画面から「イベントを変更」でコンテンツグループを作成する	P.340

ワザ 051 CSSセレクタでDOMに基づく トリガーを作成する

🔑 CSS / DOM

> HTMLソースコード内の記述を、GTMのトリガーや変数として利用するときに必要
> となるDOMとCSSセレクタについて解説します。本ワザを理解することで、HTML
> 内の記述を条件として、特定のユーザー行動を検知できるようになります。

本章で紹介しているワザの中には、デフォルトの状態では取得できないユーザーの行
動をトラッキングするものがあります。例えば、ユーザーがスクロールしてWebページの
特定の場所を表示したことや、特定のサイト内リンクをクリックしたことなどです。

その仕組みとしては、前述のようなユーザー行動をGoogleタグマネージャーが検知し、
該当する行動に固有の情報を付与したうえで、Googleアナリティクス4に取得・送信す
ることで実現します。

具体的には、ワザ056ではグローバルナビゲーションという特定の場所がクリックされた
ことを検知し、クリックされたテキストとジャンプ先URLを送信しています。また、ワザ057
ではスクロールによって表示された要素（タグ）を検知し、表示されたテキストを送信し
ています。

そのような「特定のユーザー行動をGTMで検知し、その行動に固有の情報をGA4に
送信する」ためには、DOMおよびCSSセレクタについての理解が必要になる場合が
あります。そこで、本ワザではGTMで「特定のユーザー行動をGA4に送信する」ため
に必要な範囲で、DOMとは何か、CSSセレクタはどのように利用できるのかを解説し
ます。

DOMとは

DOMとはHTMLで記述されたソースに基づき、ブラウザーがWebページを人間が理
解しやすいかたちで表示するための体系のことで、「Document Object Model」の
略称です。

DOMはツリー状に構成されており、タグとテキストで記述されています。DOMをその構造を表すべくツリー状に表記したものを、DOMツリーと呼びます。例えば、ごくシンプルなHTMLが次のように記述されていたとします。これをDOMツリーで表してみましょう。

```
 1  <html>
 2    <head>
 3    <title>実践ワザGA4</title>
 4    </head>
 5    <body>
 6    <p>
 7    実践ワザGA4は<a href="https://watch.impress.co.jp/">インプレス</a>の書籍です。
 8    </p>
 9    </body>
10  </html>
```

上記のHTMLファイルのDOMツリーは次の図の通りになります。塗られた四角がタグで、点線の四角がテキストです。

図表051-1 HTMLファイルのDOMツリー

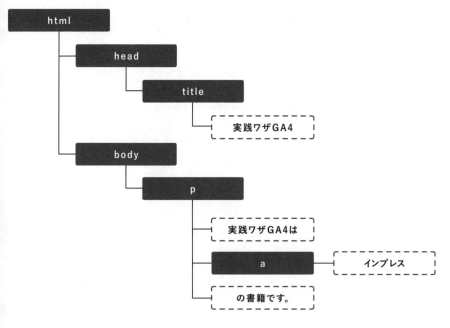

DOMツリーについてイメージできたと思います。では、次にもう少し複雑な例で、GTMがどのようにしてユーザーの特定の行動を検知し、GA4に送信するかについて学んでいきましょう。

次のページに続く ▷

基礎知識

導入

設定

指標

ディメンション

データ探索

成果の改善

Looker Studio

BigQuery

図表051-2 複雑なHTMLファイルのDOMツリー

図表051-2のDOMツリーは、図表051-1とは別のページのbody配下だと考えてください。DOMツリー中のタグは、DOMにおいては「要素」と呼ばれます。<p>タグは<p>要素、<a>タグは<a>要素です。

要素は属性を伴う場合があります。例えば、<p>要素に付属している「id」や<a>要素に付属している「class」「href」などが属性です。みなさんが所属する会社のWebサイトのHTMLを見ても、要素に属性が付与されていることを数多く目にすると思います。

CSSセレクタとは

CSSとは「Cascading Style Sheet」の略称で、Webページの特定の場所にフォントの種類やサイズ、色、背景色などの装飾を加える仕組みです。CSSセレクタは、そのCSSの機能の根幹をなすWebページの特定の場所を指定する記述方法で、DOMがツリー構造になっていることを利用しています。

具体的な例で、CSSがどのように利用されるのかを見てみましょう。図表051-2には5箇所のリンクがありますが、「書籍名がクリックされたとき、書籍名だけをGA4に送信して、他のリンクがクリックされても何も送信しない」場合、どのような条件でタグを発火させればよいでしょうか?

DOMをよく見てみると、クリックされた場所が「id属性としてbooksを持つ<p>要素配下にあるclass属性としてbook_nameを持つ<a>要素である」という条件でトリガーを作成すればよいことに気付きます。

idとは、要素に付属する属性の1つです。Webページの中では、同じidは1箇所でしか使ってはいけないというルールがあるので、Webページの中の「特定の場所」を示すのに都合がよいです。

また、classも要素に付属する属性の1つです。classは図表051-2の通り、Webページの中で同じ値を複数の場所で使ってよいルールになっています。

ここでCSSセレクタの出番です。「id属性としてbooksを持つ<p>要素配下にあるclass属性としてbook_nameを持つ<a>要素」は、CSSセレクタでは「p#books a.book_name」と記述します。CSSセレクタを利用したGTMのトリガーの設定は次の通りです。

また、GTMのプレビューモードで、書籍名がクリックされた際、どのような情報がGTMで取得できるのかを確認しましょう。

◆ GTM　トリガー ▶ 新規

トリガーを作成する

設定内容　トリガー名 Link_Click_Book_Name

　　　　　トリガーのタイプ クリック - リンクのみ

　　　　　発生場所 一部のリンククリック

　　　　　条件 Click Element　CSSセレクタに一致　p#books a.book_name

次のページに続く ▷

基礎知識

導入

設定

指標

ディメンション

データ探索

成果の改善

Looker Studio

BigQuery

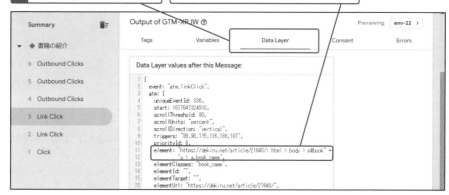

GTMが、ページ内でクリックされた場所をDOMツリーのかたちで取得できているため、前のページの通りの「CSSセレクタに一致」を条件としたトリガーが作成できるわけです。エンジニアへの依頼時にも、Web担当者がしっかりと内容を理解しておくことで、より的を射た依頼ができるでしょう。

トリガーの設定ができたので、次はクリックされた書籍名をGA4に送信する設定を行います。クリックされたテキストは組み込み変数{{Click Text}}に格納されます。次のページにある画面の通り、GA4イベントタグを新規に作成し、イベント名を「book_name_clicked」などとし、そのイベントに紐付ける属性として、book_nameをパラメータ名{{ClickText}}を値として設定します。

本章の以降のワザにも、CSSセレクタを利用しているものがあります。CSSセレクタについてあやふやになってしまったら、本ワザに戻って再読してみてください。きっと理解が深まるはずです。

◆ GTM　タグ ▶ 新規

タグを作成する

× GA4-EVENT-BOOK-NAME 📄　　　　　　　　　　　　保存 ⋮

タグの設定

タグの種類

.ıl　Google アナリティクス: **GA4 イベント**　　　　　　　　　　🖉
　　　Google マーケティング プラットフォーム

設定タグ ⑦

GA4-CONFIG　▼

イベント名 ⑦

book_name_clicked　🏷

∨　イベント パラメータ

パラメータ名　　　　　　　　　　　　値
book_name　　　　　🏷　　　　{{Click Text}}　　🏷　⊖

行を追加

設定内容　**タグ名** GA4-EVENT-BOOK-NAME

タグの種類 Googleアナリティクス：GA4 イベント

設定タグ GA4設定タグ　**イベント名** book_name_clicked

イベントパラメータ　**パラメータ名** book_name　**値** {{click Text}}

BigQueryにイベントとパラメータが記録される

行	event_name	event_params.key	event_params.value.string_value	eve...int_valu
1	book_name_clicked	first_directory	top_page	null
		page_title	書籍の紹介	null
		ga_session_id	null	167599490
		session_engaged	1	null
		page_location	http://999.oops.jp/test.html	null
		debug_mode	null	
		engaged_session_event	null	
		book_name	集中演習 SQL入門	null
		request_uri	/test.html	null
		ga_session_number	null	

DOMについては、普段意識することは少ないと思いますが、理解するとGTMで取得可能なユーザー行動の幅が広がります。

関連ワザ 026 追加したタグの動作をGTMのプレビューで確認する　　　　P.78

ワザ 052 長いページタイトルの一部だけを利用する

🔑 **タイトル／ page_titleパラメータ**

> Webページのタイトル別に分析を行う場合、レポートにしたときに文字列が長いため見切れてしまったり、折り返しが発生したりすると不便です。短縮版のページタイトルを取得して見やすくしましょう。

Googleアナリティクス4がデフォルトで収集する「page_title」パラメータは、HTMLの<title></title>で囲まれたページタイトルが値として入ります。一方、ページタイトルには、どのページであってもサイトに共通する文字列が使われている場合が多いです。

例えば、Googleが提供するデモアカウントで、ページタイトル別の表示回数を「タイトルに"|"が含まれる」という条件で絞り込むと、次のように非常に多くのWebページが「| Google Merchandise Store」という文字列を共通して持つことが分かります。

📊 GA4 **探索 ▶ 自由形式**

	ページ タイトル	↓表示回数
	合計	**243,075** 全体の 100%
1	Men's / Unisex | Apparel | Google Merchandise Store	14,078
2	Apparel | Google Merchandise Store	13,563
3	(not set)	11,458
4	The Google Merchandise Store - Log In	11,282
5	Sale | Google Merchandise Store	10,494

多くのWebページが共通の文字列を持っている

レポートの見やすさを改善するために、短縮版のページタイトルとして「| Google Merchandise Store」を除いた文字列を収集したい場合があるでしょう。本ワザでは、その場合の対応方法を紹介します。手順の全体像は次の通りです。

①1トップページの文字列（ページタイトル）を変数（変数1）に格納する
②変数1から正規表現を使って取得したい文字列を抽出し、短縮版ページタイトルとして別の変数（変数2）に格納する

③GA4設定タグにパラメータ「shortened_page_title」を設定し、値として変数2を
格納して送信する

変数1の作成

◆ GTM **変数 ▶ ユーザー定義変数 ▶ 新規**

変数1を作成する

設定内容 変数名 page_title 変数のタイプ DOM要素
選択方法 CSSセレクタ 要素セレクタ head > title

変数2の作成

変数1を作成できたら、変数2を新規作成します。変数のタイプとしては「正規表現の
表」を選択してください。入力には変数1として作成した{{page_title}}を設定します。
パターンには、抽出したい文字列を指す正規表現を記述します。次のページにある画
面で利用されている正規表現の意味は次の通りです（正規表現についてはワザ015
を参照）。

「1文字以上の文字列 半角スペース ｜（パイプ）半角スペース kazkidaテストサイト」と
いう文字列の先頭から「1文字以上の文字列」に該当するところを取得する

出力には「$1」と記入します。パターンに記述した正規表現が抽出した部分文字列の1
つ目という意味です。

次のページに続く ▷

基礎知識
導入
設定
指標
ディメンション
データ探索
成果の改善
Looker Studio
BigQuery

基礎知識

導入

設定

指標

ディメンション

データ探索

成果の改善

Looker Studio

BigQuery

◆ GTM 変数 ▶ ユーザー定義変数 ▶ 新規

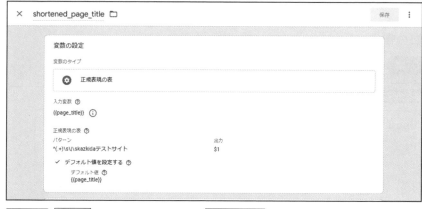

設定内容 | 変数名 shortened_page_title | 変数のタイプ 正規表現の表

入力変数 {{page_title}} | パターン ^(.+)\s\|\skazkidaテストサイト | 出力 $1

タグとパラメータの紐付け

短縮版ページタイトルは全ページで取得したいので、自動収集イベントを収集する「GA4設定タグ」に紐付けます。パラメータのフィールド名は分かりやすいものを付けましょう。値は、変数2で作成した{{shortened_page_title}}とします。

◆ GTM タグ ▶ GA4設定タグ

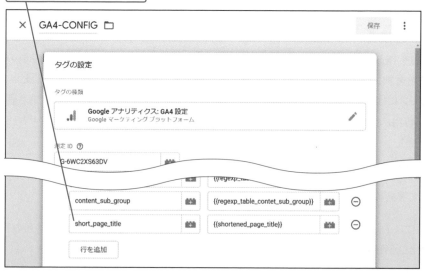

基礎知識

導入

設定

指標

ディメンション

データ探索

成果の改善

Looker Studio

BigQuery

設定内容	タグ名	GA4-CONFIG
	タグの種類	Googleアナリティクス：GA4 設定
	フィールド名	short_page_title	値	shortened_page_title

次の画面はBigQueryに収集されたデータです。「page_title」パラメータに格納されているオリジナルのページタイトルが「小説トップページ ｜ kazkidaテストサイト」なのに対し、「short_page_title」パラメータに格納した短縮したページタイトルは「小説トップページ」であることが分かります。

短縮版ページタイトルを計測できた

event_name	event_params.key	event_params.value.string_value	eve...int_value	e...
page_view	ignore_referrer	true	null	
	first_second_directory	/novel/(none)	null	
	second_directory	(none)	null	
	ga_session_number	null	9	
	content_group	other	null	
	content_sub_group	(none)	null	
	page_title	小説トップページ｜kazkidaテストサイト	null	
	session_engaged	1	null	
	entrances	null	1	
	page_referrer	http://ga4.sub.jp/index.html	null	
	page_location	http://ga4.sub.jp/novel/	null	
	ga_session_id	null	1676000117	
	first_directory	/novel/	null	
	short_page_title	小説トップページ	null	

これは比較的容易なモデルケースです。GTMでのCSSセレクタの活用に悩んだら、ワザ051を参照してください。

関連ワザ 015	GA4で利用機会が多い正規表現を理解する	P.50
関連ワザ 037	拡張計測イベントの「サイト内検索」を理解する	P.108
関連ワザ 053	サイト内検索キーワードをDOMから取得する	P.170

ワザ 053 サイト内検索キーワードを DOMから取得する

🔑 **URL ／サイト内検索キーワード**

> サイト内検索キーワードは、ユーザーのニーズを端的に表している場合が多いですが、URLに記録されていない場合、GA4での取得ができません。GTMで設定することで、DOMから取得できる場合があります。

ワザ037では、サイト内検索キーワードが「?q=xxx」のようなかたちでURLに記録されている場合に、Googleアナリティクス4で取得できることを紹介しました。一方、Webサイトによっては、サイト内検索がそのような仕様となっておらず、DOMの中にしか記述されていないケースもあるでしょう。例えば、次の画面のような例です。

URLにサイト内検索キーワードが記述されていない

この画面が、あるサイトで「SQL」を検索した結果のページだとしましょう。URLにはクエリパラメータが付いておらず、サイト内検索キーワードはページ本文にある「SQLでのサイト内検索結果は以下の通りです。」の中で太字となっている「SQL」の部分にしかありません。この部分をHTMLで確認すると、次のページの通りとなっています。

基礎知識

導入

設定

指標

ディメンション

データ探索

成果の改善

Looker Studio

BigQuery

```
1  <div id="search_results">
2  <strong>SQL</strong>でのサイト内検索結果は以下の通りです。
3  </div>
```

このHTMLからサイト内検索キーワードである文字列「SQL」を取得するには、**idが**「search_result」配下の<strong>タグのテキストを取得します。取得できたら、その文字列をGoogleタグマネージャーの変数として、GA4に送信できます。

変数の作成

GTMで変数を次のように作成しましょう。CSSセレクタはワザ051で詳しく説明しているので、併せて参照してください。

CSSセレクタの値は「#search_results > strong」を設定しましょう。id属性として「search_results」を持つ要素配下で、かつstrong要素配下の文字列という意味です。

◆ **GTM** 　変数 ▶ ユーザー定義変数 ▶ 新規

変数を新規作成する

設定内容　変数名 dom_search_string　変数のタイプ DOM要素
選択方法 CSSセレクタ　要素セレクタ #search_results > strong

トリガーの作成

変数を作成できたら、次にトリガーを新規作成します。サイト内検索結果ページでタグを発火させたいため、名前を「Pageview_Search_Results」、トリガーのタイプをページビュー、トリガーの発生場所は「Page Pathがsearch_resultsを含む」としています。

次のページに続く ▷

できる　　171

基礎知識

導入

設定

指標

ディメンション

データ探索

成果の改善

Looker Studio

BigQuery

◆ GTM トリガー ▶ 新規

トリガーを作成する

✕　Pageview_Search_Results 📁　　　　　　　　　保存　⋮

トリガーの設定

トリガーのタイプ

◉　ページビュー　　　　　　　　　　　　　　　　✎

このトリガーの発生場所

◯ すべてのページビュー　　◉ 一部のページビュー

イベント発生時にこれらすべての条件が true の場合にこのトリガーを配信します

| Page Path ▾ | 含む ▾ | search_results | − ＋ |

設定内容 ｜トリガー名｜ Pageview_Search_Results

｜トリガーのタイプ｜ ページビュー

｜発生場所｜ 一部のページビュー

｜条件｜ Page Path　含む　search_results

タグの作成

最後にGA4イベントタグを作成します。イベント名は「view_search_results」とします。また、サイト内検索キーワードを送信するパラメータ名は「search_term」、値は変数{{dom_search_results}}を指定しましょう。

その際、view_search_resultsは推奨イベント名なので、誤字のないようにしてください。パラメータsearch_termも、GA4で標準的に利用されているサイト内検索キーワード格納用のパラメータなので、こちらも誤字のないように注意が必要です。同変数にはDOMから取得したサイト内検索キーワードが格納されているので、本タグが発火することでGA4に送信されます。

◆ GTM タグ▶新規

タグを作成する

設定内容

タグ名 GA4-EVENT-SEARCH_RESULTS

タグの種類 Googleアナリティクス：GA4 イベント

設定タグ GA4-CONFIG

イベント名 view_search_results

イベントパラメータ

パラメータ名 search_term 値 {{dom_search_string}}

トリガー Pageview_Search_Results

次のページに続く ▷

サイト内検索キーワード
が記録されている

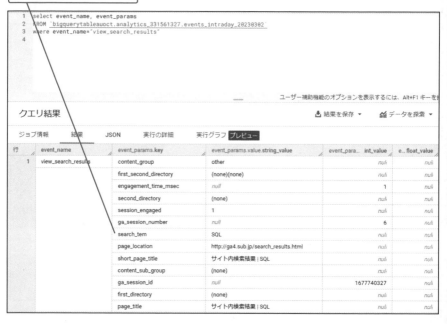

```
1  select event_name, event_params
2  FROM `bigquerytableauoct.analytics_331561327.events_intraday_20230302`
3  where event_name="view_search_results"
4
```

ユーザー補助機能のオプションを表示するには、Alt+F1 キーを

クエリ結果　　　　　　　　　　　　　　　　　　　　　　📤 結果を保存 ▼　　📊 データを探索 ▼

ジョブ情報　　結果　　JSON　　実行の詳細　　実行グラフ　プレビュー

行	event_name	event_params.key	event_params.value.string_value	event_para... int_value	e... float_value
1	view_search_results	content_group	other	null	null
		first_second_directory	(none)(none)	null	null
		engagement_time_msec	null	1	null
		second_directory	(none)	null	null
		session_engaged	1	null	null
		ga_session_number	null	6	null
		search_tem	SQL	null	null
		page_location	http://ga4.sub.jp/search_results.html	null	null
		short_page_title	サイト内検索結果	SQL	null	null
		content_sub_group	(none)	null	null
		ga_session_id	null	1677740327	null
		first_directory	(none)	null	null
		page_title	サイト内検索結果	SQL	null	null

CSSセレクタを利用することで、ページ内の文字列を柔軟に抽出
できます。サイト内検索以外にも応用が可能です。

関連ワザ 037	拡張計測イベントの「サイト内検索」を理解する	P.108
関連ワザ 056	グローバルナビの利用状況をカスタムイベントとして取得する	P.187

ワザ 054 サイト内検索キーワードを ページタイトルから取得する

🔑 DOM ／ページタイトル／サイト内検索キーワード

> Webサイトによっては、サイト内で検索をしてもキーワードがURLに含まれない場合があります。そのようなサイト内検索キーワードが取得できない場合でも、ページタイトルに記録されていれば取得できます。

ワザ037で、拡張計測イベントとしてサイト内検索キーワードを取得する方法を説明しました。加えて、サイト内検索キーワードがクエリパラメータに残っていないが、DOMには記述されている場合に、それを取得する方法としてワザ053を紹介しました。本ワザはサイト内検索キーワードをページタイトルから取得する方法を解説します。ページタイトルもDOMの一部なので、ワザ053の発展型とも考えられます。

具体的なケースとして、サイト内検索結果ページにおける検索キーワードが、クエリパラメータのかたちでURLには含まれず、ページタイトルに格納されている場合を想定しています。例えば、次の画面は「GA4」というキーワードでサイト内検索を実施した結果ページですが、検索結果そのもの以外には「GA4」という文字列が見つかりません。

検索キーワード「GA4」がページ内に
表示されていない

| | トップページ TOP | 小説一覧 NOVEL | 竹柏記 CHIKUHAKUKI | 青竹 AODAKE |

サイト内検索結果

サイト内検索結果は以下の通りです。

GA4データをBigQueryにエクスポートするかを決める時に考慮する要素

BigQuery上のGA4データを元にしたGoogle Auto ML Tablesの試用レビュー

【GA4・BigQuery活用】ユーザー分析に便利な3つの値とは？

GA4のセグメント作成時の「いずれかの時点で」の挙動

トップページに戻る

次のページに続く ▷

基礎知識

導入

設定

指標

ディメンション

データ探索

成果の改善

Looker Studio

BigQuery

そのような場合でも、次のようにページタイトルに検索キーワードが格納されている場合があります。

<title>サイト内検索結果：GA4</title>

このような場合、サイト内検索キーワードを収集するには、ページタイトルの一部を切り取って収集する必要があります。本ワザでは、そうした場合の対応方法を紹介します。ページタイトルから一部の文字列を切り出して新しいパラメータとして利用する方法については、ワザ052でも紹介しているので、併せて参照してください。

手順の全体像は次の通りです。

①ページタイトルの文字列を変数（変数1）に格納する
②変数1から、正規表現の表を使って取得したい文字列（サイト内検索キーワード）を抽出し、別の変数（変数2）に格納する
③サイト内検索結果ページで発火するトリガーを作成する
④GA4イベントタグを新規に作成し、パラメータ「search_term」を設定したうえで、値として変数2を格納して送信する

具体的な手順を見ていきましょう。

変数1の作成

ワザ052における変数1の作成とまったく同じ手順なので、そちらを参照してください。変数名として「page_title」など、分かりやすい名前を付けます。

変数2の作成

次に、変数2を新規作成し、「page_title_search_string」などの名前を付けます。変数のタイプで「正規表現の表」を選択してください。次の画面で指定されている正規表現「サイト内検索結果：(.+)」の意味するところは次の通りです。

「サイト内検索結果：1文字以上の文字列」という文字列の先頭から「1文字以上の文字列」に該当するところを取得する

出力は「$1」と記入します。次のページの画面に記述した正規表現のパターンでは1つしか文字列を取得していないので、実際には抽出した文字列すべてということになります。

◆ GTM　**変数 ▶ ユーザー定義変数 ▶ 新規**

変数を作成する

設定内容　変数名 page_title_search_string　変数のタイプ 正規表現の表

入力変数 {{page_title}}　パターン サイト内検索結果:(.+)　出力 $1

トリガーの作成

◆ GTM　**トリガー ▶ 新規**

サイト内検索キーワードがページタイトルに格納
されているページを指定したトリガーを作成する

設定内容　トリガー名 Pageview_Search_Results　トリガーのタイプ ページビュー

発生場所 一部のページビュー

条件 Page Path 含む searh_results

次のページに続く ▷

パラメータとトリガーを紐付けたタグの作成

◆ GTM　タグ ▶ 新規

タグを新規作成する

×　GA4-EVENT-SEARCH_RESULTS 🗀　　　　　　　　　　保存　⋮

タグの設定

タグの種類

.ᴵᴵ　**Google** アナリティクス: **GA4 イベント**
　　Google マーケティング プラットフォーム　　　　　　　　✎

設定タグ ⑦
GA4-CONFIG　　　　　　　　　▼

イベント名 ⑦
view_search_results　　　🏛

∨　イベント パラメータ

　　パラメータ名　　　　　　　　　　値
　　search_tem　　　🏛　　{{page_title_search_string}}　🏛　⊖

　　行を追加

＞　ユーザー プロパティ

＞　詳細設定

設定内容　　**タグ名** GA4-EVENT-SEARCH_RESULT

　　　　　タグの種類 Googleアナリティクス：GA4 イベント

　　　　　設定タグ GA4-CONFIG

　　　　　イベント名 view_search_results

　　　　　パラメータ名 search_term

　　　　　値 {{page_title_search_string}}

　　　　　トリガー Pageview_Search_Results

次の画面は、BigQueryに収集されたデータです。「page_title」パラメータに格納されているページタイトルが「サイト内検索結果：GA4」であり、search_termが「GA4」となっています。この結果は、狙った通りにページタイトルからサイト内検索キーワードを取得できているということです。

サイト内検索キーワードを
取得できた

```
1   select event_name, event_params
2   FROM `bigquerytableauoct.analytics_331561327.events_intraday_20230302`
3   where event_name="view_search_results"
```

ユーザー補助機能のオプションを表示するには、Alt+F1 キー

クエリ結果　　　　　　　　　　　　　　　　　　　　　　　　　　　↓ 結果を保存 ▼　　📊 データを探索

ジョブ情報　　結果　　JSON　　実行の詳細　　実行グラフ　プレビュー

行	event_name	event_params.key	event_params.value.string_value	eve...int_value	e...float_value
1	view_search_results	ga_session_id	null	1677740327	null
		first_second_directory	(none)(none)	null	null
		page_title	サイト内検索結果：GA4	null	null
		engagement_time_msec	null	2	null
		short_page_title	サイト内検索結果：GA4	null	null
		debug_mode	null	1	null
		second_directory	(none)	null	null
		ga_session_number	null	6	null
		page_location	http://ga4.sub.jp/search_results_ga4.html	null	null
		session_engaged	1	null	null
		content_group	other	null	null
		content_sub_group	(none)	null	null
		first_directory	(none)	null	null
		search_tem	GA4	null	null

ページタイトルから文字列を取得したうえで、「正規表現の表」で一部を抽出してGA4に送信しているのがポイントです。

ワザ 055 URLが変化しないフォームでのページ遷移を捕捉する

🔑 問い合わせフォーム／仮想ページビュー／page_viewイベント

> 問い合わせフォームがCGIで作成されていると、フォーム内で画面遷移が発生しても、URLが変化しない場合があります。仮想ページビューを送信し、独立したページとして計測できるようにしましょう。

Webサイトに設置してある問い合わせフォームは通常、最低でも次の3ページで構成されています。

- 問い合わせ内容を記入するページ (フォームページ)
- 問い合わせ内容に間違いがないか、確認を促すページ (確認ページ)
- 問い合わせを受け付けたことを確認するページ (サンキューページ)

問い合わせフォームの中には、それら3ページのURLが変化しない場合があります。その場合、フォームの効率性の確認や、問い合わせのコンバージョン数の確認ができず、Web解析上は問題になります。そこで、ページのURLが変わらない場合に「仮想ページビュー」を送信し、あたかも独立した3つのページとしてデータを取得する方法を本ワザで紹介します。

仮想ページビューとは、実際には存在しないURLやページタイトルを「page_view」イベントに紐付けて送信することにより、あたかも、それらのURLやページタイトルのページが表示されたかのように記録するページビューのことを指します。

本ワザを成立させるには、フォームページ、確認ページ、サンキューページのURLが変化しない場合でも、何かしらページコンテンツを識別する鍵が必要です。そこで例として、ページタイトルが変わる場合を前提とします。また、フォームページはURLが「/form/」配下にある想定で操作していきます。

手順の全体像は次のページの通りです。

基礎知識

導入

設定

指標

ディメンション

データ探索

成果の改善

Looker Studio

BigQuery

①既存のGA4設定タグを、/form/配下で発火しない設定に変更する

②新規のGA4設定タグ(タグ1)を作成し、/form/配下での初期化で発火するトリガー（トリガー1）と紐付ける

※ただし、このタグは「ページビューを送信しない」設定する

③DOMのページタイトルを変数（変数1）に格納する

④変数1を、仮想ページビューのURLに読み替える変数（変数2）を作成する

⑤/form/配下において、ページビューが発生した場合にタグを発火させるトリガー（トリガー2）を作成し、「page_view」イベントを送信するタグ（タグ2）に紐付ける

※「page_view」イベントのパラメータはpage_titleに変数1を格納し、page_locationに変数2を格納する

既存のGA4設定タグの変更

Googleタグマネージャーに、Webサイト全体で「初期化」トリガーで発火させている「GA4設定タグ」があるはずです。このタグは、ブラウザーのアドレスバーに表示されているURLを「page_location」として送信します。本ワザで紹介している仮想ページビューを送信するタグと、二重にページビューを送信してしまうので、/form/配下では実行しない設定にしましょう。

◆ GTM　トリガー ▶ 編集

GA4設定タグが/form/配下では発火しない
ように設定する

| 設定内容 | トリガー名 | Initialization-(ex_/form/) |

| トリガーのタイプ | 初期化 | 発生場所 | 一部の初期化イベント |

| 条件 | Page Path　先頭が一致しない　/form/ |

次のページに続く ▷

新規のGA4設定タグの作成

前掲のトリガーの設定でGA4設定タグが/form/配下では発火しなくなっているので、/form/配下だけで発火するGA4設定タグを作成します。しかし、このタグはページビューを送信しないように設定しましょう。ページビューは、新規に作成するGA4イベントタグで仮想ページビューとして送信します。

先ほど編集したトリガーと同様の操作で、今度は/form/配下だけで発火するトリガーを作成したうえで、そのトリガーを新規のGA4設定タグに紐付けます。

◆ GTM　トリガー ▶ 新規

設定内容	トリガー名	Initialization-/form/	トリガーのタイプ	初期化
	発生場所	一部の初期化イベント		
	条件	Page Path　先頭が一致　/form/		

◆ GTM　タグ ▶ 新規

タグを作成する	［この設定が読み込まれるときにページビューイベントを送信する］のチェックが外れていることを確認する

設定内容	タグ名	GA4-CONFIG-FORM	タグの種類	Googleアナリティクス：GA4 設定
	測定ID	自社のID	トリガー名	Initialization-/form/

変数1の作成

ワザ052における変数1と同様に、headタグ内のtitleタグのテキストを格納する変数を作成します。

◈ GTM **変数 ▶ ユーザー定義変数 ▶ 新規**

DOMの要素であるheadタグ内のtitleタグの
テキストを格納する変数を作成する

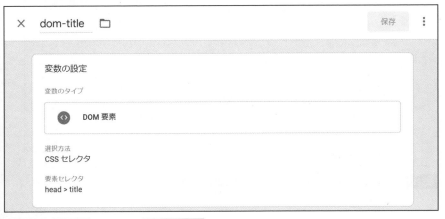

設定内容	**変数名** dom-title	**変数のタイプ** DOM要素	
	選択方法 CSSセレクタ		
	要素セレクタ head > title		

変数2の作成

変数1の作成後、変数のタイプを「ルックアップテーブル」とする変数2を新規に作成します。[変数を入力] 欄には、ページタイトルを格納した変数1{{dom-title}}とします。これで、ページタイトルが「入力」に合致した場合には、「出力」の値が変数に入ります。ページタイトルに応じて、仮想的なURLに設定したい文字列が「出力」されるように設定されていることを確認してください。

基礎知識

導入

設定

指標

ディメンション

データ探索

成果の改善

Looker Studio

BigQuery

次のページに続く ▷

基礎知識

導入

設定

指標

ディメンション

データ探索

成果の改善

Looker Studio

BigQuery

◆ GTM 変数 ▶ ユーザー定義変数 ▶ 新規

変数2を作成する　組み込み変数{{Page Hostmame}}を利用可能にしておく

設定内容　変数名 lookup-dom-title-vurl　変数のタイプ ルックアップテーブル

変数 {{dom-title}}

ルックアップテーブル

入力① 入力フォーム　出力① {{Page Hostname}}/form/form.html

入力② 確認のお願い　出力② {{Page Hostname}}/form/confirm.html

入力③ お問い合わせありがとうございました

出力③ {{Page Hostname}}/form/thankyou.html

トリガーの作成

変数1をpage_titleとして、変数2をpage_locationとして送信するGA4イベントタグ
を発火させるトリガーを作成します。URLが変わらないフォーム、確認、サンキューの各
ページは、/form/配下に存在するという想定です。

◆ GTM トリガー ▶ 新規

トリガーのタイプとしては、[ページビュー] を選択します。

設定内容　トリガー名 pageview-/form/

トリガーのタイプ ページビュー

発生場所 一部のページビュー

条件 Page Path　先頭が一致　/form/

タグの作成

最後に、次の画面の通りにタグを作成します。このタグでは「page_view」イベントを送信しています。その際、パラメータとしてページタイトルを表す「page_title」には、DOMから取得した変数{{dom-title}}を、URLを示す「page_location」には、{{lookup-dom-title-vurl}}を付与しています。{{lookup-dom-title-vurl}}は、{{dom-title}}をルックアップにより読み替えた、実際には存在しない「仮想のURL」です。このタグは/form/配下でだけ稼働させたいので、トリガー「pageview-/form/」と紐付けてください。

◆ GTM　タグ ▶ 新規

タグとトリガーを紐付ける

設定内容　**タグ名** GA4-EVENT-VURL-FORM

タグの種類 Googleアナリティクス：GA4 イベント

設定タグ GA4-CONFIG-FORM

イベント名 page_view

イベントパラメータ

パラメータ① page_title **値①** {{dom-title}}

パラメータ② page_location **値②** {{lookup-dom-title-vurl}}

トリガー pageview-/form/

次のページに続く ▷

基礎知識

導入

設定

指標

ディメンション

データ探索

成果の改善

Looker Studio

BigQuery

次の画面は、BigQueryでGA4が収集したデータを確認したところですが、「page_view」イベントに紐付く「page_title」「page_location」が意図した通りに取得できていることが確認できます。

基礎知識
導入
設定
指標
ディメンション
データ探索
成果の改善
Looker Studio
BigQuery

page_title、page_locationが取得できた

行	event_name	page_title	page_location
		ジョブ情報　　結果　　JSON　　実行の詳細　　実行グラフ　プレビュー	
1	page_view	トップページ｜kazkidaテストサイト	http://999.oops.jp/index.html
2	page_view	入力フォーム	http://999.oops.jpform/form.html
3	page_view	確認のお願い	http://999.oops.jpform/confirm.html
4	page_view	お問い合わせありがとうございました	http://999.oops.jpform/thankyou.html

本ワザの例ではページタイトルから仮想URLを取得しましたが、場合によってはフォームページ、確認ページ、サンキューページでページタイトルが変わらず、他のDOM要素が変わるという場合もあると思います。もしh1要素が変わる場合には、変数1の作成画面で「head>title」と設定した要素セレクタを「h1」とすることで、h1タグのテキストを取得できます。変数dom-h1の設定は以下の通りです。こちらを利用する場合には、ルックアップテーブルの入力も{{dom-h1}}に切り替えてください。

h1タグのテキストを取得する変数を作成する

× 　dom-h1　🗁　　　　　　　　　　　　　　　　　　保存　⋮

変数の設定

変数のタイプ

⟨⟩　DOM 要素

選択方法
CSS セレクタ

要素セレクタ
h1

設定内容　変数名 dom-h1　変数のタイプ DOM要素　選択方法 CSSセレクタ
要素セレクタ h1

ページが存在したかのように機能するので、「目標到達プロセスデータ探索」レポートでのファネル分析にも利用できます。

ワザ 056 グローバルナビの利用状況を カスタムイベントとして取得する

🔑 **カスタムイベント／グローバルナビゲーション**

> Webサイトのすべてのページに表示されるグローバルナビゲーションは、ユーザーにもっとも高頻度で表示されるサイト内のパーツです。これを改善するには、まず利用状況を可視化する必要があります。

グローバルナビゲーションは、ほぼすべてのWebサイトで採用されているサイト内ナビゲーションの主要なパーツです。その利用状況を明らかにし、「どのページでどのナビゲーション内メニューが利用されているのか?」を可視化することで、利用されていないメニューのテキストを変更したり、より到達してほしいページへの到達数を増加させたりといった改善を行いたいWeb担当者もいるかと思います。

本ワザでは、グローバルナビゲーションの利用状況をカスタムイベントとして取得する方法を紹介します。例として、グローバルナビゲーションが、次のサイトのような状態だとします。

この部分がグローバルナビゲーションとして機能している

| トップページ TOP | 小説一覧 NOVEL | 作家一覧 AUTHOR | 竹柏記 CHIKUHAKUKI | 犬と笛 INU TO FUE |

Kaz Kida テストサイトトップページ

このグローバルナビゲーションのHTMLを確認すると、次のページに記載するソースコードの通り<ul>タグと<li>タグで構成されています。見かけ上、グローバルナビゲーションになっているのは、スタイルシートで装飾しているためです。<ul>タグは本来は、番号なしの箇条書きを作成する機能があります。また、<li>タグは、<ul>タグと入れ子にして使い、個別の項目を識別させる機能があります。

次のページに続く ▷

基礎知識

導入

設定

情報

指標

ディメンション

データ探索

成果の改善

Looker Studio

BigQuery

```
1  <nav>
2  <ul class="gnav-navi-1" id="g_nav">
3  <li><a href="/index.html">トップページ<br>TOP</a></li>
4  <li><a href="/novel/">小説一覧<br>NOVEL</a></li>
5  <li><a href="/novel/chikuhaku1.html">竹柏記<br>CHIKUHAKUKI</a></li>
6  <li><a href="/novel/aodake.html">青竹<br>AODAKE</a></li>
7  </ul>
8  </nav>
```

上記のDOMの該当部分がクリックされたときに、それがグローバルナビゲーションであること、どの<a>タグがクリックされたのか識別できることを満たすイベントをGoogleアナリティクス4に送信すれば、グローバルナビゲーションの利用状況を可視化できます。

手順の全体像は次の通りです。

①組み込み変数「Click URL」「Click Text」「Click Element」をオンにする
②「Click Element」をもとに、グローバルナビゲーションがクリックされたときにタグを発火させるトリガーを作成する
③GA4イベントタグを新規に作成する。送信するイベントは「global_nav_click」など、分かりやすい名前を付ける
④タグにイベントに付与して送信するパラメータを設定する
　・destination_page：ジャンプ先ページのURL（変数1）
　・nav_menu：クリックされたメニューの文字列（変数2）
⑤タグにトリガーを紐付ける

組み込み変数の確認

Googleタグマネージャーの［変数］メニューから、組み込み変数のリストを確認しましょう。「Click URL」「Click Text」「Click Element」があることを確認します。リストになければ［設定］を表示し、チェックを付けることでリストに追加されます。

「Click URL」は変数1、「Click Text」は変数2としてGA4に送信します。「Click Element」は、グローバルナビゲーションがクリックされたことを検知するトリガーに利用します。

基礎知識

導入

設定

指標

ディメンション

データ探索

成果の改善

Looker Studio

BigQuery

◆ GTM 変数 ▶ 組み込み変数

表示されていない場合は［設定］から
追加する

組み込み変数 ⑦	
名前 ↑	タイプ
Click Element	データレイヤーの変数
Click ID	データレイヤーの変数
Click Text	自動イベント変数
Click URL	データレイヤーの変数

トリガーの作成

◆ GTM トリガー ▶ 新規

トリガーを作成する

✕ Global_Navi_Click ⬜   保存

トリガーの設定

トリガーのタイプ

🔗 クリック・リンクのみ   ✏

☐ タグの配信を待つ ⑦
☐ 妥当性をチェック ⑦

このトリガーの発生場所
◯ すべてのリンククリック   ◉ 一部のリンククリック

イベント発生時にこれらすべての条件が true の場合にこのトリガーを配信します

Click Element   ▼   CSS セレクタに一致する ▼   #g_nav li a   −   +

設定内容 トリガー名 Global_Navi_Click

トリガーのタイプ クリック - リンクのみ

発生場所 一部のリンククリック

条件 Click Element CSSセレクタに一致する #g _nav li a

次のページに続く ▷

基礎知識

導入

設定

指標

ディメンション

データ探索

成果の改善

Looker Studio

BigQuery

Googleタグマネージャーは、ページ内のどの要素がクリックされたかを検知することができます。クリックされた要素は「Click Element」に記録されるので、このトリガーはそれを条件の対象としています。「Click Element」がどのような構成で記録されるのか、見ていきましょう。

例えば、グローバルナビゲーションの中の小説一覧（「http://999.oops.jp/novel/」へのリンク）がクリックされると、次の文字列がClick Elementとして取得されます。注意深く見てみると、この文字列がDOMツリーに従っていることが見て取れます。

```
"http://999.oops.jp/novel/:
 html > body > nav > ul.gnav-navi-1#g_nav> li > a"
```

この文字列を解釈すると、まず「http://999.oops.jp/novel/」としてページのURLが示されています。そして次に、ページ内のタグの要素の入れ子構造を示したDOMツリーに従ってクリックされた場所が示されています。つまり、クリックされたのはページ内の次の場所だという意味です。

```
html
   └body
     └nav
        └ ul (class属性としてgnav_navi-1、id属性としてg_navを伴う)
          └li
            └a
```

「Click Element」が前述のような構造をしているので、その中にグローバルナビゲーションがクリックされたことが分かる目印があります。例えば「#g_nav li a」の部分は、グローバルナビゲーションのクリックに固有のものです。この目印を使ってトリガーを作成しますが、「含む」「正規表現一致」は利用できないため、「CSSセレクタ」を利用します。

CSSセレクタは本来、CSSでHTML内の特定の場所への装飾を行うための書式ですが、ここではワザ051と同様に、GTM内で「Click Element」が示すクリックされた要素との一致を検知するために利用しています。

タグの作成

変数の確認、トリガーの作成ができたらタグを作成します。イベントパラメータとして、「destination_page」に変数1（組み込み変数のClick URL）を、「nav_menu」に変数2（組み込み変数のClick Text）を設定します。さらに、トリガーとして「global_nav_click」を紐付ければ完成です。

◆ GTM **タグ▶新規**

「global_nav_click」を紐付けた
タグを作成する

設定内容 | **タグ名** | GA4-EVENT-GNAVI-CLICK

タグの設定

タグの種類 | Google アナリティクス: GA4 イベント

設定タグ | GA4-CONFIG

イベント名 | global_nav_click

イベントパラメータ

パラメータ名① destination_page **値①** {{Click URL}}

パラメータ名② nav_menu **値②** {{Click Text}}

トリガー

トリガー | Global_Navi_Click

次のページに続く ▷

基礎知識

導入

設定

指標

ディメンション

データ探索

成果の改善

Looker Studio

BigQuery

BigQueryに記録されたデータは次の画面のようになります。「page_location」や「page_title」から、グローバルナビゲーションが利用されたのがトップページであることが分かります。また、そのページからナビゲーションメニューの文字列「小説一覧NOVEL」をクリックすると、ジャンプ先は「http://999.oops.jp/novel/」であったことが記録されていると確認できます。

グローバルナビゲーションが
利用された結果を確認できる

行	event_name	event_params.key	event_params.value.string_value
1	global_nav_click	engaged_session_event	*null*
		shortened_page_title	トップページ
		ga_session_id	*null*
		nav_menu	小説一覧 NOVEL
		page_location	http://999.oops.jp/
		debug_mode	*null*
		destination_page	http://999.oops.jp/novel/
		page_title	トップページ｜kazkidaテストサイト
		ga_session_number	*null*
		engagement_time_msec	*null*
		session_engaged	1

✍ ポイント

・ユーザーはサイト内で迷子になったときに、サイトトップにいったん戻る場合があります。どのページから「トップに戻る」が多数利用されているのかを確認することも、改善のヒントになります。

もしグローバルナビの中で使われていないメニューがあれば、その表記が分かりにくくないかを検討しましょう。

関連ワザ **053** サイト内検索キーワードをDOMから取得する　　　　　　　P.170

ワザ 057 特定のDOM要素の表示を カスタムイベントとして送信する

🔑 DOM ／カスタムイベント

> ページのスクロールをパーセンテージではなく、「ページ内のどの見出しまで到達し たか?」で取得したい場合もあるでしょう。GTMでDOM要素を条件に発火するタ グとトリガーを作成して実現しましょう。

ワザ035で拡張計測機能の90%スクロール完了イベントの取得方法を、ワザ047で 90%未満のスクロール完了率のカスタムイベントでの取得方法を紹介しました。

一方、ページのスクロールをパーセンテージではなく、要素(HTMLに記述してあるタグ) が表示されたことで計測したい場合もあると思います。例えば、ページ内がいくつかの セクションに分かれていて、それぞれに見出しが付いているときに、どの見出しまでスク ロールされたのかを知りたい場合です。

この場合、セクションによって文章量や画像の掲載有無は異なるので、25%、50%のよ うな決まった割合でのスクロールよりも、「見出し1まで」「見出し2まで」スクロールされた ということのほうが意味があるでしょう。

手順の全体像は次の通りです。

①ブラウザーで特定の要素が表示されたときにタグを発火させるトリガーを作成する
②カスタムイベントを送信するGA4イベントタグを作成し、トリガーに紐付ける
※イベント名は「element_viewed」、パラメータをh4_textの値として、組み込み変数の{{Click Text}}を格 納する

トリガーの作成

例として、次のページの画面にある「一の二」という見出しが表示されたことをカスタムイ ベントとして収集してみましょう。ページには「一の一」「一の三」などの見出しも存在しま す。つまり、「一の二」などの見出しが取得できれば、ページのどこまでスクロールされた のかが分かります。

次のページに続く ▷

見出し「一の二」が表示されたことを
カスタムイベントとして送信する

> こう云ったそうである。
> 父もこれには困った。結局は義絶をし、相川という親族の養女にして、お側へあげたのであった。正式に側室となれば、当時の規定で江戸へゆかなければならない。そこで、名目は「老女」ということで、北畠の屋敷を貰ったのである。良平が怒っているもう一つの理由は、そのとき彼女がみごもっていたと云ったのはぜんぜん嘘で、まだ殿さまとの関係はまったく清かったという点であった。
> ——だって、そうでも云わなければ、兄は折檻をやめるきっかけがなかったんですよ。
> ずっとのちに、叔母はそう云って、笑ったそうである。いかにも叔母らしい、ひとをくった云いかたであるが、父はそれから今日まで、彼女とは絶対に会わずにとおして来た。
>
> 　　一の二
>
> 　北畠は台地になっている。城下町の北から東をかこむ丘　陵の一部で、表門から、迂曲した坂道を、約一町も登らなければならない。まわりは松や杉の深い森がつづき、五千坪ほどある邸内も、まえ庭の僅かに平らな芝生を残してすっかり森に包まれていた。
> 　藩侯の使う御殿とはべつに、三棟の建物があり、そのなかの、隠居所ふうに造った一棟が、叔母の住居だった。叔母は独りで住んでいた。もっとも隣りの棟に女中たちがいるし、御殿の棟には、古くからこの山荘を預かっている中村忠蔵老人と、二人の番士がいた。裏のほうには植木番の足軽やお庭職人などの小屋もあるが、叔母の住居へは、必要のない限り、誰も近づくことが許されなかった。
> 　木戸まで案内された孝之助が、そこから内庭へ入ってゆくと、障子をあけた部屋の、縁側ちかく膳を据えて、叔母が独りで酒を飲んでいた。髪を洗ったものか、まだ艶つやと黒い豊かな毛をъと束ねにして背へ垂れ、片方の膝を立てて、盃を持った手をゆったりとその膝がしらに載せている。小柄なひき緊った躯に、藍染の単衣を着、そのうえに派手な、たづな染の羽折を重ねていたが、……絹張りの行　燈の光りに照らしだされたその姿は、下町ふうの粋にくだけた感じで、孝之助はちょっと戸惑いをした。
> 　まだ九月中旬だというのに、土地が高いのと、まわりに樹が多いためだろう、空気はしんと肌寒いほど冷えて、風もないのに、しきりと落葉が舞ってい

　　　　　　　　　　　　　　　　　　　　　　　　　　　　　　　　※山本周五郎『竹柏記』より

Chromeで「一の二」を右クリックして［検証］を選択すると、次のようにデベロッパーツールの画面が表示されます。このページで「一の二」がDOM上、どのように記述されているのかを確認すると、<h4>タグ配下の<a>タグに紐付くテキストだと分かります。これを条件として、Googleタグマネージャーでトリガーを作成しましょう。

「一の二」は<h4>タグ配下の
<a>タグに紐付いている

```
要素    コンソール    レコーダー ⚠    パフォーマンス分析情報 ⚠    ソース    ⚠ ネットワーク    パフォーマンス
      時の規定で江戸へゆかなければならない。そこで、名目は「老女」ということで、北畠の屋敷を貰ったのである。良平が怒っ
      ているもう一つの理由は、そのとき彼女が"
      <em class="sesame_dot">みご</em>
      "もっていたと云ったのはぜんぜん嘘で、まだ殿さまとの関係はまったく清かったという点であった。"
      <br>
      " ——だって、そうでも云わなければ、兄は折檻をやめるきっかけがなかったんですよ。"
      <br>
      " ずっとのちに、叔母はそう云って、笑ったそうである。いかにも叔母らしい、ひとを"
      <em class="sesame_dot">くっ</em>
      "た云いかたであるが、父はそれから今日まで、彼女とは絶対に会わずにとおして来た。"
      <br>
      <br>
    ▼<div class="jisage_5" style="margin-left: 5em">
       ▼<h4 class="naka-midashi" data-gtm-vis-first-on-screen-35951303_109="5974" data-gtm-vis-total-visible-time-
         35951303_109="100" data-gtm-vis-has-fired-35951303_109="1" data-gtm-vis-first-on-screen-61990_41="5997"
         data-gtm-vis-total-visible-time-61990_41="100" data-gtm-vis-has-fired-61990_41="1">
           <a class="midashi_anchor" id="midashi20">一の二</a> == $0
       </h4>
      </div>
      <br>
      " 北畠は台地になっている。城下町の北から東をかこむ"
    ▶<ruby>⋯</ruby>
      "の一部で、表門から、"
```

できる

トリガーを作成する

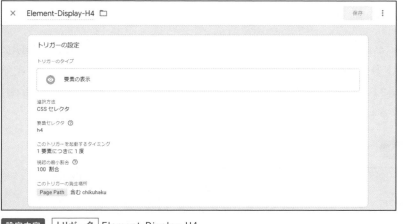

設定内容　**トリガー名** Element-Display-H4

　　　　　　トリガーのタイプ 要素の表示　**選択方法** CSSセレクタ　**要素セレクタ** h4

　　　　　　起動するタイミング 1要素につき1度　**視認の最小割合** 100

　　　　　　発生場所 一部の表示イベント　**条件** Page Path　含む　chikuhaku

トリガーのタイプとして［要素の表示］を選択し、選択方法として要素セレクタが<h4>に一致することを条件としています。これでHTML内の<h4>タグが表示されるたびに、このトリガーがタグを発火させることになります。

また、ユーザーがスクロールアップやスクロールダウンを繰り返すと、1つのページで1つのh4要素が何度も表示されますが、カスタムイベントを送信したいのは1つの<h4>タグにつき1度だけなので、［このトリガーを起動するタイミング］で［1要素につき1度］を選択します。

見出しを取得したいページは「chikuhaku1.html」あるいは「chikuhaku2.html」なので、このトリガーを発生させる場所を、Page Pathが「chikuhaku」を含む場合に限定しています。

次のページに続く ▷

基礎知識

導入

設定

掲載

ディメンション

データ探索

成果の改善

Looker Studio

BigQuery

GA4イベントタグの作成

タグは、GA4イベントタグを新規に作成します。設定タグはGA4-CONFIGを選択します。イベント名は「見られた要素」という意味の「element_viewed」としていますが、自由に決めて構いません。

パラメータ名はh4_textとし、値は組み込み変数{{Click Text}}を選択します。h4タグのテキスト（HTML上、<h4>—の—</h4>となっている「—の—」の部分）は、実際には表示されているだけでクリックはされていませんが、組み込み変数{{Click Text}}で取得できます。

◆ GTM **タグ ▶ 新規**

> パラメータ「h4-text」に組み込み変数{{Click Text}}を格納した「element_viewed」イベントを送信するタグを作成する

> {{Click Text}}が有効化されていなければ有効化する

設定内容 **タグ名** GA4-EVENT-DISPLAY-ELEMENT

タグの種類 Googleアナリティクス：GA4 イベント **設定タグ** GA4-CONFIG

イベント名 element_viewed **パラメータ名** h4_text

値 {{Clidk Text}} **トリガー** Element-Display-H4

タグを公開すると見出しの
表示データが取得できる

行	event_name	h4_text	page_title	page_location
1	element_viewed	一の一	竹柏記1	kazkidaテストサイト	http://ga4.sub.jp/novel/shugoro/chikuhaku1.html
2	element_viewed	一の二	竹柏記1	kazkidaテストサイト	http://ga4.sub.jp/novel/shugoro/chikuhaku1.html
3	element_viewed	一の三	竹柏記1	kazkidaテストサイト	http://ga4.sub.jp/novel/shugoro/chikuhaku1.html

どの要素まで表示されたのかをGA4のレポートで確認するには、パラメータ、h4_text
をもとにカスタムディメンションを作成することになります。次の画面は「H4見出し」とい
う名前でカスタムディメンションを作成した例です。

.Ⅰ GA4　**管理 ▶ カスタム定義 ▶ カスタムディメンションを作成**

×　カスタム ディメンションの編集　　　　　保存

ディメンション名 ⑦　　　　　　　　　　　　　　範囲 ⑦

H4見出し　　　　　　　　　　　　　　　　　　イベント　　　　▼

説明 ⑦

パラメータ h4_textに基づく

イベント パラメータ ⑦

h4_text　　　　　　　　　　　　　　　　▼

設定内容　| ディメンション名 | H4見出し　| 範囲 | イベント

　　　　　| 説明 | パラメータh4_textに基づく　| イベントパラメータ | h4_text

スクロール状況を可視化するには、作成した「H4見出し」をディ
メンションとして自由形式レポートなどで利用します。

ワザ 058 「Aの〇秒以内にBが発生」を条件にカスタムイベントを送信する

🔑 **Cookie ／閲覧時間**

> 「特集ページを閲覧してから10秒以内に、特集ページで紹介している商品のページを閲覧した」など、通常は設定できない複雑な条件でもコンバージョンとして登録できるようにする方法を解説します。

ワザ097で解説している通り、Googleアナリティクス4ではコンバージョン設定をイベント単位で行います。そのため「特定のページを表示した」「特定のページでスクロールした」「特定のファイルをダウンロードした」「特定の外部サイトへのリンクをクリックした」といったユーザー行動をコンバージョンとして設定することは難しくありません。

一方、「ページAを閲覧してから〇秒後にページBを閲覧した」といった複合的な条件では、通常はコンバージョンとして設定できません。しかし、例えば次のようなユーザー行動をコンバージョンにしたい場合があるはずです。

- 特集ページを閲覧してから10秒以内に、特集ページで紹介している商品のページを閲覧した
- 顧客企業での活用事例の記事を閲覧してから30秒以内に、その事例で使われている商品のページを閲覧した

こうしたユーザー行動は、特集ページや活用事例記事の成果とみなすのが妥当であり、コンバージョンを設定してその回数を数えたくなります。また、このイベントを発生させたユーザーを「オーディエンス」に含め、Google広告でアプローチしたいこともあるでしょう。

さらに、メディアサイトなどで1つの記事が複数ページで構成されている場合に、複数ページを一定の時間内で読了したことをコンバージョンとして設定したいときにも利用できます。

手順の全体像は次の通りです。Cookie（ワザ013を参照）を利用したテクニックといえます。

① ページA（例：/chikuhaku1.html）を表示した場合に、30秒（変更可能）の有効期限を持つCookieを発行する

②変数（変数1）を新規作成し、Cookie1の値を格納する

③ページB（例：/chikuhaku2.html）を表示した場合に、変数1に値が存在すれば
　タグを発火するトリガーを作成する

④イベント（例：chikuhaku2_comp）を作成し、手順③で作成したトリガーを紐付ける

特定ページでのCookieの発行

カスタムHTMLという種類のタグで、次の条件のCookieを発行します。

- Cookieの名前：　　　chikuhaku1_30
- Cookieの値：　　　　view
- Cookiieの有効期限：30秒
- Cookieのパス：　　　/配下

Cookieの有効期限の30秒は秒単位で変更可能です。「何秒以内に2つのページを見たらコンバージョンとするか?」を考えて、秒数を記述します。設定したタグを「Page Pathがchikuhaku1を含む」というトリガーとともに設定します。

◆ GTM　タグ ▶ 新規

タグとトリガーを作成する

次のページに続く ▷

基礎知識

導入

設定

指標

ディメンション

データ探索

成果の改善

Looker Studio

BigQuery

基礎知識

導入

設定

仕様

ディメンション

データ探索

成果の改善

Looker Studio

BigQuery

設定内容	タグ名	CUSTOMHTML-CHIKUHAKU-COOKIE

タグの種類 カスタムHTML

HTML
```
<script>
    document.cookie ='chikuhaku1_30=viewed; max-age = 30; path=/`;
</script>
```

トリガーのタイプ ページビュー

トリガー Pageview-Chikuhaku1

変数の作成

次に、カスタムHTMLタグが発行したCookieを変数に格納します。次の画面の通りに設定することで、ファーストパーティ Cookie chikuhaku1_30の値である「view」という文字列を、変数Cookie_chikuhaku1_30に格納しています。

◆ GTM **変数 ▶ ユーザー定義変数 ▶ 新規**

カスタムHTMLタグが発行した
Cookieを変数に格納する

設定内容 **変数名** cookie_chikuhaku1_30

変数のタイプ ファーストパーティ Cookie

Cookie名 chikuhaku1_30

トリガーの作成

ページB（例：/novel/chikuhaku2.html）が表示された時点で、変数{{cookie_chikuhaku1_30}}に値として「view」が存在すれば、/novel/chikuhaku1.htmlを表示してから30秒以内ということになります。それをトリガーの条件として、次の画面の通りPage PathがページBを指していること、「Cookie_chikuhaku1_30」の値がviewであることを条件としています。

◆ GTM トリガー ▶ 新規

トリガーを作成する

設定内容
トリガー名 Pageview_chikuhaku2_within_30sec

トリガーのタイプ ページビュー 発生場所 一部のページビュー

条件① Page Path 含む chikuhaku2

条件② cookie_chikuhaku1_30 等しい view

タグの作成

最後に、上記で作成した「Pageview_chikuhaku2_within_30sec」をトリガーとしたタグを作成します。このタグが発火すればイベント名として「chikuhaku2_comp」が送信されます。従って、GA4側から同イベントをコンバージョン設定すれば、今回やりたかった「/novel/chikuhaku1.htmlを閲覧してから30秒以内に、/novel/chikuhaku2.htmlを閲覧した」というユーザー行動をコンバージョンとして登録できることになります。

次のページに続く ▷

基礎知識

導入

設定

指標

ディメンション

データ探索

成果の改善

Looker Studio

BigQuery

◆ GTM タグ ▶ 新規

タグを作成する

設定内容

タグ名 GA4-EVENT-CHIKUHAKU2-30SEC

タグの種類 Googleアナリティクス：GA4イベント

設定タグ GA4_CONFIG

イベント名 chikuhaku2_comp

イベントパラメータ

パラメータ名 condition

値 within_30sec

トリガー Pageview_chikuhaku2_within_30sec

次の画面は、時計を用意して、10:30ちょうどに「/novel/chikuhaku1.html」を
表示したときのCookieを表示しています。「chikuhaku1_30」に「view」という値
が入り、有効期限が「10:30:30」となっているのが確認できます。同時刻になると、
chikuhaku1_30 Cookieは消滅します。

基礎知識

導入

設定

指標

ディメンション

データ探索

成果の改善

Looker Studio

BigQuery

chikuhaku1_30の有効期限が10:30:30になっている

また、もし「ページAを閲覧してから○秒後にページBを閲覧」ではなく、「ページAを閲覧してから、ブラウザーを閉じるまでにページBを閲覧」を条件としてイベント送信を行いたい場合には、ページAでのCookieの発行のカスタムHTMLタグを次の通りにするとよいでしょう。画面に示している通り、有効期限を設定する「max-age」を指定していません。この場合、Cookieはブラウザーを閉じるまで存在します。

◆ GTM　タグ ▶ 新規

タグを作成する

```
× CUSTOMHTML-CHIKUHAKU-COOKIE 口          保存  ⋮

タグの設定

タグの種類

<>  カスタム HTML
    カスタム HTML タグ

HTML ⑦
1  <script>
2  document.cookie ='chikuhaku1_30=view; path=/';
3  </script>
```

設定内容　タグ名　CUSTOMHTML-CHIKUHAKU-COOKIE

タグの種類　カスタムHTML

HTML　<script>
　　　　document.cookie ='chikuhaku1=view; path=/';
　　　</script>

本ワザのように、Cookieを条件とするトリガーを作成すると、取得できるカスタムイベントの幅が大きく広がります。

ワザ 059 IPアドレスを条件にできない場合に内部トラフィックを除外する

🔑 社内ネットワーク／内部トラフィック

> リモートワークの普及により、社員によるサイト利用がそれぞれの自宅やカフェなどに分散している場合も多いでしょう。そのような内部トラフィックを除外できない環境で、除外する方法を解説します。

社員の大半が決まった社内ネットワーク内で業務をしており、そのネットワーク内から自社サイトを閲覧している場合、そのネットワークのIPアドレスで内部トラフィックを除外できます（ワザ080を参照）。

しかし、リモートワークが浸透した現在では、多くの社員がノートパソコンで自宅やカフェなどの社外から自社サイトを閲覧している場合もあるでしょう。そのような場合、IPアドレスでは内部トラフィックを完全に除外することはできませんが、本ワザを利用すれば、IPアドレスに依存しない方法で内部トラフィックの除外が可能です。

手順の全体像は次の通りです。

① 内部者だけが閲覧できるページを用意する
② そのページを閲覧したブラウザーに対して、GTMからCookieを書き込む（例：traffic_type=internal）
③ Cookie「traffic_type」の値を変数に格納する（例：cookie_traffic_type）
④ 変数「cookie_traffic_type」の値をGA4設定タグで送信する

※ GA4のデフォルトの設定で、パラメータ traffic_typeの値が「internal」である場合、内部トラフィックとして除外する

🔗 **[GA4]内部トラフィックの除外**
https://support.google.com/analytics/answer/10104470?hl=ja

内部者だけが閲覧できるページを用意する

内部者（社員や、トラフィックを除外したいパートナー会社など）だけが閲覧できるページを用意します。WebページのURLを、仮に「dev.html」としましょう。

内部者だけが閲覧できるWeb
ページを用意する

	トップページ	小説一覧	竹柏記	青竹
	TOP	NOVEL	CHIKUHAKUKI	AODAKE

本ページは開発中です。

トラッキングビーコンは送信しますが、計測対象とはしません。

トップページはこちら

Cookieを書き込む

Googleタグマネージャーで、Cookieを書き込むタグを作成します。「Page Path」にdev.htmlを含むWebページを閲覧したユーザーのブラウザーに、「traffic_type」という名前のCookieが、値「internal」を伴って書き込まれます。

次のページにある画面のように「カスタムHTML」タグを作成し、JavaScriptを記載します。このうち「max-age」として指定してある「63072000」は2年間に相当する秒数で、Cookieの生存期間を表しています。つまり、内部者向けページ（/dev.html）を表示したブラウザーは、その後2年間にわたってtraffic_type=internalのCookieを保持することになり、内部トラフィックとしてのフラグが立ち続けることになります。

なお、この2年という値は任意で調整可能です。自動延長はされないため、Cookieの生存期間を延長するには、内部トラフィックに該当するユーザーに対して/dev.htmlへのアクセスを定期的に実行してもらう必要があります。

基礎知識

導入

設定

指標

ディメンション

データ探索

成果の改善

Looker Studio

BigQuery

次のページに続く ▷

◆ GTM　タグ ▶ 新規

ワザ055を参照し、Page Pathにdev.htmlを含むWebページ
が表示されたときに発火されるトリガーを作成し、紐付ける

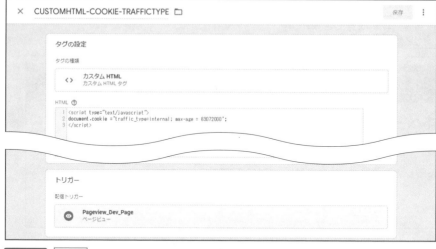

設定内容　**タグ名** CUSTOMHTML-COOKIE-TRAFFICTYPE

タグの種類 カスタムHTML

HTML `<script type="text/javascript">`
　　　　`document.cookie ='traffic_type=internal ; max-age = 63072000';`
　　　`</script>`

トリガー Pageview_Dev_Page(Page Pathにdev.htmlを含むページを条件としたトリガー)

内部者向けページの表示後にCookieを確認すると、Cookie traffic_
typeに値「internal」が書き込まれている

変数の作成

◆ GTM **変数 ▶ ユーザー定義変数 ▶ 新規**

> ファーストパーティ Cookieの値を
> 変数に書き込む

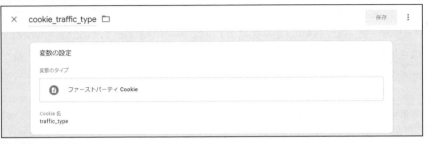

| × | cookie_traffic_type 🗀 | | 保存 | ⋮ |

変数の設定

変数のタイプ

🔒　ファーストパーティ **Cookie**

Cookie 名
traffic_type

設定内容 | **変数名** cookie_traffic_type
変数のタイプ ファーストパーティCookie
Cookie名 traffic_type

GA4設定タグへのパラメータの追加

GA4設定タグに、パラメータ名traffic_typeを追加し、値として変数{{cookie_traffic_type}}を送信します。

◆ GTM **タグ ▶ 編集**

> GA4設定タグにパラメータを追加する

✓ この設定が読み込まれるときにページビュー イベントを送信する

☐ サーバー コンテナに送信する ⑦

▼ 設定フィールド

フィールド名　　　　　　　　　　　　　　　　　値

traffic_type　　　　　　　　　　　🏢　{{cookie_traffic_type}}　　　🏢　⊖

行を追加

> ユーザー プロパティ

> 詳細設定

トリガー

配信トリガー

⏻　**Initialization - All Pages**
　　初期化

次のページに続く ▷

設定内容　タグ名 GA4-CONFIG　タグの種類 GA4設定タグ

設定フィールド

フィールド名 traffic_type　値 {{cookie_traffic_type}}

トリガー Initialization - All Pages

以上の設定により、cookietraffic_typeに「internal」の文字列が記録されているブラウザーからは、GA4設定タグにより、パラメータtraffic_typeに値internalが送信されます。GA4のデフォルトの内部トラフィックの除外条件に合致するので、dev.htmlを表示したブラウザーは内部トラフィックとして除外されるというわけです。

内部者のサイト利用には、traffic_typeパラメータに値internalが付与され、集計からは除外される

リモートワーク普及後の時代であっても、内部トラフィックを除外する方法として本ワザを参照してください。

ワザ 060 特定ページの熟読をスクロール率とページ滞在時間で測定する

🔑 ページ滞在時間／スクロール率

> scrollイベントはユーザーのスクロール行動を表しますが、必ずしもページが「読まれた」ことを表すわけではありません。サイト滞在秒数とscrollの2つの要素で「熟読」をトラッキングするワザを紹介します。

ワザ035で説明した通り、Googleアナリティクス4では拡張計測イベントとして、ページの90%スクロールというユーザー行動を計測できます。この値は、ページが最後まで「読まれた」ことに対する擬似的なシグナルといえます。

しかし現実としては、ユーザーがマウスホイールを全力で回したり、スマートフォンを高速でスワイプしたりして、縦長のページが2秒で90%スクロールされることも起こりえます。この場合の90%スクロールは「読まれた」シグナルとはいえません。

そこで本ワザでは、本当に読まれたのかどうか、つまり「熟読」の指標として、ページ滞在時間とスクロール完了を組み合わせて測定する方法を紹介します。例として、特定のページ「/novel/chikuhaku1.html」を10秒以上表示した後に90%スクロールした場合に、コンバージョン設定用のイベント「intensive_read」をGoogleタグマネージャーから送信することにします。

手順の全体像は次の通りです。

①熟読を測定する対象のページが表示されたとき（トリガー）、有効期限10秒のCookie「stay_10sec」を発行するタグ（タグ1）を発火する

②手順①で発行したCookieの値を格納する変数を作成する

③対象のページで90%スクロールが完了したとき、手順①で発行したCookieが「なければ」、熟読を示すカスタムイベントを送信する（タグ2）

次のページに続く ▷

タグ1の作成

Cookie「stay_10sec」を書き込むタグを設定します。重要なのは、max-ageを10と指定していることです。つまり、このCookieが存在しているうちは、ページが表示されてから10秒未満だということを示しています。逆にいうと、このCookieがなければ、表示から10秒以上が経過しています。

◆ GTM **タグ ▶ 新規**

Cookie「stay_10sec」を書き込むタグ
を設定する

設定内容 **タグ名** CUSTOMHTML-STAY-10SEC

タグの種類 カスタムHTML

HTML <script>
  document.cookie= 'stay_10sec=true; max-age=10;'
</script>

◆ GTM **トリガー ▶ 新規**

「/novel/chikuhaku1.html」のページビューで
発火するトリガーを作成する

設定内容 **トリガー名** Pageview_Chikuhaku1 **トリガーのタイプ** ページビュー

発生場所 一部のページビュー **条件** Page Path 含む chikuhaku1

変数の作成

次の画面のように、Cookie「stay_10sec」の値を格納する変数{{stay_10sec_cookie}}を作成します。値がない場合には「false」という文字列が格納されるように「null」と「undefined」を調整します。

◆ GTM **変数 ▶ ユーザー定義変数 ▶ 新規**

変数を作成する

設定内容		
変数名	cookie_stay_10sec	
変数のタイプ	ファーストパーティ Cookie	
Cookie名	stay_10sec	
値の形式①	「null」を次の値に変換：false	
値の形式②	「undefined」を次の値に変換：false	

次に、90%スクロールが完了したときにイベントを送信する設定をしましょう。まずはタグを作成し、次にトリガーを作成します。

基礎知識

導入

設定

指標

ディメンション

データ探索

成果の改善

Looker Studio

BigQuery

次のページに続く ▷

基礎知識

導入

設定

指標

ディメンション

データ探索

成果の改善

Looker Studio

BigQuery

タグ2の作成

GA4に、カスタムイベントを送信するタグを作成します。

◆ GTM 　変数 ▶ ユーザー定義変数 ▶ 新規

カスタムイベントを送信するタグを作成する

設定内容　タグ名　GA4-EVENT-INTENSIVE-READ

　　　　　タグの種類　Googleアナリティクス：GA4 イベント

　　　　　設定タグ　GA4-CONFIG

　　　　　イベント名　intensive_read

　　　　　トリガー　10sec_And_Scroll90

上記の画面ではすでにトリガーが紐付けられていますが、このトリガーは次の通りに作成します。

◆ GTM **トリガー ▶ 新規**

タグを発火させるトリガーを作成する

設定内容 **トリガー名** 10sec_And_Scroll90 **トリガーのタイプ** スクロール距離
方向 縦 **割合** 90
発生場所 一部のページ **条件** cookie_stay_10sec 等しい false
タグ GA4-EVENT-INTENSIVE-READ

トリガーでは、ページの縦方向の90%スクロールに条件を付与しており、変数
{{stay_10sec_cookie}}の値がfalse（変数1の作成の際、値が定義されていなけ
ればfalseを返すように設定しているため）を指定します。結果的にページ表示後10秒
未満で90%スクロールしても、コンバージョン対象イベントは送信されません。

 ページビュー トリガー
https://support.google.com/tagmanager/answer/7679319?hl=ja

カスタムHTMLで発行したCookieの寿命を利用して、ページの
熟読を「時間とスクロール」の方法で計測します。

ワザ 061 1セッションで1回だけ カスタムイベントを送信する

🔑 **セッション／カスタムイベント**

> UAではコンバージョンが発生したセッションをカウントしていましたが、GA4ではイベントが発生するたびにコンバージョンがカウントされます。セッションで1回だけコンバージョン対象となるイベントを送信するワザを紹介します。

Googleアナリティクス4のコンバージョン設定は、本書執筆時点では「イベントスコープ」しかありません。イベントスコープとは、イベントが発生した回数をコンバージョン数とするカウント方法です。例えば、次のようなユーザー行動があった場合、コンバージョン数の合計は「5」となります。

- ユーザー Aのセッション1： コンバージョンイベントを送信しなかった
- ユーザー Aのセッション2： コンバージョンイベントを2回送信した
- ユーザー Bのセッション1： コンバージョンイベントを送信しなかった
- ユーザー Bのセッション2： コンバージョンイベントを1回送信した
- ユーザー Cのセッション1： コンバージョンイベントを2回送信した

一方、ユニバーサルアナリティクスのコンバージョン設定は「セッションスコープ」で、コンバージョンが発生したセッションをカウントします。上記の場合のコンバージョン数の合計は「3」となります。

UAと同じ方法でコンバージョン数をカウントしたい場合や、そうでなくても、コンバージョンの発生回数をイベントが発生したセッションで計測したいというニーズはかなりあると思います。

例えば、特定ページが表示されたことをコンバージョンとして設定していた場合、仮にあるユーザーがそのページを5回表示すると、コンバージョンは「5」とカウントされます。しかし、そもそも測定したいのは「対象としているページにいくつのセッションが到達したのか?」のはずです。この場合、1セッションしか到達していないのに「5」とレポートされてしまうので、状況を誤認する懸念があります。

このような状況を回避し、コンバージョンイベントの発生を1セッションで1回に限定する方法を本ワザで紹介します。前提となるシナリオは次のページの通りです。

特定ページ（/novel/chikuhaku2.html）が表示されたことをコンバージョン設定したい。ただし、コンバージョンを設定するイベントは、1セッションでは1回だけ送信されてほしい。一方、ページが表示されたことを示す「page_view」イベントは当該ページが表示された回数だけ送信する。

全体の考え方は次のフローチャートの通りです。ひし形で表された条件分岐のところが、すでに同一セッションでコンバージョン（CV）イベントが送信されているかどうかを判断しています。ひし形のフローが「Yes」となることは、同一セッションですでにコンバージョンイベントが送信されていることを意味するので、CVイベントは送信しません。

図表061-1 コンバージョンイベントの発生を1セッションで1回に限定する場合の考え方

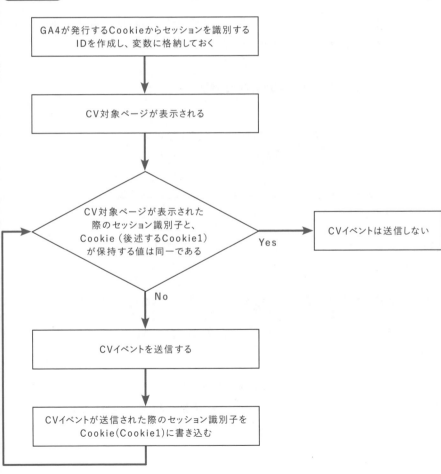

基礎知識

導入

設定

指標

ディメンション

データ探索

成果の改善

Looker Studio

BigQuery

次のページに続く ▷

サイト利用中のセッションを識別する値を変数に格納する

GA4が発行するファーストパーティCookieには次の2種類があります。

- _ga
- _ga_コンテナID（計測IDのG-XXXXXXXのXXXXXX部分）

1つ目のCookieは、ユーザーを識別するものです。2つ目のCookieはセッション状態を保持するために使用すると公式ヘルプで説明されています。

 🔗 **[GA4]** ウェブサイトでの **Cookie** の使用
https://support.google.com/analytics/answer/11397207?hl=ja

筆者のブラウザーでChromeのアドオン「Edit This Cookie」を利用し、ある時点の「セッション状態を保持するCookie」を確認すると、次の画面の通りでした。

▼ .999.oops.jp | **_ga_N91E7LNRFZ**

🗑 値
🔓 GS1.1.<u>1676270937</u>.8.1.1676270937.60.0.0
        ❶   **❷**

Googleの公式な情報がないため、筆者の検証が根拠となりますが、画面内に示した情報はそれぞれ次の通りだと考えられます。

❶ セッションの開始時刻をUNIX時で表した10桁の数値
❷ セッション数（何回目の訪問であるかを示す正の整数）

すると、Cookieから読み取れる「セッションの状態」は次の通りに解釈できます。

2023年2月13日15:48:58（UNIX時：1676270937）に開始した、ユーザーにとって8回目のセッション

そして、セッションの開始時刻（**❶**）と訪問回数（**❷**）をアンダーバー「_」で連結した文字列（例：「1676270937_8」）は、セッション識別子として利用できます。

次の画面は、Googleタグマネージャーで新規に変数を作成しているところです。変数の設定からファーストパーティCookieを取得しています。「Cookie名」がセッション状態保持用のCookieの名前となっていることを確認してください。実装時には自身の環境に合わせて変える必要があります。

◆ GTM　変数 ▶ ユーザー定義変数 ▶ 新規

変数を作成する

設定内容　変数名 cookie_ga4_session

変数のタイプ ファーストタイプ Cookie

Cookie名 _ga_N91E7LNRFZ

※実装時には、「N91E7LNRFZ」の部分は自社GA4の計測IDに適宜修正が必要
（G-XXXXXXXXのXXXXXXXX部分）

続いて、「cookie_ga4_session」からセッションを識別する値を抜き出して、別の変数に格納します。具体的には「cookie_ga4_session」の3番目の数字（前ページの❶）と4番目の数字（前ページの❷）を抽出してアンダーバーでつないだ値が該当します。利用する変数のタイプは「正規表現の表」です。設定内容は次のページにある画面を参照してください。なお、正規表現自体について確認するにはワザ015を、正規表現の表に基づいて変数を作成する方法の詳細はワザ052を参照してください。

前のページの例では、この変数には「1676270937_8」という値が格納されます。この値は、同一セッション中には変化しません。

次のページに続く ▷

基礎知識

導入

設定

指標

ディメンション

データ探索

成果の改善

Looker Studio

BigQuery

◆ GTM 変数 ▶ ユーザー定義変数 ▶ 新規

変数を作成する

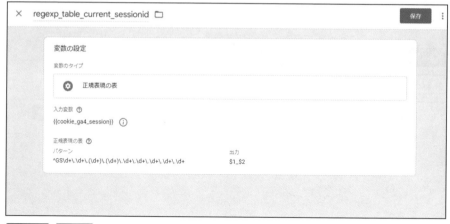

設定内容

変数名 regexp_table_current_sessionid

変数のタイプ 正規表現の表

入力変数 {{cookie_ga4_session}}

正規表現の表

パターン ^GS\d+\.\d+\.(\d+)\.(\d+)\.\d+\.\d+\.\d+\.\d+\.\d+

出力 $1_$2

同一セッションですでにCVイベントが送信されているかどうかを判別する

コンバージョン対象ページ（/novel/chikuhaku2.html）が表示された場合、すでに同一セッションでコンバージョンイベントが送信されているかどうかを判断し、まだ送信されていないときだけコンバージョンイベントタグを発火させる必要があります。

その役割を果たすトリガーを作成しているのが、次のページの画面です。「Pageview_Chikuhaku2_And_Not_Yet_Cv」という名前で作成しています。トリガー名は「chikuhaku2を表示したがまだCVしていない場合」という意味です。

2番目の条件である「customjs_if_fired_session_equal_to_current_session」は、chikuhaku2.htmlが表示されたときのセッション識別子が、コンバージョンとなるイベントを送信した際のセッション識別子と同じかどうかを判断している変数です。作成方法は後述します。

customjs_if_fired_session_equal_to_current_session変数には、2つのセッション識別子が同じであればtrue、同じでなければfalseが格納されています。そのため、値がfalseであることをトリガーの条件としています。その条件により、同一セッションで2回目のコンバージョンイベント対象のカスタムイベントが送信されないようにしているのです。

◆ GTM **トリガー ▶ 新規**

トリガーを作成する

設定内容		
トリガー名	Pageview_Chikuhaku2_And_Not_Yet_Cv	
トリガーのタイプ	ページビュー	
発生場所	一部のページビュー	
条件①	Page Path 含む chikuhaku2	
条件②	customjs_if_fired_session_equal_to_current_session 等しい false	

トリガー Pageview_Chikuhaku2_And_Not_Yet_Cvに基づいて発火させるタグは、次のページのように設定します。カスタムHTMLタグを利用して、dataLayer変数に「event = fire_cv」というキーバリューペアを追加しています（dataLayer変数とはGTMに値を渡すための変数です。GTMはdataLayer変数にアクセス可能です）。

直接カスタムイベントを送信せず、dataLayer変数に「event = fire_cv」を書き込むという1ステップを挟む理由は、タグの発火順序として「先に条件判定を行い、その後CVイベントを送信する」を守りたかったためです。

基礎知識
導入
設定
指様
ディメンション
データ探索
成果の改善
Looker Studio
BigQuery

次のページに続く ▷

基礎知識

導入

設定

指標

ディメンション

データ探索

成果の改善

Looker Studio

BigQuery

◆ GTM タグ▶新規

タグを作成する

設定内容

タグ名	CUSTOMHTML-FIRE-CV-EVENT

タグの種類 カスタムHTML

HTML

```
<script>
  window.dataLayer = window.dataLayer || [];
dataLayer.push({
  'event' : 'fire_cv'
})
</script>
```

トリガー Pageview_Chikuhaku2_And_Not_Yet_Cv

 🔗 データレイヤー
https://developers.google.com/tag-platform/devguides/datalayer?hl=ja

次に、タグCUSTOMHTML-FIRE-CV-EVENTで書き込まれたdataLayer変数に基づいて、GA4にコンバージョンの対象となるカスタムイベントを送信するトリガーと、それに続いてタグを新規に作成します。

基礎知識

導入

設定

指標

ディメンション

データ探索

成果の改善

Looker Studio

BigQuery

コンバージョン（CV）の対象とするカスタムイベントを送信する

トリガーは、dataLayer変数に書き込まれた「event=fire_cv」に基づきます。［トリガーのタイプ］として［カスタムイベント］があるので、それを利用します。具体的には次の設定内容を参照してください。この指定により、以下の順序のタグの発火が担保されます。

①/novel/chikuhaku2.htmlが表示されたとき、すでに同一セッションでコンバージョンが発生していないかどうかを判断するトリガー「Pageview_Chikuhaku2_And_Not_Yet_Cv」が動く

②まだCV対象カスタムイベントを送信していない場合には、タグCUSTOMHTML-FIRE-CV-EVENTが発火する

③CUSTOMHTML-FIRE-CV-EVENTが発火し、dataLayer変数の値に「fire_cv」を書き込んであれば、トリガー「Custom_Event_Fire_CV」が動き、後述のGA4にカスタムイベントを送信するタグが発火する

◆ GTM　トリガー ▶ 新規

| 設定内容 | トリガー名 Custom_Event_Fire_Cv | トリガーのタイプ カスタムイベント |

イベント名 fire_cv

発生場所 すべてのカスタムイベント

 🔗 カスタムイベントトリガー
https://support.google.com/tagmanager/answer/7679219?hl=ja

トリガーを作成できたら、タグを作成します。次のタグは、発火するとイベントとして「cv_chikuhaku2」を送信します。GA4の管理画面から、同イベントをコンバージョンとして登録してください。

◆ GTM　タグ ▶ 新規

設定内容　タグ名 GA4-EVENT-CHIKUHAKU2-CV

タグの種類 Googleアナリティクス：GA4 イベント

設定タグ GA4-CONFIG

イベント名 cv_chikuhaku2

トリガー Custom_Event_Fire_Cv

次のページに続く ▷

CVイベントが送信されたセッション識別子をCookieに書き込む

CVイベントが送信されたので、「送信済み」を記録しておかなければいけません。しかし、ただ「送信済み」とするのではなく「CVイベントが送信されたときのセッション識別子」を記録することで、どのセッションでCVを送信済みなのかを明示します。セッションが異なれば、コンバージョンイベントは送信されるべきだからです。具体的には、「カスタムHTMLタグ」でCV対象イベントが送信されたときのセッション識別子をCookieに書き込むタグを作成します。Cookieの名前はfiredSession、値を{{セッション識別子}}としてCookieを書き込みましょう。

◆ **GTM** **タグ ▶ 新規**

設定内容	タグ名	CUSTOMHTML-WRITE-CV-SESSION-COOKIE
	タグの種類	カスタムHTML

HTML
```
<script>
    document.cookie = 'firedSession = {{regexp_table_current_sessionid}}'
</script>
```

トリガー	Custom_Event_Fire_Cv

また、Cookieに書き込んだだけでは、その値はGTMから利用できません。よって、変数customjs_if_fired_session_equal_to_current_sessionの中で利用できず、本ワザを実現するうえで死活的に重要な、現在のセッション識別子とCV対象イベント送信時のセッション識別子の比較ができません。そのため、書き込んだCookieの値を変数を作って格納します。

◆ **GTM** **変数 ▶ ユーザー定義変数 ▶ 新規**

設定内容	変数名	fired_sessionid
	変数のタイプ	ファーストパーティ Cookie
	Cookie名	firedSession

最後に、トリガー Pageview_Chikuhaku2_And_Not_Yet_Cvの説明をした際に後述するとしていた変数customjs_if_fired_session_equal_to_current_sessionについて、設定内容と動作を解説します。

◆ GTM　変数 ▶ ユーザー定義変数 ▶ 新規

設定内容	変数名	customjs_if_fired_session_equal_to_current_session

タグの種類	カスタムJavaScript

カスタムJavaScriptv

```javascript
function compare() {
  if ({{regexp_table_current_sessionid}} == {{fired_sessionid}}) {
    result = true;
  } else {
    result = false;
  }
  return result;
}
```

上記の変数は、chikuhaku2.htmlが表示されたときのセッション識別子{{regexp_table_current_sessionid}}と、コンバージョンイベントが送信されたときのセッション識別子{{fired_sessionid}})の値を比較しています。比較した結果が同じだったら、つまりすでに同一セッションでコンバージョンイベントを送信済みであればtrue、異なっていれば、つまりまだ同一セッションでコンバージョンイベントが未送信であればfalseを返します。

以上で、すべての設定が完了しました。

次の画面が、トップページからセッションをスタートし、竹柏記1→竹柏記2→トップページ→竹柏記1→竹柏記2→青竹とサイト利用した際に収集したイベントを示したBigQuery上のデータです。初回の竹柏記2の表示からは、イベント「cv_chikuhaku2」が送信されていて、2回目は送信されていないことを確認できます。

> 同一ページを2回閲覧してもコンバージョンは送信されない

user_pseudo_id	ga_session_id	JST	event_name	page_location	page_title
511179460.1659064818	1659064817	2022-07-29T12:20:17	session_start	http://999.oops.jp/	トップページ｜kazkidaテストサイト
511179460.1659064818	1659064817	2022-07-29T12:20:17	page_view	http://999.oops.jp/	トップページ｜kazkidaテストサイト
511179460.1659064818	1659064817	2022-07-29T12:20:26	page_view	http://999.oops.jp/novel/chikuhaku1.html	竹柏記1
511179460.1659064818	1659064817	2022-07-29T12:20:37	page_view	http://999.oops.jp/novel/chikuhaku2.html	竹柏記2
511179460.1659064818	1659064817	2022-07-29T12:20:37	cv_chikuhaku2	http://999.oops.jp/novel/chikuhaku2.html	竹柏記2
511179460.1659064818	1659064817	2022-07-29T12:20:38	page_view	http://999.oops.jp/index.html	トップページ｜kazkidaテストサイト
511179460.1659064818	1659064817	2022-07-29T12:20:42	page_view	http://999.oops.jp/novel/chikuhaku1.html	竹柏記1
511179460.1659064818	1659064817	2022-07-29T12:20:50	page_view	http://999.oops.jp/novel/chikuhaku2.html	竹柏記2
511179460.1659064818	1659064817	2022-07-29T12:20:55	page_view	http://999.oops.jp/novel/aodake.html	青竹｜山本周五郎

かなり長い手順が必要でしたが、「1セッションで1回だけCVイベントを送信する」を実現するため、がんばってください。

ワザ 062 フォーム項目へのフォーカス時にカスタムイベントを送信する

🔑 **カスタムイベント／問い合わせフォーム／ファネル**

> 問い合わせフォームなどの改善を行う場合、「どの入力項目で離脱する人が多いのか?」を可視化することが重要なヒントになる場合があります。項目にフォーカスが当たったことを検知する方法を解説します。

問い合わせフォームの効率性は、一般的には次の通りに測定されます。

- フォーム入力開始率=フォームの入力開始数÷フォームページの表示数
- フォーム完遂率=フォームの送信完了数÷フォームの入力開始数

拡張計測イベントの「フォームの操作」(ワザ038を参照) をオンにすれば、「form_start」(フォームの入力開始を取得するイベント) と「form_submit」(フォームの送信を取得するイベント) が取得できます。これらを利用してフォームページが掲載されているページの表示に対してカスタムイベントを作成すれば、フォームの効率性を確認できます。

一方、フォーム完遂率を改善しようと考えたときに必要となる情報が、フォームの入力項目ごとのファネルです。例えば、問い合わせフォームに次の4つの入力項目があるとしましょう。

- タイトル
- 問い合わせ内容
- メールアドレス
- 会社名

タイトルの入力を100%としたときに、問い合わせ内容、メールアドレス、会社名の入力がどの程度のパーセンテージで達成されているのかを可視化すれば、ユーザーがどの項目で入力をやめてしまうのかが分かります。これにより、項目に入力すべき内容の説明を充実させたり、入力を必須にすることをやめたり、項目自体を削除したりするなど、フォーム完遂率を高めるアクションをとることができるでしょう。

本ワザでは、実際に入力したかどうかまでは分からないものの、フォームの項目にフォーカスが当たったことをGoogleタグマネージャーで検知し、ファネルを描くためのデータを取得する方法を紹介します。手順の全体像は次の通りです。

① フォームを構成する<input>タグがクリックされたとき、同タグのname属性を格納する変数を作成する
② <input>タグがクリックされたときに発火するトリガーを作成する
③ GA4イベントタグを新規に作成し、イベント名に「form_click」など分かりやすい名前を付ける
④「form_click」イベントには、パラメータ「form_click_element」(クリックされた<input>タグのname属性=手順①の変数) を紐付ける
⑤ タグとトリガーを紐付ける

例とするフォームは、次のようなHTMLソースコードで構成されているとします。

> フォームは次のような項目とソースコードで
> 構成されている

次のページに続く ▷

変数の作成

◆ GTM　変数 ▶ ユーザー定義変数 ▶ 新規

自動イベント変数で、クリックされた要素の
name属性の値を変数に格納する

設定内容　| **変数名** attribute_name

| **変数のタイプ** 自動イベント変数

| **変数タイプ** 要素の属性

| **属性名** name

要素・属性についてはワザ051を参照してください。上記の画面では［自動イベント変数］を［要素の属性］という変数タイプで作成し、その属性名を「name」としています。これは要素自体ではなく、要素に付与されているnameという名前の属性の値を取得して変数に格納せよ、ということを示しています。

例とするフォームの<input>タグを見てみると、次のような構造であることが分かります。ニックネームの欄にフォーカスが当たったとき、該当するinput要素の属性名nameの値は「nickname」なので、これが変数に格納されます。

```
<input type="text" name="nickname" maxlength="10" size="34"
palceholder="ニックネーム">
```

トリガーの作成

変数を作成できたら、トリガーを作成します。設定の意図するところは、要素がinput
に一致したクリックでタグを発火させるトリガーということです。

基礎知識

導入

設定

指標

ディメンション

データ探索

成果の改善

Looker Studio

BigQuery

◆ GTM   **トリガー ▶ 新規**

変数{{Click Element}}を組み込み変数
の設定からオンにし、次の設定を行う

| × | Click_Element_Input 🗅 | 保存 | ⋮ |

トリガーの設定

トリガーのタイプ

⊕   クリック・すべての要素   ✎

このトリガーの発生場所

○ すべてのクリック   ⦿ 一部のクリック

イベント発生時にこれらすべての条件が true の場合にこのトリガーを配信します

| Click Element ▼ | 正規表現に一致（大文字と小ジ ▼ | input | − | + |

設定内容

トリガー名 Click_Element_Input

トリガーのタイプ クリック - すべての要素

トリガーの発生場所 一部のクリック

条件 Click Element　正規表現に一致（大文字と小文字の違いを無視）　input

次のページに続く ▷

タグの作成とトリガーの紐付け

◆ GTM　タグ ▶ 新規

トリガーを紐付けたタグを作成する

| 設定内容 | タグ名 | GA4-EVENT-INPUT-CLICK |

タグの設定

| タグの種類 | Google アナリティクス: GA4 イベント

| 設定タグ | GA4-CONFIG

| イベント名 | form_click

イベントパラメータ

| パラメータ名 | clicked_attribute　| 値 | {{attribute_name}}

| トリガー | Clicked_Element_Input

タグを公開すると、フォームの<input>タグがクリックされたときに、name属性の値が「clicked_attribute」パラメータに格納されて送信されます。

name属性の値が格納されたことを確認できる

event_name	event_params.key	event_params.value.string_value	event_... int_value
form_click	first_second_directory	top_page	*null*
	clicked_attribute	nickname	*null*
	page_title	トップページ｜kazkidaテストサイト	*null*
	ga_session_number	*null*	37
	engagement_time_msec	*null*	9348
	second_directory	(not_set)	*null*
	page_referrer	http://999.oops.jp/novel/	*null*
	first_directory	top_page	*null*
	ga_session_id	*null*	1677822609
	session_engaged	1	*null*
	ignore_referrer	true	*null*
	page_location	http://999.oops.jp/index.html	*null*
	debug_mode	*null*	1

本ワザで取得したイベントに基づき、フォームの入力項目のファネルを可視化する方法をワザ154で紹介しています。

関連ワザ 154 「目標到達プロセスデータ探索」レポートを作成する　　　　P.502

ワザ 063 サイト内遷移の画像クリック時に カスタムイベントを送信する

🔑 **カスタムイベント／クリック**

> サイト内のページ遷移を画像ボタンのクリックで行うことはよくあり、それらの画像の クリック数を知りたいというニーズは高いと思います。本ワザでは画像のクリエイティ ブと、遷移先ページを取得するカスタムイベントの作成方法を解説します。

ワザ033で解説した通り、Googleアナリティクス4では90%スクロール、ファイルダウン ロード、サイト外へのリンククリックなど、ユニバーサルアナリティクスがデフォルトでは取 得しなかったユーザー行動の取得ができるようになりました。しかし、サイト内の特定の 画像をクリックしたというサイト内行動は対象になっていないため、取得したい場合は、 Googleタグマネージャーにタグを作成してカスタムイベントとして取得します。

Webページ上に複数存在する画像のうち、クリックを取得する画像をGTMから指定す るには、HTML上でその画像に目印が付いている必要があります。次の操作手順で は、クリック数を取得するバナーの目印として、<a>タグにid属性が付与されていること を前提とします。

具体的な例として、筆者の検証サイト上の犬の画像のクリックをカスタムイベントとして 取得します。<a>タグには、idの値として「dog」が格納されています。id属性は1つの ページで同一の値は1つしかないため、どのバナーがクリックされたのかの特定が可能 です。

基礎知識

導入

設定

指標

ディメンション

データ探索

成果の改善

Looker Studio

BigQuery

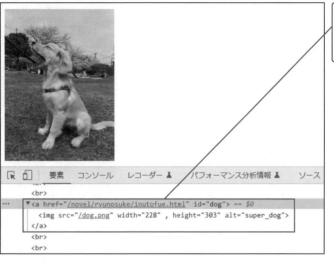

リンクにid属性が付与された犬の画像のクリック数を計測する

手順の全体像は次の通りです。

①組み込み変数「Click ID」「Click URL」を利用可能な状態にする

②\<a>\</a>タグに挟まれた\<img>タグのsrc属性から、画像のファイル名を格納する変数を作成する（変数1）

③組み込み変数「Click ID」をもとにトリガーを作成する

④GA4イベントタグを新規に作成し、手順③で作成したトリガーと紐付けて、変数1（画像ファイル名を格納した変数）と、組み込み変数「Click URL」をパラメータとして送信する

まずはGTMで組み込み変数を有効にします。組み込み変数の有効化については、ワザ047でも解説しています。

◆ GTM **変数 ▶ 組み込み変数 ▶ 設定**

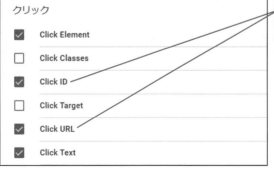

組み込み変数のリストから「Click ID」「Click URL」を有効にする

次のページに続く ▷

続いて、画像のファイル名を格納する変数を作成します。次の画面にあるデータレイヤーの変数名「gtm.element.firstElementChild.src」は、「クリックされたオブジェクトの、最初の子の要素のsrc属性」と解釈してください。この意味を詳しく説明すると、画面の下に記載した通りとなります。

◆ GTM 　変数 ▶ ユーザー定義変数 ▶ 新規

imgタグのsrc属性からファイル名を取得する変数を作成する

設定内容　変数名 datalayer_src

変数のタイプ データレイヤーの変数

データレイヤーの変数名 gtm.element.firstElementChild.src

データレイヤーのバージョン バージョン2

- クリックされたオブジェクト
  - <a></a>で記述されているタグを指す
- 最初の子の要素
  - 入れ子で記述するHTMLでは、あるタグの内側に記述されているタグを「子」と呼ぶ。<a>から</a>までの間には複数のタグ（子に相当する）を記述することがあるが、最初に記述されている子のタグを指す。ここではimgタグが1つしか記述されていないので、必然的にimgタグを指す

基礎知識

導入

設定

指標

ディメンション

データ探索

成果の改善

Looker Studio

BigQuery

- src属性
  - src=""xxxxx""で記述されているxxxxの部分を指す。ここでは「/dog.png」を指す

次に、トリガーを作成しましょう。

◆ GTM　トリガー ▶ 新規

トリガーを作成する

設定内容　トリガー名 Link_Click_Id_Dog

トリガーのタイプ クリック - リンクのみ

発生場所 一部のリンククリック

条件 Click ID 含む　dog

トリガーの発生場所を［一部のリンククリック］として設定したうえで、変数1の「Click ID」が「dog」に等しいという条件を付与しています。Click IDには<a>タグ要素のid属性が格納されているため、その値がdogであれば発火する設定です。

次のページに続く ▷

基礎知識

導入

設定

指標

ディメンション

データ探索

成果の改善

Looker Studio

BigQuery

最後にGA4イベントタグ「GA4-EVENT-CLICK-DOG」を作成し、前掲の画面で作成したトリガーと紐付けます。設定内容は次の通りです。

◆ GTM タグ ▶ 新規

タグを作成する

設定内容　タグ名　G4-EVENT-CLICK-DOG

タグの設定

タグの種類　Google アナリティクス GA4イベント

設定タグ　GA4-CONFIG

イベント名　banner_click

パラメータ①　destination_page　値①　{{Click URL}}

パラメータ②　banner_creative　値②　{{datalayer_src}}

トリガー　Link_Click_Id_Dog

- Link_Click_Id_dog（「id属性がdogと等しい<a>タグがクリックされたら」を条件とする）をトリガーとする
- 「destination_page」パラメータの値に、組み込み変数の「Click URL」を格納する
- 「banner_creative」パラメータの値に変数（<img>タグのsrc属性の値）を格納する
- 「banner_click」という名前でイベントを送信する

タグの公開後にWebサイトで対象となる画像がクリックされ、データが収集されたら「destination_page」「banner_cleative」の2つのパラメータに基づき、2つのカスタムディメンション（ワザ101を参照）を作成します。

例えば、「destination_page」をもとに「バナーからのリンク先ページ」、「banner_creative」をもとに「バナークリエイティブ」の2つのディメンションを作成します。

これら2つのディメンションを利用して、GA4の探索配下で自由形式レポートを作成すると、次のようなレポートが得られます。このレポートから、どのページのどのバナーがクリックされているのかを確認できます。

.⊪ GA4　探索 ▶ 自由形式

レポートでどのバナーがクリックされたか
を確認できる

			banner_click	合計
		イベント名		
リクエストURI	バナーからのリンク先ページ	バナークリエイティブ	イベント数	↓イベント数
合計			6 全体の100%	6 全体の100%
1　/index.html	http://999.oops.jp/novel/ryunosuke/inutofue.html	http://999.oops.jp/dog.png	5	5

画像のクリック数が期待を下回る場合は、そもそも画像の位置までスクロールされているのかも確認しましょう。

| 関連ワザ **046** | 「/index.html」と「/」を統合して計測する | P.136 |
| 関連ワザ **056** | グローバルナビの利用状況をカスタムイベントとして取得する | P.187 |

基礎知識

導入

設定

指標

ディメンション

データ探索

成果の改善

Looker Studio

BigQuery

ワザ 064 GTM経由でユーザー固有の属性を送信する

🔑 ユーザープロパティ／ログインID

> GTM経由でGA4に送信できる追加的なデータの種類は、「カスタムイベント」と「ユーザープロパティ」の2種類があります。本ワザではログインIDを例に、ユーザープロパティをGA4に送信し、レポートで利用するまでの全体像を解説します。

ワザ044では、Googleタグマネージャー経由でGoogleアナリティクス4に追加的なデータを送信できることを紹介しました。そこで紹介した「ユーザープロパティ」のGA4への送信について具体例を紹介します。本ワザではユーザー固有の属性として、多くのサイトで実装ニーズがあると思われる「ログインID」の取得を例に解説します。

ログイン完了ページなどのHTMLにログインIDを書き込む

ログイン完了ページやマイページなどは、ユーザーがログインした場合のみ表示されます。その流れとしては次の通りです。

① ユーザーがログインIDとパスワードを入力し、送信する

② それらを受け取ったWebサーバーが、接続しているデータベースサーバーに問い合わせする

③ その結果、ログインIDが存在し、ログインIDとパスワードが合致している場合にだけ、ログイン完了ページやマイページを表示する

上記の流れからは、Webサーバーはログインしたユーザーが誰かを知っているということが分かります。ユーザーが誰かを知っているということはそのユーザーのログインIDをHTMLに書き込むことができます。ログインIDをユーザーに見えるようには表示しない場合が多いですが、HTMLに書き込むこと自体は可能なのです。

また、当然ですが、ユーザー Aがログインしたときとユーザー Bがログインしたときで、別のログインIDをHTMLに書き込みます。つまり、ユーザー Aのブラウザーと、ユーザー Bのブラウザーには異なったログインIDが書き込まれます。この仕組みのことを「動的にログインIDをHTMLに書き込む」と表現します。動的というのは、固定的な定数値ではなく、ユーザーごとに違う値を書き込むということです。

ユーザープロパティとは

DOMに書き込まれたログインIDはGA4では「ユーザープロパティ」として格納されます。「ユーザープロパティ」はユーザーの属性を格納する「箱」だと思ってください。

カスタムディメンションの作成

ユーザープロパティに格納されたログインIDなどの値をレポートで利用するには、カスタムディメンションとして登録する必要があります。ユーザープロパティに格納されただけでは利用できないので注意してください。ユーザープロパティに基づいてカスタムディメンションを利用する方法はワザ102を参照してください。

ユーザープロパティに基づいて作成したカスタムディメンションをレポートで利用すると、次のようなレポートを作成できます。

GA4 **探索 ▶ 自由形式**

個別のユーザーが閲覧したWebページを確認できる

カスタマーID	ページタイトル	↓表示回数
合計		208 全体の 100.0%
1 　aaa111	トップページ	kazkidaテストサイト	59
2 　aaa111	実践ワザGA4	53
3 　aaa111	スイーツ一覧	19
4 　aaa111	お買い上げありがとうございます	12
5 　aaa111	月餅	12
6 　aaa111	ログインありがとうございます	11
7 　aaa111	カート	10
8 　aaa111	ありがとうございました	9

ログインIDやユーザーのカテゴリーなどをGA4に取り込むことによって、既存顧客へのCRMの強化が可能になります。

関連ワザ **044**	GTM経由で追加的なデータをGA4に送信する	P.128
関連ワザ **100**	カスタム定義について理解する	P.354

ワザ 065 ユーザー識別用のUser-IDをGA4に送信する

🔑 ログインID

> UAに比べ、GA4ではユーザー識別機能が向上しています。GA4でもっとも確度高くユーザー識別を行う方法は、ログインIDに基づくものです。本ワザでは、ログインIDをGA4に送信するテクニックを学びます。

Googleアナリティクス4のユーザー識別機能、つまりGoogleアナリティクス上で「同じユーザーを同じユーザーとして計測する仕組み」は、ユニバーサルアナリティクスよりも向上しています（ワザ090を参照）。

その仕組みの中で、もっとも確度高く同一ユーザーを特定できるのが、ログインIDを利用する方法です。ログインIDは、ユーザーがどのようなデバイスを使おうとも、いくつのブラウザーを使い分けようとも、ログインしてサイトを利用したユーザーについては同一ユーザーと特定できます。よって、ログイン機能があるサイトについては、ユーザーのログインIDをGA4に送信し、ユーザー識別に利用することが望ましいです。

本ワザでは、GoogleタグマネージャーでログインIDをユーザー識別用にGA4に送信する方法を紹介します。手順の全体像は次の通りです。

①ユーザーがログインに成功したページで、DOM（HTML）にdataLayer変数の書式でログインIDを書き込む
②そのページに記述されたdataLayer変数をGTMの「変数1」に格納する
③サイト内のユーザー行動に紐付くすべてのイベントでログインIDをGA4に送信するため、変数1をCookieに書き込み、「変数2」に格納する
④GA4設定タグを修正し、変数2が存在する場合には「設定フィールド」に「user_id」フィールドを作成し、値として変数2を送信するよう設定する

ユーザーがログインに成功した場合にdataLayer変数をDOMに書き出す

まず、サイト内のログインに成功したページで、Webサーバーが次のHTMLソースコードにある<script>タグ（1 〜 5行目）の通りにdataLayer変数を書き込むよう、Webサーバー側のプログラムを改修します。このとき、<!-- Google Tag Manager -->で囲まれたGTMコンテナスニペット（6 〜 12行目）よりも上に記述する必要があります。

基礎知識

導入

設定

指標

ディメンション

データ探索

成果の改善

Looker Studio

BigQuery

```
1  <script>
2    dataLayer = [{
3    'login_id':'aaa111'
4    }];
5  </script>
6  <!-- Google Tag Manager -->
7  <script>(function(w,d,s,l,i){w[l]=w[l]||[];w[l].push({'gtm.start':
8  new Date().getTime(),event:'gtm.js'});var f=d.getElementsByTagName(s)[0],
9  j=d.createElement(s),dl=l!='dataLayer'?'&l='+l:'';j.async=true;j.src=
10 'https://www.googletagmanager.com/gtm.js?id='+i+dl;f.parentNode.insertBefore(j,f);
11 })(window,document,'script','dataLayer','GTM-TVNCLWD');</script>
12 <!-- End Google Tag Manager -->
```

変数1の作成とCookieへの書き込み

◆ GTM　変数 ▶ ユーザー定義変数 ▶ 新規

DOMに書き込まれたlogin_idを
GTMの変数に格納する

設定内容　変数名 datalayer_login_id

変数のタイプ データレイヤーの変数

変数名 login_id　バージョン バージョン2

GA4のUser_ID（ログインID、会員IDなどのユーザーに固有の値）でのユーザー識別は、ユーザーが閲覧したすべてのページ、発生したすべてのイベントで送信する必要があります。従って、ログイン中のユーザーのサイト利用中は、一定の値を送信し続ける必要があります。

次のページに続く ▷

それを実現する方法として、1つはサーバー側でどのページでもdataLayer変数に login_idを出力し続ける方法があります。もう1つは本ワザで紹介している通り、login_ idをCookieに格納し、すべてのページでCookieから取得してGA4に送信する方法 があります。

1つ目の方法は、サーバー側にセッション管理の仕組みを導入する必要があり、通常、 サーバー側のプログラムに改修が必要です。2つ目の方法は、GTMだけで実現できる ので、こちらのほうが実現に対するハードルは低いと考えます。次の画面のようにカスタ ムHTMLでタグを作成し、Cookie名「login_id」に変数{{datalayer_login_id}}の 値を書き込みましょう。

◆ GTM　**タグ ▶ 新規**

> 変数{{datalayer-login_id}}をCookie名
> 「login_id」に書き込んでいる

設定内容　**タグ名** CUSTOMHTML-WRITE-LOGIN_ID-TO-COOKIE

タグの種類 カスタムHTML

HTML ```<script>
        document.cookie = 'login_id = {{datalayer_login_id}}; path=/;';
    </script>```

変数2の作成

Cookieに格納したlogin_idをGA4側で利用するには、Cookieの値を変数に格納する必要があります。前のステップでCookieに書き込んだ際のCookie名「login_id」を指定して、変数{{cookie-login_id}}に格納しています。

◆ **GTM**　**変数 ▶ ユーザー定義変数 ▶ 新規**

設定内容　| 変数名 | cookie_login_id
　　　　　　| 変数のタイプ | ファーストパーティ Cookie
　　　　　　　| Cookie名 | login_id

User-IDの送信

最後に、サイトの全ページで動作しているGA4設定タグの設定フィールドに、フィールド名「user_id」、値{{cookie_login_id}}を設定します。これにより、ログインしたユーザーはログインIDがCookieに格納され、GA4設定タグが稼働する全ページでGA4に送信されます。

他にもカスタムイベントを設定してある場合には、パラメータ名を次の画面と同様にuser_idとして、{{cookie_login_id}}を送信するように設定してください。

◆ **GTM**　**タグ ▶ 編集**

GA4設定タグにパラメータを追加する

基礎知識

導入

設定

指標

ディメンション

データ探索

成果の改善

Looker Studio

BigQuery

次のページに続く ▷

基礎知識

導入

設定

指標

ディメンション

データ探索

成果の改善

Looker Studio

BigQuery

| 設定内容 | タグ名 | GA4-CONFIG |

設定内容

| タグの種類 | Google アナリティクス：GA4設定 |

| 測定ID | 自社のID |

| フィールド名 | user_id |

| 値 | {{cookie_login_id}} |

以上の設定を行ってGTMのバージョンを公開すると、次の通りにデータを取得できます。user_idがすべての自動取得、および拡張計測イベントで取得できていることが確認できます。

user_idがすべての自動取得、および
拡張計測イベントで取得できている

行	event_timestamp	user_pseudo_id	event_name	user_id	page_location
1	1677832586398731	1077102301.1673237512	page_view	aaa111	http://999.oops.jp/logged_in_aaa111.html
2	1677832586401086	1077102301.1673237512	login	aaa111	http://999.oops.jp/logged_in_aaa111.html
3	1677832586407934	1077102301.1673237512	scroll	aaa111	http://999.oops.jp/logged_in_aaa111.html
4	1677832589517951	1077102301.1673237512	page_view	aaa111	http://999.oops.jp/index.html
5	1677832590660312	1077102301.1673237512	user_engagement	aaa111	http://999.oops.jp/index.html
6	1677832590960042	1077102301.1673237512	page_view	aaa111	http://999.oops.jp/index.html
7	1677832592461955	1077102301.1673237512	user_engagement	aaa111	http://999.oops.jp/index.html
8	1677832592795040	1077102301.1673237512	page_view	aaa111	http://999.oops.jp/novel/
9	1677832595380320	1077102301.1673237512	page_view	aaa111	http://999.oops.jp/index.html
10	1677832596476742	1077102301.1673237512	page_view	aaa111	http://999.oops.jp/novel/
11	1677832597682064	1077102301.1673237512	page_view	aaa111	http://999.oops.jp/index.html
12	1677832598739652	1077102301.1673237512	user_engagement	aaa111	http://999.oops.jp/index.html
13	1677832599006702	1077102301.1673237512	page_view	aaa111	http://999.oops.jp/novel/
14	1677832600026397	1077102301.1673237512	page_view	aaa111	http://999.oops.jp/index.html

 🔗 User-ID で複数のプラットフォームをまたいでアクティビティを測定する
https://support.google.com/analytics/answer/9213390

 🔗 ユーザー ID を送信する
https://developers.google.com/analytics/devguides/collection/ga4/user-id?platform=websites

ログインの仕組みのあるサイトでuser_idをGA4に格納すると、
分析対象をCRMにまで広げることができます。

関連ワザ 090 ログインIDやGoogleシグナルをユーザー識別に利用する　　　　P.316

ワザ 066 ログインIDやユーザーの属性を レポートで利用する

🔑 **ログインID／探索レポート**

> ログインIDをユーザー識別子としてではなく、ユーザープロパティとして利用するワザを紹介します。また、ログインID以外のユーザー属性を、GA4のレポートで利用する方法も併せて説明しています。

前のワザ065では、ログインIDをユーザー識別に利用する方法を紹介しました。本ワザでは、Webサーバーから書き出したログインIDや、ユーザーのステータスをGoogleアナリティクス4の探索レポートで利用する方法を紹介します。

前提として、次のようにdataLayer変数の書式で、DOMにログインIDとともにユーザーの属性が書き込まれていることとします。ここでは、その属性がユーザーのステータスだとします。この会員は、ステータスがbronzeだったので、dataLayer変数に、'user_status':'bronze'が記述されています。

```
1 <script>
2   dataLayer = [{
3     'login_id':'aaa111',
4     'user_status':'bronze'
5   }];
6 </script>
```

ログインIDはワザ065に従って変数datalayer_login_idに格納してください。加えて、次の設定の通り、ユーザーのステータスを変数datalayer_user_statusに格納します。

◆ GTM　変数 ▶ ユーザー定義変数 ▶ 新規

設定内容	変数名	datalayer_user_status
	変数のタイプ	データレイヤーの変数
	変数名	user_status
	データレイヤーのバージョン	バージョン2

次のページに続く ▷

ログインに成功したページでのloginイベントの送信

サイトによってログインしたときに、ウェルカムページのような特定のページが表示される場合と、されない場合があるかと思います。本ワザでは、ログインしたときに特定のページが表示される前提で操作します。もし存在しない場合には、ログイン完了後に最初にユーザーが閲覧するページにdataLayer変数を書き出し、変数に格納してください。

ログイン完了後に表示されるページのPage Pathを「/logged_in.html」とすれば、次の設定でトリガーは完成です。

◆ GTM　トリガー ▶ 新規

トリガーを作成する

×	Pageview_Logged_In_Page 🗀		保存	⋮
	トリガーの設定			
	トリガーのタイプ			
	⊙　ページビュー			
	このトリガーの発生場所			
	Page Path　含む logged_in			

設定内容　**トリガー名** Pageview_Logged_In_Page

トリガーのタイプ ページビュー

発生場所 一部のページビュー

条件 Page Path　含む　logged_in

変数に格納済みのログインIDとユーザーステータスを、ユーザープロパティ（ワザ064を参照）としてGA4に送信するタグは次のページの通りです。カスタムイベントとしてloginを作成し、ユーザープロパティとして「名前＝値」のキーバリューセットを送信します。カスタムイベントの場合にはイベントパラメータ欄に入力しましたが、本ワザではユーザープロパティなので注意してください。

タグの設定

◆ GTM タグ ▶ 新規

タグを作成する

× GA4-EVENT-LOGIN 🗋   保存 ⋮

タグの設定

タグの種類

　📊 **Google アナリティクス: GA4 イベント**
　　 Google マーケティング プラットフォーム

設定タグ ⑦
GA4-CONFIG

イベント名 ⑦
login

イベント パラメータ

パラメータ名	値
value	300
login_value	1

ユーザー プロパティ

プロパティ名	値
member_id	{{datalayer_login_id}}
user_status	{{datalayer_user_status}}

トリガー

配信トリガー

　◉ **Pageview_Logged_In_Page**
　　 ページビュー

設定内容　**タグ名** GA4-EVENT-LOGIN

　　　設定内容

　　　設定タグ GA4-CONFIG

　　　イベント名 login

　　　イベントパラメータ

　　　パラメータ名① value **値①** 300

　　　パラメータ名② login_value **値②** 1

　　　ユーザープロパティ

　　　プロパティ名① member_id **値①** {{datalayer_login_id}}

　　　プロパティ名② user_status **値②** {{datalayer_user_status}}

　　　トリガー Pageview_Logged_In_Page

※ユーザープロパティ以外に、イベントパラメータも同時に送信しています。イベントパラメータはワザ103（login_value）、117（value）で解説しているので、この段階では無視してください。

次のページに続く ▷

基礎知識

導入

設定

指標

ディメンション

データ探索

成果の改善

Looker Studio

BigQuery

📊 GA4　探索 ▶ 自由形式

タグを公開し、ログインが発生
するとGA4にデータが送信される

会員ID		ユーザーのステータス	↓セッション	エンゲージのあったセッション数	エンゲージメント率
	合計		53 全体の 100%	35 全体の 100%	66.04% 平均との差 0%
1	aaa111	bronze	50	33	66%
2	bbb222	bronze	4	2	50%

dataLayer変数に書き出すことができれば、自社で持っている
ユーザーの属性をGA4での分析に利用できます。

第 **3** 章

設　定

データストリームから他サービスとのリンクまで、管理
画面から行うことができる設定と、ライブラリ機能を含
むレポート画面からできるカスタマイズについて解説し
ます。GA4を最大限に活用するための重要な知識です。

基礎知識

導入

設定

指標

ディメンション

データ探索

成果の改善

Looker Studio

BigQuery

ワザ 067 GA4を最大限に活用する 適切な設定と仕様を理解する

🔑 **設定／概要**

> GA4には多数の設定項目があり、設定内容によってレポートの数値が変わったり、他のサービスとの連携が可能になったりします。本章でどのような設定内容を解説しているのか、その全体像を理解してください。

本章では、Googleアナリティクス4の設定に関連するワザを紹介します。GA4の設定を適切に行うことの重要性については強調するまでもありませんが、念のため整理すると、次の2つの面で重要です。

- 設定によりレポート上の数値が変わる
- 設定によりGA4の活用の幅が広がる

設定により変化するレポート上の数値

GA4では、設定内容によってレポート上の数値が変わります。設定とレポートの数値は表裏一体だと理解してください。どの数値が正しい、間違っているということはありませんが、「どのような設定に従って生成されたレポートが提示している数値なのか?」ということは、必ず知っておく必要があります。本章ではレポートの数値を変えうる設定について多数掲載しています。

- ユーザーの識別方法
- 開発者トラフィックや内部トラフィックの除外
- クロスドメイン設定の有無
- セッションタイムアウトの設定
- エンゲージメントの設定
- アトリビューションモデルの設定
- イベントの作成
- イベントの修正

▌設定により広がるGA4の活用度合い

また、レポートにおける設定や、Googleの他サービスとのリンクについての設定を知れば、GA4をフル活用できます。次の項目はGA4の活用度合いを大幅に向上する設定といえるでしょう。

- イベントの作成・修正
- カスタムディメンションやカスタム指標の作成
- コンバージョンの設定
- データインポート
- Google Search Consoleとのリンク
- Google広告とのリンク
- Google BigQueryへのデータエクスポート

以上のすべての設定が、画面左下の歯車アイコンをクリックすると表示される「管理画面」から行えます。本章で紹介するワザは、それぞれ管理画面のどこで設定を行うかを明示しているので、最短の時間、最少のクリック数で設定項目に到達できるはずです。

管理画面からの設定に加え、本章では、次のレポート画面から行うことができる設定についても解説しています。以下の設定はGA4のデータ収集に関わるものではありませんが、レポートからより多くの情報を読み取る、あるいは利用しやすいかたちでレポートをカスタマイズするための設定と考えられます。

- レポートへの「比較」の適用
- レポートへの「セカンダリディメンション」の適用
- レポートのカスタマイズ
- レポートメニューのカスタマイズ（ライブラリ機能）

基礎知識

導入

設定

指標

ディメンション

データ探索

成果の改善

Looker Studio

BigQuery

GA4を最大限活用できるように設定を学んでいきましょう。本章で迷ったら、このワザに戻ってきてください。

ワザ 068 アカウント構造と主要な設定項目を理解する

🔑 設定／アカウント

> UAでは「ビュー」に多数の設定項目が存在しましたが、GA4ではビューがなくなったため、設定項目の多くを「プロパティ」レベルで行います。アカウントとプロパティで行う主要な設定項目を見ていきましょう。

ユニバーサルアナリティクスにおけるアカウント構造は、「アカウント」「プロパティ」「ビュー」の3階層となっていました。GA4では、このうちのビューがなくなり、次の通りの2階層となっています。

アカウント
　└プロパティ

GA4の管理画面から行える設定についても、アカウントレベルとプロパティレベルで行うことができます。各階層における主要な設定項目は次の2つの表の通りです。

図表068-1 アカウントレベルの主要な設定項目

設定メニュー	設定項目	説明
アカウント設定	アカウント名	アカウントを識別する文字列
	ビジネスの拠点国	どの国からGA4を使用するかを設定する
	データ共有設定	Googleに対してどのようなデータを共有するかを設定する。また、データ共有する際の規約についても確認できる
アカウントのアクセス管理	アカウントのアクセス管理	アカウントにアクセスするユーザーごとに権限を設定できる（ワザ069を参照）
すべてのフィルタ	（フィルタ一覧）	アカウントに紐付くUAプロパティ向けのビューに対するフィルタの一覧。GA4では利用しない
アカウント変更履歴	変更履歴	アカウント、およびプロパティに対する変更履歴が記録される。アカウントの変更履歴としては、プロパティの作成やデータ保持期間の変更などが対象になる。プロパティの変更履歴としては、カスタムディメンションの作成やイベントの作成・変更などが記録される

図表068-2 プロパティレベルの主要な設定項目

設定メニュー	設定項目	説明
設定アシスタント	アシスタントの設定	設定項目へのショートカット
プロパティ設定	プロパティ設定	プロパティ名、業種、タイムゾーン、通貨などを設定する
プロパティの アクセス管理	プロパティのアクセス管理	プロパティにアクセスするユーザーごとに権限を設定できる (ワザ069を参照)
データストリーム	データストリーム	プロパティ単位でデータを収集するには [ウェブ] [iOS] [Android] ごとにデータストリームを作成する必要がある。 データストリームの詳細設定はこの項目で行う(ワザ071を参 照)
イベント	イベントを変更	既存のイベントのイベント名やパラメータ名、値を変更できる (ワザ096を参照)
	イベントを作成	既存のイベントをもとに新しいイベントを作成できる(ワザ 095を参照)
コンバージョン	新しいコンバージョンイベ ント	既存のイベントに対し、コンバージョンを設定できる(ワザ 097を参照)
オーディエンス	オーディエンス	特定の行動をしたユーザーをグループ化し、Google広告経由 でアプローチできるようにする(ワザ098を参照)
カスタム定義	カスタムディメンションを 作成	収集したパラメータやユーザープロパティをレポートで利用 できるようにする(ワザ100を参照)
データ設定	データ収集	Googleシグナルのデータ収集を行うかどうかを設定できる(ワ ザ090を参照)
	データ保持	非集計データの保持期間を設定する。2カ月、もしくは14カ月 から選べる(ワザ076を参照)
	データフィルタ	プロパティで収集するデータに対してフィルタを適用できる (ワザ078 ～ 080を参照)
データインポート	データのインポート	CSVファイルを経由してGA4に外部データをインポートする (ワザ081を参照)
レポート用識別子	レポート用識別子	GA4がユーザーを識別する方法を設定する(ワザ090を参照)
アトリビューション 設定	アトリビューション設定	イベントスコープのトラフィックディメンションが利用され たレポートでのデフォルトのアトリビューションモデルや、 ルックバックウインドウを設定する(ワザ087を参照)
プロパティ変更履歴	変更履歴	プロパティに対する変更履歴が記録される。カスタムディメン ションの作成、イベントの作成・変更などが記録される
データ削除リクエスト	データ削除リクエスト	イベント、パラメータ、ユーザープロパティを削除できる(ワ ザ112を参照)
サービスとのリンク	Google広告のリンク	Google広告とのリンクを設定できる(ワザ094を参照)
	BigQueryのリンク	Google BigQueryとのリンクを設定できる(ワザ091を参照)
	Search Consoleのリンク	Google Search Consoleとのリンクを設定できる(ワザ093を 参照)

アカウントとプロパティの設定項目を振り返りたい場合は、本ワ
ザの2つの表を目次として活用してください。

基礎知識

導入

設定

指標

ディメンション

データ探索

成果の改善

Looker Studio

BigQuery

ワザ 069 ユーザーに役割を付与する

🔑 役割／データの制限／権限

> GA4は個人でももちろん利用できますが、基本的には企業内での利用が想定されています。組織内で複数のユーザーが利用する場合、「役割」の付与が重要になるでしょう。役割ごとに利用できる項目を解説します。

Googleアナリティクス4において、各ユーザーに「役割」(権限) を付与する機能は「アクセス管理」と呼ばれます。アクセス管理はGA4の管理画面で設定が可能で、アカウントレベルとプロパティレベルの2階層で行います。

階層別に与えた役割は、次の原則の通りに機能します。

- アカウントレベルで付与した役割が、配下の全プロパティに反映される
- ただし、プロパティレベルでアカウントレベルより高い役割を付与した場合、当該プロパティについては、その役割が優先される

また、役割の種類については、次の通りの5種類があります。

- なし
- 閲覧者
- アナリスト
- 編集者
- 管理者

それぞれの役割で操作・設定できる項目は次の表の通りです。「役割」列の右側にある役割ほど、できることが多い「高い役割」だといえます。

この仕様を勘案すると、大きな企業においてユーザーに役割を付与する場合、表の下に記載したことを基本方針とするのが望ましいと考えられます。

図表069-1 役割ごとに利用できる項目

メニューや画面	項目	役割				
		なし	閲覧者	アナリスト	編集者	管理者
標準レポート	フィルタ	×	○	○	○	○
	比較	×	○	○	○	○
	セカンダリディメンション	×	○	○	○	○
	リンクを共有	×	○	○	○	○
	ファイルをダウンロード	×	○	○	○	○
	インサイトの利用	×	○	○	○	○
	カスタムインサイトの作成	×	×	×	○	○
	ライブラリ配下の操作	×	×	×	○	○
探索レポート	レポートの作成	×	○	○	○	○
	レポートの共有	×	×	○	○	○
	共有されたレポートの閲覧	×	○	○	○	○
	セグメントの作成	×	○	○	○	○
管理画面	イベントの作成	×	×	×	○	○
	イベントの修正	×	×	×	○	○
	コンバージョンの設定	×	×	×	○	○
	カスタム定義の操作	×	×	×	○	○
	オーディエンスの作成	×	×	×	○	○
	Debug Viewの利用	×	○	○	○	○
	アクセス管理	×	×	×	×	○
	プロパティ設定	×	×	×	○	○
	データストリーム配下の設定	×	×	×	○	○
	データ設定	×	×	×	○	○
	データインポート	×	×	×	○	○
	レポート用識別子	×	×	×	○	○
	アトリビューション設定	×	×	×	○	○
	データ削除リクエスト	×	×	×	○	○
	サービスとのリンク	×	×	×	○	○

- 明示的に次の3つの役割を定義する
  - 全社の管理者（1人から数人）
  - 部門の管理者（1人）
  - 部門の利用者（多数）
- 全体の管理者にはアカウントレベルでの［管理者］を付与する
- 部門の管理者には必要なプロパティにおける［編集者］を付与する（各部門でユーザー管理を行う場合には［管理者］を付与する）
- 部門の利用者には必要なプロパティにおける［アナリスト］を付与する

次のページに続く ▷

このように、GA4における役割は、組織内での役割に応じて「ユーザー個人」に対して付与していくのが適切です。逆にやってはいけないのが、「部門」に対してアカウントレベルでの役割を付与することです。複数人で使い回している部門の共有アドレス（Googleアカウント）に対して役割を付与してしまうと、組織内での役割に応じたGA4の役割の使い分けができなくなるため、避けてください。

アカウントレベルでのユーザーの役割は、次の画面から確認・変更が行えます。プロパティレベルの役割は［プロパティのアクセス管理］から同様に行うことができます。

📊 GA4　管理 ▶ アカウントのアクセス管理 ▶ （ユーザー）▶ ユーザーのアカウントの詳細を表示 ▶ 鉛筆アイコン

選択したユーザーに対する役割の
確認・変更が行える

┃ ユーザーごとに特定の指標を非表示にする

また、GA4からは、ユーザーごとに特定の指標だけを制限する（見えなくする）機能である［データ制限］が追加されました。収益および費用についての指標のどちらか、または両方を制限できます。

基礎知識

導入

設定

指標

ディメンション

データ探索

成果の改善

Looker Studio

BigQuery

| 収益・費用の指標の |
| 閲覧を制限できる |

データの制限（GA4 プロパティのみ）

☐ コスト指標なし
アカウントの費用関連の指標へのアクセス権はありません。GA4 のみ参照できます。ヘルプ

☐ 収益指標なし
収益関連の指標へのアクセス権はありません。GA4 のみ参照できます。ヘルプ

データの制限を設定した例として、次の2つのレポートを比較してみましょう。1枚目が［収益指標なし］にチェックを付けないケース、2枚目がチェックを付けたケースです。2枚目のレポートでは［アイテムの収益］の指標が「¥0」となっていることを確認できます。

| ［収益指標なし］にチェックを付けていない |
| ので、アイテムの収益が分かる |

アイテム名 ▾ ＋	↓ 閲覧されたアイテム数	カートに追加されたアイテム数	アイテムの購入数	アイテムの収益
	25 全体の100%	12 全体の100%	12 全体の100%	¥5,990 全体の100%
1 フォンダンショコラ	18	6	6	¥4,792
2 月餅	7	6	6	¥1,198

| ［収益指標なし］にチェックを付けたので、 |
| アイテムの収益が「¥0」となっている |

アイテム名 ▾ ＋	↓ 閲覧されたアイテム数	カートに追加されたアイテム数	アイテムの購入数	アイテムの収益
	25 全体の100%	12 全体の100%	12 全体の100%	¥0
1 フォンダンショコラ	18	6	6	¥0
2 月餅	7	6	6	¥0

 🔗 [GA4] アナリティクスのユーザーおよびユーザー グループの追加、編集、削除
https://support.google.com/analytics/answer/9305788?hl=ja

社内の人事異動や退社などのタイミングで、GA4での役割を再確認する作業を業務フローに組み込んでおきましょう。

関連ワザ **068** アカウント構造と主要な設定項目を理解する　　　　P.250

ワザ 070 GA4の設定上の上限個数を理解する

🔑 設定項目

> GA4の設定項目の中でも「オーディエンスの個数」のように、上限の個数が決まっているものがあります。どの設定項目に上限があるのかを見ていきましょう。必要に応じて各ワザも参照してください。

本章で解説している通り、Googleアナリティクス4にはたくさんの設定項目があります。それらの設定項目の中には、オーディエンスの個数やコンバージョンの個数のように上限の個数が設定されている項目があります。それらの上限数と、ワザを対比させながら一覧化したので利用してください。

図表070-1 上限がある設定項目一覧

ワザ番号	ワザ名	設定項目	上限個数
044	GTM経由で追加的なデータをGA4に送信する	イベント（GTM経由）	なし
095	GA4の管理画面経由で新規イベントを作成する	イベント（「イベントを作成」経由）	50
096	管理画面から「イベントを変更」でコンテンツグループを作成する	イベントの変更	50
098	特定の行動をしたユーザーに目印を付ける	オーディエンス	100
099	特定のユーザー行動の発生回数を計測する	オーディエンストリガー	20
097	コンバージョンを正しく設定する	コンバージョン	30
114	カスタムインサイトで異常値を検知する	カスタムインサイト	50
102	「ユーザー」スコープのカスタムディメンションを作成する	カスタムディメンション（ユーザースコープ）	25
101	「イベント」スコープのカスタムディメンションを作成する	カスタムディメンション（イベントスコープ）	50
103	カスタム指標を作成してレポートで利用する	カスタム指標	50

※プロパティ当たりの設定上限個数

なお、設定上の上限個数、およびイベント名やユーザープロパティ名などの文字数の上限についての詳細は、次の公式ヘルプも併せて参照してください。

🔗 **[GA4] 設定の制限**
https://support.google.com/analytics/answer/12229528?hl=ja

[GA4] イベントの収集に適用される制限

https://support.google.com/analytics/answer/9267744?hl=ja

次画面は、管理画面の「割り当て情報」を表示したところです。ユーザースコープ、イベントスコープのカスタムディメンションやカスタム指標について、作成可能数とすでに作成した個数が明示されています。

.il GA4 **管理 ▶ カスタム定義 ▶ 割り当て情報**

作成可能数とすでに作成した
個数が明示されている

✕　割り当て情報

カスタム ディメンション

ユーザー スコープ
0 / 25 個作成されています

イベント スコープ
6 / 50 個作成されています

アイテム スコープ
0 / 10 個作成されています

カスタム指標

イベント スコープ
0 / 50 個作成されています

上限個数があるものを自由に設定することは危険です。GA4の
運用について社内ルールを作成しましょう。

基礎知識

導入

設定

指標

ディメンション

データ探索

成果の改善

Looker Studio

BigQuery

ワザ 071 データストリームについて理解する

🔑 プロパティ／データストリーム

> GA4におけるデータ収集の根幹を担うのが、プロパティレベルの設定項目の1つでもある「データストリーム」です。データストリームは他のワザでも何度も登場するので、仕組みをしっかり覚えましょう。

GA4における「データストリーム」とは、特定のプロパティにデータを送信するWebサイトやアプリのことを指します。公式ヘルプにおいては「WebサイトやアプリからGoogleアナリティクスへのデータの流れ」と説明されており、次の3種類があります。

- ウェブ（Webサイト用）
- iOS（iOSアプリ用）
- Android（Androidアプリ用）

従って、アプリを両方のOSで展開している企業が、Webサイトとアプリを統合解析したい場合には、3つのデータストリームを1つのプロパティに紐付けることになります。本書では「ウェブ」のデータストリームのみを取り扱います。

そして、1つのデータストリームには、1つの「測定ID」が紐付いています。Googleタグマネージャー経由で「GA4設定タグ」を実装する際、タグにその測定IDを設定することで、どのデータストリームに対してデータを収集するのかを指定できます（ワザ025を参照）。

次の画面は、GA4の管理画面で「ウェブ」のデータストリームの詳細を表示したところで、「G-」から始まる測定IDを確認できます。

.Il GA4　**管理 ▸ データストリーム ▸ （ストリーム名）**

測定IDは「G-」から始まる
文字列となる

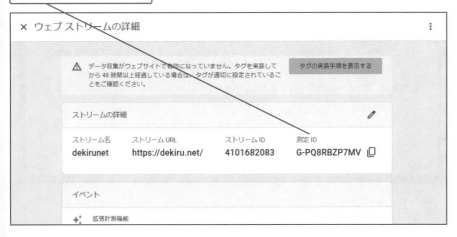

複数のサイトに対してクロスドメイントラッキング（ワザ072を参照）を行う場合にも、「ウェブ」のデータストリームを1つ作成し、そのデータストリームに複数サイトからのトラフィック情報を集約します。従って、クロスドメイントラッキングを行う際は、次のようなデータ収集経路となります。

図表071-1　クロスドメイントラッキングを行う際のデータ収集経路

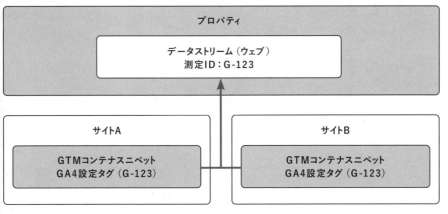

このとき、1つのプロパティに2つ目の「ウェブ」のデータストリームを作成しようとすると、次のページにある画面のアラートが表示されます。1つのプロパティにおいては、「ウェブ」のデータストリームは1つが原則であるためです。

次のページに続く ▷

基礎知識

導入

設定

指標

ディメンション

データ探索

成果の改善

Looker Studio

BigQuery

1つのプロパティに対して「ウェブ」のデータストリームを複数作成しようとすると、確認画面が表示される

> **通知**
>
> ほとんどの場合、1つのウェブ ストリームでデータ測定のニーズに対応できます。1回のユーザー ジャーニーで複数のウェブ ストリームを使って異なるページやサイトを測定すると、測定結果の一貫性が失われる可能性があります。詳細
>
> 別のウェブ ストリームを作成してもよろしいですか?
>
> いいえ　　　はい

データストリーム単位で行うことができる主要な設定は、次の通りです。

- 拡張計測機能のオン・オフ
- イベントの変更
- イベントの作成
- Googleタグ設定
  - ドメインの設定
  - 内部トラフィックの定義
  - 除外する参照のリスト
  - セッションのタイムアウトを調整する

> データストリームはGA4で新たに登場しました。UAから移行するみなさんはしっかり理解しておいてください。

関連ワザ **025**	GA4設定タグをコンテナに追加する	P.76
関連ワザ **068**	アカウント構造と主要な設定項目を理解する	P.250

ワザ 072 クロスドメイントラッキングを設定する

🔑 クロスドメイントラッキング

> GA4ではUAに比べ、複数のWebサイトをあたかも1つのサイトのように計測する「クロスドメイントラッキング」の設定が非常に簡単になっています。具体的な設定方法と、UAとの違いを確認しましょう。

「クロスドメイントラッキング」とは、複数のWebサイトをあたかも1つのサイトのように計測することを指します。例えば、ある商品群のブランディングサイトとECサイトが別ドメインとして存在しているが、同じ商品群を扱う1つのサイトとして分析したいケースなどで利用します。

仮に、サイトAとして「https://www.impress.co.jp/」、サイトBとして「https://dekiru.net/」があり、それらを1つのサイトとして計測したいとしましょう。また、そのための設定として、Googleアナリティクス4の同一のプロパティに属する同一の測定IDを持つトラッキングコードを、Googleタグマネージャー経由で埋め込んだとします。

そして、あるユーザーが自然検索でサイトAを訪問し、同一セッションでリンクをたどってサイトBに遷移したとしましょう。図で表現すると次の通りです。

図表072-1 サイトAからサイトBへの遷移の例

このとき、クロスドメイントラッキングを設定していない場合は、次の通りに指標やディメンションが記録されます。これらは同一のサイトとしては計測されていないことを意味しています。

- ユーザー数：2
- セッション数：2
- イベントに紐付くメディア：organicとreferralが1つずつ

次のページに続く ▷

基礎知識

導入

設定

指標

ディメンション

データ探索

成果の改善

Looker Studio

BigQuery

一方で、クロスドメイントラッキングを設定している場合は、次の通りとなります。指標や
ディメンションが、あたかも1つのサイトのように記録されています。

- ユーザー数：1
- セッション数：1
- イベントに紐付くメディア：organic

クロスドメイントラッキングの設定方法

クロスドメイントラッキングの設定においては、複数ドメインのサイトに対して、同一の測
定IDを紐付けた「GA4設定タグ」をGTM経由で実装することが、まず重要となります。

このとき、それぞれのサイトに埋め込まれているGTMのコンテナスニペットが異なるもの
であっても、問題はありません。ただし、その場合でも、GA4設定タグに紐付ける測定
IDは2つのサイトで同一である必要があります。

それに加えて、GA4の管理画面で次のような設定が必要になります。プロパティレベル
の設定項目からデータストリームの詳細を表示し、[タグ設定を行う] から [ドメインの設
定] 画面を表示します。さらに [条件を追加] を選択すると次の画面となるので、クロス
ドメイントラッキングの対象となるサイトのドメインをすべて入力してください。

.ıl GA4　**管理 ▶ データストリーム ▶ （ストリーム名） ▶ タグ設定を行う ▶
ドメインの設定**

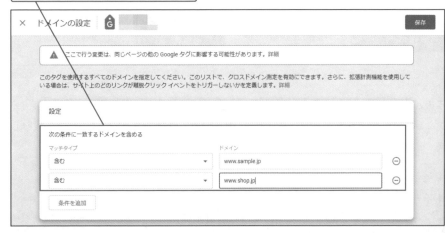

対象となるWebサイトのドメインを
すべて記録する

このように設定することで、前述したクロスドメイントラッキング設定後のようなデータの取得が可能になります。なお、GA4でクロスドメイントラッキングを設定するうえでは、次の3点に注意してください。

サブドメインだけが異なるサイトは設定不要

クロスドメイントラッキングの対象となるサイトは、ドメインが異なるサイトです。サブドメインだけが異なるサイトは対象とする必要はなく、デフォルトで1つのサイトとして測定が行われます。例えば「www.impress.co.jp」と「book.impress.co.jp」は、サブドメインが異なるもののドメインは同一なので、クロスドメイントラッキングの対象とする必要はありません。

参照元の除外は設定不要

ユニバーサルアナリティクスでは、クロスドメイントラッキングの対象となるサイトに対して参照元の除外（ワザ073を参照）の設定もセットで必要でした。しかし、GA4ではデフォルトで自己参照トラフィックとして除外の対象となるので、設定は不要です。

「ホスト名+URL」での計測はできない

UAでクロスドメイントラッキングを行う場合のベストプラクティスとして、ビューに対するフィルタを利用し、「ページ」ディメンションのデータを「ホスト名+URL」と読み替えるように設定するワザがありました。この設定は、各ドメインでホスト名以降のURLが共通している場合に同じページとして見なされる状況を回避するために有効でしたが、GA4ではビューがなくなったため、それに対応する設定はありません。

┃ クロスドメイントラッキングが成功したかの確認方法

クロスドメイントラッキングが成功すると、サイトAからリンクをたどってサイトBに遷移した際に、クエリパラメータ「_gl」が付与されます。

次の画面は「ga4.but.jp/chikuhaku3.html」というページにクロスドメインで遷移した際のブラウザーのURLですが、クエリパラメータ「_gl」が記録されていることが分かります。

URLにクエリパラメータ
「_gl」が記録される

```
ga4.but.jp/chikuhaku3.html?_gl=1*609bo0*_ga*MzQ3ODU1MDk4LjE2NTcxNTA0ODU.*_ga_3E2M6PFV5V*MTY1NzE1NDQ4NC4zMS4xLjE2NTcxNTQ1MDAuNDQ.
```

次のページに続く ▷

☝ ポイント

- 標準レポートや探索レポートにおける「ページパスとスクリーンクラス」ディメンションでは、「www.impress.co.jp/index.html」と「dekiru.net/index.html」の2つのページは、どちらも「/index.html」とレポートされてしまいます。
- 上記の対策としては、標準レポートでは、セカンダリディメンションに「ホスト名」を設定することや、探索レポートではディメンションとして「ページロケーション」を利用することが挙げられます。

クロスドメイントラッキングは、ユーザーとセッションの識別IDをドメイン間で同一にすることで成立しています。

関連ワザ **135** 「トラフィック獲得」レポートのディメンションを理解する　　　　　　　　P.448

ワザ 073 参照元として除外するサイトを設定する

🔑 **参照元／除外**

> ECサイトでは、購入時に「決済代行サイト」などの外部サイトに遷移するケースがあります。そのようなサイトが参照元（ユーザーの訪問経路）として表示されると分析の邪魔になるため、設定で除外しましょう。

参照元の除外とは、Googleアナリティクス4のレポートで「参照元」、つまりユーザーのサイト訪問経路として現れてほしくないサイトを除外する設定のことを指します。

参照元として現れてほしくないサイトとは、例えばGA4の解析対象となる自社サイトや、クロスドメイントラッキングを行う別サイトが挙げられます。しかし、次の画面のように自社サイトのURLをデータストリームの設定で適切に設定している場合（ワザ071を参照）や、クロスドメイントラッキングを適切に行っている場合（ワザ072を参照）は、それらに登録したドメインについては参照元にならない仕様となっています。よって、本ワザで紹介する設定は必要ありません。

.ıl GA4 　管理 ▶ データストリーム ▶ （ストリーム名） ▶ 鉛筆アイコン

「ウェブ」のデータストリームに、自社サイトのURLが適切に設定されている

× データストリームを編集する

ウェブストリームを編集する

ウェブサイトの URL	ストリーム名
https:... ▼ 　kazkida.com	kazkida.com

ストリームの更新

一方、通常で起こりうるシナリオで参照元の除外を行う必要があるのは、主に次のような場合です。

次のページに続く ▷

基礎知識

導入

設定

指標

ディメンション

データ探索

成果の改善

Looker Studio

BigQuery

- ECサイトでの購入（決済）を「決済代行サイト」で行う場合
- リードジェネレーションサイトで会員登録などを「フォームASP」で行う場合

決済代行サイトやフォームASPが外部のサイトにあり、ユーザーはそこで決済や会員登録を行って自社サイトに戻ってくるというようなユーザー遷移が存在する場合、それらの外部サイトを参照元とは見なさないサイトとして登録する必要があります。

操作方法としては、管理画面で［ウェブ］のデータストリームの詳細を表示し、［タグ設定を行う］から［除外する参照のリスト］に進んで、除外したい参照元のドメインを指定します。具体的な手順は次の通りです。

📶 GA4 　管理 ▶ データストリーム ▶ （ストリーム名）

1 ［タグ設定を行う］を
クリック

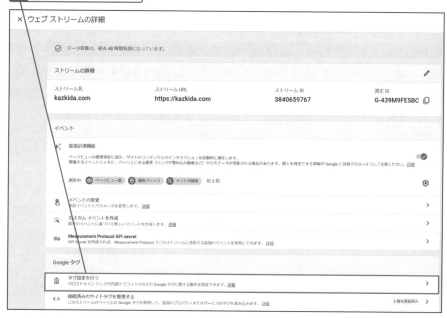

基礎知識

導入

設定

指標

ディメンション

データ探索

成果の改善

Looker Studio

BigQuery

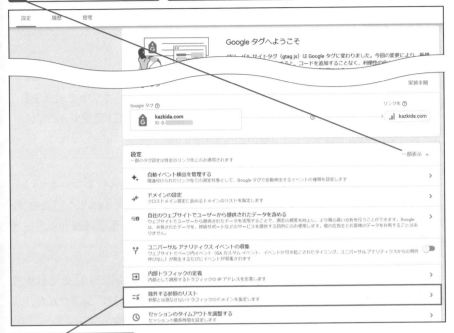

2 [すべて表示] をクリック
してメニューを展開

展開後は [一部表示] に
切り替わる

3 [除外する参照の
リスト] をクリック

4 除外する参照のリストに該当する
ドメイン名を入力

該当する外部サイトを利用している場合は、GA4を導入するタイ
ミングで必ず設定しておきましょう。

ワザ 074 セッションタイムアウトを調整する

🔑 セッション／セッションタイムアウト

設定によってレポートの数値が変わる設定の代表的な項目が、本ワザで紹介する「セッションタイムアウト」の調整です。セッションタイムアウトの値は変更できますが、変更しないほうが望ましいです。理由を見ていきましょう。

ユーザーがWebサイトにおいて、一定時間、何のインタラクションも行わないとセッションが終了します。この一定時間を規定した設定項目を「セッションタイムアウト」と呼び、デフォルトでは30分となっていますが、Googleアナリティクス4の管理画面から調整が可能です。

セッションタイムアウトの調整は、次の画面から行えます。［タグ設定を行う］を選択後の画面では、最初は［セッションのタイムアウトを調整する］が表示されていませんが、［設定］の［すべて表示］を選択すると一覧が拡張され、選択できるようになります。

📊 GA4 管理 ▶ データストリーム ▶ （ストリーム名）▶ タグ設定を行う ▶ セッションのタイムアウトを調整する

> セッションタイムアウトの設定は
> デフォルトでは「30分」となっている

セッションタイムアウトの設定のうち、［時間］は「0」から「7」まで、［分］は「00」から「55」まで5分刻みで選択可能です。よって、最短5分、最長7時間55分の範囲内で調整できることになります。ただし、機能としては存在するものの、セッションタイムアウトの設定は変更しないことが望ましいです。

セッションタイムアウトをデフォルトの30分よりも短くすると、サイト全体のセッション数は増える方向に動きます。逆に、セッションタイムアウトを30分よりも長くすると、セッション数は減る方向に動きます。つまり、本設定を変更するということは、ユーザー側がWebサイトの主要指標の1つであるセッション数を恣意的に操作することになるのです。

また、セッションは「エンゲージメント率」「セッションあたりのユーザーエンゲージメント時間」「セッションあたりのイベント数」など、他の割り算で求める指標の分母となっており、それらの指標にも影響を与えます。つまり、セッションタイムアウトを調整することは、影響範囲の大きい設定変更だといえます。

今後、GA4を利用したさまざまな改善事例などがメディアで取り上げられると考えられますが、記事で紹介されるエンゲージメント率などと、自社のそれが異なった定義で計測されていると、本来参考になるはずの記事が参考にならなくなる懸念があります。

セッションタイムアウトについては、設定項目として存在することは覚えておきつつも、デフォルトの30分からは変更しないようにしましょう。

 🔗 **[GA4]** アナリティクスのセッションについて
https://support.google.com/analytics/answer/9191807

セッションはもっとも重要な指標の1つです。定義の理解があやふやであれば、ワザ119を必ず参照してください。

関連ワザ **119** 「セッション」を正しく理解する   P.413

ワザ 075 エンゲージメントセッションの時間を設定する

🔑 **セッション／エンゲージのあったセッション数**

> GA4から新しく登場した指標に「エンゲージのあったセッション数」があります。エンゲージのあったセッションの「秒数のしきい値」のデフォルト値は10秒ですが、設定により60秒まで調整可能です。

Googleアナリティクス4から登場した重要な指標として「エンゲージのあったセッション数」があります。この指標は、

- 10秒以上
- 2ページビュー以上
- コンバージョンの発生

のいずれかの条件に当てはまるセッションの数を数えて算出します（ワザ120を参照）。その条件の1つである「10秒以上」のしきい値は、GA4の設定で変更できます。

📊 GA4 　管理 ▶ データストリーム ▶ （ストリーム名） ▶ タグ設定を行う ▶ セッションのタイムアウトを調整する

デフォルトのしきい値は
10秒となっている

［エンゲージメントセッションの時間調整］で設定できる範囲は、「10」秒から「60」秒までの10秒単位です。秒数を長くすればするほど、エンゲージのあったセッション数は減る方向に動きます。結果、「エンゲージメント率」も減ります。逆に「直帰率」は増える方向に動きます。

そうした関係性の中で何秒に設定するべきかについては、次の考え方があると思います。

①関係者で「エンゲージのあったセッションのしきい値として妥当なのは何秒だろうか?」を議論する
②エンゲージメント率がサイト全体でおよそ50%になるように調整する
③サイト全体の「セッションあたりのユーザーエンゲージメント」の中央値を調べ、中央値に合わせる

1つ目は、定性的に調整するという意味です。社内の関係者がしきい値に合意すれば、その値を利用するのは一定の合理性があります。

2つ目は、サイトの課題を浮き彫りにするのに適しています。なぜなら、極端な例として、サイト全体のエンゲージメント率が20%、もしくは80%だった場合、前者は「セッションのほとんどがエンゲージしない」サイト、後者は「セッションのほとんどがエンゲージする」サイトとなり、指標としての有用性が下がると考えられるからです。

3つ目は、自社の標準的なセッションあたりのユーザーエンゲージメントをベンチマークとすることにより、指標の意味を明確にするという方向性です。例えば、サイトの全セッションのユーザーエンゲージメントの中央値が30秒だったとします。その場合、しきい値を30秒に設定すれば「エンゲージのあったセッション数は、自社の標準的なセッションあたりのユーザーエンゲージメントよりも長い滞在があったセッションの数だ」という解釈ができます。

いずれにしても、あるセグメントのエンゲージメント率が高く、あるセグメントでは低いという「差」によって、課題や施策対応の必要性の認識が生まれます。意味のある「差」が可視化できるようにエンゲージメントセッションの秒数を調整するのが望ましいです。

エンゲージのあったセッションのしきい値は調整可能です。自社にとって最適なしきい値を決定するとよいでしょう。

基礎知識
導入
設定
指標
ディメンション
データ探索
成果の改善
Looker Studio
BigQuery

基礎知識

導入

設定

指標

ディメンション

データ探索

成果の改善

Looker Studio

BigQuery

ワザ 076 データの保持期間を14カ月に変更する

🔑 **標準レポート／保持期間**

> データの保持期間は、GA4の導入直後に行うべき設定です。デフォルトは［2か月］ですが、それでは前年との比較が行えないため［14か月］に変更することを推奨します。未設定ならすぐに確認してください。

Googleアナリティクス4のレポートは、大きく分けて「集計済みデータ」から生成される標準レポートと、「未集計のデータ」から生成される探索レポートに分かれます。標準レポートとは「探索レポート」以外のレポートです（レポート種別についてはワザ008を参照）。本書執筆時点では、次の画面にあるものが標準レポートとして分類されます。

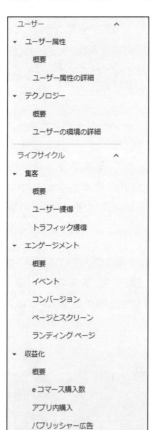

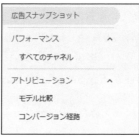

メインメニューの［レポート］と［広告］から表示する標準レポートは、GA4を利用する全ユーザーが利用できる

探索レポートについては、ワザ145を参照してください。前掲のレポート分類のうち、未集計のデータに基づく探索レポートは、本ワザで紹介する「イベントデータの保持期間」という設定の影響を受けます。標準レポートは関係ないので注意してください。

基礎知識

導入

設定

指標

ディメンション

データ探索

成果の改善

Looker Studio

BigQuery

📊 GA4　**管理 ▶ データ設定 ▶ データ保持**

> イベントデータの保持期間は［2か月］と［14か月］が選択できる

ユーザーデータとイベントデータの保持

Cookie やユーザー ID、広告 ID に関連付けて送ったデータの保持期間は変更できます。この設定の内容は、ほとんどの標準的なレポート（集計データに基づくレポート）には影響しません。これらの設定に加えた変更は、24 時間後に有効になります。データ保持設定の詳細

イベントデータの保持 ⑦　｜ 14 か月　　　▼ ｜

新しいアクティビティのユーザーデータのリセット ⑦　◉✓

｜ 保存 ｜　キャンセル

上記の画面にある［イベントデータの保持］の設定は、［2か月］と［14か月］のいずれかを選択可能です。前年同月と比較したい場合が多いと思われるので、特別な事情がなければ［14か月］に設定することを推奨します。

また、上記の画面にある［新しいアクティビティのユーザーデータのリセット］は、ユーザーの再訪問時に、データの保持期間の起点をリセットをするかどうかの設定です。オフの場合、ユーザーが再訪問してもデータ保持期間は初回訪問から14カ月です。オンにすると、再訪問があるたびに再訪問のタイミングから14カ月間データが保持されます。

図表076-1　［新しいアクティビティのユーザーデータのリセット］による動作の違い

2023年4月1日　2023年5月1日
初回訪問　　　2回目の訪問

オフ　　　　　　　　　　　　　　　2024年6月1日
　　　　　　　　　　　　　　　　　データ削除

オン　　　　　　　　　　　　　　　　　2024年7月1日
　　　　　　　　　　　　　　　　　　　データ削除

> イベントデータをもっとも長く保持する場合には保持期間を14カ月とし、リセットはオンにします。

ワザ 077 ユーザーの年齢・性別、興味・関心を取得する

🔑 インタレストカテゴリ

> GA4もUAと同様に、年齢・性別、インタレストカテゴリといったユーザーの属性を取得できます。本ワザで説明している設定が事前に必要ですが、標準レポート以外にも、探索レポートやセグメントなどで利用できます。

Googleアナリティクス4にはユニバーサルアナリティクスと同様に、ユーザーの属性として「年齢」「性別」や、どのようなカテゴリーに興味を持つかを示す「インタレストカテゴリ」を表示する機能があります。これにはGoogleシグナル（ワザ090を参照）を有効にしていることが前提となります。

次の画面は、Googleアナリティクス4の標準レポート「ユーザー属性の詳細」の一部です。年齢・性別が、ディメンションとセカンダリディメンション（ワザ109を参照）に利用できていることが確認できます。

📊 GA4 レポート ▶ ユーザー属性の詳細

年齢・性別をディメンションとセカンダリディメンションに利用できる

年齢 ▼	性別 ▼	✕	↓ユーザー	新規ユーザー数	セッション	エンゲージのあったセッション数	エンゲージメント率
			16,316 全体の100%	14,641 全体の100%	25,752 全体の100%	16,138 全体の100%	62.67% 平均との差0%
1	unknown	unknown	11,281	9,916	15,849	9,465	59.72%
2	25-34	male	1,471	1,304	2,825	1,934	68.46%
3	35-44	male	1,180	1,059	2,125	1,477	69.51%
4	25-34	female	746	656	1,438	975	67.8%
5	18-24	male	566	506	1,010	698	69.11%

基礎知識

導入

設定

指標

ディメンション

データ探索

成果の改善

Looker Studio

BigQuery

年齢・性別は「フィルタ」や
「比較」にも利用できる

年齢・性別、インタレストカテゴリのディメンション
は探索レポートでも利用できる

性別	male		female	male	female	合計
年齢	25-34	35-44	25-34	18-24	18-24	
インタレスト カテゴリ	アクティブ ユーザー数	アクティブ ユーザー数	アクティブ ユーザー数	アクティブ ユーザー数	アクティブ ユーザー数	↓アクティブ ユーザー数
合計	**2,390** 全体の 29.72%	**1,789** 全体の 22.24%	**1,166** 全体の 14.5%	**893** 全体の 11.1%	**641** 全体の 7.97%	**8,043** 全体の 100%
1　Technology/Technophiles	2,981	1,428	897	771	490	6,370
2　Shoppers/Value Shoppers	1,971	1,367	927	695	497	6,206
3　Travel/Business Travelers	1,937	1,403	805	565	424	5,933
4　Lifestyles & Hobbies/Business Professionals	1,872	1,409	781	596	379	5,792
5　Media & Entertainment/Movie Lovers	1,800	1,221	840	556	473	5,669
6　Lifestyles & Hobbies/Green Living Enthusiasts	1,591	1,100	853	504	474	5,327
7　Beauty & Wellness/Frequently Visits Salons	1,515	1,135	656	484	341	4,779
8　Lifestyles & Hobbies/Nightlife Enthusiasts	1,566	1,067	718	582	390	4,773
9　Lifestyles & Hobbies/Shutterbugs	1,340	985	719	475	379	4,542
10　Technology/Mobile Enthusiasts	1,425	1,079	638	489	293	4,505

探索レポートにおけるセグメントとして
も利用できる

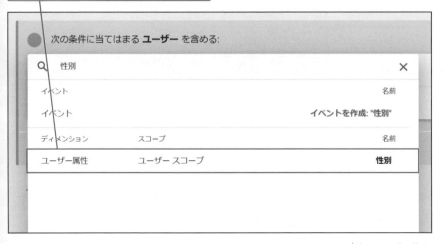

次のページに続く ▷

年齢・性別、インタレストカテゴリがGA4で確認できる仕組みは、次の通りです。

- Googleが持っているアドネットワーク上のユーザーのWebサイト閲覧履歴からユーザーの属性を類推する
- 類推した属性がある程度以上に確かなユーザーが、計測対象のWebサイトを訪問した場合、それらのユーザー数などをGA4に反映する

従って、全ユーザーの年齢・性別などがレポートに反映されるわけではなく、一部のユーザーだけがレポートの対象になります。年齢・性別が判明しないユーザーについてはレポート上「unknown」（不明）としてレポートされます。インタレストカテゴリについては「unknown」はなく、判明したユーザーだけがレポートに含まれます。

全ユーザーのうち何%のユーザーについて、それらの属性がレポートされるかという比率を計測率とすると、その値はおよそ30%台が一般的だと思います。従って、属性ごとの正確なユーザー数の確認のためには利用できず、属性ごとの比率やエンゲージメント率、セッションあたりの平均エンゲージメント時間、サイト内での振る舞いの傾向・差異を確認するために利用します。

GA4　**管理 ▶ データ設定 ▶ データ収集**

Googleシグナルによるデータ収集を
設定できる

年齢・性別、インタレストカテゴリはBigQueryに出力したデータには含まれず、GA4のレポートでのみ確認できます。

078 開発者トラフィックを除外する

ワザ

🔑 開発者トラフィック／内部トラフィック

> GA4では、内部トラフィックと開発者トラフィック（デベロッパートラフィック）の2つの種類のトラフィックをフィルタで除外できる設定があります。本ワザでは、開発者トラフィックの除外方法を説明します。

Googleアナリティクス4では、関係者からのトラフィックとして「開発者トラフィック」および「内部トラフィック」の2種類を除外できます。本ワザでは開発者トラフィックを識別するための設定方法を解説します。

開発者トラフィックは、技術的にはGA4に送信されるパラメータ「debug_mode」に、値「1」が含まれていることで識別されます。パラメータ「debug_mode=1」を含めてGA4にトラッキングビーコンを送信する方法としては、次の3つがあります。

┃GA DebuggerをオンにしたWebサイト利用

もっとも簡単な方法は、Chromeに「Google Analytics Debugger」という拡張機能をインストールし、そのアドオンをオンにしてサイトを閲覧することです。

🔗 **Google Analytics Debugger**
https://chrome.google.com/webstore/detail/google-analytics-debugger/jnkmfdileelhofjcijamephohjechhna?hl=ja

Google Analytics Debuggerをインストール後、アドオンのアイコンをクリックするとオン／オフを切り替えられます。

Google Analytics Debuggerを
オンにしている

🔒 principle-c.com	🔗 ☆ 🗒ON

Google Analytics Debuggerを
オフにしている

🔒 principle-c.com	🔗 ☆ 🗒

次のページに続く ▷

基礎知識

潜入

設定

指標

ディメンション

データ探索

成果の改善

Looker Studio

BigQuery

自身のWebサイト利用を開発者トラフィックとして識別させたい場合は、Google Analytics Debuggerをオンにしてください。別の方法として、Googleタグマネージャーを利用して「debug_mode=1」をGA4に送信する2つの方法があります。

GTMプレビューモードでのWebサイトの確認

GTMのプレビューモードをオンにしてサイトを確認すると、自動的にdebug_mode=1が送信される

GTMのタグのカスタマイズ

特定のページの閲覧、もしくは特定イベントの送信だけ「debug_mode=1」を記録したい場合は、GA4設定タグ、もしくはGA4イベントタグにフィールド名「debug_mode」、値「true」を記述して送信します。

◆ GTM　タグ ▶ 新規

タグを作成する

設定内容	タグ名	GA4-CONFIG-DEBUG-MODE

タグの種類	Googleアナリティクス：GA4 設定

測定ID	自社のID

フィールド名	debug_mode	値	true

トリガー	Pageview_Dev

🔗 **[GA4]** データフィルタ
https://support.google.com/analytics/answer/10108813

🔗 **[GA4] DebugView** でイベントをモニタリングする
https://support.google.com/analytics/answer/7201382

☝ポイント

・開発環境にもGA4のトラッキングコードを埋め込んでいる場合、「ホスト名が開発環境に一致する」トリガーを利用して、「debug_mode=true」を送信しましょう。

・debug_mode=1をパラメータとして送信した後、ワザ080を参照してフィルタ自体を有効化する必要があります。

内部トラフィック同様、開発者トラフィックも「関係者」なので、本ワザを利用して適切に除外することが望ましいです。

基礎知識

導入

設定

指標

ディメンション

データ探索

成果の改善

Looker Studio

BigQuery

ワザ 079 内部トラフィックを除外する

🔑 トラフィック／内部トラフィック／CIDR表記

> 前のワザ078で、GA4には内部トラフィックと開発者トラフィックを除外できる設定が
> あると解説しました。本ワザでは、内部トラフィックを定義するIPアドレスを指定して
> 内部トラフィックを除外する方法を説明します。

Googleアナリティクス4では、関係者からのトラフィックとして開発者トラフィック、および
内部トラフィックの2種類を除外できます。本ワザでは、後者の「内部トラフィック」を除外
するための設定について解説します。

自分、もしくは自社からのトラフィックである内部トラフィックの除外は、接続元ネットワーク
のIPアドレスに基づいて行います。接続元ネットワークのアドレスは、企業であれば情
報システム部が把握しているほか、簡易的には「確認くん」や、GA4のIPアドレス設定
画面からリンクが張ってある「what is my ip」などのWebサービスで確認できます。

ただ、個人宅からプロバイダー経由でインターネットに接続している場合、通常は固定
IPアドレスではないため、接続元IPアドレスが決まっていません。そのため、ワザ059を
参照し、別の方法で内部トラフィックとして目印を付けて除外する必要があります。

 🔗 確認くん
https://www.ugtop.com/spill.shtml

「確認くん」でIPアドレス
を確認した

▲HOME	あなたの情報（確認くん）
情報を取得した時間	2023年 03月 17日　AM 08　時 46分 31秒
現在接続している場所(Server)	www.ugtop.com
あなたのIPアドレス(IPv4)	133.201.152.

what is my ip
https://whatismyipaddress.com/

「what is my ip」でIP
アドレスを確認した

内部トラフィックとして定義したいIPアドレスが判明したら、次の画面からIPアドレスを登録します。

📊 GA4 管理 ▶ データストリーム ▶ （ストリーム名）▶ タグ設定を行う ▶
内部トラフィックの定義

1 ［作成］をクリック

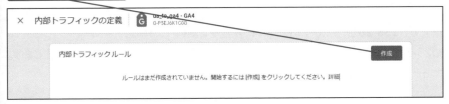

内部トラフィックとして
IPアドレスを登録した

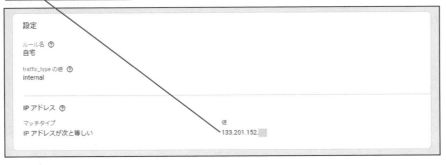

次のページに続く ▷

基礎知識

導入

設定

指標

ディメンション

データ探索

成果の改善

Looker Studio

BigQuery

IPアドレスのマッチタイプには、次の5種類が設定可能です。ユニバーサルアナリティクスでは正規表現の一致が利用できましたが、GA4では利用できなくなっており、IPアドレスの範囲を指定するには［IPアドレスが次から始まる］や［IPアドレスに含む］、または［IPアドレスが範囲内（CIDR表記）］を選択します。

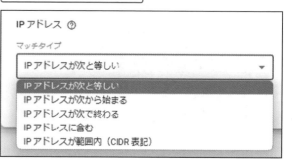

5種類のマッチタイプから選択できる

このうちの「CIDR表記」（サイダー表記：Classless Inter-Domain Routing）とは、0から255までの数字が4つ連続する表記法のIPアドレスにおいて、先頭からどこまでがネットワーク部（ネットワークを識別する部分）で、どこから先がホスト部（ネットワーク内のコンピューターを識別する部分）かを、ネットワーク部に該当するビットを1とした自然数で表現するものです。

例えば「133.201.152.0/23」のように表記をします。この場合、ネットワーク部は先頭の23桁だということを示しています。ここで一度、前述のIPアドレスを2進数に直します。すると、23桁目までは、次の通りになります。

`10000101 11001001 1001100*********`

*で示した残りの9箇所を、最小値となるように全部を0で埋めると次の①に、最大値となるように全部を1で埋めると②となります。

①`10000101 11001001 10011000 00000000`
②`10000101 11001001 10011001 11111111`

①を自然数でのIPアドレス表記に戻すと「133.201.152.0」となり、②を戻すと「133.201.153.255」となります。IPアドレスの下限が①、上限が②となるので、その間のIPアドレスを範囲で指定できるということです。

自信がない場合は情報システム部に問い合わせを行い、自社IPアドレスの範囲について CIDR表記でどのように記述するのかを教えてもらったほうが安全です。自社のIPアドレスが一定の範囲内にあるが、情報システム部の協力が得られない場合、次のネットワーク計算ツールなどで自力で計算することも可能です。

設定に成功すると、該当するIPアドレスからのサイト利用について「traffic_type」に「internal」という値が付与ます。そのうえで、ワザ080に従ってフィルタを設定すると、内部トラフィック除外のフィルタが適用されます。

 🔗 ネットワーク計算ツール
https://www.softel.co.jp/labs/tools/network/

 🔗 [GA4] データフィルタ
https://support.google.com/analytics/answer/10108813

CIDR表記は少々難しいですが、ひとたび理解すると効率的に特定範囲のIPアドレスを指定できるようになります。

| 関連ワザ 078 | 開発者トラフィックを除外する | P.277 |
| 関連ワザ 080 | 関係者トラフィックを除外するデータフィルタの状態を理解する | P.284 |

基礎知識

導入

設定

指標

ディメンション

データ探索

成果の改善

Looker Studio

BigQuery

ワザ 080 関係者トラフィックを除外する データフィルタの状態を理解する

🔑 関係者トラフィック／データフィルタ

> 開発者と内部の両方のトラフィックを除外する「データフィルタ」の3つの「状態」について解説します。「テスト」状態では、フィルタを「有効」にした場合、どの程度のトラフィックが除外されるのかを確認できます。

ワザ078では開発者トラフィックを、前のワザ079では内部トラフィックを除外する方法を解説しました。本ワザでは、両方のトラフィックを除外するうえでの「データフィルタ」の3つの「状態」を説明します。3つの状態とは「テスト」「有効」「無効」です。

📊 GA4　**管理 ▶ データ設定 ▶ データフィルタ**

データフィルタの状態は
管理画面から設定できる

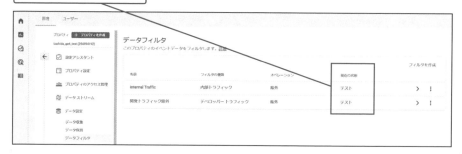

▌テスト状態の動作

データフィルタの状態として「テスト」を選択した場合、データ自体はフィルタされず、フィルタ対象となるトラフィックがディメンション「テストデータのフィルタ名」で示されます。結果として、フィルタを適用すれば、どの程度のトラフィックが除外されるかを確認できます。

次の画面は、探索配下の自由形式レポートで「テストデータのフィルタ名」をディメンションとして利用した例です。Internal Traffic（内部トラフィック）として、1ユーザーがもたらした23セッション、127表示回数が該当することが分かります。

基礎知識

導入

設定

指標

ディメンション

データ探索

成果の改善

Looker Studio

BigQuery

GA4 探索 ▶ 自由形式

「テストデータのフィルタ名」を
ディメンションとして利用している

テストデータのフィルタ名	↓表示回数	セッション	総ユーザー数
合計	497 全体の100%	39 全体の100%	4 全体の100%
1　Developer Traffic	269	30	3
2　Internal Traffic	127	23	1
3　(not set)	101	37	4

有効状態の動作

データフィルタの状態を「有効」にすると、フィルタが適用されます。この場合、フィルタ
で除外されたユーザーやセッション、イベント数がどのくらいあったかは分かりません。

無効状態の動作

データフィルタの状態を「無効」にすると、フィルタは適用されません。

なお、開発者トラフィックおよび内部トラフィックは、関係者のトラフィックとして除外するの
が一般的だと思いますが、「次のみを含む」として、該当するトラフィックだけを含めること
も設定上は可能です。

 $\mathcal{O}$ **[GA4]** データフィルタ
https://support.google.com/analytics/answer/10108813

 $\mathcal{O}$ **[GA4] DebugView** でイベントをモニタリングする
https://support.google.com/analytics/answer/7201382

> フィルタの適用時は、まずテスト状態にしてどの程度のインパクト
> があるかを確認し、その後に有効化しましょう。

関連ワザ **078** 開発者トラフィックを除外する	P.277
関連ワザ **079** 内部トラフィックを除外する	P.280

ワザ 081 CSVファイル経由で 追加的なデータをインポートする

🔑 BigQuery／CSVファイル／インポート

GA4には、外部のデータを記録したCSVファイルをインポートして、ディメンションや指標として利用できる機能があります。多少ハードルの高い設定ですが、分析をより高度なものにすることが可能です。

Googleアナリティクス4からBigQueryにデータをエクスポートできることは広く知られていますが、逆にCSVファイルのデータをGA4にインポートできることは、あまり知られていないように思います。ところが、この機能は分析を高度化するうえで、あるいはコンバージョン増加のために非常に有用な機能です。本ワザで学習し、知識を深めてください。

📶 GA4　管理 ▶ データインポート

1 ［データソースを作成］を
クリック

データのインポート

データインポートを使用すると、外部ソースからデータをアップロードし、アナリティクスのデータと結合できます。［データソースを作成］をクリックして、アップロードできるデータの種類をご確認ください。詳細

データソース名　　　　データ型　　　　　　ステータス

まだデータソースがありません。［データソースを作成］をクリックして作成してください

データソースを作成

インポートの選択画面が
表示される

× データソースを作成

① データソースの詳細 ……… ② マッピング

データソースの詳細

データソース名*

データの種類 ⓘ

費用データ
Google 以外のソースから広告費用データをインポートします。このアップロード タイプは、費用データと、レポートやクエリの実行時の
キャンペーン、ソース、メディアを関連付けます。このデータを削除しても、基になるイベントデータに影響はありません。

アイテムデータ
ブランド、カテゴリ、および / またはパターンなどの商品メタデータをインポートします。このデータがアップロードされると、収集され
たパラメータの代わりにイベント処理や、レポートで過去のデータの修正に使用されます。このデータを削除するには、データの削除が
必要です。

ユーザー ID 別のユーザーデータ
User-ID データをインポートし、他のデータソースに基づいて、アップロードする User-ID ごとに新しいユーザー プロパティの値を更新し
て関連付けます。このデータを削除するには、ユーザーまたはデータの削除が必要です。

クライアント ID 別のユーザーデータ
Client-ID データおよび / または App_Instance_ID データをインポートし、他のデータソースに基づいて、アップロードする ID ごとに新し
いユーザー プロパティの値を更新して関連付けます。このデータを削除するには、ユーザーまたはデータの削除が必要です。

オフライン イベントデータ
インターネット接続がない場合、あるいはソースが SDK または Measurement Protocol 経由でのリアルタイム イベント収集をサポートで
きない場合、ソースからオフライン イベントをインポートします。これらのイベントはアップロードされると、関連するタイムスタン
プ、またはタイムスタンプがない場合はアップロード時刻を使用して、SDK 経由で収集された場合と同様に処理されます。このデータを
削除するには、ユーザーまたはデータの削除が必要です。

インポートするデータのアップロード

インポート ソース
⦿ CSV の手動アップロード　○ SFTP

[CSV をアップロード]

上記の画面を見ると、5種類のデータがインポート可能なことが分かります。5種類のう
ち、最後の「オフラインイベントデータ」を除く4種類のデータは、GA4にすでに記録さ
れているディメンションに対してインポートしたデータを紐付け、ディメンションを拡張した
り、指標を付与したりします。「オフラインイベントデータ」はGA4側に紐付くディメンション
が不要で、オフラインで発生したユーザー行動を、あたかもトラッキングコードが作り出
したデータのフォーマットに合わせてインポートします。

GA4の既存ディメンションに紐付けるデータインポート

GA4の既存ディメンションにインポートしたデータを紐付けるタイプのデータインポート
（費用データ、アイテムデータ、ユーザー ID 別のユーザーデータ、クライアントID別のユー
ザーデータ）について、「ユーザー ID 別のユーザーデータ」のインポートを例に示したの
が次のページに掲載する表です。

次のページに続く ▷

前提として、User-ID（ワザ065を参照）がすでにGA4に記録されている必要があります。そのUser-IDに対し、CSVファイル経由でGA4が保持していないデータをインポートします。図中の例では、「顧客ランク」と「オフラインイベント出席回数」のデータをインポートしています。

基礎知識

導　入

設　定

指　標

ディメンション

データ探索

成果の改善

Looker Studio

BigQuery

図表081-1 ユーザー ID別のユーザーデータをインポートする例

GA4の既存のディメンション

User-ID
abe001
satou002
yoshida003

データインポート

CSVファイル

User-ID	顧客ランク	オフラインイベント出席回数
abe001	A	0
satou002	S	3
yoshida003	B	1

利用できる
ディメンションや指標　2

User-ID	顧客ランク	オフラインイベント出席回数
abe001	A	0
satou002	S	3
yoshida003	B	1

この仕組みを利用すれば、User-IDごとに、それらのユーザーがオフラインで発生させた行動や属性を、GA4に取り込めることが理解できるでしょう。GA4にそれらのデータを取り込むことができれば、セグメント（ワザ147を参照）を利用して特定のオフライン行動をしたユーザーがオンラインでどのようなパフォーマンスを見せているのかを確認したり、オーディエンスを作成して「オフラインイベントには1回以上参加しているが、オンラインでの購買をしていないユーザー」に広告を出稿したりすることが可能になります。

同様に費用データは、Google広告以外の広告のキャンペーンIDや参照元、メディアを「GA4の既存ディメンション」としたうえで、それらに対して表示回数やクリック数、費用などを紐付けることができます。

アイテムデータは、item_idを「GA4の既存ディメンション」とし、それに対して商品名やカテゴリー名、ブランド名、サイズなどを紐付けることができます。クライアントID別データは、client_idを「GA4の既存ディメンション」とし、それに対してそのユーザーの属性などを紐付けられます。ユーザー IDがユーザーのログインに紐付くIDなのに対し、クライアントIDデータは、ユーザーが特定されていない匿名の状態のままユーザーを識別するIDを表します。

基礎知識

導入

設定

指標

ディメンション

データ探索

成果の改善

Looker Studio

BigQuery

データの結合の2つのタイプ

前述した4つのデータは、「GA4側の既存のディメンション」と紐付けました。この「紐付け」のことをデータベース用語では「結合」と呼びます。GA4ではデータの種類によって「いつ結合するのか?」「どのようなかたちで結合するのか?」など、結合のタイプが次の表のように2つに分かれています。

図表081-2　結合のタイプとデータの種類

結合のタイプ	データの種類
レポート／クエリタイム	費用データ
	商品データ
収集／プロセスタイム	ユーザー IDデータ
	クライアントIDデータ

さらに、2つの結合のタイプ別の差異を次の表にまとめました。イメージとしては、レポート／クエリタイムはインポートされたデータをGA4に取り込まず、レポートが作成されるときのみ結合をするのに対し、収集／プロセスタイムはインポートされたデータを結合し、GA4に取り込むという違いがあります。

図表081-3　結合のタイプ別の差異

	レポート／クエリタイム	収集／プロセスタイム
結合のタイミング	レポートを開くとき	結合される側のデータ（GA4の既存ディメンション）が収集されたとき
過去データへの遡及	CSVデータに過去の日付が格納されていれば可能	遡及不可能
いったんインポートしたCSVファイルを削除した場合の挙動	結合状態のレポートは確認できない	結合されていた期間のデータはレポートに残り続ける
インポートしたデータに基づくセグメントの作成の可否	作成できない	作成できる

 🔗 **[GA4]** データ インポートについて
https://support.google.com/analytics/answer/10071301?hl=ja

オフラインデータのインポート

オフラインイベントデータのインポートは、GA4側の既存のディメンションを必要とせず、あたかも、そのオフラインイベントがトラッキングコードによって生成されたかのようなデータをGA4にインポートします。

次のページに続く ▷

SFTPを利用した「スケジュールされたデータインポート」

ここまでは、CSVファイルをアップロードすることでGA4にデータをインポートする方法を説明しました。この方法は、特にシステム開発を必要とすることなく、Web担当者やマーケターだけでも実行できる簡便な方法です。

一方、インポートしたいデータは日々変動しています。例えば「顧客ランク」は顧客の購入頻度や金額で変わりますし、「オフラインイベント参加回数」などは顧客がイベントに参加するたびに増加していきます。そのような変動するデータをインポートする場合、CSVファイルを経由した手作業でデータインポートを行うのは非効率です。

こうした点を解消し、決まったタイミングでデータインポートを行うことができる方法として、SFTPを利用した「スケジュールされたデータインポート」があります。ただ、この方法ではSFTPサーバーを立てるなどのシステム構築が必要となるので、社内の情報システム部門などを巻き込んで実現することになります。

まずはCSVファイルによる手動インポートを試し、その後に定常的にデータを取り込むシステム開発を検討しましょう。

082 費用データのインポートを理解する

ワザ

🔑 データインポート／費用データ／CSVファイル

> SNS広告など、Google広告以外のキャンペーンで生成されたデータである費用データをGA4にインポートすることにより、広告の費用対効果（ROAS）などがGA4で確認できるようになります。

前のワザ081でデータインポートの概要を解説しました。本ワザでは、その中の1つである「費用データ」のインポートについて、具体的な手順を紹介します。管理画面からデータインポートへと進んだ画面（ワザ081を参照）に進み、［データソースを作成］をクリックします。この操作はインポートするデータソースが費用、アイテム、ユーザーでも同様です。データソースとは、インポートするCSVファイルのことです。本ワザでは「dummy_cost.csv」ファイルをアップロードします。

サンプルのCSVファイルをExcelで開いた状態で掲載します。次のように8列で構成されており、A列〜 E列はGA4にすでに記録されている既存ディメンションです。残りの3列が外部データに相当します。

既存ディメンションがA列〜
E列に記録されている

	A	B	C	D	E	F	G	H
1	utm_source	utm_medium	utm_campaign	utm_id	date	impressions	clicks	cost
2	yahoo	display	get_new_visitor	998	2022/10/12	5000	500	50000
3	google	cpc	get_cooupon	101	2022/10/12	10000	10	5000
4	yahoo	cpc	get_new_visitor	999	2022/10/17	1000	50	5000
5	facebook	display	get_new_visitor	997	2022/10/17	2000	20	20000
6	instagram	display	get_coupon	102	2022/10/17	7000	50	10000
7	yahoo	display	get_new_visitor	998	2022/10/17	3000	10	6000

費用データのCSVファイルを用意できたら、ワザ081を参照して［データソースを作成］画面を表示します。データの種類として［費用データ］を選択したうえで、次のページにある画面の通り、CSVファイルをアップロードします。

次のページに続く ▷

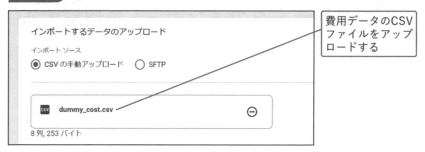

費用データのCSVファイルをアップロードする

CSVファイルのアップロード後に行う作業は「マッピング」です。マッピングとは、Googleアナリティクス4上のディメンションや指標とCSVファイルの列を紐付ける作業です。次の画面が開始画面です。[項目を選択]をクリックすると、CSVファイルのどの列と紐付けるかを選択するドロップダウンメニューが開くので、紐付けをしていきます。

GA4のディメンションや指標と、CSVファイルの列をマッピングする

× データソースを作成		
✓ データソースの詳細 ── ② マッピング		
① データソースを作成した後は、マッピングの設定を編集できなくなります		
■ アナリティクスのフィールド	インポート済みのフィールド	インポート データのサンプル
☑ キャンペーン ID	項目を選択 ▼	
☑ キャンペーンの参照元	項目を選択 ▼	
☑ キャンペーンのメディア	項目を選択 ▼	
☑ キャンペーン名	項目を選択 ▼	

マッピングが完了すると、GA4にCSVファイルのどの列をどの項目として取り扱ってほしいかを紐付けたことが確認できる

上記の画面右上にある[インポート]をクリックすると、CSVファイルのインポートが始まります。インポートが完了すると、次の通りに完了したメッセージが表示されます。

基礎知識

導入

設定

指標

ディメンション

データ探索

成果の改善

Looker Studio

BigQuery

インポートが完了すると、[ステータス]
に完了した日付が表示される

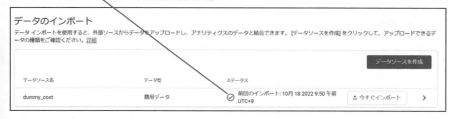

データのインポート

データインポートを使用すると、外部ソースからデータをアップロードし、アナリティクスのデータと結合できます。[データソースを作成]をクリックして、アップロードできるデータの種類をご確認ください。詳細

				データソースを作成
データソース名	データ型	ステータス		
dummy_cost	費用データ	前回のインポート: 10月 18 2022 9:50 午前 UTC+9	⤒ 今すぐインポート	>

インポートした費用データを利用することで、探索配下の自由形式レポートでGoogle
広告以外のキャンペーンについても評価ができるようになります。次の画面に表示され
ている指標は、その下に列記した通りです。かなり詳細にキャンペーンを評価できること
が確認できると思います。

📊 GA4 探索 ▶ 自由形式

Google広告以外のパフォーマンスを総合的に確認できる

キャンペーンID	メディア	参照元	キャンペーン	÷Google 広告以外の...	Google 広告以外の...	コンバージ...	購入による...	Google 広告以外の...	Google 広告以外の...	Google 広告以外の...	Google 広告以外のコ...
			合計	5,000 全体の100%	500 全体の100%	1 全体の100%	¥424 全体の100%	¥50,000 全体の100%	¥100 平均との差 0%	<0.01 平均との差 0%	¥50,000 平均との差 0%
1	998	display	yahoo	get_new_visitor	5,000	500	1	¥424	¥50,000	¥100	<0.01	¥50,000

- Google広告以外の表示回数
- Google広告以外のクリック数
- コンバージョン
- 購入による収益（ECサイト）
- Google広告以外の費用
- Google広告以外のクリック単価（費用÷クリック数）
- Google広告以外の費用対効果（購入による収益÷費用：ROAS）
- Google広告以外のコンバージョン単価（費用÷コンバージョン数）

🔗 **[GA4]費用データをインポートする**
https://support.google.com/analytics/answer/10071305?hl=ja

本ワザで解説したのは、手動でCSVファイルをインポートする方
法です。自動化にはSFTPを利用する必要があります。

ワザ 083 アイテムデータのインポートを理解する

🔑 **アイテムデータ／インポート／ CSV ファイル**

> ECサイトにおける商品である「アイテムデータ」をCSVファイルでインポートすると、商品の属性を拡張できます。本ワザを使えば、GTM経由では取得していなかった属性も後から追加できます。

本ワザで取り扱う「アイテムデータ」とはECサイトにおける「商品」のことです。Googleタグマネージャー経由でeコマーストラッキング（ワザ045を参照）を設定し、アイテムID、アイテム名、ブランド、カテゴリ、カテゴリ2までは取得が完了していたとしましょう。

一方、商品の属性としてカテゴリ3を追加したいとします。しかし、ユーザーはすでにアイテムを表示し終わっているので、GTM経由でカテゴリ3を追加することはできません。そのような場合に利用するのがアイテムデータのインポートです。

カテゴリ3が表示
されていない

items.item_id	items.item_name	items.item_brand	items.item_variant	items.item_category	items.item_category2	items.item_category3
12345	月餅	Kazkida	(not set)	Sweets	Chinese	(not set)
67890	フォンダンショコラ	Kazkida	(not set)	Sweets	Franch	(not set)
789012	ストロベリータルト	Kazkida	(not set)	Sweets	Franch	(not set)

アイテムデータのインポートに利用するデータソースの指定は、データソースの種類に関わらず同じなので、前のワザ082を参照してください。その際、データの種類として［アイテムデータ］を選択します。サンプルとして用意したCSVファイルは次の通りです。

	A	B
1	item_id	item_cat3
2	12345	mid_sweet
3	67890	heavy_sweet
4	789012	mid_sweet

「item_id」「item_cat3」が
入力されたCSVファイルを
インポートする

アイテムデータは「レポート／クエリタイム」（ワザ081を参照）でインポートされるので、商品詳細の表示が過去であっても、カテゴリ3を紐付けられます。次の画面は、商品のアイテムID、アイテム名、ブランド、カテゴリ、カテゴリ2に加え、カテゴリ3が可視化されている状態を表しています。

カテゴリ3が紐付けられている

アイテム ID	アイテム名	アイテムのカテゴリ 2	アイテムのカテゴリ 3	Item category [アイテムのカテゴリ] Sweets Kazkida アイテムのブランド アイテムリストの閲覧回数	アイテムの表示回数
	合計			25 全体の 100%	11 全体の 100%
1	12345	月餅	Chinese	mid_sweet	25	11
2	67890	フォンダンショコラ	Franch	heavy_sweet	25	0
3	789012	ストロベリータルト	Franch	mid_sweet	25	0

本ワザで解説した例を応用すると、GTM経由で取得するアイテムに関連する情報は「アイテムID」だけでもよいのではないか、と考える人もいるかと思います。確かに、前述のように「レポートに商品の属性を付与する」という使い方であれば、それでも構いません。

しかし、CSVファイルからインポートされたデータに基づくセグメントは作成できない（厳密には、作成はできるが対象がゼロになる）ため、「商品名○○を閲覧したユーザー」や「商品カテゴリー□□を閲覧したセッション」などが利用できません（詳細はワザ081を参照）。従って、GTM経由で主要アイテムに関する属性は収集しておくほうが望ましいです。

> セグメントを作成する用途では、データインポートではなくGTM経由で商品属性を取得するようにしましょう。

関連ワザ **081** CSVファイル経由で追加的なデータをインポートする　　　　　P.286

ワザ 084 ユーザー IDデータのインポートを理解する

基礎知識

導入

設定

指標

ディメンション

データ探索

成果の改善

Looker Studio

BigQuery

🔑 ユーザー IDデータ／ログインID ／インポート

> ログインIDに紐付ける「ユーザー IDデータ」を学んでいきましょう。個人を識別するID（会員IDなど）をカスタムディメンションとして登録すれば、CSVファイルをインポートすることで使用できます。

本ワザで取り扱うGoogleアナリティクス4の「ユーザー IDデータ」とは、ワザ065で解説したログインIDに紐付けるユーザーの属性です。似たようなユーザーに関するデータとして、次のワザ085がありますが、本ワザはログインIDに対するデータのインポート、ワザ085は匿名のブラウザーを識別するためのクライアントIDにデータを紐付けるインポートなので、混同しないようにしてください。

データソースの指定についてはデータソースの種類に関わらず同じなので、ワザ082を参照してください。その際、データソースの種類として［ユーザー ID別のユーザーデータ］を選択します。ただし、費用データと異なる点は、ユーザー情報の収集について利用規約の確認ステップが入ることです。次の画面の内容について［確認しました］をクリックすると、インポートを継続できます。

📊 **GA4** 管理 ▶ データインポート ▶ データソースを作成

ユーザーデータ収集の確認

私は、エンドユーザーのデータの収集と処理に関して、私のサイトやアプリのプロパティから Google アナリティクスが収集したアクセス情報と対象データの関連付け行うことを含めて、ユーザーから必要なプライバシー情報の開示と承認を受けたことを確認しました。

注: この設定は [管理] > [データ設定] > [データ収集] で確認できます。

取り消す　確認しました

> 「ユーザー ID別のユーザーデータ」のインポート時には、利用規約の確認が必要になる

例として、次の画面のようなCSVファイルをデータソースとして用意します。3つの列があり、「user_id」列にはすでに会員になっているユーザーのIDを、「inquiry」列には自社が提供するSEO（seo）、あるいはWeb解析（analytics）のどちらのサービスについて問い合わせをしたのかを格納しています。そして「contract」列には、その問い合わせが契約につながったのかどうかを記録した、というシナリオになっています。

	A	B	C
1	user_id	inquiry	contract
2	uid123456	seo	No
3	uid987654	seo	Yes
4	uid02468	analyics	Yes

ユーザー IDデータのインポートに必要なCSVファイルを用意する

GA4のフィールドとのマッピングは次の通りとなります。CSVファイルの2列をどのようにマッピングしているのかが非常にクリアに表現されています。

GA4のディメンションや指標と、CSVファイルの列をマッピングする

× データソースを作成　　　　　　　　　　　　　　戻る　　インポート

✓ データソースの詳細　──　② マッピング

ⓘ データソースを作成した後は、マッピングの設定を編集できなくなります　　　　　　　　　閉じる

☑	アナリティクスのフィールド	インポート済みのフィールド	インポートデータのサンプル
☑	User-ID	user_id ▼	uid123456　uid987654　uid02468
☑	inquiry	inquiry ▼	seo　seo　analyics
☑	contract	contract ▼	No　Yes　Yes

ただし、みなさんが本ワザと同様のCSVファイルを用意して上記の画面を再現しようとしても、「アナリティクスのフィールド」に「inquiry」や「contract」は表示されません。GA4のどのフィールドとマッピングするかという項目は、あらかじめユーザースコープのカスタムディメンションを作成しておく必要があります（ワザ102を参照）。

参考までに、項目「inquiry」についてユーザースコープのカスタムディメンションを作成している画面を次のページに掲載します。ディメンション名はレポートで利用したい名前、ユーザープロパティはCSVファイルの列名としてください。

次のページに続く ▷

基礎知識

導　入

設　定

指　標

ディメンション

データ探索

成果の改善

Looker Studio

BigQuery

inquiryについて、ユーザースコープの
カスタムディメンションを作成している

×　カスタム ディメンションの編集

ディメンション名 ⑦

問い合わせサービス

範囲 ⑦

ユーザー　▼

説明 ⑦

csvファイルのinquiry

ユーザー プロパティ ⑦

inquiry　▼

設定内容　| ディメンション名 | 問い合わせサービス

| 範囲 | ユーザー

| ユーザープロパティ | inquiry

インポートが完了した「ユーザー ID別のユーザーデータ」は、「収集／プロセスタイム」
で結合されるので、過去データにさかのぼって適用されることはありません。従って、該
当するユーザーがサイトにログインしてユーザー IDが収集されると、それらのユーザー
IDにCSVファイルの「inquiry」列に基づく「問い合わせサービス」や「contract」列
に基づく「契約成立有無」のディメンションに値が入ることになります。

実際にレポートを作成すると次の画面のようになります。会員ID（ユーザー ID）と問い
合わせサービス、契約成立有無などのディメンション別に、イベント数やセッション数を
確認できることが分かります。

ユーザー IDに「問い合わせサービス」「契約成
立有無」のディメンションが紐付いている

	会員ID	問い合わせサービス	契約成立有無	↓イベント数	セッション	アクティブ ユーザー数
	合計			22 全体の 100%	2 全体の 100%	1 全体の 100%
1	uid02468	analyics	Yes	22	2	1

BtoBサイトの分析においては、どの施策から獲得したユーザーが
「受注」したのかを記録することが重要です。

ワザ

085
クライアントIDデータの
インポートを理解する

🔑 クライアントIDデータ／匿名

前のワザ084ではログインIDに対してデータをインポートしましたが、会員ではない匿名のユーザーにも属性を付与し、レポートで利用することができます。クライアントIDデータのインポートを利用します。

本ワザで取り扱う「クライアントIDデータ」とは、ブラウザーを識別する匿名のIDです。前のワザ084で解説した、氏名やメールアドレスなどが判明しているログインIDではないので、混同しないようにしてください。匿名のクライアントIDにCSVファイルで属性を紐付けたくなるシーンとしては、例えば、次のようなケースが考えられます。

- Googleアナリティクス4のオーディエンス機能（ワザ098を参照）では作成できないような複雑な行動を行ったユーザーを、BigQueryのデータとSQLを利用して抽出し、オーディエンスを作成したい場合
- BigQueryに蓄積したデータを機械学習に掛け、コンバージョンの可能性やLTV増加の可能性に基づき分類し、オーディエンスを作成したい場合

BigQueryについては、第9章を参照してください。データソースの指定についてはデータソースの種類に関わらず同じなので、ワザ082を参照してください。その際、データソースの種類は［クライアントID別のユーザーデータ］を選択します。ただし、ユーザー IDデータのインポート（ワザ084を参照）と同様、初めてデータをインポートする際には利用規約の確認ステップが入ります。

サンプルのデータソースとして用意するCSVファイルは次の通りです。クライアントIDが「885967762.1660283198」のユーザーに対して、「ポテンシャル」というディメンションを付与し、「very_high」という値を格納するというシナリオです。実際には、1つのクライアントIDだけをインポートすることはないと思いますが、本ワザでは手順を説明するために1クライアントを取り上げています。「stream_id」については、ワザ071を参照して確認してください。

次のページに続く ▷

基礎知識

導入

設定

指標

ディメンション

データ探索

成果の改善

Looker Studio

BigQuery

データソースとして使用する
CSVファイルを用意する

1	client_id,stream_id,potential↵
2	885967762.1660283198,3826120875,very_high↵

GA4側のデータ格納先項目である「ポテンシャル」については、次の画面の通り、あらかじめカスタムディメンション（ワザ102を参照）を作成しておきます。

.ıl GA4 | **管理 ▶ カスタム定義 ▶ カスタムディメンションを作成**

データを格納するカスタムディメンション
を作成しておく

× カスタム ディメンションの編集　　　　　保存

ディメンション名⑦

ポテンシャル

範囲⑦

ユーザー　▼

説明⑦

csvファイルのpotential列を格納

ユーザー プロパティ⑦

potential　▼

設定内容 | ディメンション名 ポテンシャル

範囲 ユーザー

ユーザープロパティ potential

GA4フィールドとのマッピングは次の通りとなります。

GA4のディメンションや指標と、CSV
ファイルの列をマッピングする

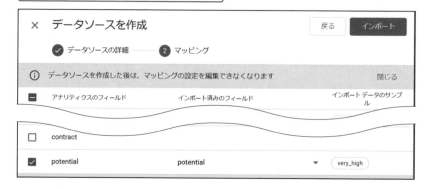

× データソースを作成　　　　　戻る　インポート

✓ データソースの詳細 ── ② マッピング

ⓘ データソースを作成した後は、マッピングの設定を編集できなくなります　　　閉じる

−	アナリティクスのフィールド	インポート済みのフィールド	インポートデータのサンプル
☐	contract		
☑	potential	potential ▼	very_high

基礎知識

導入

設定

指標

ディメンション

データ探索

成果の改善

Looker Studio

BigQuery

インポートが完了した「クライアントID別のユーザーデータ」は、ワザ084で紹介したユーザーIDと同じ「収集／プロセスタイム」で結合されるので、過去データにさかのぼって適用されることはありません。従って、該当のユーザーが新たにサイトを再訪問してクライアントIDが収集されると、CSVファイルの「potential」列に格納した値がGA4に記録され、ディメンションとして利用できたり、セグメントを作成する対象になったりします。

レポートでは、次のかたちで確認できます。ディメンション「ポテンシャル」に、値「very_high」が記録されたユーザーが1人いることが確認できます。さらに、そのユーザーのセッションやエンゲージメント率なども同時に確認できます。

📊 GA4　探索 ▶ 自由形式

> 「ポテンシャル」に「very_high」が記録された
> ユーザーが1人いることを確認できる

ポテンシャル	↓アクティブ ユーザー数	セッション	エンゲージメント率	イベント数
合計	**96** 全体の100%	**418** 全体の100%	**69.86%** 平均との差 0%	**11,857** 全体の100%
1　(not set)	96	413	69.73%	11,787
2　very_high	1	5	80%	70

👆 ポイント

- 本ワザで紹介した機能は、BigQueryにエクスポートしたデータと非常に相性がよいです。例えば、BigQueryのデータやCRMデータと結合したうえで、機械学習でユーザーごとに付与した「予測」「分類」の結果をGA4に書き戻すことができます。

> 企業側でも機械学習を利用してコンバージョンを増やしたり、ファンを増やしたりできる余地があります。

ワザ 086 オフラインイベントデータの インポートを理解する

🔑 **オフラインイベントデータ／サイト外の行動**

> GA4では、電話対応や契約といったサイトの「外」で発生したユーザー行動を「オフラインデータインポート」を利用してGA4に記録できます。これにより、あたかもサイト内行動であるかのように取り込めます。

本ワザでインポート方法を紹介する「オフラインイベントデータ」は、文字通り、Webサイトの外で起こったユーザーによる行動のことです。オフラインイベントデータインポートとは、そうした「サイト外の行動」をあたかもオンライン（サイト内）での行動であるかのようにGoogleアナリティクス4に取り込むことを指します。

分かりにくいと思うので、具体例を出しましょう。「あるシルバーランクの会員ユーザーが、ある日のある時刻にコールセンターにクレームの電話をした。通話時間は5分（300秒）だった」という行動があったとします。この行動は完全にWebサイトの「外」で発生しているので、GA4のトラッキングコードでは取得できません。しかし、オフラインイベントデータインポートを利用すれば、その行動をCSVファイルにしてGA4に取り込めるのです。

CSVファイルをインポートする際のデータソースの指定については、データソースの種類に関わらず同じなので、ワザ082を参照してください。その際、データソースの種類として［オフラインイベントデータ］を選択しましょう。

前述のオフラインユーザー行動をGA4にインポートするために、サンプルのデータソースとして用意するCSVファイルは次の通りです。全部で8列のCSVファイルとなっているので、1つずつ説明します。

```
インポートするCSVファイル
を用意する
```

```
1  measurement_id,user_id,client_id,timestamp_micros,event_name,event_param.call_type,event_param.call_duration,user_property.customer_rank
2  G-N91E7LNRFZ,bbb222,885967762.1660283198,1665461593000000,inbound_call,claim,300,silver EOF
```

図表086-1　オフラインイベントデータのCSVファイルの例

番号	CSVファイルの列名	CSVファイルの値	内容
1	measurement_id	G-N91E7LNRFZ	測定ID（ワザ021を参照）
2	user_id	bbb222	ユーザーID（ワザ065を参照）
3	client_id	885967762.1660283198	クライアントID（ワザ085を参照）
4	timestamp_micros	1665461593000000	イベントが発生した時刻のUNIX時のマイクロ秒。左の値は2022年10月11日13時13分13秒ちょうどを示している
5	event_name	inbound_call	オフライン行動を記録するイベントの名前
6	event_param.call_type	claim	1つ目のパラメータで、コールの種類を表す
7	event_param.call_duration	300	2つ目のパラメータで、コールの長さを表す
8	user_property.customer_rank	silver	ユーザープロパティ（ワザ064を参照）

表内で説明が必要なのは、5番以降のイベントとパラメータの部分でしょう。イベント名（event_name）は、この例では「入電」を表す英語である「inbound_call」としました。そのイベントに紐付く属性として、コールの種類と長さをパラメータとして付与します。パラメータの名前は「event_param.」の後にアルファベットで名前を付けます。

コールの種類は「call_type」という名前としたいため、CSVファイルでは「event_param.call_type」という列名にします。コールの長さは「call_duration」としたいので、CSVファイルでは「event_param.call_duration」という列名を付けました。5番、6番、7番で次のような構成のイベントとパラメータを、GA4に記録するのです。

イベント名：inbound_call
　　　└パラメータ名：call_type
　　　└パラメータ名：call_duration

CSVファイルの2行目の値と組み合わせると、実際には次のデータがGA4にインポートされます。

イベント名：inbound_call
　　　└パラメータ名：call_type=claim
　　　└パラメータ名：call_duration=300

8番はユーザープロパティです。ユーザープロパティは「user_property.」に続けて、利用したい名前を入力します。上記の表では「customer_rank」というユーザープロパティをGA4に記録したかったので、CSVファイルの列名は「user_property.customer_rank」としています。

次のページに続く ▷

CSVファイルをインポートする前には、次のカスタムディメンションをGA4側のデータの格納場所として作成しておく必要があります。

図表086-2 事前に作成するカスタムディメンション

カスタムディメンション名	スコープ	準拠するパラメータ／ユーザープロパティ
コールタイプ	イベント	call_type
ユーザーランク	ユーザー	customer_rank

また、コールの長さは数値であるため、カスタム指標を作って格納します。

図表086-3 事前に作成するカスタム指標

カスタム指標名	スコープ	準拠するパラメータ
コールの長さ	イベント	call_duration

CSVファイルのインポートが完了すると、次のようなレポートが作成できます。

オフラインイベントデータに
基づくレポートを作成できた

イベント名	コールタイプ	↑イベント数	コールの長さ
合計		1 全体の 100.0%	300 全体の 100.0%
1 inbound_call	claim	1	300

また、ユーザーエクスプローラレポートでも、あたかもトラッキングコードによって収集されたかのようにオフライン行動が記録されます。

入電というオフライン
行動が記録できた

885967762.1660283198

初回検知: 2022年8月12日
データの取得先: (not set)、(not set)
ID: 999.oops.jp。

ユーザー プロパティを表示

上位のイベント　作成

📧 0　🏳 1　⚠ 0　📋 44

📋 time_on_page	12
📋 page_view	8
📋 user_engagement	6
📋 scroll	5
📋 intensive_read	4

イベント数	購入による収益	トランザクション	ユーザー エンゲージメント
45	¥424	1	0 分 28 秒

‹ 　　　　　　　　　　　　　　　　 ^ 　　　　　　　　　　　　 ›

▼ 2022年10月11日 | イベント 10 件　　　　📧 0　🏳 0　⚠ 0　📋 10

☐ 📋	inbound_call	13:13:13
☐ 📋	page_view	18:00:25
☐ 📋	session_start	18:00:25
☐ 📋	time_on_page	18:00:42
☐ 📋	time_on_page	18:00:52

BtoBサイトの「受注」はサイト外で発生しますが、その受注を
イベントとして記録する場合にも利用できます。

関連ワザ **157** 「ユーザーエクスプローラ」レポートを作成する　　　　　　　　　P.515

基礎知識

導入

設定

指標

ディメンション

データ探索

成果の改善

Looker Studio

BigQuery

ワザ 087 デフォルトのアトリビューションモデルを設定する

🔑 アトリビューション／データドリブンアトリビューション

> 自然検索やSNSなど、複数経路での訪問の後に発生したコンバージョンを、経路ごとに割り振ることを「アトリビューション」と呼びます。GA4では設定により、デフォルトのアトリビューションモデルを指定できます。

ユーザーは広告や自然検索、ソーシャルメディア、メールマガジンなど、複数の経路を利用して、訪問を繰り返した後にコンバージョンすることがあります。このとき、発生した1件のコンバージョンへの貢献度を、ユーザーが利用した経路ごとに「振り分ける」ことを「アトリビューション」と呼びます。アトリビューション（attribution）は直訳すると「帰属」「帰因」という意味になります。

コンバージョンの貢献値の振り分け方、つまりアトリビューションの方法には、大きく分けて次の2つがあります。

①コンバージョンに至ったユーザーの経路と、至らなかったユーザーの経路を機械学習で比較し、ユーザーが利用した経路に貢献値を振り分ける方法（データドリブンアトリビューション）
②6種類用意された「モデル」と呼ばれるルールを適用し、そのルールに従い、各経路に貢献値を振り分ける方法

▌アトリビューションモデル別の全体像

データドリブンアトリビューションも含めると、アトリビューションモデルは全部で次の7種類となります。データドリブンアトリビューション、および各モデルの具体的な説明は、次のワザ088を参照してください。

クロスチャネルモデル

- データドリブン
- ラストクリック
- ファーストクリック
- 線形
- 接点ベース
- 減衰

Google広告優先

- ラストクリック

レポートで使用するアトリビューションモデルの変更

前述した7つの「モデル」のどれに従って計算した「コンバージョン」数を表示するかは、次の設定で変更できます。ただし、特定のディメンションが利用されたレポートに対してのみ有効なので、以降の解説も必ず参照してください。

.ıl GA4 　**管理 ▶ アトリビューション設定**

> 設定を変更すると過去にさかのぼって計算され、
> レポートに反映される

アトリビューション設定

レポート用のアトリビューション モデル　　　　　　　　　コンバージョンと収益のデータに影響します

このアナリティクス プロパティ内のレポートで、コンバージョンに対する貢献度の計算に使われているアトリビューション モデルです。このアトリビューション モデルの変更は、履歴データと今後のデータの両方に適用されます。これらの変更は、コンバージョン データと収益データを含むレポートに反映されます。ユーザーデータとセッション データには影響しません。アトリビューション モデルがレポートデータに与える影響の詳細

レポート用のアトリビューション モデル

クロスチャネル データドリブ... ▼

ルックバック ウィンドウ　　　　　　　　　　　　　　　　すべてのデータに影響します

コンバージョンは、ユーザーが広告と接点を持ってから数日か数週間後に発生する可能性があります。ルックバック ウィンドウは、どれくらいの期間をさかのぼってタッチポイントをアトリビューションへの貢献度の対象とするかを決定します。たとえば、ルックバック ウィンドウが 30 日間であれば、1 月 30 日のコンバージョンについては、1 月 1 日から 1 月 30 日までに発生したタッチポイントのみが貢献度の対象になります。

アトリビューション設定が有効になるレポートの要件

アトリビューション設定で行った設定が反映されるケースは非常に限定されており、標準レポート (ライブラリで作成、もしくはカスタマイズしたカスタムレポート) や、探索配下の自由形式レポートで、ディメンションとして次のページにある画面で示した項目を選択した場合のみです。

次のページに続く ▷

基礎知識
導入
設定
指標
ディメンション
データ探索
成果の改善
Looker Studio
BigQuery

.Il GA4 探索 ▶ 自由形式

	アトリビューション
☐	Google 広告クエリ
☐	Google 広告のアカウント名
☐	Google 広告のお客様 ID
☐	Google 広告のキーワード テキスト
☐	Google 広告のキャンペーン
☐	Google 広告の広告グループ ID
☐	Google 広告の広告グループ名
☐	Google 広告の広告ネットワーク タイプ
☐	キャンペーン
☐	キャンペーン ID
☐	デフォルト チャネル グループ
☐	メディア
☐	参照元
☐	参照元 / メディア
☐	参照元プラットフォーム

> 「アトリビューション」カテゴリに属するディメンションをレポートで利用したとき、コンバージョンが本ワザで設定した計算方法で表示される

「ユーザーの最初のデフォルトチャネルグループ」や「セッションの参照元」など、「ユーザーの最初の」や「セッションの」がついたチャネル、参照元、メディアがディメンションとして利用されていた場合は、ここで行った設定は反映されないので注意してください。

例えば、次の画面は探索配下の自由形式レポートで「参照元 / メディア」をディメンションとして利用し、指標「コンバージョン」を確認しています。左側はアトリビューション設定を「クロスチャネルのラストクリック」とした状態のレポート、右が「クロスチャネルのデータドリブン」としたものです。コンバージョンの値が異なっていることが確認できます。

「クロスチャネルのラストクリック」（左）と「クロスチャネルのデータドリブン」（右）のレポートでは、コンバージョンの値が異なる

参照元 / メディア	↓コンバージョン
合計	**114** 全体の 100%
1　google / organic	50
2　t.co / referral	35
3　(direct) / (none)	17

参照元 / メディア	↓コンバージョン
合計	**114** 全体の 100%
1　google / organic	49.23
2　t.co / referral	36.78
3　(direct) / (none)	17

7つあるモデルの中では「データドリブン」が推奨されています。他の6つのモデルが「人間が恣意的に当てはめたルール」に基づくアトリビューションであるのに対し、データドリブンは機械学習により計算した人間の恣意性を排除したアトリビューションであるため、もっとも科学的に各経路のコンバージョンに対する貢献値が反映されていると考えられます。特別な事情がない限り、データドリブンで設定するのが望ましいです。

 　& [GA4] アトリビューションとアトリビューション モデリングについて
https://support.google.com/analytics/answer/10596866?hl=ja

👆 ポイント

・本ワザで紹介した設定内容は、「アトリビューション」に分類されるディメンションがレポートで使われたときのみ反映されます。

「データドリブンアトリビューション」を基本としながらも、ときには別モデルでもコンバージョン数を確認するとよいでしょう。

関連ワザ **088**	複数のアトリビューションモデルを理解する	P.310
関連ワザ **089**	アトリビューションのルックバックウィンドウを設定する	P.313

ワザ 088 複数のアトリビューションモデルを理解する

🔑 **アトリビューションモデル／アトリビューション**

> 前のワザ087で、アトリビューションには「モデル」と呼ばれる7種類のルールに従って振り分ける方法があると紹介しました。それぞれのアトリビューションモデルの特徴について、詳しく見ていきましょう。

ワザ087で解説した通り、Googleアナリティクス4では複数の経路を利用したユーザーがコンバージョンした際、コンバージョン貢献をどのように複数の経路に割り当てるかを設定できます。

デフォルトのアトリビューションモデルを設定すると、アトリビューションを可視化するレポートでは、設定内容に従って各経路にコンバージョンの値が振り分けられた結果を確認できます。また、「広告」メニュー配下の「モデル比較」レポートでは、複数のアトリビューションモデルを比較できます。

設定できるアトリビューションモデルは、全部で7種類あります。ちなみに、データドリブンアトリビューションだけは、厳密には「計算結果」であり、あらかじめ決まったルールでコンバージョン貢献を割り振る「モデル」ではないと考えられますが、便宜上、次の通り7つのモデルと表現しています。

クロスチャネルモデル
①データドリブン
②ラストクリック
③ファーストクリック
④線形
⑤接点ベース
⑥減衰

Google広告優先
⑦ラストクリック

まずは、すべてのアトリビューションに関連するノーリファラーの扱いから見ていきます。

基礎知識

導入

設定

指標

ディメンション

データ探索

成果の改善

Looker Studio

BigQuery

ノーリファラーの扱い

コンバージョンの経路がすべてノーリファラーからの訪問である場合、アトリビューションを計算するまでもなく、すべてのコンバージョンがノーリファラーに付与されます。一方、すべてのアトリビューションモデルで、経路の一部にノーリファラーからの訪問が含まれていた場合、ノーリファラーにはコンバージョンの貢献値が割り振られません。

このルールにより、ノーリファラーへのコンバージョン貢献は、どのモデルを使っても同じになります。

7つのアトリビューションモデル

①クロスチャネルのデータドリブンアトリビューション

ユーザーが利用した複数の経路について「もし、そのうちの1つの経路を利用しなかったら、コンバージョン率はどのように変化するか?」を機械学習で計算し、その差分を各経路の貢献に対する重みとして計算します。他のアトリビューションモデルとは異なり「計算」で求められることに注意してください。

②クロスチャネルのラストクリック

ノーリファラーを除き、ユーザーがコンバージョンに至るまでに利用した最後の経路にコンバージョン値「1」を割り当てます。各経路のコンバージョン値は、整数で表現されます。

③クロスチャネルのファーストクリック

ノーリファラーを除き、ユーザーがコンバージョンに至るまでに利用した最初の経路にコンバージョン値「1」を割り当てます。各経路のコンバージョン値は整数で表現されます。次のワザ089で解説しているルックバックウィンドウの影響を受けます。

④クロスチャネルの線形

ノーリファラーを除き、ユーザーがコンバージョンに至る前に利用した経路すべてに、均等にコンバージョン値を割り当てます。各経路のコンバージョン値は小数で表現されます。このモデルもルックバックウィンドウの影響を受けます。

⑤クロスチャネルの接点ベース

ノーリファラーを除き、ユーザーがコンバージョンに至る前に利用した最初と最後の経路に、それぞれ40%ずつのコンバージョン値を割り当て、残りの20%を中間の経路に均

次のページに続く ▷

基礎知識

導　入

設　定

指　標

ディメンション

データ探索

成果の改善

Looker Studio

BigQuery

等に割り当てます。各経路のコンバージョン値は小数で表現されます。このモデルもルックバックウィンドウの影響を受けます。

⑥クロスチャネルの減衰

コンバージョンが発生した時点から、時間的に近い接点ほど高い貢献度を割り当てます。7日を半減期として計算し、各経路のコンバージョン値は小数で表現されます。このモデルもルックバックウィンドウの影響を受けます。

⑦Google広告優先のラストクリック

ノーリファラーを除き、ユーザーがコンバージョンに至る前に利用した最後のGoogle広告にコンバージョン値「1」を割り当てます。Google広告を利用せずにコンバージョンしたユーザーの経路については、クロスチャネルのラストクリックモデルが利用されます。各経路のコンバージョン値は整数で表現されます。このモデルもルックバックウィンドウの影響を受けます。

 🔗 **[GA4]**アトリビューションとアトリビューションモデリングについて
https://support.google.com/analytics/answer/10596866?hl=ja

> 7種類のアトリビューションモデルの違いを確認するには、広告配下の「モデル比較」レポートが最適です。

| 関連ワザ **087** デフォルトのアトリビューションモデルを設定する | P.306 |
| 関連ワザ **089** アトリビューションのルックバックウィンドウを設定する | P.313 |

ワザ 089 アトリビューションの ルックバックウィンドウを設定する

🔍 アトリビューション／ルックバックウィンドウ

> 「ルックバックウィンドウ」とは、アトリビューションモデルを作成する際に、コンバージョン発生日の何日前までユーザーが利用した経路をさかのぼるかを決めるしきい値です。GA4で期間を設定できます。

ワザ087で概要を、前のワザ088で具体的なモデルを説明したアトリビューションには「ルックバックウィンドウ」という概念があります。

ルックバックウインドウとは、コンバージョンしたユーザーが利用した経路について、コンバージョン日から何日前までをアトリビューションに反映するかを決めるしきい値のことです。アトリビューションモデルの性質上、クロスチャネルのラストクリックモデルを除く、すべてのアトリビューションモデルに影響を与えます。

例えば、ルックバックウィンドウを20日で設定した場合、コンバージョン日からさかのぼること21日前に利用した経路には、コンバージョン値が割り振られません。

さらに具体的な例を挙げて、ルックバックウィンドウの影響を確認しましょう。ユーザー行動として、次のように4つの経路を利用してコンバージョンしたとします。さらに、ルックバックウィンドウを60日、および30日とした場合の比較を行います。

コンバージョン日： 自然検索で訪問してコンバージョンした
15日前： メールマガジンから訪問したが、コンバージョンしなかった
30日前： ソーシャルトラフィックで訪問したが、コンバージョンしなかった
45日前： Google広告トラフィックで訪問したが、コンバージョンしなかった

このユーザーの行動を、アトリビューションモデルごとに、かつルックバックウィンドウの期間を60日と30日でそれぞれ設定した場合、各接点にどれだけのコンバージョン値が付与されることになるのかを整理したのが、次のページに記載した図表089-1です。ルックバックウィンドウの期間が長いほど、ユーザーが利用した接点を網羅的に含めることが理解できます。

次のページに続く ▷

図表089-1 アトリビューションモデルごとの経路とコンバージョン値の違い

モデル名	経路	コンバージョン値	
		ルックバックウインドウ 60日	ルックバックウインドウ 30日
クロスチャネルのラストクリック	自然検索	1	1
	メールマガジン	0	0
	ソーシャル	0	0
	Google広告	0	
クロスチャネルのファーストクリック	自然検索	0	0
	メールマガジン	0	0
	ソーシャル	0	1
	Google広告	1	
クロスチャネルの線形	自然検索	0.25	0.33
	メールマガジン	0.25	0.33
	ソーシャル	0.25	0.33
	Google広告	0.25	
クロスチャネルの接点ベース	自然検索	0.4	0.4
	メールマガジン	0.1	0.2
	ソーシャル	0.1	0.4
	Google広告	0.4	
クロスチャネルの減衰	自然検索	0.53	0.57
	メールマガジン	0.27	0.29
	ソーシャル	0.13	0.14
	Google広告	0.07	
Google広告優先	自然検索	0	1
	メールマガジン	0	0
	ソーシャル	0	0
	Google広告	1	

ルックバックウィンドウを設定できる場所は次の通りです。

GA4 管理 ▶ アトリビューション設定

対象期間をそれぞれ設定できる

ルックバックウィンドウ　　　　　　　　　　　　　　　　　　　　　　　　　　　　すべてのデータに影響します

ルックバック　　　　　　　　　　　　　　って適用されます。変更　　　　は、このアナリティク　　　　　　　　に反映されます。

ユーザー獲得コンバージョン イベント
(例: first_open、first_visit)
○ 7日間
◉ 30日間（推奨）

他のすべてのコンバージョン イベント
○ 30日間
○ 60日間
◉ 90日間（推奨）

┃ ルックバックウィンドウの推奨期間

前掲の画面では、「ユーザー獲得コンバージョンイベント」と「他のすべてのコンバージョンイベント」のルックバックウィンドウを設定できます。それぞれについて推奨の期間があります。

ユーザー獲得コンバージョンイベントのルックバックウィンドウは、「first_visit」イベントをコンバージョン（ワザ097を参照）に設定していない場合には、気にしなくて構いません。設定してある場合も、「first_visit」をアトリビューション分析すること自体に意味がなく、ファーストクリックで分析するべきなので、あまり気にしなくてよいと思います。

それ以外の、通常のコンバージョンのルックバックウィンドウについては、本ワザで紹介した通りに長く設定したほうがユーザーが利用した経路の網羅性が高まるので、特別な事情がない限り、推奨通り90日で設定するのが望ましいです。

 🔗 **[GA4]**アトリビューション設定を選択する
https://support.google.com/analytics/answer/10597962?hl=ja

> ルックバックウィンドウの挙動を理解しましょう。特別な事情がない限り、最長の期間にするのが望ましいです。

ワザ 090 ログインIDやGoogleシグナルを ユーザー識別に利用する

🔑 ユーザー識別／Cookie／Googleシグナル

GA4のユーザー識別方法には、「Cookie」「ユーザー ID」「Googleシグナル」の3つがあります。これらの識別方法の中で、もっとも確度高くデータを計測できる方法から順に利用する設定が行えます。

ユニバーサルアナリティクスでは、User IDビューという特別なビューを除くと、ユーザーの識別をCookieのみによって行っていました。Googleアナリティクス4では、Cookieによるユーザー識別を基本としながらも、他の方法でもユーザー識別が行えるようになっています。本ワザでは、GA4が提供するユーザー識別の方法を解説します。

ユーザー識別とは、人間としての1人のユーザーをGoogleアナリティクス上で同じユーザーとして認識することを指します。この識別がうまくいかないと「ユーザー数」や「新規ユーザー数」などが正確に取得できなくなり、結果的にユーザーを評価するすべての指標が不正確になります（ユーザーを評価する指標についてはワザ123を参照）。また、ユーザーセグメントも適切に作成できなくなります。つまり、本質的に重要な機能です。

Cookieによるユーザー識別

Cookieとは、ブラウザーに記録される文字列情報です。ユーザーがサイトを訪問した際、Cookie「_ga」にセットされた値がGoogleアナリティクスサーバーに送信されます。

Cookieによるユーザー識別の例を図示すると、次のページにある図のようになります。あるユーザーが4月1日と4月10日に、同じパソコンの同じブラウザーでサイトを訪問した場合、Cookie_gaとして同じ値「ABC123」が送信されることにより、同一ユーザーだと識別されます。このユーザーがサイトにもたらす値は次の通りになります。

- ユーザー数：1
- 新規ユーザー数：1

基礎知識

導入

設定

指標

ディメンション

データ探索

成果の改善

Looker Studio

BigQuery

図表090-1 同一ユーザーとして認識される例

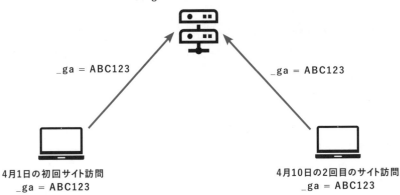

Googleアナリティクスサーバー

_ga = ABC123　　　　　　　　　　　　_ga = ABC123

4月1日の初回サイト訪問　　　　　　　　　4月10日の2回目のサイト訪問
_ga = ABC123　　　　　　　　　　　　　_ga = ABC123

一方、同じユーザーが4月1日にパソコンで初回訪問し、4月10日にスマートフォンで2回目の訪問を行った場合、ブラウザーに紐付くCookieの値は同一にはなりません。従って、次の図の通り、ユーザーとしては2回目の訪問であっても、初回訪問時とは異なった値のCookieが送信されます。

この場合、ユーザーがサイトにもたらす値は次の通りになります。

- ユーザー数：2
- 新規ユーザー数：2

図表090-2 別のユーザーとして認識される例

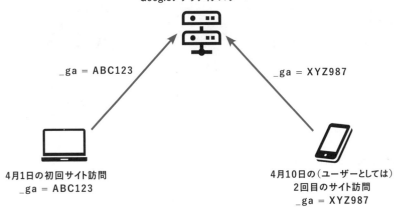

Googleアナリティクスサーバー

_ga = ABC123　　　　　　　　　　　　_ga = XYZ987

4月1日の初回サイト訪問　　　　　　　　　4月10日の（ユーザーとしては）
_ga = ABC123　　　　　　　　　　　　2回目のサイト訪問
　　　　　　　　　　　　　　　　　　　_ga = XYZ987

次のページに続く ▷

Cookieによるユーザー識別にはこのような限界があるため、GA4にはCookie以外の情報を利用してユーザーを識別する、次の2つの技術が盛り込まれています。

ユーザーIDによるユーザー識別

Webサイトによっては、ECサイトやメンバー制のサイトのようにログイン機能がある場合があります。その場合、ユーザーは「ユーザーID」と「パスワード」を入力してログインし、Webサイトを利用します。

その際、ユーザーIDをユーザーを識別するIDとして利用できます。この場合、どのようなデバイスであっても同一のユーザーIDが利用されるので、デバイスをまたいで同一ユーザーとして識別することが可能です。

Googleシグナルによるユーザー識別

また、ユーザーがGoogleアカウントにログインしていて、Google広告のカスタマイズをオンにしている場合、Googleアカウントを利用してユーザーを識別できます。

GA4 管理 ▶ データ設定 ▶ データ収集

[Googleシグナルのデータ収集]
をオンにする

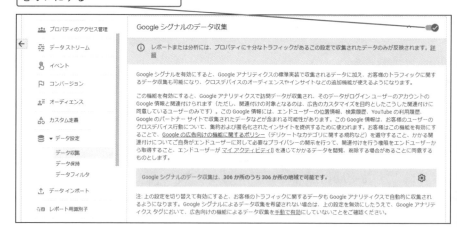

 広告エクスペリエンスをカスタマイズする
https://support.google.com/ads/answer/2662856

これまでに述べてきた3つのユーザー識別方法を確度の高い順に並べると、次のようになります。

①ユーザー IDによるユーザー識別
②Googleシグナルによるユーザー識別
③Cookieによるユーザー識別

さらに、厳密にはユーザー識別ではありませんが、GA4では機械学習によるモデリングを利用したユーザー数などの補完が可能です。

近年のプライバシー保護機運の高まりを受けて、Webサイトを利用するユーザーにどの範囲でのCookieの利用に同意するかを申告してもらい、許諾された範囲内でCookieを利用するWebサイトが増えつつある印象です。

このとき、ユーザーがGA4のCookieを拒否すると、そのユーザー行動は取得できなくなり、WebサイトによってはGA4におけるユーザー数が大幅に減少することがありえます。そのような場合に、Cookieを受け入れているユーザーの行動をもとに、Cookieを拒否したユーザーの行動を機械学習によって推測・補完することで、全体のユーザー数やページビュー数をGA4に反映できます。設定としては、次のように管理画面の「レポート用識別子」から行います。

.ı GA4 **管理 ▶ レポート用識別子**

> どのテクノロジーを利用してユーザー
> 識別などを行うかを設定できる

 🔗 **[GA4]** 同意モードの行動モデリング
https://support.google.com/analytics/answer/11161109?hl=ja

次のページに続く ▷

レポート用識別子で選択する項目と、利用されるテクノロジーの紐付けは次の表の通りです。また、［ハイブリッド］と［計測データ］では、確度の高い順にテクノロジーが利用されます。つまり、ユーザー IDがあればユーザー IDを利用し、なければGoogleシグナルを、GoogleシグナルもなければCookie（GA4管理画面上の表現は「デバイスID」）を利用します。

図表090-3 レポート用識別子の項目と利用されるテクノロジーの紐付け

項目	ユーザー ID	Googleシグナル	デバイスID	モデリング
ハイブリッド	●	●	●	●
計測データ	●	●	●	
デバイスベース			●	

レポート用識別子の項目は切り替えて利用することもできますが、社内のGA4ユーザーが混乱しかねないため、頻繁に切り替えるべき性質の項目ではありません。どの項目を選択すべきかのおおよその目安は次の通りです。

- CMP（Consent Management Platform：同意管理プラットフォーム）を導入した結果、Googleアナリティクスでトラッキングできるユーザー数が大幅に減少してしまった場合：ハイブリッド
- UAと同じ定義でユーザー数を測定したいという事情がある場合：デバイスベース
- 上記に当てはまらない場合：ハイブリッド

 🔗 **[GA4] Google** アナリティクス **4** プロパティで **Google** シグナルを有効化する
https://support.google.com/analytics/answer/9445345?hl=ja

Cookieをユーザー識別に利用することは徐々に難しくなるトレンドがあります。自社に合わせた設定をしましょう。

ワザ 091 Google BigQueryとリンクする

🔑 **BigQuery／エクスポート**

> BigQueryの利用は有料ですが、SQLを書けるエンジニアやWeb担当者がいる
> 場合、付加価値の高い使い方ができます。GA4とリンクすると、どのようなメリットが
> あるかを本ワザで学んでください。

Googleアナリティクス4では、収集したデータを無料でGoogle BigQueryにエクスポートできるようになりました。長いGoogleアナリティクスの歴史で、無料版でこの機能が実装されたのは初めてのことです。画期的なことといえるでしょう。BigQueryにデータをエクスポートすることで、次のようなメリットを得られます。

- オーナーシップ
  - 14カ月以上の非集計データを、自社がオーナーとなって保存できる
- レポートの検算
  - GA4のレポートの数値の定義に疑義があるとき、検算できる
- 可視化・分析
  - 「Tableau」など、強力な可視化・分析機能を持つBIツールでGA4のデータを利用できる
- 共有
  - Looker Studio（旧Googleデータポータル）でSQLで整形したデータをもとに、デフォルトのディメンションや指標以外を利用したダッシュボードを作成できる
- 高度な分析
  - 探索レポートでは対応できない可視化やレポーティングを行える
- 他のデータとの結合
  - オフライン購入履歴などの別のデータと結合して分析できる
- 機械学習の利用
  - BigQueryに用意されている機械学習エンジン（BigQuery ML）を使った予測・分類が行える

上記のメリットを享受したい場合、BigQueryへのデータエクスポートを検討しましょう。

次のページに続く ▷

一方、GA4からBigQueryへのエクスポートは無料ですが、BigQueryの料金は掛かるので、まず試してみたいという場合には、BigQueryのサンドボックスで利用を開始し、メリットを実感できたあとにアップグレードする方法をおすすめします。

GA4のBigQueryへのリンク方法の全体の手順は次の通りです。

①BigQueryアカウントの開設と最初のプロジェクトの作成
②GA4からプロジェクトを指定してリンク
③データエクスポート設定

BigQueryアカウントの開設と最初のプロジェクトの作成

BigQueryのアカウントを作成すると、同時に最初の「プロジェクト」の作成を促されます。プロジェクトとは、データを分類して格納する単位です。課金や権限付与とも紐付いているので、BigQueryにおけるもっとも重要な管理単位です。

プロジェクトの配下に「データセット」、データセットの配下に「テーブル」が格納されます。データセットはその名の通り、テーブルやビューを格納する単位です。次の画面がBigQueryのサンプルプロジェクトである「bigquery-public-data」と、その配下のデータセットとテーブルの構造の一部です。この構造を見ると、プロジェクトの位置付けを理解できるのではないかと思います。

図表091-1　BigQueryのサンプルプロジェクトの構造

```
▼ bigquery-public-data
   ▶ ⇥ 外部接続
   ▼ ⊞ america_health_rankings
        ⊞ ahr
        ⊞ america_health_rankings
   ▼ ⊞ austin_311
        ⊞ 311_service_requests
```

```
プロジェクト
  ┗データセット1
    ┗テーブル1
  ┗データセット2
    ┗テーブル1
    ┗テーブル2
```

基礎知識

導入

設定

指標

ディメンション

データ探索

成果の改善

Looker Studio

BigQuery

GA4からプロジェクトを指定してリンク

BigQuery側にプロジェクトを作成した場合、もしくはGA4データをエクスポートする既存のプロジェクトを特定できている場合、GA4の管理画面から行うべき操作は、次のように極めてシンプルです。

①GA4の管理画面で、プロパティ列の［BigQueryのリンク］をクリックする
②BigQuery内のプロジェクトを指定する

.ıl GA4 　**管理 ▶ BigQueryのリンク**

プロジェクトを指定し、BigQuery
とのリンクが完了した

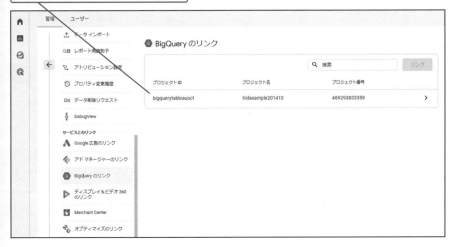

データエクスポート設定

BigQueryのデータエクスポートの設定は、①ストリーミングエクスポートをオンにするかどうか、②BigQueryにエクスポートしないイベントを設定するかどうかの2点です。

ストリーミングのオン／オフ設定

ストリーミングとは、ヒットが発生した数秒後にBigQueryにデータを記録する機能です。BigQueryのデータに基づいてリアルタイムのダッシュボードを構築したい場合、あるいはBigQueryのデータに基づいてGoogleタグマネージャーに投入したタグやトリガーをデバッグしたい場合はオンにします。

次のページに続く ▷

基礎知識

導入

設定

指標

ディメンション

データ探索

成果の改善

Looker Studio

BigQuery

ストリーミングをオンにすると、データセット配下に「events_intraday_YYYYMMDD」という名前のテーブルが作成されます。このテーブルはヒットの発生から数秒後にデータが記録されますが、初回訪問ユーザーの「ユーザーの最初のメディア」や「ユーザーの最初の参照元」などのデータが記録されていない仮のテーブルです。

従って、それらのデータが記録された状態を確認したい場合は、翌日以降に生成される「events_YYYYMMDD」形式の「本テーブル」を参照する必要があります。

ストリーミングをオンにしている

[データストリームとイベントの設定]から送信しないイベントを指定できる

BigQueryに送信しないイベントの指定

BigQueryは有償サービスであるため、利用にあたって料金が発生します。その料金と密接に関連しているのが「データ量」です。そのため、利用者側では「BigQueryには分析上、必要となるイベントだけを記録したい」というニーズが発生します。そのニーズに対応し、BigQueryに記録しないイベントを登録する機能があります。

前掲の[完了したリンクの詳細]画面にある[データストリームとイベントの設定]をクリックすると次のような画面となり、BigQueryに記録したくないイベントを設定できます。すべてのイベントをBigQueryに送信・記録したい場合には設定は不要です。

基礎知識
導入
設定
指標
ディメンション
データ探索
成果の改善
Looker Studio
BigQuery

BigQueryに記録したくない
イベントを設定できる

× データ ストリームとイベントの設定　　　　　　　　　　　　　　**適用**

エクスポートする1日の推定合計イベント数
0 / 1百万（1日の上限）⑦

エクスポートするデータ ストリーム　　1 of 1 stream selected

	ストリーム名	ID	プラットフォーム	除外対象イベント数 ⑦	1日のイベント数 ↓
☑	kazkida.com	3840659767	ウェブ	0	742

Items per page: 10 ▼　　1 – 1 of 1　　|< 〈 〉 >|

除外するイベント⑦　No events excluded　　　　　**名前でイベントを指定**　**追加**

イベント名	コンバージョンのマーク付き ⑦	1日のイベント数 ↓

除外したイベントはまだありません。エクスポート中に除外するイベントを選択するには、[追加] または [名前でイベントを指定] をクリックします。

GA4のデータをBigQueryに出力可能となったことで、Web担当者がSQLを学ぶ必要性が高まったように感じます。

関連ワザ **092**　BigQueryの料金を事前にシミュレーションする　　　　　　　P.326

ワザ 092 BigQueryの料金を 事前にシミュレーションする

🔑 **BigQuery** ／料金

> BigQueryの料金体系は利用量（ストレージ量と分析のデータ量）×単価が基準
> となっており、それ自体は明確です。自社でBigQueryを利用する場合の料金を、
> 事前にシミュレーションする方法について解説します。

前のワザ091で紹介した設定に従い、Googleアナリティクス4のアカウントをBigQuery
にリンクしてデータエクスポートを行っても、GA4側では費用は発生しません。一方、後
述するサンドボックスや無料枠はあるものの、基本的にはBigQueryの料金は発生し
ます。

本ワザでは、BigQueryの利用前にどのくらいの費用がかかるのかを事前にシミュレー
ションする方法を紹介します。本書執筆時点におけるBigQueryの料金体系に基づい
ているので、実際にみなさんがシミュレーションするときには、次のリンクから閲覧できる
公式ヘルプにて最新の料金体系を確認することをおすすめします。

🔗 **BigQuery**の料金
https://cloud.google.com/bigquery/pricing

また、正確性を極める場合は、上記の公式リソースを参照していただくこととし、本ワザ
では分かりやすさを優先して説明していることをご了承ください。本ワザでは次の項目
について説明します。

- サンドボックスでの利用と制限
- 料金体系／ストレージ量／分析量の確認方法
- 料金シミュレーション方法

┃ サンドボックスでの利用と制限

BigQueryの利用を開始するにあたって知っておきたいのは、「サンドボックス」という利
用方法です。この利用方法はいくつかの制限がある代わりに、費用が発生せず、また、
クレジットカードなどの支払情報も登録しないで利用できます。

筆者が検証した結果、サンドボックスの状態でもBigQueryに格納されたGA4のデータを分析可能でした。試用、つまり機能面・操作面の確認には、サンドボックスを利用するのも1つの方法です。次の画面は、サンドボックスでもGA4がエクスポートしたデータにSQL文を実行できることを示した画面です。

> BigQueryのサンドボックスでも、GA4がエクスポートしたデータにSQL文を実行できる

制限事項は公式ヘルプに記述の通りですが、主な制限事項は次の通りです。

- 10GBまでのデータしか保存できない
- 1TBまでのクエリデータ処理しかできない
- テーブルは60日が経過すると自動的に削除される
- GA4データの「ストリーミングエクスポート」には対応していない

上記の制限を取り払い、本利用にアップグレードすると毎月料金が発生します。ただし、一定の利用には無料枠が設けられており、その枠を超えると実際に料金が発生することになります。

🔗 **BigQueryサンドボックスを有効にする**
https://cloud.google.com/bigquery/docs/sandbox#limits

次のページに続く ▷

料金体系／ストレージ量／分析量の確認方法

料金体系は次の通り、構成要素は2つのみで、それ自体はかなりシンプルです。

- ストレージ料金：BigQueryに保存されたデータの量に対する課金
- 分析料金：　　　処理されたデータの量に対する課金

ストレージ料金

ストレージ料金は「量×単価」で決まります。量の算定方法は後述するので、まずは単価を確認しましょう。テーブル（BigQueryにデータが格納された「表」）が90日間で変更されたかどうかで2種類の単価が適用されます。また、データを保存する地理的な場所（リージョン）によっても多少単価は異なります。以下は東京リージョンでのストレージ料金の単価です。

- アクティブストレージ（過去90日間で変更されたテーブル）に対する単価：
  $0.023/GB
- 長期保存（90日間連続して変更されていないテーブル）に対する単価：
  $0.016/GB

続いてストレージの量ですが、BigQueryに格納されているデータの大きさは、テーブルの［詳細］で確認できます。次の画面は、GA4がBigQueryにエクスポートしたデモアカウントのデータの2021年1月31日分のテーブルです。データの大きさが19.14MBだということが分かります。デモアカウントについてはワザ018を参照してください。

なお、ストレージ料金には毎月10GBまでの無料枠が設定されています。

「表のサイズ」からデータの大きさを確認できる

分析料金

分析料金とは、データが格納されているテーブルに対してSQL文を実行し、結果を取り出す操作に対する料金です。実行するSQL文がどれだけのデータを処理するのかという量に単価を掛け、料金が決まります。量については後述するので、先に単価について説明しましょう。以下は東京リージョンでの分析料金の単価です。

- 分析のデータ量に対する単価：$6.00/TB

分析のデータ量については、次の画面を参照してください。この画面は、GA4がBigQueryにエクスポートしたデモアカウントのデータの、2021年1月31日分のテーブルに対して「全列・全行」を取得するSQL文を記述した「SQL文実行前」の状態です。このSQL文を実行すると、19.1MBというデータ量に対して分析料金が発生することが明示されています。

なお、分析料金は毎月1TBまでの無料枠が設定されています。

SQL文を実行する前に、分析料金の
対象となるデータ量を確認できる

料金のシミュレーション方法

前述した通り、料金体系／ストレージ量／分析量の確認方法と、単価についてはシンプルで明確です。一方、BigQueryにデータをエクスポートして利用した場合、どれだけの費用がかかるのかの算定を事前に正確に行うことはできず、ある前提を置いてシミュレーションするしかありません。また、単価がドル建てで設定されているので、ドル円の為替相場によっても円建ての料金は変わってきます。

しかし、そのシミュレーションを十分にコンサバティブに（保守的に）行えば、ある程度「これ以上は料金は発生しないだろう」という限度は見つかるものと思います。では、シミュレーション方法について説明します。

次のページに続く ▷

基礎知識

導入

設定

指標

ディメンション

データ探索

成果の改善

Looker Studio

BigQuery

基礎知識

導入

設定

指標

ディメンション

データ探索

成果の改善

Looker Studio

BigQuery

シミュレーション例

シミュレーションで置く前提は次の通りです。分析量については「過去○カ月分のデータに毎日△回フルスキャンを掛ける」という、通常業務ではまずありえない前提を置いて「コンサバティブ」にしています。

【ストレージ量】

- 1日のページビュー数
- ページビュー数をイベント数に変換するときに使う倍率

【分析量】

- 過去何カ月分のデータにフルスキャンを掛けるか
- 1日何回フルスキャンを掛けるか

すると、上記の4項目について前提を置けばよいことになります。仮に次の前提を置いてシミュレーションしてみましょう。

- 1日のページビュー：10,000
- ページビューイベント倍率：10倍
- 過去3カ月のデータに、毎日10回フルスキャンを実施する

【ストレージ料金のシミュレーション】

1日10,000PV×倍率10倍×30日＝300万イベント/月

1,000イベント1MBでデータ量に換算すると、3GB/月になります。

※10GB/月の無料枠の中に余裕で収まります。
※4カ月目から課金される計算です。

【分析料金のシミュレーション】

過去3カ月のデータ：9GB

1日10回のフルスキャン×30日＝300回のフルスキャン

処理するデータ量：9GB×300＝2700GB＝2.7TBの分析/月

データ量2.7TBのうち、1TBの無料枠があるため、課金されるのは1.7TB。

単価が$6.00/TBのため、課金金額は1.7×$6＝$10.2

本書執筆時点のドル円相場（¥145/$）で換算すると、約¥1,480

前述のシミュレーション手法に従えば、前提を変えても料金の事前算定は可能です。筆者は次に紹介するようなスプレッドシートを作成し、シミュレーションしています。

Googleスプレッドシートを活用し、BigQueryの
料金をシミュレーションしている

BigQuery料金シミュレーション　☆ 🗎 ⊘

ファイル　編集　表示　挿入　表示形式　データ　ツール　拡張機能　ヘルプ　　最終編集: 数秒前

			BigQuery料金シミュレーション				
項目分類		項目		値		免責事項	
ストレージ量		1日の平均ページビュー数		10,000		1. 計算式に誤りがある可能性があります。	
		ページビューvs全イベント倍率（標準が10、カスタムイベントをたくさん送信している場合には、増やして下さい。）		10		2. 料金が最新のものとは異なっている可能性があります。3. 為替レートは変動しますので参考程度としてください。以上を理解し、自己責任でご利用ください。	
スキャン量		過去何日分を対象しますか？（標準が90、適宜増減してください。）		90			
		1日に何回フルスキャンを掛けますか？（10回を初期値としています。適宜増減して下さい。）		10			
無料枠		ストレージ料金（初期値：10GB/月）		10			
		スキャン料金（初期値 1TB/月）		1		¥144.85 ⊂参考レート（Googlefinance関数による）	
為替レート		ものさしに表示しています		¥145.00			
単価		分析費用（東京リージョン：$/TB/月）		6			
		ストレージ費用（東京リージョン）	アクティブストレージ(90日以内に変化:$/GB/月)	0.023		※ 黄色網掛けセルに入力してください	
			長期保存(90日以上変化なし:$/GB/月)	0.016			
月数	ストレージサイズ(GB)	うち長期保存(GB)	ストレージ費用(US$/月)	スキャン費用(US$/月)	合計費用(US$/月)	月次費用(円/月)	累計費用(円/月)
1ヶ月目	3	0	0.00	10.20	10.20	¥1,479	¥1,479
2ヶ月目	6	0	0.00	10.20	10.20	¥1,479	¥2,958
3ヶ月目	9	0	0.00	10.20	10.20	¥1,479	¥4,437
4ヶ月目	12	3	0.05	10.20	10.25	¥1,486	¥5,923
5ヶ月目	15	6	0.12	10.20	10.32	¥1,496	¥7,418
6ヶ月目	18	9	0.18	10.20	10.38	¥1,506	¥8,924
7ヶ月目	21	12	0.26	10.20	10.41	¥1,510	¥10,434
8ヶ月目	24	15	0.26	10.20	10.46	¥1,517	¥11,950
9ヶ月目	27	18	0.31	10.20	10.51	¥1,524	¥13,474

なお、BigQueryの料金をシミュレーションする際に必要な、ページビュー数をイベント
数に変換するとき時に使う倍率ですが、実際の料金の算出対象である「データ量」は
GA4データの場合、カラム数は固定しているので「イベント数」にほぼ比例します。一
方、「イベント数」は分からないので、「ページビュー数の何倍になるか？」で計算するよ
うにしています。通常、この倍率は7倍から10倍と考えるとよいでしょう。また、複数の
BigQueryのテーブルを調査した結果、イベント数とデータ量の関係は、1,000イベント
あたり1MBと考えるとよいです。

まずはサンドボックスで記録されるイベント数を確認してから、本
ワザで解説した手法に従って試算するとよいでしょう。

関連ワザ **091** Google BigQueryとリンクする　　　　　　　　　　　P.321

ワザ 093 Google Search Consoleと リンクする

🔑 **Google Search Console**

> 「Google Search Console」とGA4を連携すると、GSCの「検索パフォーマン
> ス」レポートの内容がGA4で確認できます。リンクにはGA4の「編集者」の役割と、
> GSCの「確認済みオーナー」の権限が必要です。

Googleアナリティクス4ではユニバーサルアナリティクスと同様に、「Google Search
Console」(GSC) とリンクすることで、GSCの「検索パフォーマンス」が提供する指標
を確認できます。リンクを行うには、GA4のプロパティに対する「編集者」の役割と、リ
ンクしたいGSCのプロパティに対する「確認済みオーナー」の権限の両方を持つアカ
ウントでGA4にログインし、[Search Consoleのリンク] メニューから対象のGSCプロ
パティを設定します。

📊 GA4 管理 ▶ Search Consoleのリンク

1 [リンク] をクリック

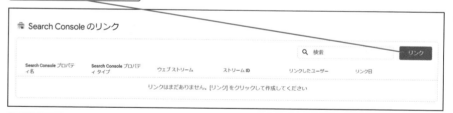

2 [アカウントを選択] をクリックし、GSCのプロパティを選択

GSCのプロパティとGA4のウェブストリームがリンクされる

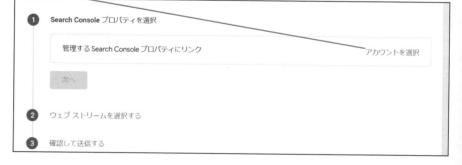

ただし、前掲の通りにリンクが完了しても、そのままでレポートが表示されるわけではありません。レポートを表示するには「ライブラリ」機能を利用し、GSCの「コレクション」を公開する必要があります。ライブラリを利用したコレクションの公開についてはワザ105を参照してください。

GA4 レポート ▶ Search Console

公開されたコレクションと、その配下のレポートが表示される

GSCのコレクションを確認できる

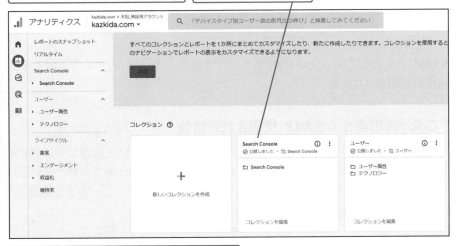

クエリ／ランディングページ／指標も、GSC
と連携した独自の指標を確認できる

GA4とGSCをリンクすることで2つのツールを行き来することなく、
Google検索上のパフォーマンスについてGA4で確認できます。

基礎知識

導入

設定

指標

ディメンション

データ探索

成果の改善

Looker Studio

BigQuery

ワザ 094 Google広告とリンクする

🔑 **Google広告／広告**

> Google広告を利用している場合、GA4とGoogle広告をリンクすることで、より多くのディメンションと指標が使えます。リンクにはGA4の「編集者」の役割に加え、Google広告の「管理者」権限が必要です。

Googleアナリティクス4とGoogle広告をリンクすると、GA4とGoogle広告の間で相互に情報が提供されます。

Google広告からGA4へ提供される情報

Google広告とリンクすると、GA4で利用可能となるディメンションと指標は次の通りです。ただし、利用にはGoogle広告出稿時の「自動タグ設定」を「有効」にする必要があります。デフォルトでは有効になっていますが、次の公式ヘルプ記事を参考に、Google広告の管理画面で設定を今一度確認してください。

🔗 自動タグ設定について
https://support.google.com/google-ads/answer/3095550?hl=ja

- ディメンション：Google広告が持つキャンペーン名、広告グループ名、広告キーワード、広告クエリなど
- 指標：　　　　Google広告が持つクリック数、費用、クリック単価など

上記のディメンションや指標が利用されたレポートは、GA4の「レポート」配下から次の画面を表示すると確認できます。

Google広告が持つディメンションや
指標をレポートで確認できる

セッションの Google 広告キャンペーン ▼ ＋	ユーザー	↓ セッション	エンゲージ メントの あったセ ッション 数	Google 広告 のクリック 数	Google 広告 の費用	Google 広告 のクリック 単価	コンバージョン すべてのイベント ▼
	10,057 全体の 100%	12,019 全体の 100%	5,552 全体の 100%	19,094 全体の 100%	$12,195.08 全体の 100%	$0.64 平均との差 0%	10,042.00 全体の 100%
1 1009693 | Google Analytics Demo | DR | joelf | NA | US | en | Hybrid | DISP | MT | Banner ~ Test	2,218	3,130	998	7,290	$1,381.26	$0.19	2,138.00
2 Demo | YouTube Action | US | 2022-04-28	2,324	2,529	1,233	4,889	$829.40	$0.17	2,312.00
3 1009693 | Google Analytics Demo | DR | joelf | NA | US | en | Hybrid | SHOP | SMART | Product ~ Test	1,844	2,078	1,051	2,348	$511.13	$0.22	1,909.00
4 1009693 | Google Analytics Demo | DR | joelf | NA | US | en | Hybrid | SEM | BKWS - MIX | Txt ~ AW-Brand (US/Cali)	769	1,177	855	918	$80.29	$0.09	818.00

GA4からGoogle広告へ提供される情報

GA4とGoogle広告を連携することで、Google広告へ提供される情報は次の2つです。

①GA4で作成したコンバージョン
②GA4で作成したオーディエンス

①については、Google広告の管理画面から取得できる「Google広告コンバージョンタグ」をWebサイトに実装すれば、Google広告側単独でコンバージョン設定ができます。一方、サンキューページの表示以外の外部リンククリック、ファイルダウンロード、90%スクロールなどをGoogle広告のコンバージョンとして設定するのは大変です。

そのような場合、GA4側でユーザー行動をコンバージョン設定しておき、そのコンバージョンをGoogle広告に連携すると、手間なくGoogle広告でもコンバージョン登録ができます。

また、上記の②によって、Google広告でリターゲティング広告を作成する際の「リターゲティングリスト」として、GA4側で作成したオーディエンスを利用できるようになります。その結果、いわゆる「GAリターゲティング」と呼ばれるリターゲティング手法を実現できます。

それにより、Goole広告で特定の商品やサービスに興味を持っている可能性の高いユーザーを対象にした広告出稿が可能になります。例えば、GA4で「特定ページを熟読したユーザー」（ワザ060を参照）や「特定カテゴリーをセッション中でX回閲覧したユーザー」（ワザ043を参照）などのオーディエンスを作成しておけば、ユーザーの興味関心に合致した訴求ができ、Google広告での効果が出やすいと考えられます。

次のページに続く ▷

基礎知識

導入

設定

指標

ディメンション

データ探索

成果の改善

Looker Studio

BigQuery

GA4のオーディエンスをGoogle広告に連携して実現するGAリターゲティングは、Google広告のリターゲティングタグではできないオーディエンスリストの作成が可能になります。GA4とGoogle広告を連携する大きなメリットだといえるでしょう。

GA4とGoogle広告のリンク方法

GA4とGoogle広告をリンクするには、GA4の「編集者」の役割と、Google広告の「管理者」権限を持つアカウントで、次の作業をします。

GA4 管理 ▶ Google広告のリンク

1 ［リンク］をクリック

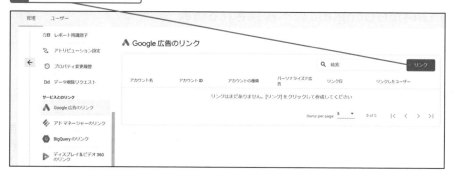

2 ［Google広告アカウントを選択］をクリック

GA4を利用しているアカウントで、管理者となっているGoogle広告のアカウントリストが表示される

基礎知識

導入

設定

指標

ディメンション

データ探索

成果の改善

Looker Studio

BigQuery

アカウント名を選択すると
設定が完了する

設定が完了すると、リンク完了に
ついての確認画面が表示される

× Google 広告のリンク

完了したリンクの詳細

アカウント名
kazkida.com-promotion

アカウント ID
397-100-7415

アカウントの種類
アカウント

リンクしたユーザー
＿＿＿＿＿＿@gmail.com

リンク日
2022/09/26 6:06:33

データ設定

パーソナライズド広告を有効化
Google アナリティクスのオーディエンス リストとリマーケティングのイベント / パラメータがリンク先の Google 広告アカ
ウントに公開されます。この設定は、他の目的のためにリンクを維持したまま、いつでも変更できます。

 🔗 [GA4] Google 広告とアナリティクスをリンクする
https://support.google.com/analytics/answer/9379420?hl=ja

Google広告を利用している場合には、メリットの多い設定なの
で、ぜひ実行してください。

ワザ 095 GA4の管理画面経由で 新規イベントを作成する

🔑 イベント／作成／カスタムイベント

> GA4では、GTM経由以外の方法でも、ユーザー行動を記録する「カスタムイベント」を作成できます。本ワザでは「Amazonへのジャンプ」というユーザー行動を例に、カスタムイベントの作成方法を紹介します。

デフォルトでは取得されていないユーザー行動をGoogleアナリティクス4で計測する場合、Googleタグマネージャーに新しいタグを投入することで実現する方法があります（ワザ044を参照）。一方、GTMからだけではなく、GA4の管理画面からでもカスタムイベントを作成できます。

追加的なデータを送信する手段は、ユニバーサルアナリティクスではGTM経由しかありませんでしたが、GA4では管理画面からも行えるという点について注意が必要です。

管理画面からカスタムイベントを作成するときの前提は、「すでに収集してあるイベントとパラメータ」を利用するということです。ゼロから新たなカスタムイベントを作成することはできません。具体的には、すでに収集しているイベントとパラメータが特定の条件に当てはまる場合のみ、新しいカスタムイベントを作成できます。

次の例では、あらかじめ拡張計測機能で収集できている「外部サイトへのリンククリック」というイベントから、条件に「Amazonにジャンプした」を付与し、「jump_to_amazon」という新規カスタムイベントを作成する方法を紹介します。

まず、拡張計測機能で収集できている外部サイトへのリンククリックの仕様を再確認しましょう。外部サイトへのリンククリックというユーザー行動が発生した場合、

イベント：click
　└パラメータ名「link_domain」＝パラメータの値［ジャンプ先のドメイン］

が記録されます。ということは「jump_to_amazon」というカスタムイベントは、「イベント名がclickに等しく、パラメータ：link_domainがAmazonのドメインを含む」とすれば作成できるということになります。設定画面は次の通りです。

基礎知識

導入

設定

指標

ディメンション

データ探索

成果の改善

Looker Studio

BigQuery

GA4　管理 ▶ イベント ▶ イベントを作成

カスタムイベントを
作成する

設定

カスタム イベント名 ⑦

jump_to_amazon

一致する条件

他のイベントが次の条件のすべてに一致する場合にカスタム イベントを作成

パラメータ	演算子	値	
event_name	次と等しい ▼	click	⊗
link_domain	次を含む ▼	amazon	⊗

設定内容

イベント名 jump_to_amazon

条件① event_name　次と等しい　click

条件② link_domain　次を含む　amazon

この知識を転用すれば、特定ページの表示はもちろんのこと、

- 特定ページでの90%スクロール完了
- 特定ファイルのダウンロード
- 特定動画の視聴開始や視聴完了

などのイベントも、GA4の設定メニューから作成可能なことが理解できるかと思います。

企業で使用する場合、GA4とGTMのどちらでカスタムイベントを
生成するのか、ルール決めが必要になると思います。

ワザ 096 管理画面から「イベントを変更」でコンテンツグループを作成する

🔑 イベントの変更／コンテンツグループ

> ワザ049では「コンテンツグループ」をGTM経由で作成する方法を解説しました。GTMを操作できない人は、本ワザでもコンテンツグループの作成が可能です。設定にはGA4の「イベントを変更」機能を利用します。

複数のページをまとめる「コンテンツグループ」は、ページをグループ化してサイトを分析するのに適した機能です。ワザ049では、Googleタグマネージャーでコンテンツグループを作成するもととなるパラメータを送信し、レポートで利用する方法を紹介しました。

GTMを操作可能な人はそちらの方法を推奨しますが、どうしてもGTMを操作できない場合、本ワザで紹介する方法でも実現可能です。ただし、本書執筆時点で正規表現を使えないため、GTM経由に比べるとやや柔軟性に欠けるほか、作成するコンテンツグループの数だけ設定を加えなければならず、手間の観点から見ても少々面倒な方法ではあります。

大きな方向性としては、GA4の管理画面にある「イベントを変更」機能を利用します。この機能を利用すると、収集済みのイベントやパラメータが特定の条件に一致する場合、イベント名、パラメータ名、パラメータの値を変更したり、新たなパラメータを追加したりできます。新たなパラメータの「追加」はそれほど危険な作業ではありませんが、イベントやパラメータの「変更」は場合によっては危険な作業になり得ます。なぜなら、誤って設定するとデータの一貫性を壊してしまうからです。いち担当者がイベントの「変更」を行うのは推奨しません。

本ワザで紹介しているのはパラメータの「追加」なので、大きな危険はありません。

「イベントを変更」機能を利用したパラメータ「content_group」の追加方法は、次のページの通りです。名前や条件として指定している値は、筆者の検証用サイトに基づいているので、適宜読み替えてください。

基礎知識

導入

設定

指標

ディメンション

データ探索

成果の改善

Looker Studio

BigQuery

.il GA4 管理 ▶ イベント ▶ イベントを変更 ▶ 作成

イベントのパラメータの値を変更し、
コンテンツグループを追加する

× イベントの修正   **999.oops.jp**
                     G-GRMD2B3NCS   保存

既存のイベントを変更します。詳細

設定

変更の名前 ⑦

┌───┐
│ コンテンツグループchikuhakuをパラメータとして追加 │
└───┘

一致する条件

次の条件のすべてに一致するイベントを修正します

パラメータ   演算子   値

┌──────────────┐ ┌──────────────────┐ ┌──────────────┐
│ page_location │ │ 次を含む   ▼ │ │ chikuhaku   │ ⊗
└──────────────┘ └──────────────────┘ └──────────────┘

┌──────────┐
│ 条件を追加 │
└──────────┘

パラメータの変更 ⑦

event_name を含むパラメータを追加、削除、編集します

パラメータ   新しい値

┌──────────────┐   ┌──────────────┐
│ content_group │   │ chikuhaku   │
└──────────────┘   └──────────────┘

設定内容 **名前** コンテンツグループchikuhakuをパラメータとして追加

一致する条件 page_location　次を含む　chikuhaku

パラメータの変更

パラメータ content_group **新しい値** chikuhaku

上記の例における設定内容の解説は、次の通りです。

- 一致する条件：　　対象とするパラメータ「page_location」が「chikuhaku」を
  含む場合に設定する
- パラメータの追加：「content_group」パラメータに「chikuhaku」を記録する

この設定で、コンテンツグループの1つである「chikuhaku」が作成できました。他にも
コンテンツグループを作成する場合には、上記にならって1つ1つ作成していく必要があ
ります。

なお、上記の設定では条件にイベント名を指定していないため、パラメータに「page_
location」が含まれるすべてのイベントで、パラメータ「content_group」に値
「chikuhaku」が含まれるようになります。

次のページに続く ▷

次の画面は「scroll」イベントに「content_group」パラメータが付与されており、値に「chikuhaku」が記録されている状態を示しています。

「scroll」イベントに「content_group」と、
値「chikuhaku」が記録されている

event_name	event_params.key	event_params.value.string_value
scroll	scrolls	*null*
	value	*null*
	engagement_time_msec	*null*
	session_engaged	1
	second_directory	/shugoro/
	percent_scrolled	*null*
	content_group	chikuhaku
	page_title	竹柏記1
	first_directory	/novel/
	ga_session_id	*null*
	debug_mode	*null*
	page_location	http://999.oops.jp/novel/shugoro/chikuhaku1.html

ポイント

- いち利用者であるWeb担当者が「イベントを変更」を使って、イベント名、パラメータ名、パラメータの値を変更するのを推奨できない基本的な理由は「影響範囲が大きく、想定外の不具合が生まれる可能性が高いから」です。

「イベントを変更」を利用すると簡単にコンテンツグループが作成
できますが、基本はGTMでの作成を推奨します。

| 関連ワザ 049 | GTM経由でコンテンツグループを送信する | P.153 |
| 関連ワザ 060 | GTM経由でコンテンツサブグループを送信する | P.157 |

097 コンバージョンを正しく設定する

🔎 **コンバージョン／目標の完了数**

> サイト運営者がユーザーに起こしてほしいアクションを指す「コンバージョン」ですが、GA4では名称やカウント方法などからUAと大きく変化しています。本ワザでコンバージョンについて理解してください。

「コンバージョン」とは、サイト運営者側がユーザーに起こしてほしいアクションのことです。通常、BtoCサイトではサブスクリプションの申し込みやECサイトでの購入などが該当し、BtoBサイトではセミナーへの申し込みや問い合わせなどが該当します。

Googleアナリティクス4とユニバーサルアナリティクスでは、このコンバージョンを指す用語が異なっているので注意が必要です。また、コンバージョンの設定場所も次のように異なっています。

┃ Googleアナリティクス内での名称

UAでは、指標の名称としてコンバージョンではなく「目標の完了数」と呼ばれていました。目標は最大20個まで作成できたので、実際には「目標1の完了数」などと表示されました。一方、GA4では、そのまま「コンバージョン」と呼ばれます。

┃ コンバージョンの設定場所

UAでは、ビューの設定の配下に [目標] メニューがあり、そのメニューから目標を設定しました。GA4ではビューがなくなったため、管理画面のプロパティ配下にある [コンバージョン] から設定します。

設定方法としては、コンバージョンとして設定したいユーザー行動と紐付く「イベント」を、[コンバージョン] 画面内にある [新しいコンバージョンイベント] から登録するだけです。実際の画面は次のページにある通りです。

次のページに続く ▷

基礎知識

導入

設定

指標

ディメンション

データ探索

成果の改善

Looker Studio

BigQuery

GA4　管理 ▶ コンバージョン

1 ［新しいコンバージョン イベント］をクリック

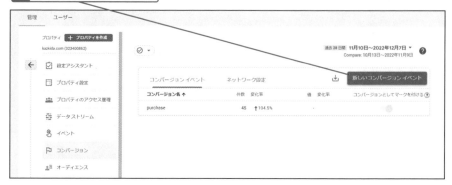

2 ［新しいイベント名］にコンバージョンとして設定したいイベント名を入力

［保存］をクリックすると対象イベントがコンバージョンとしてカウントされる

例えば、ユーザーの初回訪問獲得をコンバージョンとして設定するには「first_vist」と記述して保存します。「first_visit」イベントなどの自動収集イベントについては、ワザ032を参照してください。

または、次のページのように管理画面から［イベント］画面に進むと、すでに収集済みのイベントのリストが表示されます。コンバージョンを設定したいイベントのトグルをオンにすることでも、コンバージョンの設定が可能です。

注意点として、［コンバージョン］画面から対象のイベント名を登録する方法、［イベント］画面からトグルをオンにする方法のどちらにおいても、例えば「page_view」イベントを登録してしまうと、すべてのページから送信される「page_view」イベントがコンバージョンになってしまいます。その場合はワザ095で紹介したテクニックを使って、特定ページで発生した「page_view」イベントを別イベントとして作成し、その別イベントの名前を記述してください。

基礎知識

導入

設定

指標

ディメンション

データ探索

成果の改善

Looker Studio

BigQuery

📊 GA4 　管理 ▶ イベント

[コンバージョンとしてマークを付ける]をオンにすると、
そのイベントをコンバージョンとして設定できる

| 過去 28 日間 **7月4日～2022年7月31日** ▼ |
| Compare: 6月6日～2022年7月3日 |

✓ ▼

ⓘ カスタム定義でカスタムディメンションとカスタム指標を作成、管理できるように
なりました。

閉じる

実際に試す

イベントを変更　　イベントを作成

既存のイベント　　　　　　　　　　　　　　　　　　🔍　⬇

イベント名 ↑	件数	変化率	ユーザー数	変化率	コンバージョンとしてマークを付ける ⑦
banner_click	29	-	2	-	⬤
chikuhaku2	2	-	1	-	⬤
chikuhaku2_30_comp	4	-	1	-	⬤
chikuhaku2_comp	46	-	10	-	⬤
chikuhaku2_samesession_comp	1	-	1	-	⬤
click	15	-	7	-	⬤
cv_chikuhaku2	13	-	10	-	⬤

最後に、コンバージョンの設定上限数についても説明しておきましょう。UAはビュー単位、GA4はプロパティ単位でコンバージョン（UAでは目標）の設定を行っていたので、同じもの同士の比較にはなりませんが、UAはビューごとに20個、GA4はプロパティごとに30個までコンバージョンを設定できます。

GA4でのコンバージョンの設定が完了すると、標準レポート、および探索レポートのどちらでも、指標「コンバージョン」を利用できるようになります。指標「コンバージョン」の詳細については、ワザ126を参照してください。

> GA4ではプロパティレベルで、イベントを対象にコンバージョン
> を設定するというのは、UAからの大きな変化です。

関連ワザ **032**	自動収集イベントを理解する	P.97
関連ワザ **095**	GA4の管理画面経由で新規イベントを作成する	P.338
関連ワザ **126**	「コンバージョン」を正しく理解する	P.428

基礎知識

導入

設定

指標

ディメンション

データ探索

成果の改善

Looker Studio

BigQuery

ワザ 098 特定の行動をしたユーザーに目印を付ける

🔑 **オーディエンス／ディメンション**

> 特定の条件に当てはまるユーザーに目印を付ける機能に「オーディエンス」があります。「ある行動を行うユーザーが自社にフィットしているだろう」という仮説は、オーディエンスを作成することで検証できます。

ワザ007でも触れた通り、Googleアナリティクス4のパフォーマンス改善の基本的な取り組みは、いかに「自社にフィットしたユーザー」を発見し、効率的に獲得するかに主体が置かれます。

すると、特定のサイト内行動をしたユーザー群がサイトにもたらしたパフォーマンスを可視化し、「そのサイト内行動が自社にフィットしたユーザーを見分ける鍵となりうるのか?」を検証する作業が必要になります。その作業を効率的に行えるようにする機能が、本ワザで紹介する「オーディエンス」作成機能です。

例えば「自然検索からトップページをランディングページとして初回訪問をしたユーザー」は、サイト外で自社のことを知ってくれて、能動的にブランドワードで検索したユーザーである確率が高いため、自社にフィットしたユーザー群なのではないか、という仮説があったとしましょう。

検証するには、該当するユーザー群の「エンゲージメント率」「セッション当たりの平均エンゲージメント時間」「エンゲージのあったセッション数」(1ユーザー当たり) などが、該当しないユーザー群に比べてどの程度高いのかを確認する必要があります。

それを具体的なレポートに落とし込むには、「自然検索からトップページをランディングページとして初回訪問をしたユーザー」と「それに該当しないユーザー」というディメンションが必要になります。オーディエンスはそれを実現する機能です。オーディエンスは、次の2つの方法で作成できます。

①GA4の管理画面から直接的に作成する
②探索レポートで利用するセグメントのオプションとして作成する

②についてはワザ148で詳しく解説するので、本ワザでは①の手順を紹介します。

まずはGA4の管理画面から［オーディエンス］画面を表示します。次の画面の通り、サンプルとして［AllUsers］と［Purchasers］というオーディエンスが最初から存在します。［オーディエンス］をクリックして新規作成画面を表示しましょう。

基礎知識

導入

設定

指標

ディメンション

データ探索

成果の改善

Looker Studio

BigQuery

📊 GA4　管理 ▶ オーディエンス

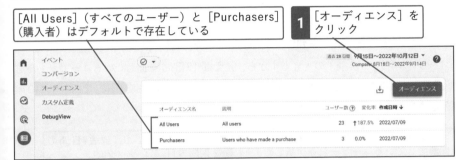

［All Users］（すべてのユーザー）と［Purchasers］（購入者）はデフォルトで存在している

1 ［オーディエンス］をクリック

［オーディエンスの候補］が表示された

次のページに続く ▷

基礎知識

導入

設定

指標

ディメンション

データ探索

成果の改善

Looker Studio

BigQuery

新規作成画面からは、大きく分けて［ゼロから作成］と［オーディエンスの候補］の2つの作成方法があることが分かります。［ゼロから作成］についてはワザ148を参照してください。本ワザでは［オーディエンスの候補］から作成する方法を紹介します。

［オーディエンスの候補］は、すべてGoogleからの推奨（あるいはサンプル）としてのオーディエンス例と理解してください。それらの中に作成したいオーディエンスの条件に合致するものがあれば、そのまま利用します。

［オーディエンスの候補］の設定内容の確認方法

［オーディエンスの候補］の［全般］から、例えば［7日間離脱しているユーザー］を選択すると、次のような設定画面が開きます。このオーディエンスを例に、設定内容の確認方法を学びましょう。

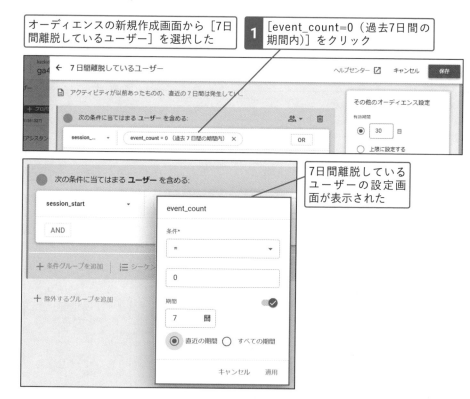

上記のように、［7日間離脱しているユーザー］というオーディエンスの設定内容は「"session_start"というイベントのevent_count（発生回数）が、直近の7日間で0だったユーザー」というように解釈できます。つまり、直近の7日間で1回も訪問していないユーザーという条件になります。

オーディエンス作成上の注意点

オーディエンス作成上の注意点は、次の通りです。

作成直後は対象オーディエンスは0人

オーディエンスは、作成後にユーザーが条件に合致した行動を行った場合に追加されます。そのため、作成直後は0人です。

「event_count」と「イベント数」

[オーディエンスの候補]にある[7日間離脱しているユーザー]は「event_count」を利用していました。一方、オーディエンスを[ゼロから作成]経由で「一定期間に特定イベントを発生させた」を条件としてオーディエンスを作成しようとすると、「event_count」が「イベント数」として表示されます。同じ意味だと理解してください。

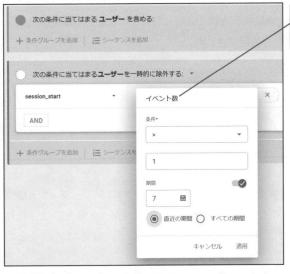

「event_count」が「イベント数」として表示される

「直近の期間」と「すべての期間」

[ゼロから作成]画面で「イベント数」を利用する場合、期間は「直近の期間」「すべての期間」から選択できます。「session_start」イベントを「>1」、期間を「7」とした場合、直近の期間では直近の7日間で「session_start」イベントを2回以上送信したユーザーが含まれます。

すべての期間を設定すると、「session_start」イベントを2回以上送信した「ことがある」ユーザーが含まれます。従って、過去30日以内の7日間で2回訪問したユーザーがいれば、そのユーザーも含まれます。

次のページに続く ▷

基礎知識

導入

設定

指標

ディメンション

データ探索

成果の改善

Looker Studio

BigQuery

有効期間

オーディエンスの設定には、条件を満たしたことで作成したオーディエンスに含まれるようになったユーザーが、何日間オーディエンスに入り続けるのかを指定する「有効期間」というオプションがあります。デフォルトは30日ですが、最短1日から最長540日までの間で設定できます。

有効期間を最短1日から最長
540日の間で変更できる

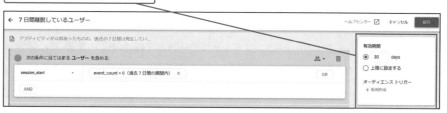

作成したオーディエンスはGoogle広告と連携できる（ワザ094を参照）ほか、ディメンションとして、次のレポートや場所で利用できます。

- 標準レポートの「比較」機能（ワザ110を参照）
- 標準レポートのセカンダリディメンション（ワザ109を参照）
- ライブラリ配下で作成するカスタムレポート（ワザ349を参照）
- 探索レポート

 ポイント

- 「エンゲージのあったセッション（1ユーザーあたり）」などのエンゲージメント指標で、高いパフォーマンスを出しているオーディエンスが見つかった場合には、それらのユーザーを増やすマーケティング施策を企画しましょう。自社にフィットしたユーザーをより多く獲得することにつながります。
- また、コンバージョンに誘導するような広告を出稿するなどのアクションの検討もよいでしょう。高いコンバージョン率でコンバージョンしてくれる可能性があります。

🔗 **[GA4]** オーディエンスの作成、編集、アーカイブ
https://support.google.com/analytics/answer/9267572?hl=ja

高いパフォーマンスを記録するオーディエンスを増やすようなマーケティング活動を企画しましょう。

ワザ 099 特定のユーザー行動の発生回数を計測する

🔑 オーディエンストリガー／オーディエンス／セグメント

前のワザ098でオーディエンスの作成方法を紹介しました。本ワザでは、ユーザーがオーディエンスに加わったことをトリガーとして、新規のカスタムイベントを発生させる「オーディエンストリガー」を解説します。

ワザ098では直接的なオーディエンス作成方法を解説しました。また、ワザ148では「セグメント」作成のオプションとしてオーディエンスを作成する方法を説明します。

本ワザで紹介する「オーディエンストリガー」は、ユーザーがあらかじめ設定した条件に合致した行動をしてオーディエンスに加わった際に、イベントを発生させる機能です。

例えば、「いずれかの7日間で3回以上サイトを訪問した」という行動をしたユーザーを、「サイトのファン」という名前でオーディエンスとして設定したとしましょう。あるユーザーが該当の行動を行って「サイトのファン」が増えた場合に、オーディエンストリガーを利用すれば、「increase_a_site_fan」（英語で「サイトファンが1人増えた」という意味）という名前のイベントを記録できます。

記録したイベントは、GA4に記録されることはもちろん、BigQueryにエクスポートされるデータにも含まれます。さらに、発生させたイベントは、他のイベントと同様にコンバージョンとして登録することも可能です。例えば、「サイトのファン」が増えることをサイト運営上の目標としていた場合、「increase_a_site_fan」イベントをコンバージョンとして登録することで、指標として利用できます。

オーディエンストリガーの設定方法は次のページの通りです。GA4の管理画面からオーディエンスの新規作成画面を表示し、[ゼロから作成]に進みます。続いてカスタムオーディエンスを作成し、オーディエンスの条件を設定しましょう。オーディエンスを作成できたら、[オーディエンストリガー]の[新規作成]から発生させるイベント名を指定します。

次のページに続く ▷

.ıl GA4 　**管理 ▶ オーディエンス ▶ オーディエンス**

┌─────────────────────────────┐　　┌──┐┌─────────────────────┐
│[オーディエンス]の[ゼロ │　　│ 1││[カスタムオーディエンスを│
│から作成]を表示しておく │　　└──┘│作成する]をクリック │
└─────────────────────────────┘　　　　└─────────────────────┘

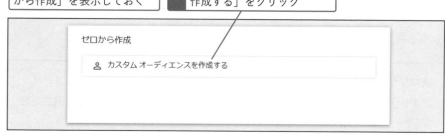

ゼロから作成

    🧑 カスタム オーディエンスを作成する

┌─────────────────────┐
│オーディエンスの │
│条件を設定する │
└─────────────────────┘

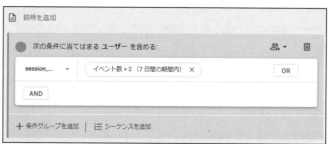

📄 説明を追加

  ⚫ 次の条件に当てはまる **ユーザー** を含める:　　🧑▾　🗑

    session_... ▾　　イベント数 > 2（7 日間の期間内）×　　　OR

    AND

  ＋ 条件グループを追加　│　☰ シーケンスを追加

設定内容 　**タイトル** サイトのファン　**説明** 7日間に3回以上訪問したユーザー

        新しい条件 session_start　**パラメータ** イベント数

        パラメータの条件 > 2　**期間** 7（すべての期間）

┌──┐┌─────────────────────┐
│ 2 ││[オーディエンストリガー]の│
└──┘│[＋新規作成]をクリック │
　　　└─────────────────────┘

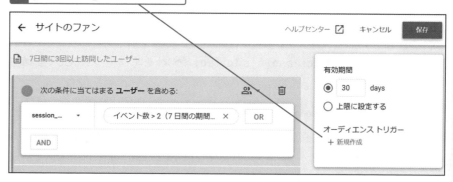

← サイトのファン　　　　　　　　　　　ヘルプセンター 🔗　キャンセル　**保存**

📄 7日間に3回以上訪問したユーザー

  ⚫ 次の条件に当てはまる **ユーザー** を含める:　🧑　🗑

    session_... ▾　　イベント数 > 2（7 日間の期間... ×　OR

    AND

有効期間
◉ 30 days
○ 上限に設定する

オーディエンス トリガー
＋ 新規作成

```
オーディエンス トリガー

ユーザーがこのオーディエンスのメンバーになる際に次のイベントがログに記録
されます
┌─ イベント名 ──────────────────────────────┐
│ increase_a_site_fan                      │
└──────────────────────────────────────────┘

☐ オーディエンスのメンバーシップが更新されると追加のイベン
  トがログに記録されます

                              キャンセル    保存
```

4 ［イベント名］にイベントの名前を入力

［オーディエンストリガー］画面にある［オーディエンスのメンバーシップが更新されると追加のイベントがログに記録されます］というオプションは、少し説明が必要でしょう。

前提として、本ワザで例として挙げた「ユーザーが7日間にサイトを3回訪問する」という行動は、1回ではなく何回も発生する可能性があります。このとき、あるユーザーに対して1回だけ「increase_a_site_fan」イベントを発生させたいのか、発生するたびに「increase_a_site_fan」イベントを発生させたいのかを制御するのが、このオプションです。チェックを付けない場合は前者の設定、チェックを付けた場合は後者の設定となります。

なお、オーディエンストリガーで作成したイベントのパラメータは、ユーザーがオーディエンスに加わったときのイベントのパラメータがコピーされて付与されます。

例えば「ユーザーが7日間にサイトを3回訪問する」という行動に基づくオーディエンストリガーは、あるユーザーが7日以内に発生させた3回目の「session_start」イベントが持つパラメータがコピーされ、「increase_a_site_fan」イベントに紐付けられます。

また、オーディエンストリガーイベントに基づくオーディエンスは作成できないので、この点にも注意が必要です。

> オーディエンストリガーを利用すると、「ユーザーの一定期間の行動」に基づいてカスタムイベントを発生させられます。

ワザ 100 カスタム定義について理解する

🔑 **カスタム定義／カスタムディメンション／カスタム指標**

> UAで存在したカスタムディメンション／カスタム指標は、GA4でも作成できます。カスタムディメンションでは、範囲を「イベント」「ユーザー」から選ぶことができます。違いを見ていきましょう。

Googleアナリティクス4では、カスタムディメンションとカスタム指標を総称して「カスタム定義」と呼びます。

カスタムディメンションとは、ユニバーサルアナリティクスにも存在したユーザー側でカスタマイズして作成できるディメンションのことです。ディメンションについては、ワザ133で解説しているので参照してください。カスタム指標とは、UAにも存在したユーザー側でカスタマイズして作成できる指標のことです。指標については、ワザ115を参照してください。

カスタムディメンションには大きく分けて、次の2種類があります。種類は「範囲」という項目で分類されます。カスタムディメンションを作成してしまえば、探索配下のレポートのディメンションとして利用できる点では違いはありませんが、どちらで作成するべきかはしっかり判断する必要があります。

範囲（スコープ）を「イベント」とするカスタムディメンション

ユーザーの「行動」をディメンションとして利用するにはこちらを利用します。カスタムディメンションを作成するもととなる情報は「パラメータ」です。

範囲（スコープ）を「ユーザー」とするカスタムディメンション

ユーザーの「属性」をディメンションとして利用するにはこちらを利用します。カスタムディメンションを作成するもととなる情報は「ユーザープロパティ」です。どちらの場合も、作成する手順は次の通りです。

GA4のカスタムディメンションは、次のように管理画面の[カスタム定義]から作成します。この画面は2つのタブに分かれているので、[カスタムディメンション]タブから作成画面を表示します。具体的な作成方法は、次のワザ101とワザ102で紹介しています。

GA4 設定 ▶ カスタム定義 ▶ カスタムディメンション

[カスタムディメンションを作成]から作成する

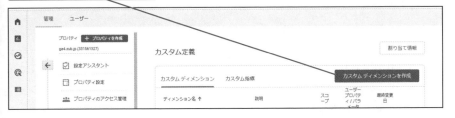

カスタム指標は次のように、[カスタム定義]画面で[カスタム指標]タブに切り替えてから作成します。

なお、カスタム指標には本書執筆時点で「イベント」スコープしか存在しません。イベントスコープとは、ユーザーがある行動を起こした回数を指標とするという意味です。ユーザーがある行動を起こしたセッション数や、ある行動を起こしたユーザー数ではないので注意してください。具体的にはワザ103を参照してください。

GA4 設定 ▶ カスタム定義 ▶ カスタム指標

[カスタム指標を作成]から作成する

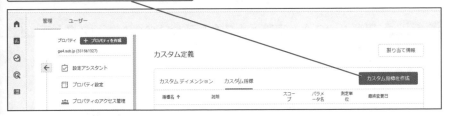

既存のディメンションや指標にはない分析の軸や値については、
カスタム定義からそれぞれを作成しましょう。

関連ワザ	101	「イベント」スコープのカスタムディメンションを作成する	P.356
関連ワザ	102	「ユーザー」スコープのカスタムディメンションを作成する	P.360
関連ワザ	103	カスタム指標を作成してレポートで利用する	P.362

ワザ 101 「イベント」スコープの カスタムディメンションを作成する

🔑 **カスタムディメンション／イベント**

> 前のワザ100でカスタムディメンションの概要を説明しました。本ワザでは、実際に「イベント」スコープのカスタムディメンションを使って「訪問回数」というディメンションを作成する方法を学びます。

本ワザでは、範囲を「イベント」とするカスタムディメンションの作成方法を学びます。例として「ユーザーの何回目のセッションか」を表すパラメータ「ga_session_number」をカスタムディメンションとして設定してみましょう。「ga_session_number」の値をカスタムディメンション「訪問回数」として設定します。

「ga_session_number」パラメータには初回訪問が1、2回目の訪問が2と記録されます。ユーザーが何回目の訪問でコンバージョンするのかを確認するために必要な情報ですが、デフォルトではディメンションとして存在しないため、レポートでは利用できません。そこでカスタムディメンションとして作成します。作成手順は次の通りです。

📊 GA4 **管理 ▶ カスタム定義 ▶ カスタムディメンション ▶ カスタムディメンションを作成**

カスタムディメンションを作成する

× **新しいカスタム ディメンション**　　　　　　　　　　　　**保存**

ディメンション名 ⑦

訪問回数

範囲 ⑦

イベント　　　　　　▼

説明 ⑦

パラメータga_session_numberに基づく訪問回数

イベント パラメータ ⑦

ga_session_number　　　　　　▼

設定内容 | **ディメンション名** 訪問回数 | **範囲** イベント

説明 パラメータga_session_numberに基づく訪問回数

イベントパラメータ ga_session_number

前掲の画面の説明は次の通りです。

- ディメンション名
  - ここに入力した値が、探索レポートのディメンションとして利用できる名前になる。日本語も使用可能
- 範囲
  - 「イベント」と「ユーザー」を選択できるが、「イベント」を選択する。ここでイベントを選択するからこそ、このカスタムディメンションが「イベントスコープ」となる
- 説明
  - 省略可能だが、どのデータからこのディメンションを作成したかをメモとして残すことで、他のユーザーが適切にこのディメンションを利用することの助けになるので、記述することを推奨
- イベントパラメータ
  - イベントに紐付くパラメータ。ここに記述する値の誤字には特に注意する

作成したカスタムディメンションは
リストに表示される

カスタム定義					割り当て情報
カスタムディメンション　カスタム指標					カスタムディメンションを作成
ディメンション名 ↑	説明	スコープ	ユーザープロパティ/パラメータ	最終変更日	
ページパス_クエリ除外		イベント	request_uri	2022年9月19日	⋮
訪問回数	パラメータ ga_session_number に基づく訪問回数	イベント	ga_session_number	2022年8月30日	⋮

Items per page: 25　　1 – 2 of 2　　|< < > >|

作成したカスタムディメンションを利用するには、探索レポートのディメンションの選択画面にある［カスタム］配下で、該当のカスタムディメンションを選択します。

［カスタム］をクリックし、作成したカスタムディメンションを選択する

× ディメンションの選択　2/161 件を選択中

全年齢 161　　事前定義 159　　カスタム 2

ディメンション名

∨ カスタム

☐ ページパス_クエリ除外

☐ 訪問回数

次のページに続く ▷

GA4 探索 ▶ 自由形式

カスタムディメンションを利用した
レポートを作成できる

訪問回数		↓セッション	エンゲージのあったセッション数	エンゲージメント率	コンバージョン	セッションのコンバージョン率
	合計	942 全体の 100%	522 全体の 100%	55.41% 平均との差 0%	31 全体の 100%	2.87% 全体の 100%
1	1	563	394	69.98%	17	2.84%
2	2	153	55	35.95%	10	4.58%
3	3	53	26	49.06%	2	3.77%
4	4	25	8	32%	0	0%
5	5	17	6	35.29%	1	5.88%
6	6	16	6	37.5%	0	0%
7	7	9	1	11.11%	0	0%
8	11	6	1	16.67%	0	0%
9	8	6	1	16.67%	0	0%
10	10	5	2	40%	0	0%

上記のレポートを見ると、多くのコンバージョンが初回、あるいは2回目のセッションで発生していることが確認できます。

範囲をイベントとして、つまりイベントスコープで作成したカスタムディメンションを、このレポートではセッションスコープの指標と組み合わせています。ユニバーサルアナリティクスの考え方に従うと、「やってはいけないこと」「正確な数値を得られない組み合わせ」となりますが、Googleアナリティクス4では正しい値を示しています。その理由は、例えばあるユーザーの初回訪問セッションを考えてみると分かります。

「first_visit」「session_start」「page_view」など、当該セッションで発生したすべてのイベントに対して、ga_session_numberには1が記録されます。データがその状態で記録されていれば、ga_session_idをもとに作成したディメンション「訪問回数」に対して、固有のセッションIDの個数を数えて指標「セッション」を取得することで、訪問回数が1、セッションが1となり「初回訪問のセッションが1発生した」という事実を正確に反映したレポートが作成できるためです。

次のページの画面では、それをBigQueryで検証しています。GA4のレポート画面の数値と完全に一致はしていませんが、SQLを理解していれば、GA4のレポートが基本的には「ga_session_numberごとにユニークなセッションIDを数える」集計を行った結果と合致していることが見て取れるでしょう。ユーザースコープのカスタムディメンションの作成方法は、次のワザ102を参照してください。

> 「ga_session_number」ごとに、ユニークなセッションID
> を数える集計を行っている

```
1  with master as (
2    SELECT user_pseudo_id
3    ,(select value.int_value from unnest(event_params) where key = 'ga_session_number') as ga_session_number
4    ,(select value.int_value from unnest(event_params) where key = 'ga_session_id') as session_id
5    FROM `bigquerytableauoct.analytics_323400862.events_202211*`
6  )
7
8  select ga_session_number, count(distinct concat(user_pseudo_id, session_id)) as session
9  from master
10 group by ga_session_number
11 order by 1
12
```

処理を行うロケーション: US ⊗

クエリ結果

| ジョブ情報 | 結果 | JSON | 実行の詳細 | 実行グラフ | プレビュー |

行	ga_session_number	session
1	1	562
2	2	153
3	3	53
4	4	25
5	5	17
6	6	16
7	7	9
8	8	6
9	9	5
10	10	5

☝ポイント

- 時刻など、固有の値の多いディメンションをカスタムディメンションに格納すると、いわゆる「高基数」のディメンションとなり「(other)」が増える原因になります。

> 「訪問回数」は、広告などのパフォーマンス改善のための分析に
> 有用です。本ワザを参考に作成してみましょう。

関連ワザ **030** イベントごとのパラメータを理解する　　　　　　　　　　　　　　　　P.92

関連ワザ **102** 「ユーザー」スコープのカスタムディメンションを作成する　　　　　　　　P.360

ワザ 102 「ユーザー」スコープの カスタムディメンションを作成する

🔑 カスタムディメンション／ユーザー／ login_id

> 「イベント」スコープに続き、本ワザでは「ユーザー」スコープのカスタムディメンションを作成する方法を紹介します。例えば「会員ID」を格納すれば、自社の会員ごとの分析を行うレポートで使えます。

本ワザでは、会員IDを示すユーザープロパティ「login_id」を利用したカスタムディメンション「会員ID」を設定するという例で、範囲を「ユーザー」とするカスタムディメンションの作成手順を学びます。

前提として、ユーザーがログインした際にdataLayer変数など、Webサイトの会員管理のシステムが保持している会員IDを識別するIDを「login_id」として、ユーザープロパティに格納している状態を想定しています。

まだ実現していない人は、ワザ066を参照してユーザープロパティに値を格納してください。格納してあれば、次の設定で完成します。

📊 GA4 管理 ▶ カスタム定義 ▶ カスタムディメンション ▶ カスタムディメンションを作成

カスタムディメンションを作成する

× 新しいカスタム ディメンション 　保存

⚠ 固有の値が多いディメンションを登録するとレポートに悪影響が及ぶ可能性があります。カスタ　おすすめの方法の詳細
ムディメンションの設定に関するおすすめの方法を実践するようにしてください。

ディメンション名 ⑦　　　　　　　　　　範囲 ⑦

会員ID　　　　　　　　　　　　　　ユーザー ▼

説明 ⑦

dataLaer変数から取得したlogin_idに基づく

ユーザープロパティ ⑦

login_id ▼

| 設定内容 | ディメンション名 | 会員ID | 範囲 | ユーザー |

説明　dataLayer変数から取得したlogin_idに基づく

ユーザープロパティ　login_id

カスタムディメンションを作成すると、次のように探索レポートでディメンション「会員ID」が利用できるようになります。

.ıl GA4 　探索 ▶ 自由形式

会員IDを利用したレポートを作成できた

会員ID		↓セッション	エンゲージのあったセッション数	エンゲージメント率	表示回数
	合計	61 全体の100%	31 全体の100%	50.82% 平均との差 0%	496 全体の100%
1	aaa111	57	29	50.88%	476
2	ccc333	4	2	50%	20

本ワザでは会員IDを設定しましたが、それ以外のユーザーの属性をGA4で分析したい場合には、ユーザープロパティとして利用したい値を収集しておく必要があります。ワザ066では会員のステータスを収集する例を挙げているので、併せて参照してください。

ユーザースコープのカスタムディメンションに格納すべきユーザーの属性としては、会員IDや会員のステータス以外にも、会員登録の年月日、オフラインイベントの参加有無、コールセンターへのコール有無などが考えられます。

そうしたユーザーに紐付く情報をGA4に格納すれば、GA4はWebサイトのパフォーマンスを改善するためだけでなく、CRMの活動を改善するための基礎データとして利用できるようになります。

ユーザースコープのカスタムディメンションを活用すれば、CRMの活動も改善できます。積極的に利用しましょう。

基礎知識　導入　設定　指標　ディメンション　データ探索　成果の改善　Looker Studio　BigQuery

カスタム定義

基礎知識

導入

設定

指標

ディメンション

データ探索

成果の改善

Looker Studio

BigQuery

ワザ 103 カスタム指標を作成して レポートで利用する

🔑 **カスタム指標／ログイン回数**

> GA4のレポートで自社サイトに合わせた指標を使えるようにするため、カスタム指標を作成しましょう。例としてパラメータ「login_value」に基づいて、「ログイン回数」を表す指標を作成します。

本ワザでは、カスタム指標を学ぶために「ログイン回数」という指標を作成します。前提として、ワザ066に従って、パラメータ「login_value」に固定値1が送信されるようにGoogleタグマネージャーが実装されている必要があります。

カスタム変数はイベントスコープしか存在しません。そのため、特定のパラメータの数値の値を、そのイベントの発生した回数だけ合計して表示します。「login」イベントに紐付くパラメータ「login_value」には、固定値1が格納されています。そのため、「login」イベントが発生するたびにGoogleアナリティクス4に1が送信され、その合計数がログイン回数になります。実際にカスタム変数を作成する画面は次の通りです。

📊 GA4 管理 ▶ カスタム定義 ▶ カスタム指標 ▶ カスタム指標を作成

`ログイン回数を設定する`

× 新しいカスタム指標		保存
指標名 ⑦	**範囲** ⑦	
ログイン回数	イベント ▼	
説明 ⑦		
イベント login に紐づく、パラメータ login_value に基づく		
イベントパラメータ ⑦	**測定単位** ⑦	
login_vallue ▼	標準 ▼	

`設定内容` `指標名` ログイン回数
`説明` イベントloginに紐付く、パラメータlogin_valueに基づく
`イベントパラメータ` login_value `測定単位` 標準

前掲の画面の説明は次の通りです。

■ 指標名
  • この名前が探索配下の指標として利用できる。日本語も使用可能
■ 範囲
  • ここは選択できず、「イベント」で固定されているため、イベントの発生回数が合計される
■ 説明
  • 省略可能だが、どのデータからこの指標を作成したかをメモとして残すことで、他のユーザーが適切にこの指標を利用することの助けになるので、記述することを推奨
■ イベントパラメータ
  • 値に数値を持つパラメータを設定する
■ 測定単位
  • 標準、通貨、距離から選択可能。本ワザの「login_value」の例では、回数なので標準を選択している

カスタム指標の作成が完了すると、探索レポートで利用できるようになります。

	地域	セッション	↓ログイン回数
	合計	**116** 全体の100%	**56** 全体の100%
1	Chiba	114	56
2	Nagano	1	0
3	Osaka	1	0

ログイン回数が計測できた

👆 ポイント

• ワザ066では、loginイベントを送信した際に、付属するパラメータとして「login_value = 1」を記録していました。本ワザは、同実装が済んでいることを前提としています。

カスタム指標はイベントスコープでしか作成できません。従って「回数」を数えることに向いています。

関連ワザ **066** ログインIDやユーザーの属性をレポートで利用する　　　　P.243

ワザ 104 使い勝手よくレポートをカスタマイズする

🔑 **カスタマイズ**

> GA4のレポートの中でも、標準レポートはよく閲覧すると思います。標準レポートでディメンションや指標を追加・削除したり、フィルタを適用したりすることで、使い勝手がよくなるようにカスタマイズできます。

Googleアナリティクス4の［レポート］メニュー配下にあるレポート群を、本書では「標準レポート」と呼んでいます。これらの標準レポートは、特別な設定をしなくても全ユーザーが表示できるため、使用する機会も多いでしょう。標準レポートを利用していると、次のようなニーズが生まれることがあります。

- 一覧形式の「スナップショット」「サマリーレポート」利用時
  - カードの追加・改廃：あるカードは不要で、別のカードを掲載したい

- 表形式の「詳細レポート」利用時
  - 指標を切り替えたい：ある指標は不要で、別の指標があるとよい
  - ディメンションの追加・削除：ディメンションを追加、あるいは削除したい
  - 上部のグラフの切り替え・削除：上部に出てくるグラフは不要、もしくは別のものにしたい

本ワザでは、そうしたニーズに対応するグラフのカスタマイズ方法を紹介します。

▌一覧形式の「スナップショット」や「サマリーレポート」のカスタマイズ

一覧形式の「スナップショット」や「サマリーレポート」をカスタマイズするには、レポートのスナップショットを開き、画面右上にある［レポートをカスタマイズ］をクリックします。

📊 GA4 レポート

1 ［レポートをカスタマイズ］をクリック

> 右列の「レポートをカスタマイズ」
> からカードを削除・追加できる

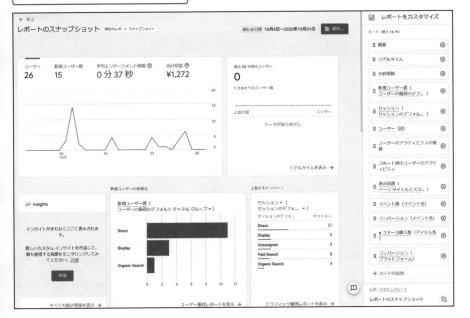

カスタマイズ画面で不要なカードがあれば、該当するカードの[×]をクリックします。カードの表示順を調整したい場合には、ドットが3行2列に並ぶアイコンをつかんで、上下にドラッグ&ドロップすることで調整可能です。

新規カードを追加したい場合には、[+カードの追加]をクリックします。次のページにある画面のようにGA4にもともと存在するカードの一覧が表示されるので、チェックを付けて[カードを追加]をクリックすると、新しくカードを追加できます。

右側タブ: 基礎知識　導入　設定　指標　ディメンション　データ探索　成果の改善　Looker Studio　BigQuery

次のページに続く ▷

必要なカードを追加できる

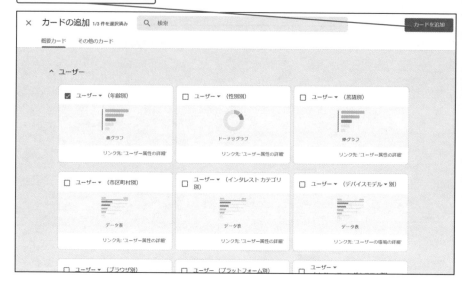

リストの中に表示したいカードがない場合には、ワザ107を参照して新規にカードを作成することもできます。新規で作成後、カード一覧に表示されます。

表形式の「詳細レポート」のカスタマイズ

詳細レポートのカスタマイズも、レポートの右上にある［レポートをカスタマイズ］をクリックして開始します。

📊 GA4　**レポート ▶ ユーザー属性 ▶ ユーザー属性の詳細**

1　［レポートをカスタマイズ］をクリック

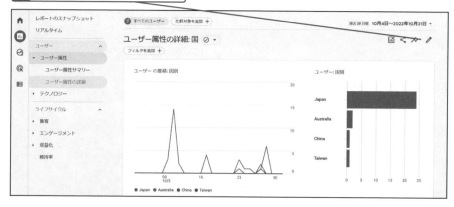

カスタマイズできる項目が表示された

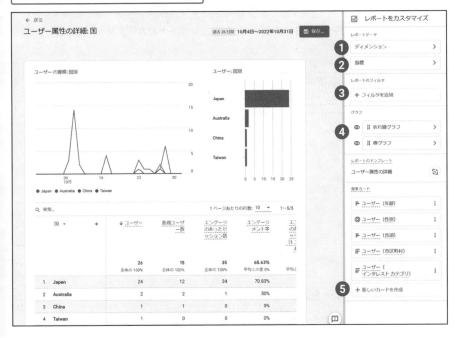

カスタマイズ方法は次の通りです。

❶ディメンション

[ディメンション]をクリックすると、既存のディメンションのリストが表示されます。不要なディメンションは[×]で削除でき、新規に追加したいディメンションは選択して追加できます。

❷指標

[指標]をクリックすると、既存の指標のリストが表示されます。不要な指標は[×]で削除でき、新規に追加したい指標は選択して追加できます。

❸フィルタ

ディメンションに基づき、グラフにフィルタを適用できます。

❹グラフ

目のアイコンをクリックすると、グラフの表示・非表示を切り替えられます。

❺新しいカードを作成

スナップショットやサマリーレポートに掲載する、新しいカードを作成できます。

次のページに続く ▷

次の画面は、本ワザで紹介した手順を利用してカスタマイズした筆者のGA4の「トラフィック獲得」レポートです。デフォルトの状態とはかなり異なった指標が確認できると思います。このように、自分が使いやすいかたちにレポートをカスタマイズすることができます。

「トラフィック獲得」レポートの
指標をカスタマイズしている

セッションのデフォルト チャネル グループ ▾ ＋	↓ セッション	エンゲージメント率	セッションあたりの平均エンゲージメント時間	セッションあたりのイベント数	コンバージョンすべてのイベント ▾	セッションのコンバージョン率すべてのイベント ▾
	2,533 全体の 100%	66.4% 平均との差 0%	0 分 46 秒 平均との差 0%	10.38 平均との差 0%	65.00 全体の 100%	2.33% 平均との差 0%
1　Organic Search	1,403	74.13%	0 分 55 秒	11.41	27.00	1.85%
2　Direct	554	52.35%	0 分 27 秒	7.49	10.00	1.62%
3　Organic Social	489	61.76%	0 分 37 秒	9.46	22.00	3.89%
4　Referral	56	60.71%	1 分 10 秒	23.91	5.00	7.14%
5　Unassigned	19	36.84%	0 分 06 秒	4.53	1.00	5.26%
6　Paid Search	8	50%	0 分 21 秒	9.88	0.00	0%

ポイント

・新規に左列のメニューを追加・削除したり、新規に新しいレポートを追加・削除したりする場合は、ワザ105を参照してください。

標準レポートのカスタマイズは、GA4の該当プロパティを利用する全ユーザーに影響するので、注意が必要です。

基礎知識
導　入
設　定
指　標
ディメンション
データ探索
成果の改善
Looker Studio
BigQuery

ワザ 105 ライブラリ機能でレポートのメニューをカスタマイズする

🔑 ライブラリ

> ユニバーサルアナリティクスではレポートのメニューは固定的でしたが、GA4では「ライブラリ」機能を利用してメニュー構成やメニュー配下のカスタマイズが可能です。全体の手順を理解しましょう。

Googleアナリティクス4では、標準レポートのメニュー構成や、そのメニュー配下に配置するレポート群のカスタマイズができます。自分が定期的に確認したいレポートをディメンションと指標を組み合わせて作成し、それを自分で見つけやすく、使いやすい構成でメニューに並べることが可能です。

そのためのカスタマイズを実現するのが「ライブラリ」機能です。この機能を利用することで、結果として効率よく、確認したい項目を確認できるようになります。

まずは、ライブラリ機能を用いるうえで理解すべき用語を確認しましょう。次の画面は［レポート］メニューを表示した画面です。このうちの［ユーザー］［ライフサイクル］などの1つのブロックを「コレクション」と呼びます。そして、コレクションの中にある［ユーザー属性］［集客］などの項目を「トピック」と呼びます。カスタマイズして作成したレポートは、コレクション配下のトピックとして格納されることになります。

📊 GA4 レポート

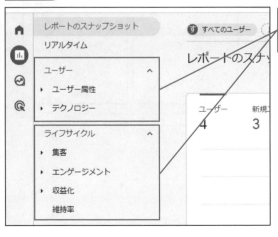

コレクションの中にトピックが格納されている

次のページに続く ▷

ライブラリ機能を利用するには、GA4の左列の下部にある［ライブラリ］をクリックします。

［レポート］メニューの［ライブラリ］
からカスタマイズを開始する

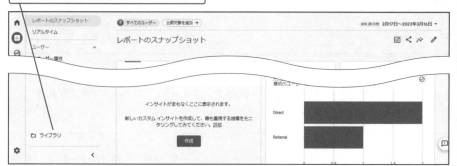

ライブラリをクリックすると、次の画面となります。［コレクション］の内容が左列のメニュー構成と完全に一致していることが確認できます。従って、コレクションを新規作成すればレポートメニューの大分類が増え、その配下にフォルダ的に機能するトピックがぶら下がり、トピック配下に紐付けたレポートが表示されます。

［コレクション］の内容が［レポート］
メニューの構成と一致している

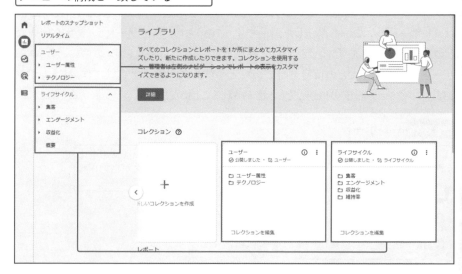

コレクションの新規作成

では、コレクションの新規作成をしましょう。[コレクションを作成] をクリックしてください。作成方法には「空白」を利用してゼロから作成する方法と、用意されたテンプレートを利用する方法の2つがあります。

テンプレートを使うと、不要なレポートがすでに多数紐付いた状態のコレクションをもとにカスタマイズする必要があるため、かえって手間がかかってしまいます。なので、空白から作成する方法を推奨します。

[コレクションのカスタマイズ] 画面が表示されたら、まずは「無題のコレクション」の欄にコレクションの名前を入力しましょう。また、[新しいトピックを作成] をクリックし、トピック名を入力します。

すると、次のページにある画面のように、トピック内に [サマリーレポートをドロップ][詳細レポートをドロップ] というエリアが表示されます。このエリアに、右列に並んでいるレポートをドラッグ&ドロップして追加していきます。

1 ［空白］をクリック

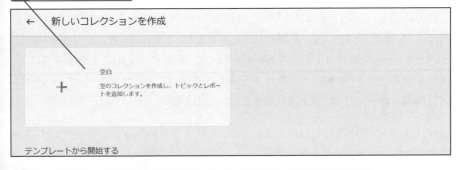

2 コレクション名を入力 **3** ［新しいトピックを作成］をクリックし、トピック名を入力

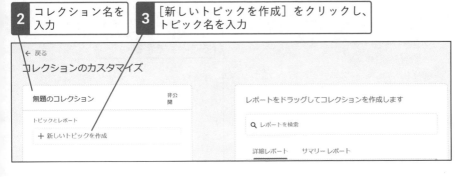

次のページに続く ▷

基礎知識

導入

設定

指標

ディメンション

データ探索

成果の改善

Looker Studio

BigQuery

サマリーレポートと詳細レポートをドラッグ＆ドロップできるエリアが表示された

この中のレポートをドラッグ＆ドロップして追加する

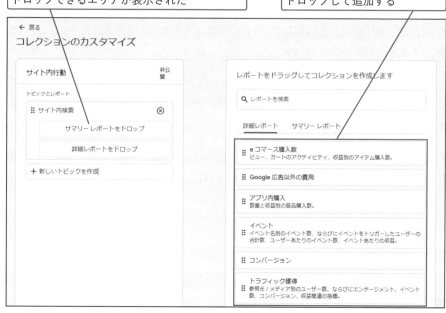

上記の画面では、コレクションに「サイト内行動」、トピックに「サイト内検索」という名称を付けています。そのうえで、実際にはまだ作成していませんが、仮にサマリーレポートとして「サイト内検索サマリー」、詳細レポートとして「検索キーワード」を掲載するには、画面右側のレポートのリストから該当するレポートをそれぞれ［サマリーレポートをドロップ］［詳細レポートをドロップ］にドラッグ＆ドロップします。

1つのコレクションに複数のトピックスを持つことと、1つのトピックスに複数のレポートを掲載することは、どちらも可能です。

コレクションの中に複数のトピックを持たせることもできる

基礎知識

導入

設定

指標

ディメンション

データ探索

成果の改善

Looker Studio

BigQuery

┃ コレクションの公開

コレクションにトピックやレポートを追加しても、「公開」するまではレポートメニューには反映されません。次の手順でコレクションを「公開」します。コレクションが公開されると、プロパティにアクセスする権限のある全員に表示されます。

1 3点メニューをクリックして［公開］を選択

コレクションが公開された

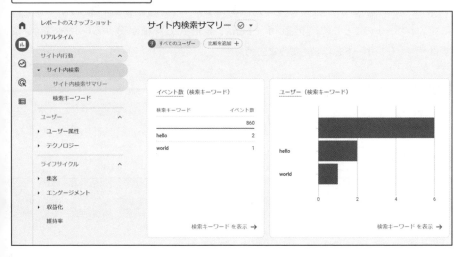

自社にとって重要な、よく利用するレポートをコレクションを使ってメニューに表示しましょう。

関連ワザ **106**	カスタマイズしたサマリーレポートを作成する	P.374
関連ワザ **107**	カスタマイズした詳細レポートを作成する	P.378

ワザ 106 カスタマイズした サマリーレポートを作成する

🔑 **ライブラリ**

> ライブラリ機能を利用すると、ワザ105で紹介した通りに左列のメニューの組み替えができるだけでなく、新規のレポートを作成することもできます。本ワザではサマリーレポートの作成方法を学びます。

前のワザ105では、ライブラリ機能を利用すると［レポート］配下のメニューを追加・変更できることを紹介しました。本ワザでは、同じライブラリ機能を使ってカスタマイズしたサマリーレポートを作成する方法を解説します。

次の画面のように［ライブラリ］画面で［新しいレポートを作成］をクリックすると、［サマリーレポートを作成］と［詳細レポートを作成］の2つのメニューが表示されます。サマリーレポートとは、概要を示すウィジェット（GA4では「カード」と呼ばれます）がタイル状に並ぶレポートのことです。詳細レポートとは、表形式で詳細が分かるレポートです。まずはサマリーレポートを作成してみましょう。

サマリーレポートの作成

📊 **GA4**　レポート ▶ ライブラリ

1 ［新しいレポートを作成］をクリック

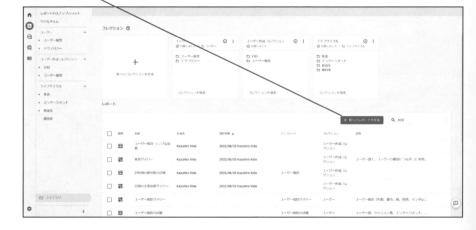

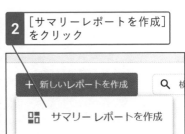

[サマリーレポートを作成]
2　をクリック

[カードを追加] を
3　クリック

[カードを追加] をクリックすると、次のページにある [カードの追加] 画面が表示されます。すでにGA4側で作成されているカードが一覧化されているので、レポートに掲載したいカードにチェックを付けます。

カードにチェックを付けると、画面右上にある [カードを追加] ボタンが青くアクティベートされるので、クリックするとサマリーレポートに追加されます。一度に複数のカードを選択・追加することもできます。

次のページに続く ▷

基礎知識

導入

設定

指標

ディメンション

データ探索

成果の改善

Looker Studio

BigQuery

サマリーレポートに追加したい
カードを選択する

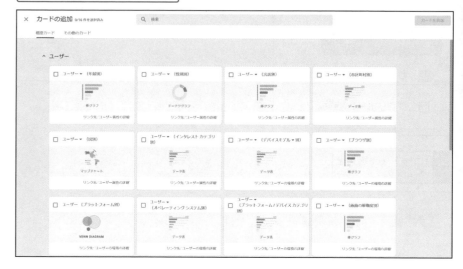

次の画面は [コンバージョン (イベント名)] と [表示回数 (ページタイトルとスクリーンクラス)] という2枚のカードを、サマリーレポートに追加したところです。この内容で問題ない場合は [保存] をクリックします。

その後、次のページのようにレポート名、およびレポートの説明を記述できるダイアログボックスが開きます。分かりやすい名前を付けて保存しましょう。[報告に関する説明]（「レポートに関する説明」の誤訳と思われます）はオプションです。

必要なカードを追加できたら
[保存] をクリックする

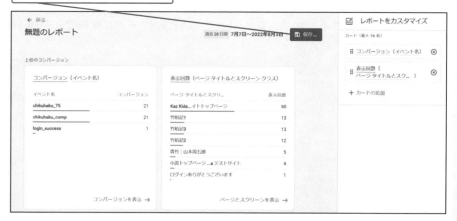

基礎知識

導入

設定

指標

ディメンション

データ探索

成果の改善

Looker Studio

BigQuery

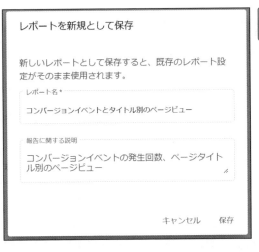

レポートを新規として保存

新しいレポートとして保存すると、既存のレポート設定がそのまま使用されます。

レポート名 *

コンバージョンイベントとタイトル別のページビュー

報告に関する説明

コンバージョンイベントの発生回数、ページタイトル別のページビュー

キャンセル　保存

レポート名と説明を入力して保存する

レポートの保存ができると、次の通りレポート一覧画面に、作成したレポートがリストされます。後ほど、「コレクション」に紐付けてから公開します。

作成したサマリーレポートが表示された

サマリーレポートは概要を確認する目的で作成します。分析用の詳細レポートとは区別しましょう。

| 関連ワザ **105** | ライブラリ機能でレポートのメニューをカスタマイズする | P.369 |
| 関連ワザ **107** | カスタマイズした詳細レポートを作成する | P.378 |

基礎知識

導入

設定

指標

ディメンション

データ探索

成果の改善

Looker Studio

BigQuery

ワザ 107 カスタマイズした詳細レポートを作成する

🔑 **ライブラリ**

> ライブラリ機能を利用して、新規に詳細レポートを作成する方法を紹介するワザです。詳細レポートは、ディメンション、指標、フィルタを組み合わせて作成するレポートで、UAのカスタムレポートとも似ています。

前のワザ106では、ライブラリ機能を利用してサマリーレポートを作成しました。本ワザでは、同じライブラリ機能を使ってカスタマイズした詳細レポートを作成する方法を解説します。

詳細レポートの作成

サマリーレポートの作成と同じように、レポートの [+新しいレポートを作成] から [詳細レポートを作成] をクリックします。すると次の通り、

①空白を選んでゼロからレポートを作成する
②既存のレポートをテンプレートとして利用し、テンプレートをカスタマイズして作成する

の2つの作成方法から、どちらかを選ぶことができます。

⊿ GA4 **レポート ▶ ライブラリ ▶ +新しいレポートを作成 ▶ 詳細レポートを作成**

[空白] と使用できるテンプレートの一覧が表示された

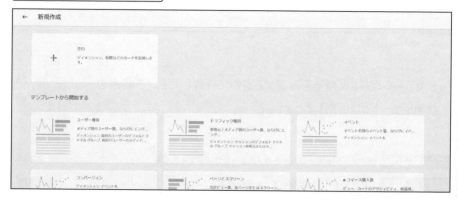

空白、つまりゼロからレポートを作成する方法が分かっていれば、テンプレートから作成することは容易なため、本ワザでは［空白］からレポートを作成する方法を解説します。

［空白］をクリックすると次の画面になります。右カラムにある［ディメンション］をクリックして、ディメンションを選択しましょう。すべてプライマリディメンションとして利用されます。12個まで選ぶことが可能です。

同様に、右カラムの［指標］から指標を選択します。こちらも最大12個まで選択できます。

ディメンションと指標を最大
12個まで選択できる

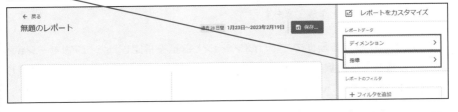

次の画面は、ディメンションに「検索キーワード」を、指標に「ユーザー」「セッション」「初回訪問」「イベント数」「ユーザーあたりのイベント数」を指定して作成したレポートです。ソートは「ユーザーの降順」を、指標の選択のところで指定しています。

ディメンションに「検索キーワード」
を指定したレポートを作成した

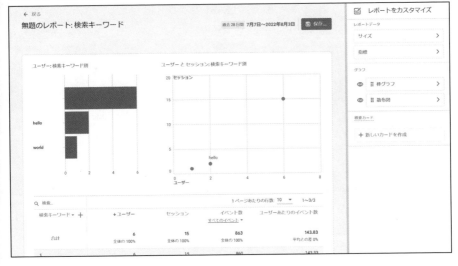

次のページに続く ▷

基礎知識

導入

設定

指標

ディメンション

データ探索

成果の改善

Looker Studio

BigQuery

基礎知識

導入

設定

指標

ディメンション

データ探索

成果の改善

Looker Studio

BigQuery

また、完成したレポートには次の2つの「オプション」を加えることができます。

グラフの追加

1つ目のオプションは「グラフ」です。前掲のレポートの上部左側には棒グラフが、上部右側には散布図が表示されています。このグラフは画面右側のメニューにある目のアイコンをクリックすると非表示になります。また、「棒グラフ」「散布図」の他に「折れ線グラフ」も選択可能です。

カードの新規作成と追加

2つ目のオプションは「サマリーレポート」を構成する「カード」を、このレポートをもとに作成できることです。右側中段にある「概要カード」から[+新しいカードを作成]をクリックすると新しいカードを作成できます。

次がカードを作成する画面です。ディメンションと指標を指定し、ビジュアリゼーション（グラフの種類）を選択するとカードが完成します。ディメンション、指標ともに、作成したレポートで利用されているものが利用できます。

作成したレポートで利用されている
ディメンションや指標を利用できる

カードは複数の種類を作成できます。次の画面は、グラフ2種類を非表示にし、カードをイベント数とユーザー数で作成したレポート画面です。

基礎知識

導入

設定

指標

ディメンション

データ探索

成果の改善

Looker Studio

BigQuery

レポートで使用するカードは
複数種類を作成できる

レポートはこれで完成なので［保存］をクリックします。すると、レポート名と「報告に関する説明」（オプション）を記述するようになるので、分かりやすい名前や記述をし、保存します。

レポート名と説明を
入力して保存する

最後に、ワザ105を参照して作成が完了したレポートをトピックにドラッグ&ドロップし、コレクションを公開すれば、［レポート］画面の左メニューに本レポートへのリンクが登場します。

詳細レポート上部のグラフは、非表示のほうが利用しやすい場合が多いと思います。適宜、非表示を選択してください。

ワザ 108 レポートにフィルタを適用して特定条件で利用する

🔑 **フィルタ／標準レポート**

> 表形式の標準レポートを「詳細レポート」と呼びます。詳細レポートでは、ディメンションに基づくフィルタを適用できます。フィルタを使用するうえでの注意点をまとめたので、見ていきましょう。

Googleアナリティクス4の標準レポートのうち、表形式の「詳細レポート」はフィルタを適用して、一部条件に合致した状態のレポートの可視化を行うことができます。

例えば「ユーザー属性の詳細」レポートでは、次の画面のようになります。[フィルタを追加]をクリックすると、画面右側に[フィルタの作成]が表示されるので、対象とするディメンションを選択しましょう。さらにディメンションの値を選択すると、それに一致するデータのみにレポートの内容が絞り込まれます。

📊 GA4 **レポート ▶ ユーザー属性 ▶ ユーザー属性の詳細**

[フィルタを追加]から
フィルタを適用できる

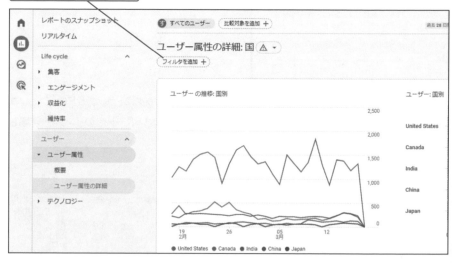

基礎知識

導入

設定

指標

ディメンション

データ探索

成果の改善

Looker Studio

BigQuery

[ディメンションの値を選択] から
絞り込む値を選択できる

注意すべきなのは次の4点です。ワザ110で解説する「比較」の場合と類似しているので、そちらも併せて参照してください。

- ディメンションに基づく条件しか設定できない(指標に基づくフィルタは設定できない)
- 異なるディメンション5つまで条件を指定できる
- 1つのディメンションに対する条件はOR条件が適用される
- 別のディメンションに対する条件はAND条件が適用される

指標に対してはフィルタは適用できないので、「ユーザーが100
以上」のようなフィルタは適用できません。

関連ワザ **110** レポートに比較を適用してセグメントを簡易的に比較する　　　　　　　　P.386

ワザ 109 セカンダリディメンションでレポートを深掘りする

🔑 **セカンダリディメンション**

> UAでも存在していた「セカンダリディメンション」はGA4でも利用できます。本ワザでは、プライマリディメンションを「国」とした場合に、セカンダリディメンションとして「デバイスカテゴリ」を追加します。

レポート画面から行う設定として、ワザ108では標準レポートに「フィルタ」を、ワザ110では「比較」を適用する手順を解説しています。本ワザでは「セカンダリディメンション」を適用する手順を説明します。セカンダリディメンションとは、もともとレポートに適用されているディメンション（セカンダリディメンションと対比する際にはプライマリディメンションと呼ばれます）に追加する2つ目のディメンションのことです。

ワザ133で解説している通り、ディメンションとはサイト全体のパフォーマンスを特定の分析軸で「分ける」ために機能します。例えば、ユーザー属性の標準ディメンションである「国」は、サイト全体のパフォーマンスを国ごとに分けます。つまり、「国別」に可視化します。

一方、次のページにある「国」をディメンションとしたレポートの1行目の「Japan」の中にも、さまざまなユーザーがいます。

- パソコンでサイトを利用したユーザーや、スマートフォンでサイトを利用したユーザー（「デバイスカテゴリ」軸）
- 東京都のユーザーと大阪府のユーザー（「地域」軸）
- 初回訪問をorganicで行ったユーザーとcpcから行ったユーザー（「ユーザーの最初のメディア」軸）

それらの「軸」をプライマリディメンションに加えるのが、セカンダリディメンションです。

次のページの画面で［＋］をクリックすると表示されるセカンダリディメンションのリストの中から、適用したい項目をクリックするだけのシンプルな手順で、セカンダリディメンションを適用できます。

［+］をクリックしてセカンダリ
ディメンションを追加する

国 ▾	＋	↓ ユーザー	新規ユーザ一数	セッション	エンゲージのあったセッション数
		1,682 全体の100%	1,681 全体の100%	2,648 全体の100%	1,566 全体の100%
1　Japan		1,520	1,518	2,463	1,520
2　United States		86	86	86	25

セカンダリディメンションとして
適用する項目を検索できる

Q 検索...			
国 ▾	Q 検索		
	カスタム ▸	アプリのバージョン	
	トラフィック ソース ▸	ブラウザ	
	プラットフォーム / デバイス ▸	デバイス カテゴリ	
1　Japan		言語	
2　United States	ページ / スクリーン ▸	デバイスのブランド	

セカンダリディメンションとして　　　［×］をクリックするとセカンダリ
「デバイスカテゴリ」を追加した　　　ディメンションを削除できる

国 ▾	デバイス カテゴリ ▾	×	↓ ユーザー	新規ユーザ一数	セッション
			1,520 全体の100%	1,518 全体の100%	2,463 全体の100%
1　Japan	mobile		872	870	1,126
2　Japan	desktop		633	630	1,312

プライマリディメンションでは「分けて分析する」粒度がまだ粗
い場合に、セカンダリディメンションを適用します。

ワザ 110 レポートに比較を適用して セグメントを簡易的に比較する

🔑 比較

> UAでよく利用されていた機能に「セグメント」がありますが、GA4では探索レポート
> のみでしか利用できません。標準レポートで一部のデータを参照したい場合は「比
> 較」機能を利用しましょう。

ワザ008で解説した通り、GA4の標準レポートには「サマリーレポート」「詳細レポート」
の2種類があります。しかし、ワザ147で説明する通り、それら2種類の標準レポートに
は両方ともセグメントは適用できません。

一方、「比較」という機能で簡易的に「一部のデータを抽出した可視化」が可能になっ
ています。探索レポートでのみ利用できる「セグメント」よりは柔軟性が大幅に低いです
が、データの一部を抽出して可視化できるという点においてはセグメントに似ています。
本ワザでは、その比較の利用方法について解説します。

▌比較の利用方法

📊 GA4 　レポート

[比較対象を追加]をクリック
することで比較できる

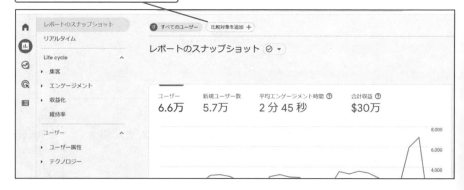

[比較対象を追加] をクリックすると、画面右側に [比較の作成] メニューが現れます。
ディメンションの種類と該当する値を選択して適用しましょう。

次の画面は「デバイスカテゴリがdesktopに一致する」という条件のデータのサブセット
（一部のデータ）を、比較対象に設定している画面です。

[比較の作成] メニューで「デバイスカテゴリがdesktopに一致する」という条件を指定している

「すべてのユーザー」と「デバイスカテゴリがdesktopに一致するユーザー」で比較できた

サマリーレポートだけでなく、表形式の詳細レポートにも同様に適用される

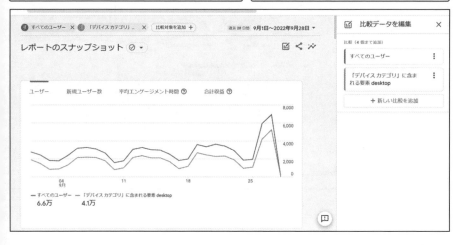

基礎知識

導入

設定

指標

ディメンション

データ探索

成果の改善

Looker Studio

BigQuery

次のページに続く ▷

▌比較を利用する際の注意点

比較を利用するときの注意点は次の通りです。また、以降でそれぞれについて詳しく確認していきます。

①最大4つまで同時に適用できる
②ディメンションに基づく条件しか設定できない
③異なるディメンション5つまで条件を指定できる
④1つのディメンションに対する条件はOR条件が適用される
⑤別のディメンションに対する条件はAND条件が適用される

最大4つまで同時に適用できる

次の画面には「すべてのユーザー」「デバイスカテゴリがdesktopに一致したユーザー」「デバイスカテゴリがmobileに一致したユーザー」「デバイスカテゴリがtabletまたはsmart tvに一致したユーザー」の4つの比較が同時に適用されています。

最大4つの項目を同時に「比較」を適用できる

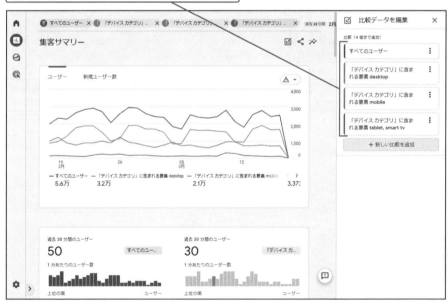

ディメンションに基づく条件しか設定できない

比較の条件に選択できるのはディメンションのみで、指標に基づく比較はできません。

項目はディメンションしかないため、指標による比較はできない

異なるディメンション5つまで条件を指定できる

条件は異なる5つのディメンションに対して設定できます。例えば、次の画面は「デバイスカテゴリがmobileに一致」かつ「国がUnited Statesに一致」かつ「地域がCaliforniaではない」ユーザーを比較対象として設定しています。

デバイスカテゴリ、国、地域という3つの異なるディメンションを条件としていますが、最大、さらに2個までのディメンションを条件に比較を作成できます。「含む」だけでなく「除外」も利用できることを理解してください。

デバイスカテゴリ、国、地域のディメンションを条件にしている

基礎知識

導入

設定

指標

ディメンション

データ探索

成果の改善

Looker Studio

BigQuery

次のページに続く ▷

1つのディメンションに対する条件はOR条件が適用される

1つのディメンションに対しては、OR条件が適用されます。次の画面はディメンション「デバイスカテゴリ」を対象とした比較の作成例ですが、desktopまたはtabletが含まれる比較が作成されます。

1つのディメンションで複数の値を指定した場合、OR条件として適用される

別のディメンションに対する条件はAND条件が適用される

次の画面は「デバイスカテゴリ」と「地域」という異なるディメンション2つを利用した比較の作成です。この場合、デバイスカテゴリの条件と地域の条件は「かつ」、つまりAND条件になります。デバイスカテゴリがdesktop、または地域がCaliforniaとはならないので注意してください。

異なるディメンションを指定した場合、
AND条件として適用される

基礎知識

導入

設定

指標

ディメンション

データ探索

成果の改善

Looker Studio

BigQuery

「比較」では自分が関心のあるデータを抽出できない場合、探索
レポートで利用可能な「セグメント」を利用しましょう。

関連ワザ **108** レポートにフィルタを適用して特定条件で利用する　　　　　　　P.382

ワザ 111 作成した探索レポートを共有する

🔍 **探索レポート／公開範囲／共有**

> 探索レポートを作成しても、共有しない限り他のユーザーはレポートを見ることはできません。共有には本ワザで解説する設定が必要です。共有すると、プロパティへのアクセス権がある全員が閲覧できます。

探索レポートを作成した直後の時点では、そのレポートを閲覧できるのは作成したユーザーのみです。つまり、公開範囲が作成者に限定されており、他のユーザーは閲覧することはもちろん、存在することすらも分かりません。

本ワザでは、作成した探索レポートを、プロパティへのアクセス権がある全員が利用できるようにする設定について解説します。とはいえ、手順としては次に掲載した［データ探索］画面にあるレポートの一覧から、共有したいレポートのメニューを開いて［共有］を選択するだけです。

共有の設定を行ったレポートは、プロパティにアクセスできる全ユーザーが「読み取り専用」の状態で利用できるようになります。

📊 GA4 **探索**

> **1** 共有したいレポートの3点リーダーをクリック

> **2** ［共有］をクリック

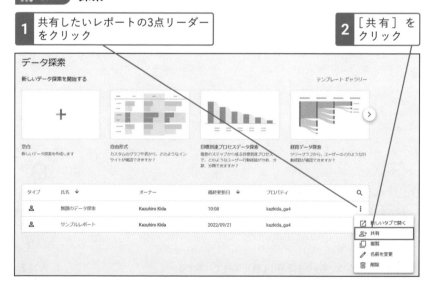

共有を受けたユーザーはレポートを開くと、次の画面のようになります。「読み取り専用」の状態なので、レポートを閲覧することはできますが、修正はできません。レポート名に「（読み取り専用）」という文字列が付与されるので、自身で作成したレポートではなく、共有を受けたレポートということが分かります。

レポート名の末尾に「（読み取り専用）」という文言が追加される

共有を受けたレポートに関する注意点は次の通りです。

①共有を受けたレポートに、オリジナルを作成したユーザーが変更を加えると、その変更も反映される

②共有を受けたレポートは「複製」できる。複製すると、別のレポートとして修正を加えることが可能。複製は探索レポートのリストのメニューから行う

🖐 ポイント

・レポートを共有するときはレポート名を分かりやすくしましょう。自分だけが分かるレポートや、デフォルトのままの「無題のレポート」は避けてください。

探索レポートは共有しない限り、他のユーザーは見られません。
どんどん自分用のレポートを作成して学習しましょう！

関連ワザ **145** 探索レポートの概要を理解する　　　　　　　　　　　　　　P.468

ワザ 112 データの削除リクエストに対応する

🔑 **データ削除／ログインID**

> GA4にはプライバシー保護の観点から、データの削除機能があります。どのデータを削除するかを表すデータの削除タイプは5種類あるので、それぞれの違いを理解したうえで、適切にデータを削除しましょう。

何らかの事情でGoogleアナリティクス4からデータを削除する必要が生じた場合、本ワザで紹介する方法で実現できます。設定場所はGA4の管理画面の中にある [データ削除リクエスト] です。

📊 GA4 **管理 ▶ データ削除リクエスト**

1 [データ削除リクエストのスケジュールを設定] をクリック

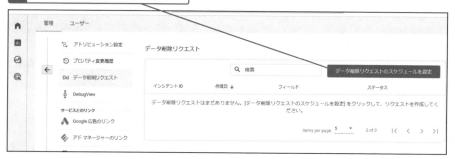

5種類のデータ削除の選択肢から選択する

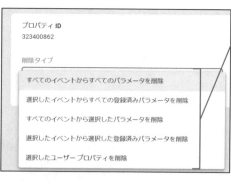

5つの削除タイプは上から4つ目までは、パラメータを削除するタイプ、最後の1つはユーザープロパティを削除するタイプです。それぞれに分けて見ていきましょう。

パラメータの削除

パラメータの削除は、対象とするイベントを「すべて」か「選択した」対象だけにするのか、削除するパラメータを「すべて」か「選択した」対象だけにするかで、次の表の4タイプに分かれています。

図表112-1 パラメータの削除の分類

番号	削除タイプ	対象となるイベント	削除されるパラメータ
1	すべてのイベントからすべてのパラメータを削除	すべてのイベント	すべてのパラメータ
2	選択したイベントからすべての登録済みパラメータを削除	選択した一部のイベント	すべてのパラメータ
3	すべてのイベントから選択したパラメータを削除	すべてのイベント	選択した一部のパラメータ
4	選択したイベントから選択した登録済みパラメータを削除	選択した一部のイベント	選択した一部のパラメータ

また、4種類すべてのタイプで開始日と終了日を入力し、データ削除する期間を設定する仕様となっています。データ削除の必要性が生じるのは、ユーザーからのリクエストによるものが多いと思われます。もし、次のようにユーザーに関する情報をパラメータの値として格納している場合、図表112-1の3番か4番を選択し、対象のパラメータ（次の画面の例では「login_id」）の削除を指定します。

ユーザーに関する情報を
削除する

event_name	event_...key	event_...string_value
login	login_value	*null*
	engagement_time_msec	*null*
	session_engaged	1
	login_id	aaa111

ユーザープロパティの削除

ユーザープロパティとして格納したデータを削除する場合には、[データ削除リクエスト]画面から[選択したユーザープロパティを削除]を選択します。次のページにある画面では、ユーザープロパティとして「member_id」に格納した値が「uid_123456」に該当する場合に削除を行う指定をしています。

データの削除開始日は2022年8月1日を指定していますが、「user_123456」が最初にログインした日などを調べたうえで、その日以降のデータを削除するように設定するとよいでしょう。ユーザープロパティへの値の格納方法については、ワザ064を参照してください。

次のページに続く ▷

基礎知識

導入

設定

指標

ディメンション

データ探索

成果の改善

Looker Studio

BigQuery

基礎知識

導入

設定

指標

ディメンション

データ探索

成果の改善

Looker Studio

BigQuery

ユーザープロパティ名「member_id」に格納した
値が「uid_123456」に該当する場合に削除する

× データ削除リクエストのスケジュールを設定　　　　　リクエストのスケジュールを設定

データ削除リクエストはプロパティのタイムゾーンで発生します。詳細

詳しくは、データの削除がキャンペーン アトリビューションに及ぼす影響に関する記事をご確認ください。

同意モードがデータの削除に影響する場合があります。詳細

プロパティ ID
322368130

削除タイプ
選択したユーザー プロパティを削除　　　　　　　▼

開始日（その日付を含む）
2022年8月1日　　　　　　　　　　　　　　　📅

終了日がありません。開始日から実際の削除日の間にデータは削除されます。

削除するユーザー プロパティ
ユーザー プロパティを選択してください　　　　∨　　　member_id ⊗

☑ 次のテキストを含むユーザー プロパティ値のみを削　　uid123456
　除：
注: 指定したテキストを含むアイテムを削除する場合、テキストの大文字と小文字は区別されません。

内容を確認して［データの削除の
確認］をクリックする

よろしいですか？

データ削除リクエストに関する情報をご確認ください。スケジュールが設定される
と、プロパティ管理者に完全削除が行われる前にリクエストの確認を許可する通知が
届きます。すべての管理者は、データが削除されるまでの1週間の間に削除リクエ
ストをキャンセルすることができます。その間、すべてユーザーはレポートと分析に
おける削除の影響をプレビューできるようになります。

同意モードが有効な場合、削除するデータの範囲を状況に応じて広げる必要がありま
す。詳細

キャンセル

削除タイプ: 選択したユーザー プロパティを削除
開始日: **2022/08/01**
削除するユーザー プロパティ: **member_id**
次のテキストを含む値を削除する: **uid123456**

データの削除が完了すると、データは完全に削除され、元に戻せません。続行しても
よろしいですか？

　　　　　　　　　　　　　　　　　　　　キャンセル　　データの削除を確認

基礎知識

導入

設定

指標

ディメンション

データ探索

成果の改善

Looker Studio

BigQuery

設定したデータ削除項目は
リストで表示される

データ削除リクエスト

		🔍 検索		データ削除リクエストのスケジュールを設定
インシデント ID	作成日 ↓	フィールド	ステータス	
_puJ7_UcRSCTYMflOceTbg	2022/09/24	ユーザープロパティ: member_id	プレビュー有効 猶予期間中	>

Items per page: 5　　1 – 1 of 1　|< 〈 〉 >|

ユーザー IDやクライアントIDの削除

パラメータやユーザープロパティでなく、ユーザー ID（ログインした際にユーザーが利用した個人を識別するID）やクライアントID（匿名のユーザーを識別するためにGA4のトラッキングコードが自動で採番するID）に基づいてユーザーのデータを削除する場合には、探索配下の「ユーザーエクスプローラ」レポートから行います。ユーザーエクスプローラレポートについてはワザ157を参照してください。

 🔗 [GA4] データ削除リクエスト
https://support.google.com/analytics/answer/9940393?hl=ja

 🔗 [GA4] ユーザー エクスプローラ
https://support.google.com/analytics/answer/9283607#delete-user-data

削除するのがイベント／パラメータ／ユーザープロパティ／ユーザー ID ／クライアントIDのどれかをまず判断しましょう。

キャンペーン

113 キャンペーントラッキングを正確に行う

> UAと同様に、GA4でもキャンペーントラッキングは「utmパラメータ」を利用して行います。キャンペーンとしてトラッキングしたい流入経路がある場合には、utmパラメータを付与しましょう。

ユニバーサルアナリティクスと同様に、Googleアナリティクス4でのキャンペーントラッキングも「utmパラメータ」を利用して行います。ただし、細部には違いがあるので本ワザで正しい情報を理解してください。

まず、キャンペーントラッキングの仕組みは、メールマガジンや広告などのサイトにユーザーを誘導する施策（集客施策）に対してランディングページのURLに目印を付け、他の施策と区別することで行います。例えば、1月1日に発行したメールマガジンに記述した自社サイトのURLに、次のようなパラメータを付与したとします。

https://www.impress.co.jp/?utm_id=001&utm_source=20230101&utm_medium=email&utm_campaign=new_year_greetings

メールマガジンの本文にある上記URLをクリックしたユーザーは、「www.impress.co.jp」のトップページを閲覧します。しかし、パラメータが付与されているため、メールマガジン以外の施策からトップページを閲覧したユーザーが表示するURL「https://www.impress.co.jp/」とは異なるURLでアクセスします。これにより、メールマガジンからのトップページ表示だと分かるということになります。URLに付与するパラメータの種類とGA4のディメンションの対応は、次の表の通りです。

図表113-1 utmパラメータの種類とディメンションの対応

番号	パラメータ名	格納するべき値	GA4のレポート上のディメンション
1	utm_id	キャンペーンの属性を一意に計測するためのID	キャンペーンID
2	utm_source	キャンペーンの参照元を表す文字列	参照元
3	utm_medium	キャンペーンのメディアを表す文字列	メディア
4	utm_campaign	キャンペーンを識別する文字列	キャンペーン
5	utm_content	キャンペーンのクリエイティブを識別する文字列	手動広告コンテンツ
6	utm_term	キャンペーンのキーワードを識別する文字列	手動キーワード

utmパラメータに付与した値に基づくディメンションである「参照元」「メディア」「キャンペーン」「キャンペーンID」には次の3種類があります。

①先頭に「ユーザーの最初の」がつく参照元、メディアなど（ユーザースコープ）
　・ユーザーが初回訪問時に利用した参照元、メディアなど
②先頭に「セッションの」がつく参照元、メディアなど（セッションスコープ）
　・セッションが開始したときに記録された参照元、メディアなど
③先頭に何もつかない参照元、メディアなど（イベントスコープ）
　・イベントとして記録された通りの参照元、メディアなど

スコープについては、ワザ012を参照してください。

🔗 [GA4]トラフィック ソースのディメンションのスコープ
https://support.google.com/analytics/answer/11080067?hl=ja

また、GA4ではutmパラメータの種類として、新規に「utm_id」が登場しました。図表113-1にあるようにディメンション「キャンペーンのID」と紐付き、レポートで利用されます。また、キャンペーンの費用をデータインポートの機能でGA4にアップロードする際のキーとなります（ワザ081を参照）。

🔗 [GA4]キャンペーンとトラフィックソース
https://support.google.com/analytics/answer/11242841?hl=ja

👉 ポイント

・サイト内の遷移についてutmパラメータを付与することは絶対にやめてください。utmパラメータはサイト外からの流入に目印を付けるために利用します。

どのパラメータ名にどのような文字列を格納すべきかを紹介しました。utm_idは費用インポートをする場合には必須です。

ワザ 114 カスタムインサイトで異常値を検知する

🔑 **アナリティクスインサイト／インサイト**

> GA4には「インサイト」というユーザーに気付きを与える機能があります。インサイトを利用すると、機械学習が検知した異常値や、自分で設定したしきい値を超えた値を異常値として通知してくれます。

Googleアナリティクス4では「アナリティクスインサイト」、あるいは単純に「インサイト」と呼ばれる、ユーザーに気付きを与える機能が提供されています。インサイトには、次の2種類があります。

- 自動インサイト：　　GA4が自動的に提供する設定が不要なインサイト
- カスタムインサイト：ユーザー側で条件を設定して異常値を発見するためのインサイト

自動インサイトは、[ホーム] 画面の最下部にある [分析情報と最適化案] セクションで確認できます。次の画面のように表示され、この例では1つですが、Webサイトによっては複数の自動インサイトが表示されることもあります。

> 自動インサイトが
> 表示されている

> [すべての統計情報を表示] → [作成] の順にクリックすると、
> カスタムインサイトを作成できる

前掲の画面に示したように、[すべての統計情報を表示] → [作成] の順にクリックすると、次に掲載した [カスタムインサイトを作成] 画面が表示されます。

設定項目は次の通りです。1つずつ説明します。

- 評価の頻度
- セグメント
- 指標と条件
- インサイト名の選択
- 通知の管理

基礎知識

導入

設定

指標

ディメンション

データ探索

成果の改善

Looker Studio

BigQuery

表示の条件やインサイト名
などを設定できる

×　カスタム インサイトを作成　　　　　　　　　　　　　　　　　作成

カスタム インサイトにより、プロパティのパフォーマンスを自動的にモニタリングできます。条件がトリガーされると、このプロパティ内のすべてのユーザーが、インサイト ダッシュボードでインサイトを確認できます。また、メールでこれらのインサイトを受信できるよう登録することもできます。

条件の表示

評価の頻度

日別　　　　　　　▼

セグメント

✓ すべてのユーザー　　変更

指標　　　　　▼　　条件　異常値があります　　▼

インサイト名の選択

通知に表示される名前ですので、わかりやすいものを使用してください。

例：「日別 - 収益が 100 未満」や「週別 - 新規ユーザー数が 50% 以上増加」

0/100

通知の管理

生成されたインサイトは、このプロパティのすべてのユーザーがインサイト ダッシュボードで確認できます。
プロパティにアクセスできる場合、以下のユーザーにはメール通知も送信されます。

次の相手にメール通知を送信（メールアドレスはカンマで区切ってください）

kazuhiro.kida@principle-c.com

次のページに続く ▷

基礎知識

導　入

設　定

指　標

ディメンション

データ探索

成果の改善

Looker Studio

BigQuery

評価の頻度

評価の頻度は異常値をどのような頻度で確認するかを規定します。「日別」にすれば、
○月△日の異常値の有無が分かります。○月の異常値の有無を知りたければ「月別」
に設定します。

セグメント

サイト全体を対象として異常値を発見したい場合には、デフォルトの「すべてのユー
ザー」のままにします。一方、例えばPCでサイトを利用するユーザーについてのみ異常
値の通知を受けたい場合には、セグメントを適用します。設定画面は次の通りです。

指標と条件

指標と条件は「どの指標を対象に異常値の有無を知りたいのか?」、あるいは「選択し
た指標がどのような条件に合致した場合に異常値とみなすのか?」を指定するための
設定です。指標は、アクティブユーザー数や初回訪問、購入による収益など、全部で
35個から選択可能です。条件は、次の表を参照してください。

図表114-1 カスタムインサイトで設定できる条件とトリガー

条件の内容	トリガー
異常値があります	機械学習で予測した値の範囲を超える場合にトリガーされる
次の値以下 次の値以上	固定値(例:100)を設定し、その値「以上」、「以下」の場合にトリガーされる
次の値から%上昇 次の値から%低下 % change is more than	比較期間を設定したうえで、固定のパーセント値(例:20%)を超える「上昇」、「低下」、あるいは「変化(change)」があった場合にトリガーされる

また、条件を「次の値以下」「次の値以上」にすると、「固定値と比較」することになるので比較対象の値を入力する欄が表示されます。一方、条件を「次の値から%上昇」「次の値から%低下」「%change is more than」（「次の値から%変化」の意味）を選択すると、「前の期間と比較」することになり、[評価の頻度]に合わせて[比較期間]を設定する欄が表示されます。設定可能な[比較期間]は次の表の通りです。

図表114-2 カスタムインサイトで設定できる[評価の頻度]と[比較期間]

選択した[評価の頻度]	設定可能な[比較期間]
時間単位（Webのみ）	前の1時間／前日の同じ時間／前週の同じ時間
日別	昨日／前週の同じ曜日／前年の同じ日
週別	前の週（日曜日から土曜日）
月別	前のカレンダー月／前年同月

次の画面は、一例として「すべてのユーザーを対象とし、新規ユーザー数が前週比で30%以上変化」したことをトリガーとするカスタムインサイトを設定した画面です。

条件の表示

評価の頻度
週別　▼

セグメント
✓ すべてのユーザー　変更

指標 新規ユーザー数　▼　条件 % change is more than　▼　値 30　　%

比較期間 前の週（日曜から土曜）　▼

インサイト名の選択

通知に表示される名前ですので、わかりやすいものを使用してください。

新規ユーザー数が前週比30%以上変動

18/100

> 新規ユーザー数が前週比で30%以上変化した場合のカスタムインサイトを設定している

次のページに続く ▷

基礎知識

導入

設定

指標

ディメンション

データ探索

成果の改善

Looker Studio

BigQuery

インサイト名の選択

通知に表示される名前を設定できます。通知があったときに分かりやすいように、期間・指標・トリガーなどを端的に含めた名称とするのがよいでしょう。

通知の管理

カスタムインサイトの通知はGA4の画面に表示されますが、メールで通知したほうが異常値に素早く気づける場合があるでしょう。メールで通知を送信したい相手のメールアドレスをカンマ区切りで入力することで、異常値が発生した場合にメールを送信できます。

通知したい相手のメールアドレスを入力する

 [GA4] アナリティクス インサイト
https://support.google.com/analytics/answer/9443595

インサイトは、人間では気付きにくい異常値を通知してくれることがあるので、ときどきチェックしましょう。

第 4 章

指　標

本章では、GA4で利用される主要な指標について解説します。指標の定義を間違って理解している、あるいはあやふやだと、レポートを正しく解釈できません。主要な指標の定義については、確実に理解してください。

ワザ 115 「指標」を正しく理解する

🔑 **指標／概要**

> 本章では、GA4を利用するうえで重要な「指標」について解説します。Web担当者は指標を理解し、サイトや集客施策の最適化を行っていく必要があります。指標を学ぶうえでの心構えを見ていきましょう。

本章は、Googleアナリティクス4の指標を理解するための章です。GA4は多数の指標を提供しています。その多くが、ユニバーサルアナリティクスにはなかった指標（「エンゲージのあったセッション」など）です。

また、指標の中には名前は同じで、定義がUAとは変わっている指標（「セッション」など）、あるいは名前は異なっていても、意味していることは同じ指標（「ページビュー」や「表示回数」など）もあります。

利用者である私たちは、その指標の変動から、戦略の正しさや戦術の成否、目標値に対する進捗、実施した施策の効果などを読み取り、日々Webサイトや集客施策の最適化を続けていく必要があります。その点では、指標の定義を正確に理解することは、Web担当者に必須といえるでしょう。

紙面の関係で、すべての指標を網羅して説明することはできませんが、標準レポートで利用されている指標を中心としながらも、筆者の体験から重要な指標、あるいは理解が難しい指標をピックアップしました。

指標を正しく理解することで状況を正確につかみ、合理的な施策立案や正確な効果測定を行うために本章を利用してください。

指標を正しく理解するためには、その成り立ちを理解することが助けになります。成り立ちとしては、「数を数える指標」「合計する指標」「割り算の指標」の3つに大別できます。それぞれ見ていきましょう。

数を数える指標

指標の成り立ちの1つ目は「数を数える」です。例えば、ワザ030でGA4はユーザー行動を「イベント」で測定するということを学びました。ユーザーがセッションを開始したり、ページを表示したりするたびに「イベント」が記録されるわけです。

そのイベントの個数を数えたものが「イベント数」という指標となります。また、数種類あるイベントの中で、page_viewイベントの個数だけを数えると「表示回数」（UAでのページビュー数に相当）となります。

また、「数を数える指標」の中には「固有の数を数える」指標があります。例えば、1人のユーザーがfirst_vistイベントとsession_startイベント、page_viewイベントを発生させたとしましょう。その場合、イベントは3つ記録されますが、ユーザーを識別するIDは1種類です。そのため、ユーザー数（実際にGA4に存在する指標としては「総ユーザー数」）は1となります。

合計する指標

指標の成り立ちの2つ目は「合計する」です。GA4はユーザーがサイトに滞在した時間を「タブにフォーカスが当たっていた時間」で測定できます。そのため、ユーザーがタブを切り替えると5秒、1分20秒、18秒など、細切れに時間が測定されます。それを指標化するのに「合計」が使われています。実際「ユーザーエンゲージメント」という指標はそのようにして成り立っています。

割り算の指標

指標の成り立ちの3つ目は「割り算して求める」です。2つの指標を割り算して求めます。例えば、「平均エンゲージメント時間」はユーザーエンゲージメント（合計する指標）を、アクティブユーザー数（数える指標）で割って求めます。「エンゲージメント率」はエンゲージのあったセッション数（数える指標）を、セッション（数える指標）で割って求めます。

割り算の指標には、名前に「平均」「○○あたりの」「率」が付くことが多いので、割り算の指標だと見分けるヒントになります。割り算の指標については、分母と分子を正確に理解することが指標の理解に必須となります。

> 指標についての正しい理解は、GA4での適切な分析に必須です。
> 本章で指標を学び、実務に役立ててください。

基礎知識
導入
設定
指標
ディメンション
データ探索
成果の改善
Looker Studio
BigQuery

ワザ 116 「イベント数」を正しく理解する

🔑 イベント／イベント数／標準レポート

> GA4の指標の中でも、最重要指標の1つである「イベント数」を理解しましょう。「first_visit」「scroll」など、イベントの種類を問わず、発生したイベントの個数をカウントするのがイベント数です。

Googleアナリティクス4は、ユーザーの詳細な行動を「イベント」として取得しています。「イベント数」という指標は、イベントの種類を問わず、発生したイベントの個数をカウントした指標です。この指標は、次の6つの標準レポートで利用されます。

- 集客
  - ユーザー獲得
  - トラフィック獲得
- エンゲージメント
  - イベント
  - ページとスクリーン
- ユーザー属性
  - ユーザー属性の詳細
  - ユーザー環境の詳細

イベントのカウント方法を例で示します。例えば、あるユーザーが次の行動をしたとしましょう。

❶ トップページに対して初回訪問（と同時にトップページを表示）
❷ トップページを100%スクロール
❸ トップページでサイト内検索し、検索結果表示ページを表示

すると、ユーザーが起こした①から③の行動に応じて、次のページにある表に示した通りのイベントが送信されます。1つの行動が複数のイベントを発生させることがあることを理解してください。

※実際には「user_engagement」イベントも送信されることがありますが、本例では分かりやすさを優先して割愛しています。

図表116-1 行動ごとに収集されるイベント

行動の番号	収集されるイベント
❶	first_visit
	session_start
	page_view
❷	scroll
❸	view_search_results
	page_view

この場合、指標「イベント数」の値は「6」となります。イベント数を取得するうえでは、イベントの種類は関係ないことを理解してください。また、標準レポート（集客、ユーザー属性、テクノロジー配下の詳細レポート）では、次のように対象のイベントを指標の列から絞り込むことができます。必要に応じて利用しましょう。

📊 GA4 レポート ▶ 集客 ▶ ユーザー獲得

1 すべてのイベントの［▼］をクリック

最初のユーザーのデフォルト チャネル グループ ▾ ＋	エンゲージメント率	エンゲージのあったセッション数（1ユーザーあたり）	平均エンゲージメント時間	イベント数 すべてのイベント ▾
	87.53% 平均との差 0%	1.20 平均との差 0%	1分30秒 平均との差 0%	1,744,111 全体の100%
Direct	78.48%	1.18	1分56秒	890,096
Organic Search	89.71%	1.25	1分39秒	517,962

グループ ▾ ＋　　エンゲージ　エンゲージ　平均エング　イベント数

🔍 アイテムを検索

すべてのイベント
add_payment_info
add_shipping_info
add_to_cart
android_lovers
begin_checkout
campus_collection_user
click
discount_value
errors

イベントを絞り込める

イベント数が多いということは、ユーザーが活発にサイトを利用したということを示すので、参考にしましょう。

ワザ 117 「イベントの値」を正しく理解する

🔑 イベントの値

> ライブラリ配下のレポートと、探索レポートで使用できる指標に「イベントの値」が
> あります。「purchase」イベント以外のイベントに対して、金銭的な価値を紐付けた
> 結果を表示する「イベントの値」の使い方を紹介します。

Googleアナリティクス4のライブラリ機能でカスタマイズしたレポート（ワザ104を参照）と探索レポート（ワザ145を参照）では、「イベントの値」という指標を利用できます。

「イベントの値」は、「purchase」イベント以外のイベントに対して、金銭的な価値を紐付けた結果を表示する指標です。

例を挙げて説明しましょう。例えば、「ユーザーがログインした」というイベントに300円の価値があると考えたとします。後述する設定を完了すると、メールマガジンからサイトに誘導したユーザーが合計100回ログインした場合、セッションのメディアの「email」に30,000という「イベントの値」が付与されます。

イベントに値を紐付けるには、次の2つの方法があります。どちらもイベントに対する属性として「value」パラメータにイベントが1回発生した場合の収益額を、「currency」パラメータに値「JPY」を格納してGA4に送信することで実現します。

- 「イベントの変更」を利用する方法（ワザ096を参照）
- Googleタグマネージャーを利用する方法（ワザ044を参照）

次の画面は「login」イベントに対してパラメータ「value」に値「300」を、パラメータ「currency」に値「JPY」を格納し、GA4にデータが記録されていることをDebug Viewで確認しているところです。

基礎知識

導入

設定

指標

ディメンション

データ探索

成果の改善

Looker Studio

BigQuery

login	
パラメータ	ユー

▼ currency
　JPY

▶ debug_mode

▶ engagement_time_msec

loginイベントと同時に2つの
パラメータを送信している

▼ value

　300

イベントに値を紐付ける設定が完了すると、「login」イベントの1回の発生に対して「イベントの値」に「300」が格納されます。探索レポートでどのように確認できるのかを見てみましょう。

次の画面は、探索配下の自由形式レポートで「セッションのデフォルトチャネルグループ」別に「イベントの値」を可視化した状態を表しています。

📊 GA4 　探索 ▶ 自由形式

デフォルト チャネル グループ	↓イベントの値
合計	900 全体の 100%
1　Direct	600
2　Organic Search	300

ディメンションを「セッションのデフォルトチャネルグループ」として「イベントの値」を表示している

ユーザーが発生させたイベントは、種類ごとに価値が異なりますが、本ワザで紹介した指標で定量的に計測できます。

ワザ 118 「表示回数」を正しく理解する

🔍 **表示回数／ページビュー／スクロール数**

> UAの主要指標の1つであった「ページビュー」は、GA4では「表示回数」に名前が変わりました。「表示回数」がデータ収集上のどのようなイベントと関連しているのかを理解しましょう。

「表示回数」は、標準レポートのエンゲージメント配下にある「ページとスクリーン」レポートで利用されている指標です。Googleアナリティクス4の初心者からは「GA4ではユニバーサルアナリティクスに存在していたページビューという指標がなくなってしまった」という声をときどき聞きますが、表示回数がページビュー数のことです。

表示回数とデータ収集を関連させて説明すると、ワザ032で説明した通り、ユーザーがページを表示すると「page_view」というイベントが記録されます。GA4は、「page_view」イベントが記録された回数を数えて「表示回数」としています。

関連する指標としては次のものがあります。一緒に覚えてしまいましょう。

ユーザーあたりのビュー

表示回数をアクティブユーザー数で割って求めた値です。平均して1アクティブユーザーが何回ページを表示したかを示しています。

セッションあたりのページビュー数

表示回数をセッションで割って求めた値です。平均して1セッションあたり何回ページが表示されたかを示しています。UAで「ページ/セッション」として利用されていた指標と同じ意味を持ちます。

> 表示回数は「page_view」イベントが収集された回数だと、直感的に理解できるようになりましょう。

ワザ 119 「セッション」を正しく理解する

🔑 セッション／セッションタイムアウト

> UAに存在した「セッション」は、GA4でも重要指標の1つです。標準レポートでは「トラフィック獲得」レポートのみでしか利用されませんが、エンゲージメント率や直帰率を求める際にはセッションを利用します。

ワザ007で解説した通り、Googleアナリティクス4全体では、セッションの最適化からユーザーの最適化へとパフォーマンス改善の方向性が進んでいます。一方、指標としての「セッション」はGA4でも存在し続けています。標準レポートでは、集客配下の「トラフィック獲得」レポートでのみ、利用されています。

また、ワザ121で紹介する、次の指標の分母はすべて本ワザで紹介するセッションなので、GA4でも依然として重要な指標であることは間違いありません。

- エンゲージメント率
- 直帰率
- セッションあたりの平均エンゲージメント時間
- セッションあたりのイベント数
- 平均セッション継続時間
- セッションあたりのページビュー数

セッションの定義

GA4のセッションは「現在アクティブなセッションがない場合、ユーザーがページを表示した際に開始し、30分間操作がないと終了する」と定義されています。

🔗 [GA4]アナリティクスのセッションについて
https://support.google.com/analytics/answer/9191807

この30分間というしきい値を「セッションタイムアウト」と呼びます。セッションタイムアウトは、設定により変更可能です（ワザ074を参照）。

次のページに続く ▷

基礎知識
導入
設定
指標
ディメンション
データ探索
成果の改善
Looker Studio
BigQuery

セッションをデータ収集と関連させて説明します。ワザ032で説明した通り、新しいセッションが開始すると「session_start」イベントがセッションを識別する識別子とともに記録されます。レポート上、セッション識別子のユニークな個数を「セッション」としています。

ユニバーサルアナリティクスが前述の考え方を基本としながらも、次のような「例外事項」があったのと対象的に、GA4では例外事項はありません。

UAで30分の不操作以外でセッションが終了する条件

UAで30分の不操作以外でセッションが終了する条件には、次の2つがあります。

- 日付をまたいだ場合（前日に発生したセッションが0：00に終了する）
- 開始したセッションと異なる参照元、メディア、キャンペーンで訪問した場合

これらの条件は、次の公式ヘルプでUAとの差異として説明されています。従って、GA4になってセッションの定義はシンプルになったとも認識できます。

> UAとGA4のセッションの違い
> が説明されている

ユニバーサル アナリティクスとの差異

Google アナリティクス 4 プロパティのセッション数は、ユニバーサル アナリティクス プロパティのセッション数より少なくなることがあります。これは、キャンペーン ソースがセッション中に変更された場合、Google アナリティクス 4 では新しいセッションが作成されないのに対し、ユニバーサル アナリティクスでは新しいセッションが作成されるためです。

セッションが日付をまたぐ場合（午後 11 時 55 分に開始して午前 0 時 5 分に終了する場合など）は、1 つのセッションですが各日で 1 回ずつカウントされます。セッション数の差

> UAのセッションとGA4のセッションでは、計測ルールが少々変わっているので注意してください。

ワザ 120 「エンゲージのあったセッション数」を正しく理解する

🔑 **エンゲージ／セッション**

> GA4で新しく登場した重要指標「エンゲージのあったセッション数」を解説します。「エンゲージのあった」の意味を理解して、この指標を適切に利用できるようになってください。

Googleアナリティクス4から登場した指標である「エンゲージのあったセッション数」は、次の4つの標準レポート（表形式の詳細レポート）で利用されている、数ある指標の中でも特に重要な指標です。

- 集客
  - ユーザー獲得
  - トラフィック獲得
- ユーザー
  - ユーザー属性の詳細
  - ユーザー環境の詳細

まず、「エンゲージのあった」の意味をしっかり理解しましょう。前提として、セッションには「自社のコンテンツをしっかり見てくれた、訪問者に満足してもらえた可能性の高いセッション」と「そうではないセッション」に大別されるという考え方があります。そして、前者のセッションこそを「エンゲージのあったセッション」として計測します。

エンゲージのあったセッションの定義は、「10秒以上」「2ページビュー以上」あるいは「コンバージョンの発生」したセッションです。「10秒以上」というしきい値は、管理画面から変更可能です。変更の方法については、ワザ075を参照してください。

この指標が「自社のコンテンツをしっかり見てくれたセッション」の回数を可視化するための指標であるという観点に立つと、それぞれの指標の定義には細かな違いはあるものの、ユニバーサルアナリティクスの「直帰数」と概念は共通します。ただし、「直帰数」は「コンテンツをしっかり見てくれなかったセッション」の回数を可視化するため、少ないほうが望ましい指標でしたが、GA4でのエンゲージのあったセッションは、多いほうが望ましい指標です。

次のページに続く ▷

定義が異なるので、UAでは直帰となった「セッションが開始したランディングページを、ユーザーが20秒閲覧して離脱した」というユーザーの振る舞いは、GA4ではエンゲージのあったセッションとなります。

また、例えば「first_visit」イベント（ユーザーの初回訪問時に記録されるイベント）の発生をコンバージョン登録している場合、ユーザーがサイトを初回訪問してから5秒で離脱した場合でも、エンゲージのあったセッションとなります。この指標を利用した「割り算の指標」として、次の表に示した2つの指標があります。

図表120-1 エンゲージのあったセッションを利用した割り算の指標

指標名	分子	分母
エンゲージメント率	エンゲージのあったセッション数	セッション
エンゲージのあったセッション（1ユーザーあたり）	エンゲージのあったセッション数	ユーザー

※関連する指標として「直帰率」があります。ワザ121を参照してください。

これらの2指標は、GA4で初めて登場した指標です。実際のデータを例に、指標の解釈方法について解説します。次の画面は2022年5月のデモアカウントにおけるトラフィック獲得レポートです。

GA4 レポート ▶ 集客 ▶ トラフィック獲得

エンゲージメント率やエンゲージのあったセッション（1ユーザーあたり）の指標を利用できる

	セッションのデフォルトチャネルグループ ▾ ✛	↓ ユーザー	セッション	エンゲージのあったセッション数	セッションあたりの平均エンゲージメント時間	エンゲージのあったセッション数（1ユーザーあたり）	セッションあたりのイベント数	エンゲージメント率
		111,076 全体の100%	151,929 全体の100%	90,619 全体の100%	1分10秒 平均との差 0%	0.82 平均との差 0%	23.81 平均との差 0%	59.65% 平均との差 0%
1	Direct	46,708	60,113	39,318	1分17秒	0.84	25.16	65.41%
2	Organic Search	41,113	59,652	36,330	1分09秒	0.88	21.61	60.9%
3	Unassigned	6,936	7,774	236	0分47秒	0.03	35.35	3.04%
4	Referral	4,910	7,610	5,028	1分14秒	1.02	25.81	66.07%
5	Paid Shopping	4,429	4,933	2,207	0分33秒	0.50	9.79	44.74%
6	Display	3,800	5,289	1,884	0分19秒	0.50	11.72	35.62%
7	Paid Search	3,727	4,510	2,762	1分18秒	0.74	20.13	61.24%
8	Paid Video	1,247	1,323	1,128	0分47秒	0.90	19.74	85.26%
9	Organic Social	834	1,232	927	1分56秒	1.11	34.40	75.24%
10	Organic Video	729	823	550	0分47秒	0.75	18.25	66.83%

エンゲージメント率

計算方法

前掲のレポートの合計の行にある、太字の総計行を使用して計算方法を確認しましょう。
エンゲージのあったセッション（90,619）÷セッション（151,929）をすると、エンゲージ
メント率が59.65%であることが確認できます。

解釈

「エンゲージメント率」は「質の高いセッションの割合」と考えられます。前掲のレポート
の「Direct」（65.41%）と「Organic Search」（60.9%）を比較すると、Directのほう
が質の高いセッションの割合が大きいと判断できます。

エンゲージのあったセッション数（1ユーザーあたり）

計算方法

エンゲージのあったセッション（90,619）÷ユーザー（111,076）で計算します。電卓で
検算すると、エンゲージのあったセッション数（1ユーザーあたり）が「0.82」であること
が確認できます。

解釈

エンゲージのあったセッション数（1ユーザーあたり）は「1人のユーザーが平均で何回、
質の高いセッションをもたらしたか」を示す指標です。自社にフィットし、真剣に自社の
情報を求めているユーザーは、エンゲージのあったセッションをもたらすと考えられます。
そのため、この指標は自社にフィットしたユーザーが含まれる割合を表しているといえる
でしょう。

エンゲージのあったセッション数のしきい値の「10秒」は変更可
能です。自社でしきい値を検討してください。

関連ワザ **075** エンゲージメントセッションの時間を設定する　　　　　　　P.270

基礎知識

導入

設定

指標

ディメンション

データ探索

成果の改善

Looker Studio

BigQuery

ワザ 121 セッションを評価する 割り算の指標を理解する

🔑 **セッション**

> 本ワザで紹介するセッションを評価する割り算の指標とは、分母に「セッション」を利用する計算指標です。「エンゲージメント率」「セッションあたりのイベント数」「平均セッション継続時間」「直帰率」などが該当します。

セッションを評価する割り算の指標とは、「セッション」を分母とする指標です。結果として「1セッションあたり」の値となります。標準レポートでは、次の指標が該当します。

- エンゲージメント率
- セッションあたりの平均エンゲージメント時間
- セッションあたりのイベント数
- 平均セッション継続時間
- セッションあたりのページビュー数

それぞれの指標の意味と計算式は次の通りです。

エンゲージメント率
セッションのうち、どの程度の割合でエンゲージがあったかを表します。計算式はエンゲージのあったセッション÷セッションです。

セッションあたりの平均エンゲージメント時間
平均して1つのセッションで何分何秒のユーザーエンゲージメント（ワザ124を参照）があったかを表します。計算式はユーザーエンゲージメント÷セッションです。

セッションあたりのイベント数
平均して1つのセッションで何個のイベントが送信されたかを表します。計算式はイベント数÷セッションです。

平均セッション継続時間
平均してセッションがどれくらいの時間にわたって継続したか（秒）を表します。計算式はセッション継続時間（セッション中の最初と最後のヒット時刻の差）÷セッションです。

セッションあたりのページビュー数

平均してセッション中に何ページビュー表示されたかを表します。計算式はページビュー数÷セッションです。

直帰率

セッションのうち、どの程度の割合がエンゲージしなかったかを表します。計算式は（セッション−エンゲージのあったセッション）÷セッションです。

直帰率は「1−エンゲージメント率」でも求められます。次の画面も参照してください。

↓セッション	エンゲージのあったセッション数	エンゲージメント率	直帰率
119,167	77,119	64.72%	35.28%

次の画面は、筆者が運用するブログサイトでの実際の標準レポートの「トラフィック獲得」レポートです。Organic SearchとOrganic Socialを比較すると、エンゲージメント率、平均セッション継続時間の両方で、Organic Searchがより「質の高いセッション」をサイトにもたらしていると解釈できます。

Organic Searchのほうがより「質の高いセッション」だと解釈できる

	セッションのデフォルト チャネル グループ ▼ ＋	↓セッション	エンゲージメント率	セッションあたりの平均エンゲージメント時間	セッションあたりのイベント数
		2,533 全体の100%	66.4% 平均との差 0%	0分46秒 平均との差 0%	10.38 平均との差 0%
1	Organic Search	1,403	74.13%	0分55秒	11.41
2	Direct	554	52.35%	0分27秒	7.49
3	Organic Social	489	61.76%	0分37秒	9.46
4	Referral	56	60.71%	1分10秒	23.91
5	Unassigned	19	36.84%	0分06秒	4.53
6	Paid Search	8	50%	0分21秒	9.88

セッションを評価する指標の中で、直帰率以外の指標は、基本的に値が大きいほど望ましい指標といえます。

基礎知識

導　入

設　定

指　標

ディメンション

データ探索

成果の改善

Looker Studio

BigQuery

ワザ 122 「ユーザー」を正しく理解する

🔑 ユーザー／総ユーザー数／アクティブユーザー数

> GA4では「ユーザー」は重要な指標になります。ユニークユーザー数を表す指標には「総ユーザー数」「ユーザー」「アクティブユーザー数」と3つあるので、定義をしっかり覚えましょう。

ワザ007で説明した通り、Googleアナリティクス4でのパフォーマンスの改善アプローチは、自社にフィットしたユーザーのサイト訪問を促し、エンゲージメントを高めてもらい、継続的に訪問してもらってLTVを伸ばすことです。従って、「ユーザー」という指標は非常に重要です。

次の表がユーザーに関連する指標名と、使われている場所です。ユニークユーザー数を表す指標として、複数の表記と定義が混在しています。

図表122-1 ユーザーに関連する指標名と使われている場所

指標名	使われている場所	定義
総ユーザー数	標準レポート 探索レポート	すべてのユニークユーザー数（ユーザーエンゲージメント時間などに条件なし）
ユーザー	標準レポート	アクティブユーザー
アクティブユーザー数	探索レポート	アクティブユーザーの定義：エンゲージメントセッション、「first_visit」イベント、もしくは「engagement_time_msec」パラメータに記録されたユーザー

表内の「ユーザー」（標準レポート）、「アクティブユーザー数」（探索レポート）は、公式ヘルプで「アクティブユーザー」と定義されています。さらに、アクティブユーザーの定義は、次の3つの条件のどれかを満たす必要があります。

①エンゲージメントセッションをもたらしたユーザー（エンゲージメントセッションの条件は10秒以上、2PV以上、もしくはCVイベントの発生）
②first_visitイベントを送信したユーザー（「first_visit」は初回訪問で発生）
③「engagement_time_msec」パラメータを伴うイベントを送信したユーザー（「engagement_time_msec」パラメータは、ユーザーがサイトに1秒以上滞在した場合、「user_engagement」イベントに付与されて送信される）

前述の3つの条件の中で、もっともしきい値の低い条件は③の「1秒以上の滞在」です。ほぼすべてのユーザーがサイトに1秒以上滞在すると考えられます。従って、「総ユーザー数」「ユーザー」（または、探索レポートでは「アクティブユーザー数」）の値はまったく同じか、ほぼ同数になっていると思います。

筆者がアクセス可能なGA4アカウントで、利用ユーザーとユーザーの合計数を比較したレポートが次の画面ですが、ほぼ同じ値となっています。

そのため、ユーザーを表す指標としては、どちらを利用しても構わないということになります。しかし、「平均エンゲージメント時間」「エンゲージのあったセッション（1ユーザーあたり）」などのユーザースコープの割り算の指標は、分母に「ユーザー（アクティブユーザー数）」が用いられているので、注意してください（ワザ125を参照）。

📊 GA4　探索 ▶ 自由形式

アクティブユーザー数と総ユーザー数を比較している

↑ 日付		アクティブ ユーザー数	総ユーザー数
	合計	**1,441** 全体の 100%	**1,448** 全体の 100%
1	20230208	46	48
2	20230209	47	49
3	20230210	45	50
4	20230211	15	17
5	20230212	11	12
6	20230213	54	55
7	20230214	60	60
8	20230215	41	47
9	20230216	52	57
10	20230217	45	49

🔗 **[GA4]**アナリティクスのディメンションと指標
https://support.google.com/analytics/answer/9143382?hl=ja

自社のGA4が、どのようなユーザー識別方法を設定してあるのかは、知っておく必要があるでしょう。

ワザ 123 「新規ユーザー数」と「リピーター数」を正しく理解する

🔑 新規ユーザー数／リピーター数

> サイトを閲覧したユーザーを示す指標に「新規ユーザー数」と「リピーター数」が
> あります。新規ユーザー数とリピーター数を合計すると総ユーザー数となると思う人
> もいるかもしれませんが、実際には一致しません。

ワザ008で説明したGA4のパフォーマンス改善アプローチを簡単におさらいしましょう。
世の中には、自社の商品・サービスを求めている「自社にフィットしたユーザー」がいる
と仮定します。「自社にフィットしたユーザー」はサイトを繰り返し訪問し、商品・サービス
を購入したいタイミングが来たら高い確率でコンバージョンしてくれるだろうし、LTVも高
いであろう。だから、GA4で「自社にフィットしたユーザー」を見つけ、それらユーザーを
獲得することでパフォーマンスを改善する、というものでした。

すると、その起点は「ユーザーの獲得」となります。ユーザーの獲得をGA4で定量的
に示す指標が、このワザで説明する「新規ユーザー数」です。「新規ユーザー数」は、
次の3つの標準レポートで利用されます。

- ライフサイクル ▶ 集客 ▶ ユーザー獲得
- ユーザー ▶ ユーザー属性 ▶ ユーザー属性の詳細
- ユーザー ▶ テクノロジー ▶ ユーザー環境の詳細

新規ユーザー数の定義は、文字通りWebサイトへ新規に訪問したユーザー数です。ワ
ザ030で解説しているイベントに絡めて定義を説明すると、初回訪問が発生したときに
送信される「first_visit」イベントを送信したユーザーとなります。

一方、「新規ユーザー数」と対になる指標として「リピーター数」があります。リピーター
数の定義は、本書執筆時点では翻訳が済んでいないと思われ、画面内ヘルプでは、
「Users who have initiated at least one previous session.」と記述されて
います。日本語で「最低でも以前のセッションを、1つ以上開始したことのあるユーザー」
という意味です。

注意が必要なのは、新規ユーザー数とリピーター数の合計が「アクティブユーザー数」とはならないことです。その理由は次の例で理解できます。

- 1月1日にAさんが新規訪問：　イベント「first_visit」が送信される
- 1月10日に同じAさんが再訪問：イベント「first_visit」は送信されない

この状態で1月のレポートを表示すると、

- 新規ユーザー数が「1」（Aさんの1月1日のセッションに起因）
- リピーター数が「1」（Aさんの1月10日のセッションに起因）

となりますが、「総ユーザー数」（あるいは「アクティブユーザー数」）も1です。なぜなら、期間中のユニークユーザー数が1のためです。

次の画面は探索配下で作成したレポートです。新規ユーザー数の2,447人とリピーター数の637人を単純に合計すると3,084人となり、総ユーザー数の2,554人とも、アクティブユーザー数の2,543人とも一致していないことが分かります。

📊 GA4　探索 ▶ 自由形式

新規ユーザー数とリピーター数を合計しても、総ユーザー数やアクティブユーザー数とは一致しない

↓新規ユーザー数	リピーター数	総ユーザー数	アクティブ ユーザー数
2,447	637	2,554	2,543

基礎知識

導 入

設 定

指 標

ディメンション

データ探索

成果の改善

Looker Studio

BigQuery

> どのチャネルが新規ユーザーを効率よく獲得しているかを確認するのに、指標「新規ユーザー数」が利用できます。

ワザ 124 「ユーザーエンゲージメント」を正しく理解する

🔑 **ユーザーエンゲージメント／ページ滞在時間**

> GA4ではユーザーのサイト利用時間を精緻に計測できる指標として「ユーザーエンゲージメント」が新しく登場しました。ユーザーエンゲージメントは、ユーザーがページを表示した合計時間で求めます。

「ユーザーエンゲージメント」という指標は、Googleアナリティクス4で初めて登場した指標です。同じ「エンゲージ」が付く指標として「エンゲージのあったセッション」などがありますが、表している内容はまったく異なるので、注意してください。

ユーザーエンゲージメントとは、ユーザースコープの指標で、ユーザーのページ滞在時間を合計したものです。ユニバーサルアナリティクスの「セッション時間」と類似した内容の指標ですが、データ収集方法は精緻になっています。

ユーザーがパソコンやタブレットでWebサイトを閲覧する場合、通常はブラウザーで複数のタブを開いており、それらを行ったり来たりしています。GA4で計測している対象サイトを閲覧していたかと思うと、別タブで表示したSNSを30秒だけ見て、対象サイトが表示されているタブに戻る、という振る舞いが一般的に起きています。スマートフォンでも、ブラウザーで対象サイトを表示していても、別のアプリに切り替え、またブラウザーに戻るという振る舞いが一般的です。

そのような「現実」があるなか、ユーザーエンゲージメントの計測方法は、次の公式ヘルプにある通り、ユーザーがタブにフォーカスをあて、ページを表示していた時間の合計値で求めます。

【公式ヘルプでの説明】
ユーザーエンゲージメントの指標は、アプリの画面がフォアグラウンド表示されていた時間、またはWebページがフォーカス状態にあった時間の長さを示します。サイトまたはアプリを使用していてもページまたは画面が表示されていないときは、ユーザーエンゲージメントの指標は収集されません。

この変更により、「セッションの最初のヒット時刻と、最終ヒット時刻の差」で計算される「セッション継続時間」には、次の図で示すような差異が生まれます。図中の例で説明すると、「ユーザーエンゲージメント」はページがブラウザーのフォアグラウンドで表示されていた時間（色付きの部分）の合計であり、30秒です。

一方、UAの「セッション継続時間」はセッション中の最初のヒットと最後のヒットの時刻の差分で計算されます。「ヒット」はトラッキングビーコンがGoogleアナリティクスに送信されると記録されます。次の表で、いつUAの「ヒット」が記録されているかに注目すると、「ユーザーエンゲージメント」と「セッション継続時間」の差異が理解できます。

図表124-1 ユーザーエンゲージメントとセッション継続時間との差の例

セッションの開始

ユーザーエンゲージメント（GAの指標）：30秒（色付きの秒数の合計）
セッション継続時間（UAの指標）：　　55秒（最初のヒットと最後のヒットの差分）

色付きの時間：ブラウザーのフォアグラウンドで計測対象のページが表示されている時間
▲：　　　　　　トラッキングビーコンのUAへの送信タイミング（新しいページ表示の度に発生）

 🔗 **[GA4]ユーザーエンゲージメント**
https://support.google.com/analytics/answer/11109416?hl=ja

ユーザーエンゲージメント、セッション継続時間という、ユーザーによるサイト利用時間の指標について理解しましょう。

基礎知識
導入
設定
指標
ディメンション
データ探索
成果の改善
Looker Studio
BigQuery

ワザ 125 ユーザーを評価する割り算の指標を理解する

🔑 エンゲージのあったセッション／平均エンゲージメント時間／ユーザーあたりのイベント数

> 本ワザで紹介するユーザーを評価する割り算の指標とは、分母に「アクティブユーザー数」を利用する計算指標です。「エンゲージメントのあったセッション（1ユーザーあたり）」などの指標が該当します。

ユーザーを評価する割り算の指標とは「アクティブユーザー数」を分母とする指標です。結果として「ユーザー1人あたり」の値となります。これらの指標、例えば「ユーザーあたりのセッション数」をディメンション「ユーザーの最初のキャンペーン」に適用したとしましょう。レポートはキャンペーンA：1.82、キャンペーンB：1.19といったかたちで指標を表示します。

この結果は、キャンペーンAで初回訪問を獲得したユーザーのほうが、キャンペーンBで初回訪問を獲得したユーザーよりも頻繁にサイトに訪問してくれている、ということを示しています。よって、キャンペーンAのほうが「自社にフィットするユーザー」が多く含まれていると判断できます。

標準レポートでは、次の指標が該当します。

- エンゲージのあったセッション（1ユーザーあたり）
- 平均エンゲージメント時間
- ユーザーあたりのイベント数
- ユーザーあたりのビュー

ユーザーあたりのセッション数

平均して1人のユーザーが何回セッションをもたらしたかを表します。計算式はセッション÷アクティブユーザー数です。

エンゲージのあったセッション（1ユーザーあたり）

平均して1人のユーザーが何回のエンゲージのあったセッション（ワザ120を参照）をもたらしたかを表します。計算式はエンゲージのあったセッション÷アクティブユーザー数です。

平均エンゲージメント時間

平均して1人のユーザーが、何分何秒のユーザーエンゲージメント（ワザ124を参照）をサイトにもたらしたかを表します。計算式はユーザーエンゲージメント÷アクティブユーザー数です。

ユーザーあたりのイベント数

平均して1人のユーザーが、何個のイベント数（ワザ116を参照）を送信したかを表します。計算式はイベント数÷セッションです。

ユーザーあたりのビュー

平均して1人のユーザーが、何ページビュー閲覧したかを表します。計算式はセッション継続時間（セッション中の最初と最後のヒット時刻の差）÷セッションです。

また、探索レポートでは、次の画面のようにユーザーを評価する指標が利用できます。「初回購入者のコンバージョン数」「新規ユーザーあたりの購入者数」という指標名になっていますが、数値で確認できる通り「率」の指標です。

初回購入者のコンバージョン数

アクティブユーザーのうち、何％のユーザーが新規購入したかを表します。計算式は初回購入者数÷アクティブユーザー数です。

新規ユーザーあたりの初回購入者数

新規ユーザーのうち、何％が新規購入したかを表します。計算式は初回購入者数÷新規ユーザー数です。

> 「初回購入者のコンバージョン数」と「新規ユーザーあたりの
> 初回購入者数」は％で表される

↓アクティブユーザー数	新規ユーザー数	初回購入者数	初回購入者のコンバージョン数	新規ユーザーあたりの初回購入者数
75,582	65,120	2,033	2.69%	0.03

> ユーザーを評価する指標として代表的なものが「エンゲージのあったセッション（1ユーザーあたり）」です。

基礎知識
導入
設定
指標
ディメンション
データ探索
成果の改善
Looker Studio
BigQuery

ワザ 126 「コンバージョン」を正しく理解する

🔑 コンバージョン／イベント

> サイトのKGIは通常「コンバージョン」で計測します。GA4では「コンバージョン」は「指定したイベントの発生回数」をカウントしています。UAとは計測方法が異なるので注意してください。

ワザ097で、Googleアナリティクス4のコンバージョン（サイト運営者側がユーザーに起こしてほしいアクション）は、イベント単位で設定することを説明しました。設定したイベントが、レポート上の指標である「コンバージョン」として、どのように表示されるかを本ワザで説明します。この指標が使われている標準レポートは、次の7つです。

- 集客
  - ユーザー獲得
  - トラフィック獲得
- エンゲージメント
  - コンバージョン
  - ページとスクリーン
  - ランディングページ
- ユーザー属性
  - ユーザー属性の詳細
- テクノロジー
  - ユーザー環境の詳細

ユニバーサルアナリティクスでは、コンバージョンのカウントを「コンバージョンが発生したセッション」の数で数えていました。一方、GA4では「コンバージョンとして指定したイベント」の発生回数を数えています。

特定ページの表示をコンバージョンとして設定した場合、UAとGA4でどのような違いが生まれるか、次のページにある図で理解してください。

図中の例では、3人のユーザーから合計5回のセッションが発生しています。○がページを表しており、色が付いた丸が「そのページが表示されることをコンバージョンとして

設定したページ」を表しています。セッション中にコンバージョンが発生した回数は、3セッションなので、UAで計測したコンバージョン数は3です。

一方、「コンバージョンとして設定したページが表示されたpage_viewイベント」は5回送信されているので、GA4が計測したコンバージョンは5になります。

図表126-1 コンバージョンのカウント方法

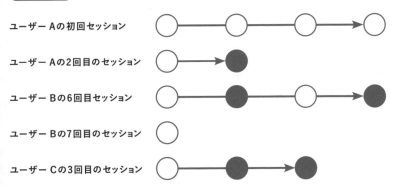

ユーザー Aの初回セッション

ユーザー Aの2目目のセッション

ユーザー Bの6回目セッション

ユーザー Bの7回目のセッション

ユーザー Cの3回目のセッション

通常、コンバージョンは複数設定するものと考えられます。次の画面のように、標準レポート上の指標「コンバージョン」は、指定したすべてのコンバージョン対象イベントの合算値です。指標名の下にあるプルダウンから、対象となる1つのイベントに絞り込めます。

GA4 レポート ▶ 集客 ▶ ユーザー獲得

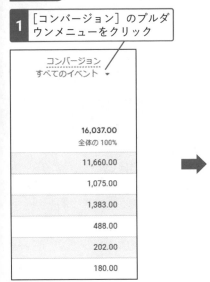

1 [コンバージョン]のプルダウンメニューをクリック

イベントの絞り込みができる

コンバージョン
すべてのイベント ▾

16,037.00
全体の 100%

11,660.00

1,075.00

1,383.00

488.00

202.00

180.00

Q アイテムを検索

すべてのイベント

purchase

begin_checkout

first_visit

add_payment_info

predict_ltv_payer

predicted_top_spenders

add_to_cart

次のページに続く ▷

基礎知識

導入

設定

指標

ディメンション

データ探索

成果の改善

Looker Studio

BigQuery

一方、探索レポートでも、指標「コンバージョン」は利用できますが、こちらは特定のコンバージョンイベントに絞り込むことができません。フィルタかセグメントを利用して絞り込みを行う必要があります。

GA4　探索 ▶ 自由形式

探索レポートでは、イベントの
絞り込みができない

国	↓コンバージョン
合計	**18,166** 全体の100%
1　United States	11,660
2　Canada	1,383
3　India	1,075
4　United Arab Emirates	493
5　(not set)	488
6　Japan	268

どうしてもセッションで発生するコンバージョンを1回だけ記録したい場合は、ワザ061を参照してください。

ワザ 127 2つのコンバージョン率を正しく理解する

🔑 セッションのコンバージョン率／ユーザーコンバージョン率

> GA4が提供する「セッションのコンバージョン率」と「ユーザーコンバージョン率」という、2つのコンバージョン率の指標を理解しましょう。どちらもサイト改善のためには欠かせない指標です。

Googleアナリティクス4で利用できるコンバージョン率には、次の2つがあります。

- セッションのコンバージョン率
- ユーザーコンバージョン率

セッションのコンバージョン率は「コンバージョンの発生したセッション÷セッション」、ユーザーコンバージョン率は「コンバージョンを発生させたユーザー数÷アクティブユーザー数」でそれぞれ計算されます。

📊 GA4 　探索 ▶ 自由形式

「セッションのコンバージョン率」と「ユーザーコンバージョン率」
を表示している

↓セッション	アクティブ ユーザー数	コンバージョン	セッションのコンバージ…	ユーザー コンバージョン率
2,277	1,528	66	2.59%	3.47%

上記のレポート画面は筆者のサイトにおける自由形式のレポートですが、

セッションのコンバージョン率 2.59% ≠ 66÷2,277 = 2.90%
ユーザーコンバージョン率 3.47% ≠ 66÷1,528 = 4.32%

となっていることからも、単純な割り算がコンバージョン率と合致しないことが見て取れます。

> 本ワザで紹介した2つの指標は、正しく解釈しないと判断を間違う可能性が特に高い指標だといえます。

基礎知識
導入
設定
指標
ディメンション
データ探索
成果の改善
Looker Studio
BigQuery

ワザ 128 「eコマース購入数」レポートの指標を理解する

🔑 eコマース購入数

> 標準レポートの「eコマース購入数」で利用できる指標を説明します。eコマーストラッキングを実装していると利用できる、アイテムやアイテムのカテゴリー別に確認できる指標群です。

Googleアナリティクス4の標準レポートの中に、「eコマース購入数」レポートがあります。本ワザでは、このレポートで利用される指標を解説します。なお、このレポートは、ワザ045やGoogle公式の推奨に従って、eコマーストラッキングを実施していることを前提としています。

📊 GA4　レポート ▶ 収益化 ▶ eコマース購入数

eコマース購入数レポートでは「アイテムの購入数」などの指標を確認できる

アイテム名 ▼	+	↓ 閲覧されたアイテム数	カートに追加されたアイテム数	アイテムの購入数	アイテムの収益
		63,229 全体の 100%	579 全体の 100%	6,248 全体の 100%	$94,569.48 全体の 100%
1		2,994	0	0	$0.00
2	Google Cloud Journal	1,335	1	24	$384.00
3	Chrome Dino Collectible Figurines	1,258	2	11	$306.00
4	Google Campus Bike	1,256	0	37	$1,523.60
5	Google Land & Sea Recycled Puffer Blanket	903	1	1	$96.00
6	Google RIPL Ocean Blue Bottle	877	1	2	$99.00
7	Google Recycled Black Backpack	851	0	14	$1,044.00

図表128-1　eコマース購入数レポートの指標

指標名	意味
閲覧されたアイテム数	商品詳細ページの表示回数。データ収集観点では「view_item」イベント送信時のitem配列にあるquantityパラメータの値の合計数
カートに追加されたアイテム数	商品がカートに追加された個数。データ収集観点では「add_to_cart」イベント送信時のitem配列にあるquantityパラメータの値の合計数
アイテムの購入数	商品が購入された個数。データ収集観点では、「purchase」イベント送信時のitem配列にあるquantityパラメータの値の合計数
アイテムの収益	「商品の単価×商品の購入数」で求められる商品の販売金額。ここでは、税金や送料は含まない。データ収集観点では「purchase」イベント送信時に、item配列にあるpriceとquantityの積の合計値

eコマース購入数レポートでは、「アイテム」やアイテムの属性である「ブランド」、カテゴリ別に4つの指標が確認できました。一方、ライブラリ機能を利用すると、次のようなサイト全体としてのeコマースのパフォーマンスを可視化する指標をレポートで使用できます。

カートに追加

商品がカートに追加された回数を表します。データ収集的には「add_to_cart」イベントの発生回数をカウントしています。

購入

購入が発生した回数を表します。データ収集的には「purchase」イベントの回数をカウントします。

総購入者数

購入を行ったユーザー数を表します。データ収集的には「purchase」イベントを発生させた固有のユーザー識別子をカウントします。

購入者あたりのトランザクション数

上記で説明した「購入÷総購入者」で計算される購入者1人あたりの平均購入回数を表します。

初回購入者数

レポート期間中に初めて購入したユーザー数を表します。

ポイント

・探索レポートでは、ワザ125で紹介している「初回購入者のコンバージョン数」「新規ユーザーあたりの初回購入者数」の指標も利用できます。

eコマース関連の指標には、アイテム別のパフォーマンスを示す指標とサイト全体の指標を示す指標があります。

関連ワザ **129** 「収益」にカテゴライズされる指標を正しく理解する　　　　　　　　　P.434

基礎知識

導入

設定

指標

ディメンション

データ探索

成果の改善

Looker Studio

BigQuery

ワザ 129 「収益」にカテゴライズされる指標を正しく理解する

🔑 収益／収益の合計と効率性を示す指標／一定期間の収益状況を集計して示す指標

> GA4の探索レポートで利用できる指標群には、「収益」として分類される指標が9つあります。それらはほとんどGA4で新たに登場した指標です。その中から重要な指標を取り上げて解説します。

次の表で示す通り、探索レポートで利用できる指標のうち「収益」にカテゴライズされる指標群があります。重要な指標をピックアップして解説します。

まずは、「収益の合計と効率性を示す指標」として、図表129-1の指標を理解するとよいでしょう。「購入による平均収益」はいわゆる「購入単価」です。金額が大きいほうが、単価の高い商品を購入してもらえている、あるいはクロスセル／アップセルがうまくいっていることを示します。

「ユーザーあたりの平均購入収益額」は、分母がアクティブユーザーであることに注意してください。東京が100ユーザーで100万円の合計収益、大阪が100ユーザーで200万円の合計収益を記録した場合、東京は1万円、大阪は2万円と示される指標です。

図表129-1 収益の合計と効率性を示す指標

指標名	意味
合計収益	eコマース、アプリ内購入、広告による収益など、手段を問わず記録された収益の合計金額
購入による平均収益	合計収益から、返品による収益の減少を差し引いた金額（購入による収益）を、トランザクションで割った値。eコマースだけを記録している場合は「購買単価」
ユーザーあたりの平均購入収益額	合計収益から、返品による収益の減少を差し引いた金額（購入による収益）を、アクティブユーザー数で割った値。eコマースだけを記録している場合は、1ユーザーの価値

一方、図表129-2にまとめた指標群は、「一定期間の収益状況を集計して示す指標」と考えることができます。

基礎知識

導入

設定

指標

ディメンション

データ探索

成果の改善

Looker Studio

BigQuery

図表129-2 一定期間の収益状況を集計して示す指標

指標名	意味
日次平均収益	一定期間中の合計収益の日別平均。収益が発生していない日は、分母の日数に含まない。
1日の最高収益	一定期間中の日別の最高の「合計収益」
1日の最低収益	一定期間中の日別の最低の「合計収益」

具体的な例で指標の定義を理解しましょう。2023年の1月に、あるサイトで日次の売上が次の通りだったとします。

図表129-3 あるサイトにおける日次の売上

日付	合計収益
1月1日	100万円
1月8日	200万円
1月15日	200万円
1月22日	300万円
1月29日	200万円

期間を1月にして上記の指標をレポートで表示すると、値は次の表の通りです。

図表129-4 1月の収益

指標名	値	算出方法
日次平均収益	200万円	合計収益1000万円を収益が発生した日数（5日）で割った値
1日の最高収益	300万円	1月22日の収益300万円が月中の最高収益だったため、300万円が記録される

これらの指標を利用すると、「月中に含まれる日数が異なる2月と3月の収益力はどちらが高かったのか?」という問いに合理的な答えを求めることができます。例えば、2月の収益が3000万円、3月の収益が3200万円だった場合、指標「日次平均収益」を利用すると2月の方が収益力が高かったと判断できます。

- 2月の日次平均収益： 107.1万円（3000万円÷28日）
- 3月の日次平均収益： 103.2万円（3200万円÷31日）

> 図表129-2で紹介した指標は、AVG、MAX、MINなどの関数で集計された指標と考えることができます。

関連ワザ **128** 「eコマース購入数」レポートの指標を理解する　　　P.432

ワザ 130 「ユーザーのライフタイム」に分類される指標を理解する

🔑 ユーザーのライフタイム／ LTV ／パーセンタイル

> GA4で初めて登場した「パーセンタイル」という単位を持つ指標について解説します。パーセンタイルは「ユーザーのライフタイム」レポートで利用でき、全体のおおよその分布を推測することができます。

探索レポートで利用できる指標のうち、「ユーザーのライフタイム」にカテゴライズされる指標群があります。

これらの指標は、探索レポート配下の「ユーザーのライフタイム」レポートテンプレートでしか利用できません。そのため、利用頻度は必ずしも高くないかもしれませんが、「パーセンタイル」が付く指標があるなど、多少難しさがあるため本ワザで解説します。

📊 GA4 探索 ▶ ユーザーのライフタイム ▶ 指標の選択

∨　ユーザーのライフタイム	ユーザーのライフ
☐　LTV	タイムでは「LTV」
☐　　10 パーセンタイル	などの指標を利用
☐　　50 パーセンタイル	できる
☐　　80 パーセンタイル	
☐　　90 パーセンタイル	
☐　　合計	
☐　　平均	
☐　ライフタイムのセッション数	

ユーザーのライフタイムの指標の種類

ユーザーのライフタイムの指標には、次の種類があります。また、各指標にはそれぞれ、10、50、80、90パーセンタイルと合計・平均があります。

- LTV
- ライフタイムのセッション数
- 全期間のエンゲージメントセッション数

- 全期間のエンゲージメント時間
- 全期間のセッション継続時間
- 全期間のトランザクション数
- 全期間の広告収入

本ワザではLTVを例に説明します。LTVについてはワザ159を参照してください。

例として、あるレポート期間に10人のユーザーがサイトを訪問したとしましょう。その10人はそれぞれLTVを持っていますが、すべてのユーザーのLTVを合計すると合計が25万円だったとします。すると「LTV：合計」は25万円となります。「LTV：平均」は、LTV：合計をユーザー数で除して求めるので、2.5万円です。ここまでは難しくないと思います。

パーセンタイルについて求めるには、まず、それら10人のユーザーをLTVの低い順に並べます。図表130-1を参照してください。ユーザー1のLTV0円から、ユーザー10のLTV6万円まで、10人のユーザーがLTVの低い順に並んでいるのが確認できます。

パーセンタイルは「位置の指標」とも呼ばれ、「LTVの低い順に○パーセントのところに並んでいるユーザー」のLTVが「○パーセンタイル」の値になります。つまり、10パーセンタイルは、全体の中の10%のところに並んでいるユーザーのLTV値となります。10人の10%は1人なので、図表130-1に含まれる10人の分布における10パーセンタイル値は、ユーザー1のLTVである0万円となります。

同様に90パーセンタイル値は、LTVの低い順に90%のところに並んでいるユーザーのLTV値ですから、具体的にはユーザー9の5万円となる訳です。

図表130-1 10人のユーザーのLTVの分布①

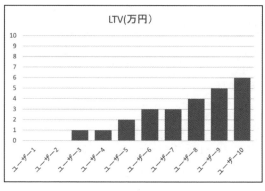

ユーザー	LTV（万円）
ユーザー1	0
ユーザー2	0
ユーザー3	1
ユーザー4	1
ユーザー5	2
ユーザー6	3
ユーザー7	3
ユーザー8	4
ユーザー9	5
ユーザー10	6

次のページに続く ▷

基礎知識

導入

設定

指標

ディメンション

データ探索

成果の改善

Looker Studio

BigQuery

パーセンタイル値によっておおよその分布が分かることを実感するために、図表130-1
とは別の10人のLTVの分布が、図表130-2の通りであったとします。こちらの10人も、
LTV：合計は25万円、LTV平均は2.5万円と、その2つの指標は分布Aとまったく同じ
です。ただし、各人のLTVの差が激しく、LTV0円のユーザーが6人もいる一方、もっとも
高いユーザー 10のLTVは9万円となっています。

図表130-2 10人のユーザーのLTVの分布②

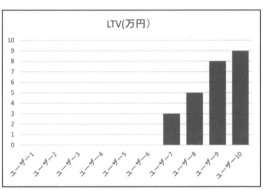

ユーザー	LTV(万円)
ユーザー 1	0
ユーザー 2	0
ユーザー 3	0
ユーザー 4	0
ユーザー 5	0
ユーザー 6	0
ユーザー 7	3
ユーザー 8	5
ユーザー 9	8
ユーザー 10	9

分布①、②について、10、50、80、90パーセンタイルを比較したのが、次の図表130-3
です。かなり異なっています。ということは、パーセンタイル値からおおよその分布を推
測できるということです。

図表130-3 2つの分布のパーセンタイル値の違い

パーセンタイル	分布①	分布②
10パーセンタイル	0万円	0万円
50パーセンタイル	2.5万円	0万円
80パーセンタイル	4万円	5万円
90パーセンタイル	5万円	8万円

本ワザではLTVを例にしましたが、セッション数、エンゲージのあったセッション数につ
いても考え方は同様です。

Web担当者はパーセンタイルを理解できると、LTVや累計セッショ
ンについてのユーザーの分布を推定できます。

関連ワザ **159** 「ユーザーのライフタイム」レポートを作成する   P.526

ワザ 131 DAU/MAUなどの ロイヤリティ指標を理解する

🔑 DAU／DAU／MAU

> GA4では、ユーザーのロイヤリティを評価する指標として「DAU」「WAU」「MAU」などの見慣れない指標が登場しました。ブログなど、定常的に訪問してほしいサイトでは意識したい指標です。

標準レポートのエンゲージメントの概要にある「ユーザーのロイヤリティ」カードや、ライブラリ（ワザ105を参照）、探索配下で作成するレポートの指標の中に、「DAU/MAU」「DAU/WAU」「WAU/MAU」といった指標があります。

これらの指標は、企業や商品に対するユーザーの愛着やロイヤリティを測定するための指標です。メディアサイトのように、ユーザーにできれば毎日訪問してもらいたいサイトや、コンテンツマーケティングの一環でブログを定期的に掲載しているサイトなどにとっては、モニタリング対象として意味のある指標です。

一方、指標の定義や計算式があまり知られていない印象があるので、本ワザで解説します。DAU/MAU、DAU/WAU、WAU/MAUは、「DAU」「WAU」「MAU」という3つの指標の割り算の指標です。まず、DAU、WAU、MAUについて次の表で説明します。

図表131-1 DAU、WAU、MAUの定義

指標名	短縮されていない名称	定義
DAU	Daily Active Users	ある日のアクティブユーザー数
WAU	Weekly Active Users	ある日を含む「ある日」から過去7日間のユニークなアクティブユーザー数
MAU	Monthly Active Users	ある日を含む「ある日」から過去30日間のユニークなアクティブユーザー数

続いて、DAU、WAU、MAUの具体例を挙げましょう。仮に、10月7日に100人のアクティブユーザーがいたとします。また、10月7日を含む過去7日間、つまり10月1日〜10月7日のアクティブユーザー数（1日から7日の日別のアクティブユーザー数の合計ではなく、同7日間におけるユニークなアクティブユーザー数）が1,000人、9月8日〜10月7日のアクティブユーザー数、つまり10月7日を含む過去30日のアクティブユーザー数が2,000人だったとします。その場合、DAU、WAU、MAU、DAU/MAU、DAU/WAU、WAU/MAUは次のページにある通りとなります。

次のページに続く ▷

図表131-2 10月7日におけるロイヤリティ指標

DAU：100ユーザー	DAU/WAU：10%（100/1000）
WAU：1,000ユーザー	DAU/MAU：5%（100/2000）
MAU：2,000ユーザー	WAU/MAU：50%（1000/2000）

DAU/MAUを例にとって、割り算の指標の解釈をします。例えば、通常100人程度のDAU、2,000人程度のMAUを持つ前述のサイトでは、通常のDAU/MAUは5%になります。このサイトで昨日公開したブログ記事がとても大きな反響を呼び、500人ものDAUを得たとします。すると、DAU/MAUはおおよそ500/2500＝20%となります。MAUという過去30日間の実績に対し、昨日のDAUが大きくインパクトしたということが分かります。

実際の例を見てみましょう。次の画面は筆者のブログサイトの1/1 〜 3/9のグラフです。

MAUの推移を表している

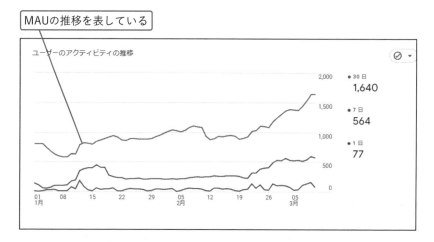

グラフに影響を与えた背景として、2月下旬からの2週間の間に5本、立て続けに新しいブログ記事を公開しました。そのため、グラフを見ると2月末からWAUやMAUが拡大しているのが見て取れます。

 🔗 **[GA4] エンゲージメント概要レポート**
https://support.google.com/analytics/answer/13391283?hl=ja

> 上記のグラフは「レポート」メニューのエンゲージメント配下にある概要から、確認することができます。

ワザ 132 「予測可能」に分類される指標を理解する

🔑 予測／ユーザーのライフタイムレポート／新機能

> GA4で登場した「予測可能」は、ユーザーのライフタイムレポートで利用できる、機械学習に基づく「予測」による指標です。ユーザーの購入の可能性や予測収益、離脱の可能性などが分かります。

探索レポートで利用できる指標のうち、「予測可能」にカテゴライズされる指標群があります。英語版でのカテゴリーは「Predictive」(予測的な) です。

これらの指標は、探索レポート配下の「ユーザーのライフタイム」レポートテンプレートでしか利用できません。そのため、利用頻度は必ずしも高くないですが、Googleアナリティクス4で新たに登場した機械学習に基づく「予測」による指標群であり、自社での有効性を試しておくとよいでしょう。

📊 GA4 探索 ▶ ユーザーのライフタイム ▶ 指標の選択

✓ 予測可能
☐ アプリ内購入の可能性
☐ 10 パーセンタイル
☐ 50 パーセンタイル
☐ 80 パーセンタイル
☐ 90 パーセンタイル
☐ 平均
☐ 購入の可能性
☐ 10 パーセンタイル

「予測可能」ではアプリ内購入の可能性に関するパーセンタイルが利用できる

予測可能に分類される指標は、次のページに挙げる種類があります。指標にはそれぞれ、10、50、80、90パーセンタイルと平均があります。

次のページに続く ▷

- アプリ内購入の可能性
- 購入の可能性
- 予測収益
- 離脱の可能性

パーセンタイルについては、ワザ130で解説しています。指標は異なりますが、パーセンタイル自体についての考え方はまったく同じですので、参照してください。

上記のうち、Webサイトを対象とした3つの指標について、次の表にそれぞれの意味を整理します。いずれも、「purchase」イベントが収集できていること（予測収益については「revenue」も併せて収集できていること）が前提となります。

図表132-1 Webサイトを対象とした「予測可能」の指標

指標名	意味
購入の可能性	過去28日間に操作を行ったユーザーが、今後7日以内に購入を行う可能性
予測収益	過去28日間に操作を行ったユーザーが、今後28日間に達成する購入コンバージョンによって得られる総収益の予測
離脱の可能性	過去7日以内にアプリやサイトで操作を行ったユーザーが、今後7日以内に操作を行わない可能性

ポイント

・予測した結果は、ユーザーごとにパーセンテージで表されます。その値の小さい順にユーザーを並べれば、10%のところにいるユーザーのパーセンテージが、10パーセンタイルとなります。

 *[GA4]アナリティクスのディメンションと指標
https://support.google.com/analytics/answer/9143382?hl=ja

利用できるレポートは限られていますが、本ワザで紹介したのはGA4で初めて登場した予測に基づく指標です。

関連ワザ **130** 「ユーザーのライフタイム」に分類される指標を理解する　　　P.436

第 5 章

ディメンション

本章ではGA4の主要なディメンションを解説します。ディメンションはサイト全体を切り分ける「軸」であり、指標はディメンションと組み合わせてはじめて「分析」できます。ディメンションの定義を確認しましょう。

ワザ 133 「ディメンション」を正しく理解する

🔑 ディメンション／概要

> 本章ではディメンションについて解説します。ディメンションはレポートで利用され、サイト全体を「切り分ける」役割を果たします。GA4で新しく登場したディメンションや重要なディメンションを理解しましょう。

本章は、Googleアナリティクス4の「ディメンション」を理解するための章です。ディメンションはレポートで利用され、サイト全体を「切り分ける」役割があります。例えば、次の画面は指標だけが並んでいて、ディメンションが適用されていない状態のレポートです。

ディメンションが適用されていない

↓アクティブ ユーザー数	エンゲージのあったセッション数（1ユーザーあたり）	ユーザーあたりのビュー
1,178	0.99	1.61

「ディメンション」という「切り分ける」軸がないため、指標はサイト全体のパフォーマンスを示しています。このレポートから何かを読み取れるでしょうか？　何も読み取れません。当然、改善アクションを起こすこともできません。

では、このレポートに「最初のユーザーのデフォルトチャネルグループ」というディメンションを適用してみます。このディメンションは、ユーザーが初回訪問のときに利用したデフォルトチャネルグループを示しています。

「最初のユーザーのデフォルトチャネルグループ」を適用した

	最初のユーザーのデフォルト チャネル グループ	↓アクティブ ユーザー数	エンゲージのあったセッ...ユーザーあたり）	ユーザーあたりのビュー
	合計	1,178 全体の 100.0%	0.99 平均との差 0%	1.61 平均との差 0%
1	Organic Search	768	1.06	1.47
2	Organic Social	219	0.8	1.51
3	Direct	178	0.94	2.33

今度はどうでしょうか？エンゲージのあったセッション（1ユーザーあたり）の指標にディメンションの値ごとに差が出ており、Organic Searchが高いパフォーマンスを出しています。そこで、『「エンゲージのあったセッション」を増やしたかったら、Organic Searchからユーザーの初回訪問を獲得するのが効率的だ』という判断ができます。

ここで「最初のユーザーのデフォルトチャネルグループ」というディメンションは、サイト全体を「初回訪問のメディア」という軸で「切り分けた」ということを理解してください。

また、ディメンションを適用したことで、指標だけが列挙されていたときにはできなかった「判断」ができ、その判断が「行動」を引き起こし、ひいては「改善」につながります。

GA4が提供するディメンションは多数あります。例に出したトラフィックソースに関するディメンションや国、地域、言語などのユーザーの属性に関するディメンション、ブラウザーやOSといったユーザーの環境に関するディメンション、ページタイトルやページパスのようなページに関するディメンションなどです。

第4章では、レポートを解釈するのに必要な指標の定義を学びました。本章ではディメンションを学び、ぜひ「判断」や「行動」につなげてください。

基礎知識

導入

設定

指標

ディメンション

データ探索

成果の改善

Looker Studio

BigQuery

本章では、サイト全体を「切り分け」、判断や行動につながるディメンションについて解説していきます。

ワザ 134 「ユーザー獲得」レポートのディメンションを理解する

🔑 ユーザー獲得レポート／ユーザー

> 「ユーザー獲得」レポートで使われているディメンションを解説します。このディメンションにより、ユーザーの初回訪問をどのような方法から獲得すると、効率よく「自社にフィットしたユーザー」を獲得できるかが分かります。

標準レポートの「集客」配下にある「ユーザー獲得」レポートでは、新規ユーザーがどのような方法で自社のWebサイトを見つけたのかを把握できます。それにより、新規ユーザーの流入元や、新規ユーザーの獲得に有効だったキャンペーンなどが分かります。

ユーザー獲得レポートで使用できるディメンションは、「ユーザーの最初の○○」となっています。○○のところにチャネル、メディアなど、ユーザーが初回のサイト訪問時に利用した方法が記録されています。

本書執筆時点で「デフォルトチャネルグループ」だけは「ユーザーの最初の」ではなく「最初のユーザーの」となっています。チャネルグループとは、ユーザーが初回訪問時に利用した参照元やメディアをルールに基づいて分類したものです。Organic Search、Referralなどがあります。詳しい定義は次の公式ヘルプを参照してください。

🔗 **[GA4]デフォルト チャネル グループ**
https://support.google.com/analytics/answer/9756891?hl=ja

ユーザー獲得レポートのディメンションは、Googleアナリティクス4の特徴的なディメンションです。ユーザーは複数の訪問をもたらし得ますが、何回訪問しても初回訪問時の参照元、メディア、キャンペーンはユーザーに対して一意に決まり変化しません。例えば、1人のユーザーが次の通りに行動したとしましょう。

- 初回訪問：　　参照元　Facebook、3PV
- 2回目の訪問：参照元　Google検索、1PV
- 3回目の訪問：参照元　ダイレクトトラフィック、8PV
- 4回目の訪問：参照元　ヤフー自然検索、10PV コンバージョン

この行動を「ユーザーの最初の参照元」をディメンションとしたレポートで表すと、次の表の通りになります。

基礎知識

導　入

設　定

指　標

ディメンション

データ探索

成果の改善

Looker Studio

BigQuery

図表134-1 ユーザー獲得レポートのイメージ

ユーザーの最初の参照元	セッション	エンゲージのあったセッション	エンゲージメント率	表示回数	コンバージョン
facebook	4	3	75%	22	1

ここで注意することは、ディメンションとして「ユーザーの最初の参照元」を利用したことにより、指標がユーザー単位で集計されていることです。従って、ユーザー獲得レポートは「自社サイトに多くのエンゲージメントのあったセッションや、（複数回の訪問を経た後だとしても）コンバージョンをもたらしてくれる自社にフィットしたユーザーは、どのような初回訪問方法を利用しているか？」を確認するためのレポートだといえます。

具体的な例を示しましょう。次の画面はGA4のデモアカウントにおける2022年11月のユーザー獲得レポートです。このレポートより、次のことが読み取れます。

GA4　レポート ▶ 集客 ▶ ユーザー獲得

ディメンションとして「最初のユーザーのデフォルトチャネルグループ」を選択している

最初のユーザーのデフォルト チャネルグループ ▾ +	↓ 新規ユーザー数	エンゲージのあったセッション数	エンゲージメント率	エンゲージのあったセッション数（1ユーザーあたり）	平均エンゲージメント時間
	65,086 全体の100%	77,980 全体の100%	64.1% 平均との差0%	1.02 平均との差0%	2分35秒 平均との差0%
1 Organic Search	26,175	29,241	69.03%	1.03	2分06秒
2 Direct	21,743	32,083	62.64%	1.10	3分26秒
3 Paid Search	5,482	3,701	52.77%	0.66	1分18秒

- 新規ユーザーをもっとも獲得したチャネルは「Organic Search」（自然検索）である
- Organic Searchを最初の流入元として利用した26,175人のユーザーは、29,241回の「エンゲージのあったセッション」をもたらした
- 29,241回のエンゲージのあったセッションは、26,175人がもたらした全セッションのうちの69.03%である

ユーザーの初回訪問の経路とコンバージョンの発生の有無が分かれば、認知段階のユーザーへもアプローチできます。

ワザ 135 「トラフィック獲得」レポートの ディメンションを理解する

🔍 **セッションスコープ／セッション**

> 「トラフィック獲得」レポートで使用されているセッションスコープのディメンションについて解説します。セッションを獲得した経路の属性を「デフォルトチャネルグループ」や「メディア」などで分けられます。

標準レポートの「集客」配下にある「トラフィック獲得」レポートは、セッションをどのような参照元、メディア、キャンペーンから獲得したのかを示しています。利用されているディメンションは「セッションスコープ」です（スコープについてはワザ012を参照）。ディメンションの名前は「セッションの○○」です。○○には「参照元」「メディア」「デフォルトチャネルグループ」などが入ります。ワザ134で説明したユーザー獲得レポートで利用されていたディメンションには「ユーザーの最初の」が付いていたので区別できます。

📶 GA4 **レポート ▶ 集客 ▶ トラフィック獲得**

🔍 検索
セッションのデフォルト チャネル グループ
セッションの参照元 / メディア
セッションのメディア
セッションの参照元
セッションの参照元プラットフォーム
セッションのキャンペーン

> セッションを獲得した経路のディメンションを利用できる

トラフィック獲得レポートで利用できる、代表的なディメンションは次の通りです。

セッションの参照元
ユーザーがリンクをたどってサイト訪問をしたときの、リンクが張ってあったもとのサイトを指します。

セッションのメディア

サイトへの流入経路を、その種別によって分類したものです。代表的なメディアとして、次の種類があります。

- organic： 自然検索
- referral： リンクをたどってきた訪問
- (none)： ダイレクトトラフィック
- cpcやppc：広告
- email： メール施策

セッションのデフォルトチャネルグループ

参照元、メディアなどの情報をもとに、サイトへの流入経路をグルーピングしたものです。次の公式ヘルプに詳細が記述されています。

🔗 **[GA4]デフォルトチャネルグループ**
https://support.google.com/analytics/answer/9756891?hl=ja

トラフィック獲得レポートのディメンションの注意点は、次の通りです。

メディアが決定されるフロー

メディアが決定されるフローは、次の図の通りになっています。キャンペーントラッキングについては、ワザ113を参照してください。

図表135-1 メディアが決定されるフロー

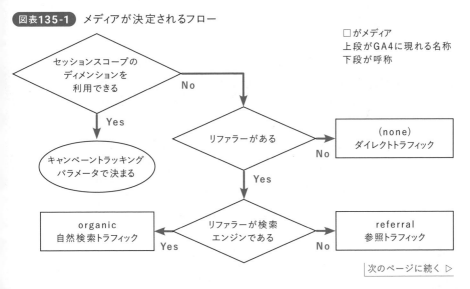

次のページに続く ▷

基礎知識

導　入

設　定

掲　様

ディメンション

データ探索

成果の改善

Looker Studio

BigQuery

参照元の優先順位

参照元の優先順位は、次の公式ヘルプの記述されている通りです。参照元などのデータを含む訪問後にノーリファラーの訪問があっても、もとの参照元などを上書きしないとされています。

> 公式ヘルプによる参照元の優先順位
> の決まりが記載されている

処理

処理段階で、トラフィック ソースとキャンペーンのフィールドの値がディメンションの値として確定され、セッションに割り当てられます。

utm_ パラメータの値（ディスプレイ、ソーシャル、メール、有料検索など）を使用する処理には、次のルールが適用されます。

- **参照元の優先順位** - 参照元データを含む訪問の後にノーリファラーの訪問があっても、元の参照元データは上書きされません。

 🔗 **[GA4]**キャンペーンとトラフィックソース
https://support.google.com/analytics/answer/11242841?hl=ja&ref_topic=11151952

1つのセッションに複数の参照元などが存在するときの処理

Googleアナリティクス4では、セッションのカウント方法として、1つのセッションの継続中に参照元、メディア、キャンペーンなどが切り替わっても、新しいセッションは始まりません。

> 公式ヘルプによるセッション数のカウント方法の
> 決まりが記載されている

ユニバーサル アナリティクスとの差異

Google アナリティクス 4 プロパティのセッション数は、ユニバーサル アナリティクス プロパティのセッション数より少なくなることがあります。これは、キャンペーン ソースがセッション中に変更された場合、Google アナリティクス 4 では新しいセッションが作成されないのに対し、ユニバーサル アナリティクスでは新しいセッションが作成されるためです。

セッションが日付をまたぐ場合（午後 11 時 55 分に開始して午前 0 時 5 分に終了する場合など）は、1 つのセッションですが各日で 1 回ずつカウントされます。セッション数の差異に関する詳細

 🔗 **[GA4]**アナリティクスのセッションについて
https://support.google.com/analytics/answer/9191807?hl=ja

前述のセッション数のカウント方法に関する仕様は、1つのセッションに複数の参照元、メディアが紐付くことがあり得るということを示しています。次の画面は、筆者のテストサイトでの実験結果であるBigQuery上のGA4データです。

同一のセッションID（session_id）に対して、イベント単位では複数のsource、mediumが紐付いているのが分かります。

同一のセッションIDに対して、イベント単位では
複数のsource、mediumが紐付いている

行	user_pseudo_id	session_id	JST	event_name	event_medium	event_source
1	1076426141.1651626906	1651626905	2022-05-04T10:15:04	first_visit	null	null
2	1076426141.1651626906	1651626905	2022-05-04T10:15:04	session_start	null	null
3	1076426141.1651626906	1651626905	2022-05-04T10:15:04	page_view	ten_fifteen	dog_x
4	1076426141.1651626906	1651626905	2022-05-04T10:15:04	scroll	ten_fifteen	dog_x
5	1076426141.1651626906	1651626905	2022-05-04T10:18:59	user_engagement	ten_fifteen	dog_x
6	1076426141.1651626906	1651626905	2022-05-04T10:20:00	page_view	ten_twenty	dog_y
7	1076426141.1651626906	1651626905	2022-05-04T10:20:00	scroll	ten_twenty	dog_y
8	1076426141.1651626906	1651626905	2022-05-04T10:20:13	user_engagement	ten_twenty	dog_y
9	1076426141.1651626906	1651629605	2022-05-04T11:00:04	session_start	null	null

上記の例の場合、次の公式ヘルプの通り、新しいセッションの開始に誘導した参照元、メディア、キャンペーンなどがそれぞれ「セッションの参照元」「セッションのメディア」「セッションのキャンペーン」としてセッションに紐付く処理が行われます。

 🔗 **[GA4]**トラフィックソースのディメンションのスコープ
https://support.google.com/analytics/answer/11080067?hl=ja

セッションの開始時に利用された参照元、メディアが「セッションの○○」というディメンションになります。

関連ワザ **074**	セッションタイムアウトを調整する	P.268
関連ワザ **113**	キャンペーントラッキングを正確に行う	P.398

基礎知識
導入
設定
指標
ディメンション
データ探索
成果の改善
Looker Studio
BigQuery

ワザ 136　広告レポートのディメンションを理解する

🔑 **デフォルトチャネルグループ／参照元／アトリビューションモデル**

> 広告レポートで利用できるディメンションには、「デフォルトチャネルグループ」「参照元」「メディア」があります。ワザ134、135で解説したディメンションとは異なるので注意してください。

Googleアナリティクス4の広告レポート、すなわち「広告」メニュー配下にあるレポート群としては、次の3つのレポートが存在します。

- パフォーマンス
  - すべてのチャネル
- アトリビューション
  - モデル比較
  - コンバージョン経路

その3つのレポートすべてで、次の画面にあるディメンションが使われています。

📊 GA4　広告 ▶ すべてのチャネルなど

Q 検索
デフォルト チャネル グループ
参照元プラットフォーム
参照元
メディア
キャンペーン

> すべての広告レポートで「参照元」などのディメンションを利用できる

広告レポートのディメンションでは、参照元、メディア、キャンペーンの頭に何も付いていないことに注意してください。これらの頭に何も付いていない参照元、メディアなどは、ワザ134で紹介した「ユーザーの最初の○○」、ワザ135で紹介した「セッションの○○」とは性質が異なります。

つまり、レポートに使用するディメンションは、次の表の通りに整理できます。

図表136-1 レポートの種類と使用するディメンション

「ユーザー獲得」レポート	頭に「ユーザーの最初の」が付く ・デフォルトチャネルグループ ・参照元 ・メディア ・キャンペーン
「トラフィック獲得」レポート	頭に「セッションの」が付く ・デフォルトチャネルグループ ・参照元 ・メディア ・キャンペーン
「広告」配下の3レポート	何も頭に付かない ・デフォルトチャネルグループ ・参照元 ・メディア ・キャンペーン

頭に何も付かないデフォルトチャネルグループ、参照元、メディア、キャンペーンは、イベントスコープのディメンションです。これらのディメンションが利用されたレポートでは、標準レポートである次の2レポートを除いて、ワザ087で設定したアトリビューションモデルが適用されます。

- モデル比較（複数のモデルを比較するため、デフォルトのアトリビューションモデルが適用されない）
- コンバージョン経路（経路を「固有化」しているため、デフォルトのアトリビューションモデルが適用されない）

具体例を挙げて、どのように機能するか説明しましょう。まず、次のようなユーザー行動を想定します。

- ユーザー Aの初回訪問：自然検索経由で訪問したがコンバージョンしなかった
- ユーザー Aの2回目の訪問：広告経由で訪問開始、セッション中に「email」のリンクをクリックしてページを表示し、その後同一セッション中にコンバージョンした

この場合「ユーザーの最初のメディア」「セッションのメディア」は次の通りとなり、emailからの訪問は登場しません。

- 「ユーザーの最初のメディア」は自然検索となることから、自然検索にコンバージョン「1」が付く

次のページに続く ▷

基礎知識

導入

設定

指標

ディメンション

データ探索

成果の改善

Looker Studio

BigQuery

基礎知識

導　入

設　定

指　標

ディメンション

データ探索

成果の改善

Looker Studio

BigQuery

- 「セッションのメディア」は初回訪問は自然検索、2回目の訪問は広告となる。コンバージョンが発生したセッションのメディアは広告なので、広告にコンバージョン「1」が付く

一方、頭に何も付いていない「メディア」をレポートに利用した場合はデフォルトのアトリビューションモデルの影響を受け、次の表の通りとなります。

図表136-2 前述のユーザー行動で発生したコンバージョンの各メディアへの付与

| 流入経路 | デフォルトのアトリビューションモデル | | | |
	ファーストクリック	ラストクリック	線形	接点
自然検索	1	0	0.33	0.4
広告	0	0	0.33	0.2
email	0	1	0.33	0.2

※減衰、データドリブンは割愛しています。

つまり、頭に何も付いていないデフォルトチャネルグループ、参照元、メディア、キャンペーンは、アトリビューションを考慮に入れたレポートを作成したい場合に、利用すべきディメンションといえます。

ここで重要なのが、「ユーザーの最初のメディア」「セッションのメディア」では登場しなかったemailというメディアが考慮に入ってくることです。ラストクリックモデルでは1、線形では0.33、接点では0.2のコンバージョンがemailに付与され、レポートで可視化されます（アトリビューションモデルについてはワザ088を参照）。

レポートを作成する際にも図表136-1で示した3種類のディメンションのうち、どれを使うのかをしっかりと理解しておく必要があります。

頭に何も付かない参照元やメディアは、「アトリビューション」というカテゴリに属しています。

ワザ 137 「eコマース」に分類されるディメンションを理解する

基礎知識

導入

設定

指標

ディメンション

データ探索

成果の改善

Looker Studio

BigQuery

🔑 eコマース／商品／商品リスト

> 本ワザではeコマース関連のディメンションを解説します。商品に関するディメンションから、商品リスト、取引、プロモーションに関するディメンションまであるので、それぞれの特徴を覚えてください。

探索レポートで利用できるディメンションのカテゴリーの中に「eコマース」があります。本ワザでは、このカテゴリーに含まれるディメンションを解説します。全部で30弱のディメンションがありますが「商品」「商品リスト」「プロモーション」「取引」に整理すると全体の理解が容易になります。

📊 GA4 探索 ▶ 自由形式など

	eコマース
☐	Item category [アイテムのカテゴリ]
☐	アイテム ID
☐	アイテム プロモーション ID
☐	アイテム プロモーション名
☐	アイテムのアフィリエーション
☐	アイテムのカテゴリ 2

eコマースに分類されるディメンションを使用できる

商品とは、文字通り商品自体の属性です。商品名、商品ID、カテゴリなどがディメンションとなります。

商品リストとは、「新着商品一覧」「サイト内検索結果」「おすすめ商品」など、複数の商品を一覧で表示するページを「リスト」として定義したものです。商品リストの表示状況や、リストの中での個別の商品の掲載位置などを表すディメンションがあります。

プロモーションとは、サイトの中で特定の商品（群）を訪問者に訴求するページやサイトに掲載するモジュールなどを示します。「春物ワンピース特集」や「アウトレットセール」などのページが該当します。それらをレポートで可視化するためのディメンションがあります。

次のページに続く ▷

図表137-1 商品に関するディメンション

ディメンション名	内容
アイテムID	商品ID。データ取得観点では「item_id」パラメータの値
アイテム名	商品名。データ取得観点では「item_name」の値
アイテムのカテゴリ	商品が属するカテゴリーを表す文字列。カテゴリーは階層化でき、「アイテムのカテゴリ2」から「アイテムのカテゴリ5」まで、最大5つに属させることが可能。データ取得観点では「item_category」の値
アイテムのブランド	商品のブランドを表す文字列。データ取得観点では「item_brand」の値

図表137-2 商品リストに関するディメンション

ディメンション名	内容
アイテムリスト名	商品リストの名前。データ取得観点では「item_list_name」パラメータの値
アイテムリスト位置	商品リストの中で、特定商品が何番目に掲載されていたのかの位置。リストの最上部であれば「1」。データ取得観点では「index」の値
アイテムリストID	商品リストを識別するID

図表137-3 プロモーションに関するディメンション

ディメンション名	内容
アイテムプロモーションID	サイト内で特定の商品をプロモーションするウィジェットやポップアップを掲載した場合、そのプロモーションを識別するID。データ取得観点では、view_promotionイベントに紐付く「promotion_id」パラメータの値
アイテムのプロモーション（クリエイティブのスロット）	プロモーションの中で対象商品のクリエイティブ（画像など）が何番目の商品として掲載されたかを示す正の整数。データ取得観点では、view_promotionイベントに紐付く「creative_slot」パラメータの値
アイテムのプロモーション（クリエイティブ名）	プロモーションの中での対象商品のクリエイティブ（画像など）の名前。データ取得観点では、view_promotionイベントに紐付く「creative_name」パラメータの値

商品や、商品リストに関するディメンションのほか、次の表に挙げるトランザクション自体のディメンションも存在します。

図表137-4 トランザクション自体に関するディメンション

ディメンション名	内容
取引ID	トランザクションID。データ取得観点では「transaction_id」パラメータの値
送料区分	送料に区分がある場合、その内容（無料、通常、当日配送など）。データ取得観点では「shipping_tier」パラメータの値
通貨	取引が行われた通貨の種類（JPY、USDなど）。データ取得観点では「currency」パラメータの値

本ワザで紹介したディメンションは、GTM経由でeコマーストラッキングを行わないとレポートで利用できません。

探索レポートのディメンション

基礎知識

導入

設定

指標

ディメンション

データ探索

成果の改善

Looker Studio

BigQuery

ワザ 138 「プラットフォーム / デバイス」に分類されるディメンションを理解する

🔑 **プラットフォーム / デバイス／ OS ／ブラウザー**

> GA4にはデバイス、OS、ブラウザーなど、ユーザーがどのような環境でサイトを利用しているのかを理解するためのディメンション群が存在します。本ワザではそれらのディメンションを解説します。

探索レポートで利用できるディメンションのカテゴリーの中に「プラットフォーム / デバイス」があります。本ワザでは、このカテゴリーに含まれるディメンションを解説します。ユーザーがどのような環境でサイトを利用しているかを示すディメンション群です。

標準レポートの「ユーザーの環境の詳細」レポートで利用されているのは、このカテゴリーに属するディメンションなので、同レポートの解釈にも役立ててください。

📊 GA4　探索 ▶ 自由形式など

デバイスカテゴリなどのディメンションが「プラットフォーム / デバイス」に分類される

プラットフォーム / デバイスに分類されるディメンションは全部で20弱あります。それらを3つに分類し、それぞれ次ページの表にまとめました。

図表138-1はデバイスに関するディメンション、図表138-2はOSとブラウザーに関するディメンション、図表138-3はユーザーの環境、すなわち言語や画面の解像度といったディメンションです。

次のページに続く ▷

基礎知識

導入

設定

指標

ディメンション

データ探索

成果の改善

Looker Studio

BigQuery

図表138-1 デバイスに関するディメンション

ディメンション名	内容	ディメンションの値の例
デバイスカテゴリ	デバイスのカテゴリ	desktop、mobile、tabletなど

図表138-2 OSとブラウザーに関するディメンション

ディメンション名	内容	ディメンションの値の例
オペレーティングシステム	OSの種類	Windows、Macintosh、iOSなど
オペレーティングシステム（バージョンあり）	OS名とバージョン	Windows 10、iOS 16.0など
ブラウザー	ブラウザー	Chrome、Safariなど
ブラウザーのバージョン	ブラウザーのバージョン	106.0.0.0、16.0など

図表138-3 ユーザーの環境に関するディメンション

ディメンション名	内容	ディメンションの値の例
言語	ブラウザーの言語設定	English、Spanishなど
画面の解像度	画面の解像度	2560x1440、1920x1080など

🖑 ポイント

- 上記のディメンションの中で、もっともよく利用するのはおそらく「デバイスカテゴリ」だと思います。PCとスマートフォンでは画面の大きさや、利用場所が大きく違うことから、コンバージョン率に代表されるパフォーマンスが大きく違うためです。
- OSやブラウザーについては、「特定のOSやデバイスでフォームが動いていないのではないか？」といった不具合が疑われる場合に真っ先に確認する項目です。
- PCで、かつ画面の解像度が小さい場合「古いPC」の可能性があります。古いPCはCPUやメモリが貧弱なため、画面表示が遅いかもしれません。どの程度のユーザーが「古いPC」からサイトを利用しているか、一度確認してみてもよいでしょう。

本ワザで紹介したディメンションは、デバイス面や環境面からユーザーを理解するために利用できると考えるとよいです。

ワザ 139 「ページ / スクリーン」に分類される ディメンションを理解する

基礎知識

導入

設定

指標

ディメンション

データ探索

成果の改善

Looker Studio

BigQuery

🔑 ページ/スクリーン/コンテンツグループ

> GA4には「ページ / スクリーン」にカテゴライズされるディメンションがあります。ページパスや、ページタイトル、コンテンツグループなど、コンテンツごとのパフォーマンスを可視化するために利用されます。

探索レポートで利用できるディメンションのカテゴリーの中に「ページ / スクリーン」があります。コンテンツごと、例えばページやコンテンツグループごとにパフォーマンスが可視化できるので「もっともたくさん表示されたページのページタイトルは何か?」といった問いに答えることができます。

このカテゴリーに属するディメンションは、標準レポートの「ページとスクリーン」レポートでも利用されているので、同レポートの理解にも役立ててください。

ページ / スクリーンに分類されるディメンションは全部で12個あります。理解を容易にするために、次の3つの表に整理しました。図表139-1はコンテンツグループに関するディメンション、図表139-2はページに関するディメンションです。

また、図表139-3のように「ホスト名」「ページの参照URL」「ランディングページ+クエリ文字列」を表すディメンションも存在します。

図表139-1 コンテンツグループに関するディメンション

ディメンション名	内容
コンテンツグループ	コンテンツグループ。データ取得観点では「content_group」パラメータの値
コンテンツID	コンテンツグループに割り当てるID。データ取得観点では「content_id」パラメータの値
コンテンツタイプ	コンテンツグループの種類。データ取得観点では「content_type」パラメータの値

次のページに続く ▷

図表139-2　ページに関するディメンション

ディメンション名	内容
ページタイトル ページタイトルとスクリーンクラス ページタイトルとスクリーン名	ページタイトル。データ取得観点では「page_title」パラメータの値
ページロケーション	プロトコルからクエリパラメータまでのURL
ページパス＋クエリ文字列	ページパスとクエリパラメータ
ページパスとスクリーンクラス	ページパス

図表139-3　その他のディメンション

ディメンション名	内容
ホスト名	ホスト名
ページの参照URL	直前ページのURL（ホスト名からクエリパラメータまで）。データ取得観点では「page_referrer」パラメータの値
ランディングページ＋クエリ文字列	ランディングページ（ページパスとクエリパラメータ）

ポイント

- コンテンツグループに関するディメンションは、パラメータの追加を行わないと利用できません。ワザ049を利用して、パラメータ「content_group」を収集するデータに追加してください。

- コンテンツIDとコンテンツタイプはUAには存在せず、GA4で初めて登場しました。それぞれパラメータ「content_id」「content_type」を追加すると利用できるようになります。

- コンテンツタイプはいくつかのページをまとめたものです。従って、コンテンツタイプとページタイトルやコンテンツタイプとページパスは、それぞれ大分類と明細の関係にあります。

Web担当者が知りたいことの1つであるユーザーのコンテンツ利用は、本ワザのディメンションで可視化できます。

ワザ 140 「ユーザー」「ユーザー属性」に分類されるディメンションを理解する

🔑 ユーザー/ユーザー属性

> 標準レポートの「ユーザーの属性」で利用できる、年齢、性別、インタレストカテゴリといった「ユーザー属性」と探索配下で「ユーザー」と分類されるディメンションについて解説します。

管理画面でGoogleシグナルをオンにすると利用できるディメンションとして「年齢」「性別」「インタレストカテゴリ」があります。年齢、性別については説明不要でしょう。インタレストカテゴリはGoogleが推定した、ユーザーが持っている興味関心のことです。

これらのディメンションに値が入ってくるのは、Googleが推定できたユーザーだけです。推定できなかったユーザーは、次のレポートのようにunknownとなります。

GA4 レポート ▶ ユーザー属性 ▶ ユーザー属性の詳細

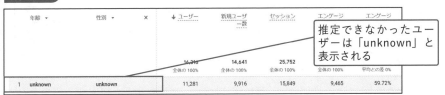

管理できなかったユーザーは「unknown」と表示される

また、探索配下では「ユーザー」に分類されるディメンションが3つあります。それぞれ、次の内容を持つディメンションです。

図表140-1 ユーザーに属するディメンション

ディメンション名	内容
オーディエンス名	ユーザーが属しているオーディエンス名（ワザ098を参照）
ユーザー IDでログイン済み	User-IDが記録されたセッションかどうかのフラグ。メンバーは、User-IDが記録されていれば「yes」に、記録されていなければ「(not set)」に分類される
新規／既存	過去7日間で初めてアプリを開いたか、Webサイトを訪問した新規ユーザーと既存ユーザー

> ユーザー属性に関するディメンションには、全ユーザーが分類されるわけではありません。傾向値だと割り切って利用しましょう。

ワザ 141 「ユーザーのライフタイム」に分類されるディメンションを理解する

🔑 ユーザーのライフタイム／購入日／利用日

> 探索レポートで利用できる「ユーザーのライフタイム」カテゴリーのディメンションは、すべてGA4で初めて登場しました。内容を理解して適切にレポートで利用できるようになりましょう。

探索レポートで利用できるディメンションの中に「ユーザーのライフタイム」があります。いずれも、GA4で新たに登場したディメンション群です。このカテゴリーのディメンションには、次の表に挙げた種類があります。そのうち、初回訪問日以外のディメンションは「ユーザーのライフタイム」レポートでのみ利用可能です。

図表141-1 ユーザーのライフタイムに関するディメンション

ディメンション名	内容
最終オーディエンス名	ユーザーが現在属しているオーディエンス名（ワザ098を参照）
最終購入日	ユーザーが最後に購入を行った日付（YYYYMMDD）
最終利用日	ユーザーが最後にサイトを訪問した日付（YYYYMMDD）
初回購入日	ユーザーが最初に購入を行った日付（YYYYMMDD）
初回訪問日	ユーザーの初回訪問の日付（YYYYMMDD）

レポートの設定方法の説明は第6章に譲りますが、初回訪問日と初回購入日をディメンションに使ったレポートとして以下が可視化できます。このサイトでは、多くのユーザーが初回訪問した当日に初回購入をしていることが分かります。

📊 GA4 探索 ▶ 自由形式

初回訪問日	初回購入日	↓総ユーザー数	LTV: 平均
合計		31 全体の 100.0%	$140.84 全体の 100.0%
1　20230222	20230222	27	$121.71
	20230227	1	$111.12
	20230228	1	$85.35

> 初回訪問日と初回購入日をディメンションとして利用している

> 「ユーザーのライフタイム」レポートでは、上記のディメンションのうち、初回訪問日をよく使うのではないでしょうか。

ワザ 142 「時刻」「地域」に分類されるディメンションを理解する

🔑 時刻／地域

> 探索レポートで利用できるディメンションのカテゴリーに「時刻」「地域」があります。月や週、経過時間が分かるほか、ユーザーのアクションが発生した国や地域、市区町村なども分かります。

標準レポートの「ユーザーの属性」では、「国」「地域」「市区町村」の3つのディメンションが利用できます。探索レポートではさらに「大陸」なども使えますが、実用上は標準レポートで使える3つだけで十分でしょう。

日本の都道府県や米国の州は「地域」に相当することは覚えておきましょう。

また、探索レポートで利用できる「時刻」にカテゴライズされるディメンションは12個あります。基本的なディメンションとして「年」「月」「週」「日」「時間」があります。また、次のレポートのように「日付」ディメンションは年月日がYYYYMMDD形式で表示されます。

月次レポート作成するなどのためにExcelでデータを加工したいとき、こうしたレポートを作成しておき、エクスポートすると「日別の主要指標」を簡単に取り出せます。

📊 GA4 　探索 ▶ 自由形式

日付をディメンションとして利用している

↑ 日付	総ユーザー数	セッション	エンゲージのあったセ…	表示回数	コンバージョン
合計	1,187 全体の100%	1,680 全体の100%	1,172 全体の100%	1,902 全体の100%	51 全体の100%
1　20230201	37	44	33	41	2
2　20230202	42	51	37	51	0
3　20230203	47	54	39	58	4

> 「地域」には、米国の州なども記録されている可能性が高いです。都道府県だけに絞りたいときには国でフィルタしましょう。

ワザ 143 動画再生や外部リンクなどのディメンションを理解する

🔑 **トラッキング／ダウンロード／サイト内検索**

> ディメンションの中には、拡張計測機能で収集されたイベントを可視化する専用の
> ディメンションが用意されています。動画再生や外部リンククリック、ファイルダウン
> ロードなどに関するディメンションがあります。

ワザ032で解説した通り、Googleアナリティクス4では自動収集イベントにより、動画再生／外部リンククリック／ファイルダウンロード／サイト内検索といった、サイト内で行われたユーザーの詳細な行動をトラッキングします。それらを可視化するディメンションが、次の表の通りに用意されています。

図表143-1 特定のユーザー行動を可視化するためのディメンション

動画再生	離脱クリック	ファイルダウンロード	サイト内検索
動画URL	リンクID	ファイルの拡張子	検索ワード
動画のタイトル	リンクテキスト	ファイルの名前	
動画プロバイダ	リンクドメイン		

探索レポートで、例えばディメンション「リンクドメイン」を、ワザ139で紹介した「ページタイトル」と組み合わせたレポートは次の通りです。どのページから、どこのドメインに対するリンクがクリックされたのかが確認できます。

📊 GA4 **探索 ▶ 自由形式**

リンクドメインとページタイトルを組み合わせている

ページタイトル	リンクドメイン	↓イベント数
合計		76 全体の100%
1 実践ワザGA4	kazkida.com	24
2 書籍の紹介	dekiru.net	14
3 実践ワザGA4	principle-c.com	10

> 本ワザで紹介したディメンションは標準レポートでも利用できます。ライブラリ機能も活用しつつ確認しましょう。

ワザ 144 その他の主要ディメンションを理解する

🔍 **スクロール／イベント**

> 本章の他のワザでは紹介できませんでしたが、重要なディメンションを紹介します。併せて、デフォルトでは用意されていませんが、ユーザーの何回目かのセッションかが分かる「訪問回数」も紹介します。

本章で、カテゴリーに分けて多くのディメンションを紹介してきました。それらのどこにも分類できない一方で、知っておくと利用価値が高いディメンションを紹介します。

スクロール済みの割合

最初は「スクロール済みの割合」です。標準レポート、探索レポートのどちらでも利用できます。計測観点ではscrollイベントに紐付くpercent_scrolledパラメータの値を示しています。ワザ047に従い90%未満のスクロール深度も記録しておくと、次のようなレポートが生成でき、どこまでページがスクロールされているのかについて明確なファクトを得ることができます。

📊 **GA4** 探索 ▶ 自由形式

ページタイトル	トップページ | kazkidaテストサイト		合計
スクロール済みの割合		イベント数	↓イベント数
合計		79 全体の100%	79 全体の100%
1　25		26	26
2　50		22	22
3　75		19	19
4　90		12	12

> ディメンション「スクロール済みの割合」を使用している

イベント名

次に紹介するディメンションは「イベント名」です。標準レポート、探索レポートのどちらでも利用できるディメンションです。ユーザー行動を計測するイベントの名称が格納されます。指標「イベント数」と組み合わせることによって、サイト全体としてどのようなユーザー行動を収集しているのかの全体像を確認できるほか、無駄なイベントを収集していないかも確認できます。

次のページに続く ▷

訪問回数（セッションの数）

次に紹介するのは「訪問回数」です。UAでは「セッションの数」というディメンションとして存在していましたが、GA4ではなくなってしまいました。

しかし、GA4で特に有用なディメンションだと思うので紹介します。なぜ有用なのかというと、例えば自社にフィットするユーザーが定義できたとしましょう。そして、それらユーザーを認知目的の広告から獲得することに成功したとします。

それらのユーザーは近い将来にはコンバージョンし、その後もLTVを増加させることを期待されていますが、認知系の広告で獲得したユーザーであるため、すぐにはコンバージョンしないでしょう。

しかし、何回目のセッションでコンバージョンするのでしょうか? 3回目でしょうか、5回目でしょうか? それを知るためのディメンションが「訪問回数」です。作成方法は簡単です。次の画面の通り、ga_session_numberパラメータに基づいてカスタムディメンションを作成します（カスタムディメンションについてはワザ101を参照）。

作成したディメンションを探索レポートの「自由形式」で利用したのが次の画面です。このサイトでは「訪問回数」が「1」、つまり初回訪問でのコンバージョン率がもっとも高いということが分かりました。離脱リンククリックをコンバージョン設定しており、しきいが低いこと、認知系の広告を実施していないことから、このような結果になったと判断しています。

📶 GA4　探索 ▶ 自由形式

訪問回数		↓セッション	コンバージョン	セッションのコンバージョン率
	合計	1,680 全体の100%	51 全体の100%	2.68% 全体の100%
1	1	1,111	39	3.15%
2	2	280	5	1.43%
3	3	95	1	1.05%
4	4	54	0	0%
5	5	31	0	0%

> 初回訪問でのコンバージョン率がもっとも高いということが分かる

> 作成したカスタムディメンションは、ライブラリ機能経由で標準レポートでも利用できます。

第 6 章

データ探索

GA4の「探索」メニュー配下には7つのレポートテンプレートがあり、強力な分析機能を提供しています。本章ではそれらのテンプレートと、レポートと組み合わせて利用するセグメントについて解説します。

基礎知識

導入

設定

指標

ディメンション

データ探索

成果の改善

Looker Studio

BigQuery

ワザ 145 探索レポートの概要を理解する

🔑 探索レポート／概要／セグメント

> 本章はGA4の探索レポートと、それらに適用できるセグメントについて学ぶ章です。
> UAと比較して、課題意識に応じたレポートが作成できるようになっているので、分析に役立てていきましょう。

本章では、Googleアナリティクス4の探索レポートの作成方法、つまりメインメニューにある［探索］をクリックした後に表示される［データ探索］画面でレポートを作成する方法を紹介していきます。ワザ008で解説している通り、探索レポートはGA4の非常に特徴的な機能であり、ユニバーサルアナリティクスと大きな違いがあります。

具体的には、UAの「カスタムレポート」は基本的に表形式のみのレポートでしたが、GA4の探索レポートには7種類ものテンプレートが用意されており、課題意識に応じたレポートが作成できるようになりました。GA4のアドホック分析（課題意識に応じて不定期に行う分析）機能はUAに比べ、大幅に強化されていると理解してください。

- 自由形式
- 目標到達プロセスデータ探索
- 経路データ探索
- セグメントの重複
- ユーザーエクスプローラ
- コホートデータ探索
- ユーザーのライフタイム

また、7種類すべてのレポートに対して「セグメント」が適用できます。セグメントとは、サイト全体に対して「一部のデータ」を指す概念、あるいは抽出された「一部のデータ」を意味します。セグメント機能は、GA4で実現された次の変化により、より細かなユーザー行動に基づいて作成できるようになりました。

- データモデルが「イベントとパラメータ」になった（ワザ030を参照）
- 自動収集イベント（ワザ032を参照）と拡張計測イベント（ワザ033を参照）を合わせると、10種類ものユーザー行動がデフォルトで取得できるようになった

7種類のレポートのテンプレートでは、次のような分析が可能です。

自由形式

ディメンションと指標を組み合わせて作成する表形式のレポートです。非常に汎用性が高いため、利用頻度ももっとも高くなるでしょう。

目標到達プロセスデータ探索

ステップを設定して利用します。どのステップまでユーザーが到達したか、何%のユーザーがステップを完遂したかを可視化します。

経路データ探索

あるページを表示したユーザーが、次にどのページを表示したのか、その次のページはどこかを確認できます。サンキーダイアグラムというグラフ形式が採用されています。

セグメントの重複

セグメントを最大3つまで作成し、それぞれに属するユーザー数、セッション数などを確認できます。可視化はベン図と表の2方法で行われます。

ユーザーエクスプローラ

個人のユーザーについて、匿名性を保ったまま、もっとも細かい粒度の行動を可視化します。UAにあったユーザーエクスプローラと同じ機能です。

コホートデータ探索

条件を満たしたユーザー群を「コホート」としてグループ化します。コホートについてサイト再訪問状況、コンバージョン状況などを可視化します。

ユーザーのライフタイム

レポート期間中にサイトを訪問したユーザーについて、それよりも前に行った訪問や購入金額も含めた累計額を可視化します。レポートの終了日はいつでも「昨日」です。

本章を学ぶことにより、第7章で主に述べる「データ探索を使った成果改善のためのヒントの取得」にも、スムーズに取り組めると思います。

> 標準レポートは概要の確認とモニタリング、探索レポートは分析に利用します。

ワザ 146 「自由形式」レポートを作成する

🔑 **自由形式レポート／ディメンション／指標**

> 探索レポートの中で、もっとも利用頻度が高い「自由形式」レポートの設定項目を解説します。ディメンションや指標を組み合わせる自由形式レポートは、自由にカスタマイズできるのも特徴の1つです。

「自由形式」レポートは、ディメンションに各種指標を組み合わせて、クロス集計表のかたちで作成するもっとも基本的なレポートです。すべての探索レポートのテンプレートの中で、いちばん利用頻度の高いレポートになります。

.ıll GA4　探索 ▶ 自由形式

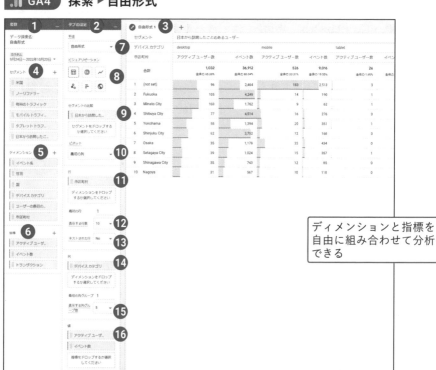

> ディメンションと指標を自由に組み合わせて分析できる

自由形式は、指標（第4章を参照）とディメンション（第5章を参照）を組み合わせて作成します。よって、分析の基本形である「ディメンション別の指標」というかたちで結果を得たい分析に向いています。例としては「ユーザーの最初のメディア別のコンバージョン数」や「地域別のエンゲージメント率」などです。また、指標はもちろん、ディメンションも複数同時に利用できます。

自由形式レポートの設定は、［変数］（前掲の画面①）と［タブの設定］（②）の2箇所で行います。設定できる項目はそれぞれ次の通りです。

［変数］の設定項目

［変数］列では、セグメントやディメンション、指標などからレポートに利用したい要素を選択します。［変数］で設定できる項目は次の通りです。また、注意点を以降に列記します。

- レポートの名前（データ探索名）
- 期間
- セグメント
- レポートで利用できるディメンションのリスト
- レポートで利用できる指標のリスト

期間

期間はレポート全体に適用されます。ユニバーサルアナリティクスと同様に、正とする期間と比較する期間を設定して対比することもできます。

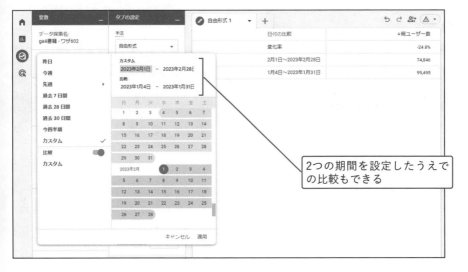

2つの期間を設定したうえでの比較もできる

次のページに続く ▷

❹セグメント

[セグメント] には、作成したセグメントのリストが並びます。しかし、ここに並ぶだけでは
レポートに反映されません。セグメントをレポートに反映させるには❾[セグメントの比較]
で設定します。

❺ディメンションのリスト

[ディメンション] のリストにある [+] をクリックすると、表示されるディメンションのリストか
ら、レポートで利用したいディメンションをリストに加えることができます。しかし、このリス
トにあるだけではレポートで使われません。⓫[行] でディメンションを追加することで、
レポートで利用できます。最大20個までのディメンションを並べられます。

❻指標のリスト

[指標] のリストにある [+] をクリックすると、表示される指標のリストから、レポートで利
用したい指標を追加できます。しかし、このリストにあるだけではレポートで使われませ
ん。⓰ [値] でレポートに利用する指標を選択します。ディメンションのリストと同様に、
最大20個までの指標を並べられます。

▌[タブの設定] で設定できる項目

❸で表示されているタブが、1つのレポートを指しています。従って [タブの設定] とは、
レポートの設定だということを理解してください。以下、[タブの設定] に並んでいる各項
目について述べます。

❼手法

[手法] では、ドロップダウン形式でレポートテンプレートを切り替えます。デフォルトでは
[自由形式] になっており、タブに自由形式レポートが表示されています。

❽ビジュアリゼーション

[ビジュアリゼーション] では、クロス集計表以外のグラフでの表現が選択できます（ワ
ザ162を参照）。

❾セグメントの比較

[セグメントの比較] では、[変数] 内のセグメントで作成したセグメントを適用する場合、
この場所にドラッグ&ドロップすることで、レポートに適用できます。セグメントは最大4つ
まで適用可能（比較可能）です。

❿ピボット

セグメントは1つだけを適用すれば、全データの中で該当したデータだけを表示している点でフィルタのような効果をレポートに与えますが、複数のセグメントを適用すると、表の中でディメンションのように利用できます。

例えば、「特集ページを表示したユーザー」と「特集ページを表示していないユーザー」という2つのセグメントをレポートに適用すると、「ユーザーごとに特集ページを見た、見ていない別の」という意味のディメンションのように機能します。

レポートにセグメントを配置するには2つの考慮点があります。1つ目は表頭（列方向）、表側（行方向）のどちらに置くか、2つ目はプライマリ、セカンダリのどちらのディメンションとして利用するかです。プライマリディメンションが大分類、セカンダリディメンションが小分類となります。その制御をするのがピボットです。

次の画面にあるのが「最初の行」と「最後の行」にセグメントを配置した同じレポートです。違いを見てください。

セグメントを「最初の行」に配置している		セグメントを「最後の行」に配置している	

⓫行

[行] では、行方向に並べたいディメンションをドラッグ&ドロップして設定します。他にも、[変数] で追加したディメンションリストから利用したいディメンションをダブルクリックすることでも設定できます。本ワザの冒頭の画面で日本の市区町村名が行方向に並んでいるのは、ここにディメンション [市区町村] を入れているためです。

⓬表示する行数

[表示する行数] から、1画面に表示する行数を指定できます。デフォルトでは [10] になっています。本ワザの冒頭の画面も10番目の「Nagoya」で表示が終わっていますが、この項目を変更することでより多くの行を表示できます。行数は [10][25][50][100][250][500] から設定可能です。

次のページに続く ▷

基礎知識

導入

設定

指標

ディメンション

データ探索

成果の改善

Looker Studio

BigQuery

⓭ネストされた行

［ネストされた行］は、行方向のディメンションが1つの場合、影響はありません。2つ以上になった場合、第1ディメンションごとにまとめるか、まとめないかを指定します。デフォルトでは［No］（まとめない）になっており、第1ディメンションを［国］、第2ディメンションを［地域］とした場合の［No］と［Yes］の見え方の違いを次の画面で示します。

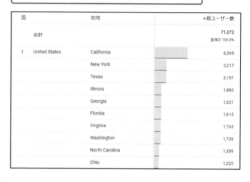

［ネストされた行］が［No］の場合、国名が各行に表示されている

［ネストされた行］が［Yes］の場合、国でまとめて表示される

⓮列

［列］では、列方向に並べたいディメンションをドラッグ&ドロップして設定します。本ワザの冒頭の画面では［デバイスカテゴリ］を設定したため、列方向にデバイスカテゴリが並んでいます。

⓯表示する列グループ数

［表示する列グループ数］では、列方向に並べるディメンションをいくつ表示するかを設定できます。グループ数は［5］［10］［15］［20］から選択でき、画面の横幅に収まらない場合、横スクロールが発生します。基数（ディメンションに含まれる値の種類数）が多いディメンションをここに配置するのは、横スクロールが発生しやすくなるため、おすすめできません。

⓰値

［値］では、指標をドラッグ&ドロップして設定します。最大10個までの指標が掲載可能です。

基礎知識

導入

設定

指標

ディメンション

データ探索

成果の改善

Looker Studio

BigQuery

⓱ セルタイプ

［セルタイプ］から［棒グラフ］［書式なしテキスト］［ヒートマップ］を選択できます。見た目の調整であり、本質的な設定とはいえませんが、見栄えにもこだわりたい場合、ここで調整します。棒グラフ、ヒートマップは次の画面にある通りです。

［セルタイプ］を［棒グラフ］に設定した

1	United States	40,082
2	(not set)	22,935
3	Canada	7,327
4	India	5,947
5	China	2,021
6	Japan	1,125
7	South Korea	862
8	Indonesia	814
9	Taiwan	693
10	Brazil	585

［セルタイプ］を［ヒートマップ］に設定した

1	United States	40,082
2	(not set)	22,935
3	Canada	7,327
4	India	5,947
5	China	2,021
6	Japan	1,125
7	South Korea	862
8	Indonesia	814
9	Taiwan	693
10	Brazil	585

⓲ フィルタ

［フィルタ］では、ディメンションや指標に基づいてレポートにフィルタを適用できます。複数のフィルタを適用した場合、AND条件となります。OR条件でフィルタを適用したい場合、正規表現一致を利用する必要があります。

🔗 ディメンションと指標
https://support.google.com/analytics/answer/1033861?hl=ja

設定項目は多岐にわたりますが、1つ1つは難しくないため本ワザを参照すれば、すべて理解できると思います。

ワザ 147 セグメントを理解する

🔍 **セグメント／ディメンション**

> UAで利用することの多かったセグメントですが、GA4では探索レポートのみで利用
> できます。セグメントとはどのようなもので、どのように利用するのか? また、ディメン
> ションとの違いは何か? を解説します。

ユニバーサルアナリティクスで利用することが多かった「セグメント」機能は、Googleア
ナリティクス4では標準レポートで利用できず、探索レポートのみで利用できます。

セグメントとは

まず、セグメントとはどのようなものかを説明しましょう。セグメントとは、サイト全体に対して
「一部のデータ」を指す概念、あるいは抽出された「一部のデータ」を指します。

セグメントを利用すると、特定の条件に該当する一部のデータ (=セグメント) を「それ
以外のデータ」と比較できるようになります。セグメントの代表的な利用方法としては次
のものがあります。

- 「○○したユーザー (あるいはセッション) のコンバージョン率は高いのではないか?」
  といった仮説を検証する
- パフォーマンスのよいセグメントのユーザーやセッションを増やすようにマーケティング
  を強化する

ディメンションとセグメントの違い

セグメントのほかに、ディメンションも全体のパフォーマンスを「部分」に分ける機能があ
るので、性質としては似ています。一方、ディメンションとセグメントが異なるのは、次の点
です。

ディメンションは、収集されているデータそのものを利用します。例えば、代表的なディ
メンションの1つである「デバイスカテゴリ」は、データを収集した際に、含まれているデバ
イスの種類そのものを利用します。また、ディメンションをレポートに適用すると、そのディ
メンションに含まれる値が自動的に反映されます。

仮に、デバイスカテゴリをレポートで使えば、自動的にそこに含まれている「desktop」「mobile」「tablet」などの値別のパフォーマンスが確認できます。

よって、「○○別にパフォーマンスを確認したい」と考えた場合、すでに○○に該当するディメンションが存在すれば、セグメントではなくディメンションを利用したほうが手間はかかりません。

また、該当するディメンションでなくても、その○○がデータそのもの、例えば「ga_session_id」「ga_session_number」といったパラメータで表現できるものであれば、カスタムディメンションを作成し、そのカスタムディメンションをレポートに利用できます。

一方、セグメントはディメンションとは異なり、「○○別にパフォーマンスを確認したい」と考えたときの○○が「取得されているデータそのもの」では表現できないときに利用します。

例えば「特集ページを表示したユーザーと、表示しなかったユーザー」別にパフォーマンスを確認したい場合、ユーザーごとにYes、Noのフラグは付いておらず、その行動に直接的に紐付くデータはありません。そのような場合に、セグメントを利用します。

セグメントの作成方法

セグメントは探索レポートから作成します。[探索] メニューの配下にあるどのレポートであっても、変数グループのセグメントの [+] をクリックすることで、新規にセグメントを作成できます。

GA4 探索 ▶ 自由形式など

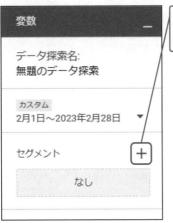

[+] をクリックすると [セグメントの新規作成] 画面が表示される

次のページに続く ▷

［+］をクリックすると、次の画面が開きます。❶がユーザーがゼロから作成するセグメントで、3種類のセグメントから選択できます。

❷がGoogleがおすすめするセグメントです。❷に作成したいセグメントがあれば、それを利用すると手間がかかりませんが、その場合でも、自分自身で適切なセグメントを利用できる知識とスキルは持っている必要があります。そうでないと、適用したセグメントがどのような条件で作成されたものか、理解も説明もできないからです。

.ıl GA4 探索 ▶ 自由形式など ▶ セグメントの新規作成

ゼロから作成することも、既存のセグメントを
利用することもできる

GA4では、次の4種類のセグメントを作成できます。詳細はそれぞれのワザで解説しています。

- ユーザーセグメント（ワザ148を参照）
- セッションセグメント（ワザ151を参照）
- イベントセグメント（ワザ152を参照）
- 予測指標に基づくセグメント（ワザ153を参照）

セグメントの作成、仮説の検証、実施した施策の効果測定に利用できるようになると、GA4の中級者といえるでしょう。

ワザ 148 ユーザーセグメントを作成する

🔑 ユーザーセグメント／静的／動的

> 複数の種類があるセグメントの中から、「ユーザーセグメント」について解説します。ユーザーセグメントには「静的」と「動的」なセグメントがあります。それぞれの違いを理解して使い分けましょう。

Googleアナリティクス4の「ユーザーセグメント」では、商品を購入したことがあるユーザーなど、条件を満たしたユーザーのすべてのセッションを対象に絞り込めます。

ユーザーセグメントで注意することは、「静的」と「動的」なセグメントがあることです。どちらで作成したかは、認識しておく必要があります。

静的なユーザーセグメントとは、一度条件に合致してセグメントに入ったユーザーはずっと入り続け、条件を満たさなくなってもセグメントから外れることはない、という性質を持つセグメントです。

一方、動的なユーザーセグメントとは、条件に合致しているユーザーは含まれるが、そのユーザーが条件を満たさなくなったとき、セグメントから外れるという性質を持つセグメントです。

▌静的・動的ユーザーセグメントの違い

ユーザーセグメントにおける静的と動的の違いを、次のページにある図を例に説明します。丸がページの表示です。その中でも塗りつぶされている丸が特集ページ、矢印はセッションを表しています。

セッション1から5は時系列順に発生しているとしたとき、ユーザーが3人、セッションが5つあることが確認できます。

次のページに続く ▷

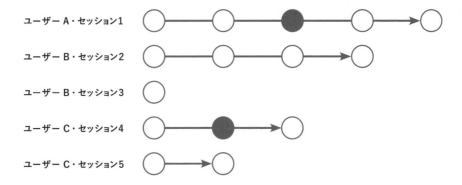

図表148-1　3人のユーザーによる5つのセッション

この図から、「特集ページを表示したユーザー」という条件でユーザーセグメントを作成するとしましょう。

静的ユーザーセグメントであれば、一度でも特集ページを表示したユーザーが含まれるので、ユーザー Aとユーザー Cが含まれます。セグメントを適用した状態でセッションと表示回数をレポートに表示すれば、セッションは3、（セッション1、4、5）、表示回数は10（セッション1、4、5に含まれる丸の数）となります。

一方、動的ユーザーセグメントであれば、ユーザー Aだけが含まれます。セッション5の発生により、ユーザー Cがセグメントから外れたためです。

ユーザーセグメントの作成方法

ワザ147のセグメント作成画面から［ユーザーセグメント］をクリックします。その後に表示される次の画面で、ユーザーセグメントを作成していきます。

基礎知識
導入
設定
指標
ディメンション
データ探索
成果の改善
Looker Studio
BigQuery

.ıl GA4 　探索 ▶ 自由形式など ▶ セグメントの新規作成 ▶ ユーザーセグメント

条件に当てはまるユーザー
を絞り込める

❶名前

セグメントに付ける名前を設定します。

❷説明

セグメントの説明を追加します。セグメントからオーディエンス（ワザ098を参照）を作成
した際、オーディエンスのリストに説明が掲載されます。

❸条件グループ

セグメントを抽出する条件です。複数の条件をAND、もしくはORで設定できます。

❹条件の対象

何を条件として設定するかを指定します。上記の例では「地域」を条件にしています。

❺条件の内容

条件の対象として、具体的にどのような値を持つユーザーなのかを指定します。

次のページに続く ▷

❻条件のスコープ指定

アイコンをクリックすると「条件の範囲」が表示され、スコープを設定できます。スコープとは、1つの条件グループを設定したときに、複数の条件をANDやORを利用して設定する際の条件のことです。

スコープが［全セッション］であれば、ANDやORで指定したユーザー行動がセッションをまたがって発生していてもセグメントに含めます。［同じセッション内］であれば、同じセッション内で発生している場合のみセグメントに含めます。［同じイベント内］であれば、複数の条件が同一イベントの中で発生している場合のみセグメントに含めます。

❼条件グループを追加

複数条件を指定する際に［条件グループを追加］をクリックして追加します。

❽シーケンスを追加

［シーケンスを追加］では、通常、条件を「○○が△△に等しい（含む、含まない、始まるなど）」で設定しますが、シーケンスはユーザーが起こした行動の順番を特定して、セグメントを作成できます（ワザ149を参照）。

❾除外グループを追加

［除外するグループを追加］から、追加できます。条件グループは「当てはまる」ことが条件ですが、「除外」したい場合は、ここから条件を指定します（ワザ150を参照）。

❿サマリー

［サマリー］では、ここまでに設定したユーザーセグメントとして、ユーザーおよびセッションとして該当するのが、どの程度の規模になるのかを確認できます。

▌静的・動的ユーザーセグメントの指定方法

ユーザーセグメントの作成方法を見てきましたが、本ワザの冒頭で述べた静的・動的の指定は、❺で述べた条件の内容から行います。設定画面にある［いずれかの時点で］にチェックを付けた場合、適用される条件は静的になります。一方、チェックを付けなかった場合、適用される条件は動的になります。

次のページにある上の画面では静的となり、一度でもセッションの地域が「Tokyo」だったことのあるユーザーは、ずっとセグメントに入り続けます。下の画面では動的となり、直近のセッションの地域が「Tokyo」からだったユーザーだけが、セグメントに入ることを指します。

[いずれかの時点で] に
チェックを付けた場合、静的
なユーザーセグメントとなる

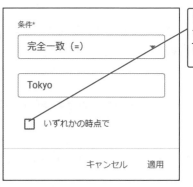

[いずれかの時点で] に
チェックを付けなかった場
合、動的なユーザーセグメン
トとなる

基礎知識

導入

設定

指標

ディメンション

データ探索

成果の改善

Looker Studio

BigQuery

👆ポイント

・イベントとパラメータをもとにユーザーセグメントを作成する際には「いずれかの時点で」が表示されない場合があります。その場合は「静的」なユーザーセグメントです。

含まれるユーザーが異なるので、ユーザーセグメントを作成する際には静的・動的のどちらかを意識するようにしましょう。

ワザ 149 ユーザーセグメントを「シーケンス」で作成する

🔑 **ユーザーセグメント／シーケンス**

> 前のワザ148で解説したユーザーセグメントに「シーケンス」の設定がありました。
> 本ワザでは、ユーザーがコンテンツを閲覧した順序などに基づくシーケンスを使用
> して、ユーザーセグメントを作成します。

ユーザーセグメントでは、作成方法の1つとして「シーケンス」を利用することができました。シーケンスではユーザーが起こした行動の順番を条件として指定できます。本ワザでは具体的な作成方法を紹介します。

最初に、ユーザーセグメントの作成画面でゴミ箱アイコンをクリックし、既存の条件設定を削除します。次に［シーケンスを追加］をクリックします。

📊 GA4 　探索 ▶ 自由形式など ▶ セグメントの新規作成 ▶ ユーザーセグメント

1 ［ゴミ箱］アイコンをクリック

2 ［シーケンスを追加］を
クリック

ユーザーセグメントをシーケンスで
作成している

設定内容

名称 Homeランディング→Homeスクロール→Sale表示ユーザー

ステップ1

イベント session_start

パラメータ page_title が完全一致　Home

ステップ2

イベント scroll

パラメータ page_title が完全一致　Home

ステップ3

イベント page_view

パラメータ page_title が完全一致　Sale | Google Merchandise Store

①シーケンス

シーケンス全体の設定内容を表しています。シーケンスは複数の「ステップ」で構成されており、上記の画面は3つのステップで構成されるシーケンスの例となっています。

次のページに続く ▷

❷条件のスコープ指定

「条件のスコープ指定」から、スコープの指定を行います。設定した3つのステップの ユーザー行動が、どのような範囲で発生しているべきかという条件を指定します。具体 的には［全セッション］［同じセッション内］［同じイベント内］から選択が可能です。

［全セッション］は、3つのステップがセッションをまたがって発生してもよいという条件に なります。［同じセッション内］は、ステップがすべて同一セッションの中で発生していな ければなりません。［同じイベント内］は、すべてのステップが同一イベントの中で発生し ていなければなりません。しかし、理論上同一のイベントの中で、複数のユーザー行動 が起きることはないので、この条件は利用することはないでしょう。

前掲の画面にあるアイコンは「同じセッション内」での指定であることを表しており、ス テップ1 ～ 3がすべて同一のセッション内で発生していることを条件としています。

❸条件の対象

「条件の対象」で条件を指定します。シーケンスを作成する場合、イベントとパラメータ で条件を作成するのが便利です。なぜなら、ユーザーのもっとも詳細な行動がイベント とパラメータのかたちで記録されているからです。

前掲の画面にある例では、シーケンスを構成する最初のステップに「トップページに ランディングした」という条件を設定しています。「ランディングした」を表現するために 「session_start」イベントが発生したことを利用しています。

❹条件の内容

「条件の内容」では、条件の対象として、どのようなパラメータかを指定しています。この 例では「session_start」イベントに伴うパラメータを指定しており、パラメータ「page_ title」がトップページのページタイトルである「Home」と完全一致するかたちで表現し ています。❸と❹で「トップページにランディングした」という条件を設定できました。

❺手順のスコープ指定

「手順のスコープ指定」から、スコープを設定できます。前掲の画面の例では、ステッ プ1に1つの条件を指定していますが、ANDやORを利用して複数の条件で1つのス テップを構成することもできます。

その際、複数の条件が同一イベント内、もしくは同一セッション内で起きていなければ 成立させないのか、異なるセッションにまたがっていれば成立させるのかを選択します。

スコープの選択項目は［全セッション］［同じセッション内］［同じイベント内］の3種類から選択できますが、❷の「条件のスコープ指定」よりも狭い範囲でしか設定できません。従って、例では条件のスコープ指定を「同じセッション内」としているので、手順のスコープは［同じセッション内］［同じイベント内］の2種類のみに限定されています。

❻次の間接的ステップ

［次の間接的ステップ］では、ステップ1とステップ2の関係を指定しています。ステップ1が起きた「後」であれば、ステップ2がいつ発生してもよいという条件が［次の間接的ステップ］です。

ステップ1の直後にステップ2が起きたことを条件とする場合は、［次の直接的ステップ］に変更します。シーケンスをイベントとパラメータを利用して作成する場合には、基本的に［次の間接的ステップ］を利用してください。イベント単位では、他にどのようなイベントが挟まっても構わないのが一般的だからです。

❼時間の制約

「時間の制約」では、ステップ間の時間的な制約を設定できます。前掲の画面ではステップ1の「トップページにランディング」と、ステップ2の「トップページでスクロール」の発生時間は5分以内であること、ステップ2とステップ3の間隔は3分以内であることを指定しています。

❽ステップを追加

［ステップを追加］をクリックすると、さらにステップを追加できます。ステップは最大10個まで設定できます。

 ⧉ **[GA4]**セグメントビルダー
https://support.google.com/analytics/answer/9304353?hl=ja

シーケンスを利用したユーザーセグメント作成はUAにもありましたが、GA4では時間的な制限を付与できます。

基礎知識

導入

設定

指標

ディメンション

データ探索

成果の改善

Looker Studio

BigQuery

ワザ 150 ユーザーセグメントの 「除外設定」を利用する

🔎 ユーザーセグメント／除外するグループを追加

> ワザ148で解説したユーザーセグメントの設定項目に[除外するグループを追加]
> があります。この「除外設定」について、本ワザでは特定の地域からサイトを訪問
> したユーザーの除外を例に解説します。

ユーザーセグメントの作成方法の中に、[除外するグループを追加]という設定項目が
あります。本ワザでは、この「除外設定」を利用するときの注意点を解説します。注意
点は次の3つです。

1つのセグメントに対して1つしか利用できない

ユーザーセグメントの条件グループを追加する際、「含める」を条件とする場合は、複
数の条件グループをAND条件で適用できます。一方、「除外する」条件グループは1つ
しか利用できません。

最後に適用される

「除外する」条件グループは、「含める」で作成された条件のあとに適用されます。ま
ず「含める」の条件のセグメントが仮に完成したあと、そこから「除外する」に該当する
ユーザーが取り除かれるイメージを持ってください。

一時的な除外と完全な除外ある

除外するグループには、条件の適用方法として[次の条件に当てはまるユーザーを一
時的に除外する]と[次の条件に当てはまるユーザーを完全に除外する]の2つのオプ
ションがあります。

> 除外する条件の適用方法を2つの
> オプションから選択できる

○ 次の条件に当てはまるユーザーを一時的に除外する：

次の条件に当てはまるユーザーを完全に除外する：

基礎知識

導入

設定

指標

ディメンション

データ探索

成果の改善

Looker Studio

BigQuery

前述のオプションの挙動を次の例で解説します。以下の通り、6人のユーザーがいて「Tokyo」「Osaka」「Fukuoka」「Nagano」などの地域からサイトを訪問しています。5行目と6行目は同一ユーザーです。このユーザーの最新の訪問はTokyoからですが、過去にNaganoからも訪問したことがあります。

6人のユーザーが複数の地域からサイトを訪問している

行	user_pseudo_id	region	event_date
1	1585177103.1664137215	Tokyo	20220926
2	1885499794.1664268803	Osaka	20220927
3	2101579881.1663205722	Osaka	20220915
4	597825972.1664529403	Fukuoka	20220930
5	721480195.1621026255	Nagano	20220920
6	721480195.1621026255	Tokyo	20220926
7	784449747.1664137165	Tokyo	20220926

上記の画面に対して、次の画面の通りに「Naganoから訪問したことがあるユーザー」を除外設定しました。また、条件の適用方法としては［次の条件にあてはまるユーザーを一時的に除外する］を選択しています。

.ıl GA4 探索 ▶ 自由形式など ▶ セグメントの新規作成 ▶ ユーザーセグメント

地域がNaganoのユーザーを
一時的に除外した

次のページに続く ▷

基礎知識

導入

設定

指標

ディメンション

データ探索

成果の改善

Looker Studio

BigQuery

Naganoから訪問したことがあるユーザーを除外する設定を行いましたが、該当するユーザー数は6人です。実質的に除外されていないことになります。一方、条件の適用方法で［次の条件に当てはまるユーザーを完全に除外する］を選択した場合、以下の通り、該当するユーザーは5人となり1人のユーザーが除外されます。

つまり、除外する条件の適用方法における「一時的」「完全に」の違いは、直近の訪問が条件に該当するか、それとも一度でも条件に合致したことがあるかという違いです。前述した3つの挙動に注意しながら、［除外するグループを追加］の設定を利用してください。

   🔗 **[GA4]セグメントビルダー**
https://support.google.com/analytics/answer/9304353?hl=ja

「ある行動をしたユーザー」と「していないユーザー」を対比するセグメントを作成する際、除外設定が必要になります。

関連ワザ 148 ユーザーセグメントを作成する   P.479

151 セッションセグメントを作成する

ワザ

基礎知識

導入

設定

指標

ディメンション

データ探索

成果の改善

Looker Studio

BigQuery

🔑 セッションセグメント／セッション／セグメント

> セグメント作成画面で設定できる、セッションを対象としたセグメント「セッションセグメント」について解説します。セッションセグメントの画面から、どのような設定ができるのか見ていきましょう。

「セッションセグメント」は、文字通りセッション単位で、セグメントに入るかどうかが評価されます。具体的な例を次の図で説明しましょう。

丸で表されている枠がページの表示、その中でも塗りつぶされている丸が特集ページの表示だとします。矢印はセッションを表しており、セッション1からセッション5まであることが分かります。

図表151-1 3人のユーザーによる5つのセッション

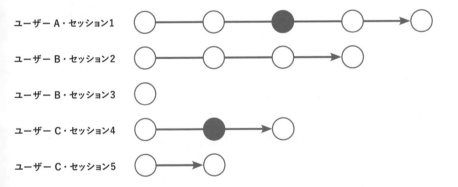

この状態のサイト利用に対し、「特集ページを表示したセッション」という条件でセッションセグメントを作成すると、セッション1とセッション4のみ、セグメントに含まれます。

次のページに続く ▷

┃ セッションセグメントの作成方法

ワザ147のセグメント作成画面から［セッションセグメント］を選択します。その後に表示される次の画面で、セッションセグメントを作成していきます。以降の説明はワザ148のユーザーセグメントと一部重複する項目もあるので、併せて参照してください。

.Ⅰ GA4 探索 ▶ 自由形式など ▶ セグメントの新規作成 ▶ セッションセグメント

> 特定のpage_locationでpage_viewイベントが
> 発生したセッションを対象に作成する

❶条件の対象

何を条件として設定するかを指定します。この例では「page_view」イベントが発生したセッションを指定しています。

❷条件の内容

条件の対象として、具体的にどのようなパラメータを持つ「page_view」イベントなのかを指定します。この例では「page_locationがhttp://999.oops.jp/novel/に先頭一致する」という条件を指定しています。

❸条件のスコープ指定

「条件のスコープ指定」を設定できます。スコープは、1つの条件グループの中で複数の条件を指定した際に、それらの条件がどのような条件で発生している場合にセグメン

トに含めるのかを設定します。

スコープを「同じイベント内」とした場合、複数条件がすべて同一のセッション内で発生している場合にセグメントに含めます。「同じイベント内」とした場合は、複数条件がすべて同一のイベントで発生している場合にセグメントに含めます。

❹サマリー

[サマリー] では、ここまでに設定したセッションセグメントとして、ユーザー、およびセッションとして該当するのが、どの程度の規模になるのかを確認できます。

👆ポイント

・例えば、特集ページのコンバージョン貢献を「セッション」軸で確認する場合には、「特集ページが表示されたセッション」と「特集ページが表示されなかったセッション」のセッションコンバージョン率を比較する必要があります。そのような場合に、本ワザで紹介したセッションスコープを利用することになります。
・セッション軸のセグメント例としては、他に「コンバージョンしたセッション」「特定ランディングページを利用したセッション」などがよく利用されます。

パフォーマンスのよいセッションセグメントが見つかったら、そのセッションを増やすマーケティング活動をするのが合理的です。

基礎知識

導入

設定

指標

ディメンション

データ探索

成果の改善

Looker Studio

BigQuery

セグメント

基礎知識
導入
設定
指標
ディメンション
データ探索
成果の改善
Looker Studio　BigQuery

ワザ 152 イベントセグメントを作成する

🔑 **イベントセグメント**

> ユーザーがゼロから作成することができるセグメントの1つである「イベントセグメント」は、GA4で新しく登場しました。イベントセグメントの使い方を、「scroll」イベントを例に見ていきましょう。

「イベントセグメント」はユニバーサルアナリティクスでは存在せず、Googleアナリティクス4で新たに登場しました。文字通り、イベント単位でセグメントに入るかどうかが評価されます。

イベントセグメントの具体的な例を、次の図で説明しましょう。四角がイベントを表しています。各イベントには、そのイベントが発生したページ（上段）と、イベントの種類（下段）を記述しています。

この状態のサイト利用に対して、「scrollイベント」という条件でイベントセグメントを作成すると、塗りつぶした四角のみ、イベントがセグメントに入ります。

図表152-1 3人のユーザーによる5つのセッション

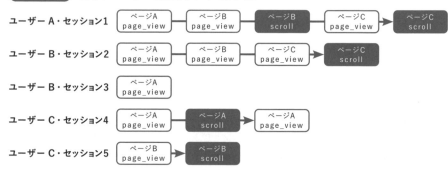

▌イベントセグメントの作成方法

ワザ147のセグメント作成画面から［イベントセグメント］を選択します。その後に表示される次の画面で、イベントセグメントを作成していきます。ワザ148と重複する項目もあるので、併せて参照してください。

📊 GA4　探索 ▶ 自由形式など ▶ セグメントの新規作成 ▶ イベントセグメント

scrollイベントを対象にイベント
セグメントを作成する

❶条件の対象

何を条件として設定するかを指定します。この例では「scroll」イベントを指定しています。

❷条件の内容

条件の対象として、具体的にどのようなパラメータを持つ「scroll」イベントなのかを指定します。例えば、パラメータ「page_location」「page_title」を利用すれば、特定のページで発生した「scroll」イベントだけをセグメントに含められます。

❸条件のスコープ指定

「条件のスコープ指定」から、スコープを設定できます。スコープは［同じイベント内］しか選択できません。

❹サマリー

［サマリー］では、ここまでに設定したイベントセグメントとして、ユーザー、およびセッションとして該当するのが、どの程度の規模になるのかを確認できます。

次のページに続く ▷

イベントセグメントの利用方法を2つ紹介します。

1つは、特定のディレクトリのみレポートに含めたい場合です。ディメンション「ページロケーション」が特定のディレクトリを含むという条件に基づいて、セグメントを作成・適用することで実現できます。

もう1つは、複数のドメインやサブドメインを含むデータを収集しているプロパティで、特定のドメインやサブドメインのみ抽出したい場合です。ディメンション「ホスト名」が特定の（サブ）ドメインを含むという条件で、セグメントを作成・適用することで実現できます。

イベントセグメントはGA4で新しく登場した機能ではありますが、UAのビューフィルタに似た機能を提供します。

セグメント

基礎知識

導入

設定

指標

ディメンション

データ探索

成果の改善

Looker Studio

BigQuery

ワザ 153 予測指標に基づく セグメントを作成する

🔑 予測指標／予測／セグメント

> GA4では「予測指標」に基づいてセグメントを作成できるようになりました。GA4の特徴的な機能の1つだといえます。例えば「7日間以内に購入を行う可能性が高いユーザー」などのセグメントを設定できます。

Googleアナリティクス4では、機械学習に基づく「予測」によってユーザーセグメントを作成する機能があります。

デモアカウントで［探索］配下から新しいデータ探索を作成し、セグメントタブの［+］をクリックして、セグメント選択画面を表示します。続いて、おすすめのセグメントから［予測可能］をクリックすると、次の画面が表示され、合計5つの予測指標に基づくセグメントが作成できます。

📊 GA4 探索 ▶ 自由形式など ▶ セグメントの新規作成 ▶ 予測可能

［予測可能］から設定可能な
セグメントが表示される

おすすめのセグメント
お客様におすすめのその他のセグメント

全般　　ショッピング　　テンプレート　　✏ 予測可能

購入や離脱などのユーザー行動に基づいて、アナリティクスが予測オーディエンスを作成します。詳細

✏ **7日以内に購入する可能性が高い既存顧客**
今後7日以内に購入に至る可能性が高いユーザーです。

利用条件のステータス
✓ 利用可能 ⑦

✏ **7日以内に離脱する可能性が高いユーザー**
今後7日以内にプロパティにアクセスしない可能性が高いアクティブユーザーです。

利用条件のステータス
✓ 利用可能 ⑦

✏ **28日以内に利用額上位になると予測されるユーザー**
今後28日以内に最も収益を上げると予測されるユーザーです。

利用条件のステータス
✓ 利用可能 ⑦

✏ **7日以内に初回の購入を行う可能性が高いユーザー**
今後7日以内に初めての購入に至る可能性が高いユーザーです。

利用条件のステータス
✓ 利用可能 ⑦

✏ **7日以内に離脱する可能性が高い既存顧客**
今後7日以内にプロパティにアクセスしない可能性が高い既存顧客です。

利用条件のステータス
✓ 利用可能 ⑦

次のページに続く ▷

セグメントの作成では、基本的に[おすすめのセグメント]を利用するのが簡便ですが、そうではなく自身でゼロから作成する場合、ユーザーセグメントの新規作成（ワザ148を参照）から[指標]配下の[予測可能]をクリックすると、次の4つのユーザースコープの指標からセグメントを作成できます（アプリを除くと3つ）。

予測指標に基づくセグメントはユーザーが自由に作成するのではなく、GA4が提供する4種類（アプリを除くと3種類）のセグメントを、必要に応じてANDやORで条件を追加しながら利用するものです。よって、「7日以内に特集ページを閲覧する可能性の高いユーザー」のような独自の予測セグメントを作成することはできません。

📊 GA4　探索 ▶ 自由形式など ▶ セグメントの新規作成 ▶ ユーザーセグメント ▶ 新しい条件を追加

ユーザースコープの指標から予測に基づくセグメントを作成できる

ただし、セグメントを利用する際、おすすめのセグメントから選択する場合、もしくはゼロから自身で作成する場合のどちらも、十分なデータが蓄積されておらず機械学習が動作する条件を満たしていない場合、セグメントを利用できない可能性があります。機械学習が動作する条件については、次の3点です。

- 目的変数となるイベントの収集
- データの安定性
- データの量

目的変数となるイベントの収集

ユーザースコープの指標の1つである［購入の可能性］を利用するには、購入が発生した際に「purchase」イベントが収集されている必要があります。また［予測収益］を利用するには、「purchase」イベントに加えて「value」（購入金額）、「currency」（通貨）パラメータも収集されていなければいけません。

データの安定性

セグメントの作成には、データが安定している必要があります。例えば、自社商品がテレビで紹介されたため、通常とは異なる性質のユーザーが大量にサイトを訪問した期間が過去28日以内にあるなど、データに特異値があって安定していない場合、機械学習は動作しません。このように、データが安定していることが重要です。

また、データの安定性に加え、該当するユーザー行動がある場合は、できるだけ推奨イベントを収集しておくと機械学習が動作しやすくなり、予測指標に基づくセグメントを作成できる可能性が高まります（推奨イベントはワザ034を参照）。

データの量

予測を利用したセグメントの作成には、過去28日間のうちの7日間で、予測する行動（離脱を予測するのであれば「session_start」イベント、購入や収益を予測するのであれば「purchase」イベント）を「起こしたリピーター」「起こさなかったリピーター」それぞれ最低1,000人のデータが必要です。

┃ 予測指標に基づくセグメントを作成する

前述の3つの条件を満たしているとして、4つの予測指標に基づくセグメントのうち［購入の可能性］に基づくセグメントをゼロから作成する手順を紹介します。

ユーザーセグメントの作成画面で［新しい条件を追加］をクリックした後、［予測可能］配下にある［購入の可能性］を選択すると、次のページにある画面になります。［+フィルタを追加］をクリックし、条件の設定を進めていきます。

基礎知識

導　　入

設　　定

指　　標

ディメンション

データ探索

成果の改善

Looker Studio

BigQuery

次のページに続く ▷

基礎知識

導入

設定

指標

ディメンション

データ探索

成果の改善

Looker Studio

BigQuery

GA4 探索 ▶ 自由形式など ▶ セグメントの新規作成 ▶ ユーザーセグメント
▶ 新しい条件を追加 ▶ 予測可能 ▶ 購入の可能性

ゼロから予測指標に基づくユー
ザーセグメントを作成する

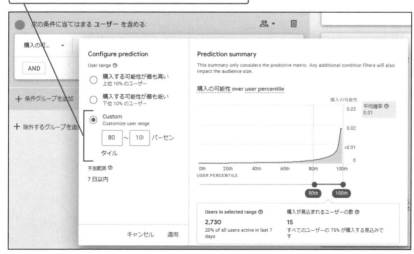

← 購入の可能性の高いユーザー　　　　　　　　　　ヘルプセンター ☑　キャンセル　　保存

説明を追加　　　　　　　　　　　　　　　　　　　　　　□ オーディエンスを作成する

● 次の条件に当てはまる **ユーザー** を含める：　　　🧑⁻ ▾　　🗑

購入の可... ▾　　＋ フィルタを追加　　　　　　　　OR

AND

＋ 条件グループを追加　｜ ☰ シーケンスを追加

＋ 除外するグループを追加

サマリー
このセグメントのユーザー数
1月1日〜1月31日
167
すべてのユーザーの 0.15%

一致　　　　　　　除外
167　　　　　　-

次の画面では、「購入の可能性が高い」とみなすしきい値を設定しています。デフォル
トでは90 〜 100パーセンタイルが入力されているので、そのままでよければ［適用］
を、調整する場合は［Custom］を選択し、「パーセンタイル」の値を指定して適用します
（パーセンタイルについてはワザ130を参照）。

例えば、パーセンタイルを「80」〜「100」で指定した場合、購入する可能性が高い上
位2割のユーザーをセグメントに含めるように設定した、ということになります。

「購入の可能性が高い」とみなすしきい値を、
任意のパーセンタイルの値で設定している

なお、前掲の画面で作成したセグメントに「未購入のユーザー」や「既購入ユーザー」といった他の条件を追加的に付与したい場合もあるかと思います。未購入のユーザーという条件を付与したい場合には「LTV=0」、既購入のユーザーという条件を付与したい場合には「LTV>0」を追加すれば実現できそうです。しかし、ゼロから作成する場合には、セグメントを作成する条件としてLTVが利用できません。従って、そうした条件を付与したい場合には「おすすめのセグメント」を利用してください。

 🔗 **[GA4]予測指標**
https://support.google.com/analytics/answer/9846734

> 👆 **ポイント**

- パーセンタイルでは、機械学習がリピーターひとりひとりについて「購入の可能性」を予測したのち、購入の可能性が低い順にユーザーを並べます。パーセンタイルの数値は、購入の可能性が低い順に並べたとき、全体の何パーセントのところにいるユーザーなのかを表しています。
- パーセンタイルが50のユーザーは、全体の中で購入の可能性がちょうど真ん中のユーザーです。
- 「購入する可能性が最も高い上位10%のユーザー」をセグメントに含めたい場合には、パーセンタイルが「90」〜「100」のユーザーを抽出すればよいということになります。

予測指標はWeb担当者をワクワクさせるGA4の新機能ですが、前提となるしきい値の難易度が高いのが難点です。

基礎知識
導入
設定
指標
ディメンション
データ探索
成果の改善
Looker Studio
BigQuery

ワザ 154 「目標到達プロセスデータ探索」レポートを作成する

🔑 目標到達プロセスレポート／ファネル

> 探索レポートのテンプレート「目標到達プロセスデータ探索」レポートについて説明します。目標到達プロセスデータ探索レポートでは、ユーザーがコンバージョンに至るまでのステップを確認できます。

目標到達プロセスレポートは、ユーザー数を対象とした「ファネル」を描くためのレポートです。

ファネルとは、例えばユーザーが商品の認知から購入に至るまでの人数や、認知・関心・行動と購入までの状態を変遷させていくなど、徐々に数が絞られていく様子を図式化した概念のことです。その図がしばしば漏斗（じょうご）、英語でいうファネルの形状で描かれることから、そのように呼びます。

GA4の目標到達プロセスデータ検索レポートは、その名前に関わらず、コンバージョン導線ではない任意のステップについてファネルを描くことができます。

例えば、ユーザーの行動1、行動2、行動3を定義し、行動1の次に行動2、その次に行動3を起こしたユーザーは何人いるのかを可視化した場合、理論的に考えると、行動1を起こした100人が行動2も行動3も起こすということはあり得ます。しかし、実際は行動1の次に行動2を起こしたユーザーは必ず100人より少なく、行動2を起こしたユーザーのうち行動3を起こす人数はさらに減ることから、結果的にファネルを描きます。

このレポートの優れたところは、次の3点です。

①細かい粒度でのユーザーの行動をステップとして定義できる
②時間的な制限をステップの定義に反映できる
③セッションをまたいだプロセスをステップに定義できる

細かい粒度でのユーザーの行動をステップとして定義できる

1点目の優れた点として、ファネルに描きたい導線、つまりユーザーにたどってほしいと期待している導線をイベント単位で設定できることです。従って、「トップページにランディングし、同ページでスクロールを完了したのち、Saleのページに移動、さらに商品詳細ページを表示した」というような、非常に細かい粒度でユーザーの行動をファネルとして描けます。

時間的な制限をステップの定義に反映できる

2点目の優れた点として、例えば、特集ページをユーザーの購入意欲を高める意図で作成したとしましょう。また、特集ページの次には、購入意欲の高まった状態で特集ページで紹介している商品詳細ページに遷移してほしいと考えていたとします。

その場合、ステップ1を特集ページの表示、ステップ2を商品詳細ページの表示と設定するのが妥当です。ただし、例えば特集ページを表示後、15分以上も経過してから商品詳細ページへ遷移したのでは、特集ページの「購入意欲を高める」という役割は十分に果たせていないと考えたほうがよいかもしれません。

そうした場合には、ステップ1からステップ2の遷移時間を「15分以内」と設定することで、15分以上かかって遷移したユーザーはファネルから除外できます。

セッションをまたいだプロセスをステップに定義できる

3点目の優れた点として、目標到達プロセスデータ検索レポートはセッションをまたいだステップも設定できます。例えば「ブログ記事で初回訪問してから、7日以内に再訪問して会社概要、あるいはサービス紹介ページを表示する」というようなユーザー行動です。

その場合、ステップ1を「first_visit」イベント、ステップ2を「7日以内」の「session_start」イベント、ステップ3を同一セッションでの「会社概要、もしくはサービス紹介ページの表示」と設定しましょう。

前述のようにファネルを描くことができれば、どのステップで離脱しているのかが分かります。それにより、より多くのユーザーにファネルを完遂してもらうにはどうしたらよいかをステップ単位で対策できます。

基礎知識

導入

設定

指標

ディメンション

データ探索

成果の改善

Looker Studio

BigQuery

次のページに続く ▷

.ıl GA4 探索 ▶ 目標到達プロセスデータ探索

新着ページでスクロールを完了する
までのユーザー数を表示している

まずは、全体の設定方法を解説します。

❶ビジュアリゼーション

［ビジュアリゼーション］では、「標準の目標到達プロセス」か「使用する目標到達プロ
セスのグラフ」のどちらかに切り替えることができます。前者は「ファネルを表す棒グラフ」
（上記の画面）での表現、後者は「各ステップのユーザー数を時系列で表す折れ線
グラフ」での表現となります。

❷目標到達プロセスをオープンにする

[目標到達プロセスをオープンにする] は、ファネルの「横入り」を許可するかどうかを設定するオプションです。

この設定をオンにすると「オープン」になり、横入りを許可します。その場合、ステップ1を通過しないユーザーであっても、ステップ2の行動を行えばステップ2に人数がカウントされます。その結果、ファネルがきれいに表示されず、ステップ1よりも2のほうがユーザーが多い状態になる場合があります。

❸セグメントの比較

[セグメントの比較] では、セグメントを最大4つまで適用して比較できます。

❹ステップ

[ステップ] の詳しい説明は後述します。ファネルの各ステップを設定する、本レポートの中核となる設定です。

❺内訳

[内訳] では、ファネルをディメンションによって分割できます。例えば、ディメンションの「国」をファネルに適用すれば、国ごとのファネルの可視化ができます。

❻ディメンションあたりの行数

[ディメンションあたりの行数] は、[内訳] にディメンションを適用した状態のファネルについて、ディメンションのメンバーを同時にいくつ表示するかを設定します。

❼経過時間を表示する

[経過時間を表示する] をオンにすると、ステップ間の経過時間を表示します。表示される時間は経過時間の合計をユーザー数で割って求めた平均です。

❽次の操作

[次の操作] の設定では、「イベント名」「ページタイトル」「ページパスとクエリ文字列」などのディメンションをドラッグ&ドロップすると、各ステップの次に発生したイベントや、遷移したページのタイトルなどが表示されます。

次のページにある画面は、[次の操作] にイベント名を追加し、ステップ1にマウスオーバーした状態を表しています。

次のページに続く ▷

基礎知識

導入

設定

指標

ディメンション

データ探索

成果の改善

Looker Studio

BigQuery

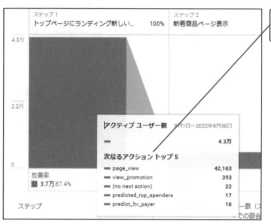

基礎知識

導入

設定

指標

ディメンション

データ探索

成果の改善

Looker Studio

BigQuery

[次なるアクション トップ5] と
してイベントが表示されている

❾フィルタ

［フィルタ］から、ファネルにフィルタを適用することができます。

┃ステップの設定方法

ステップの設定は、次の画面で設定します。トップページにランディングしたユーザーが、5分以内に新着商品ページを表示し、表示してから1分以内にそのページでスクロールを完了するというシナリオで、レポートを作成します。

目標到達プロセスのステップを設定する

❶ステップの名前

ステップに付ける名前を設定します。レポート上に表示されるため、簡潔かつ分かりやすい名前が望ましいです。

❷条件

[条件] で条件を追加します。条件の対象としては、大きく分けて「ディメンション」か「イベント」が選択できますが、このレポートではユーザーの行動を細かく設定できるため、イベントで設定するのが望ましいです。ステップ1では「ランディングした」という条件にしたいので、「session_start」イベントを設定しています。

❸パラメータを追加

パラメータを追加できます。ステップ1では多数の「session_start」イベントのうち、どのようなパラメータを伴って記録されたのかを条件として設定しています。具体的な条件は「page_title」パラメータの値が、トップページのページタイトルである「Home」と完全一致することです。

❹次の間接的ステップ

[次の間接的ステップ] で、ステップ1とステップ2の間に別のイベントが挟まることを許容するかどうかを設定します。

ステップ1の「session_start」イベントと、ステップ2の新着商品ページ表示の間には、トップページでの「page_view」イベントや「scroll」イベントが挟まる可能性があります。この例ではそれでも構わないので「間接的」で設定しています。

❺経過時間のしきい値の設定

[経過時間のしきい値の設定] では、経過時間のしきい値を設定しています。具体的には、ステップ1から2の間を5分以内に完了したユーザーだけファネルに含める設定です。時間の単位は前掲の画面のように「分」だけではなく、「日」「時間」「分」「秒」から選択できます。

❻サマリー

[サマリー] では、ここまでに設定した目標到達プロセスのステップをすべて完了したユーザーが何人いるか、サイト全体の何パーセントにあたるかを確認できます。

次のページに続く ▷

基礎知識

導入

設定

指標

ディメンション

データ探索

成果の改善

Looker Studio

BigQuery

実際の設定例を1つ紹介します。

ワザ062では、フォームの項目がクリックされるたびに、クリックされた項目を識別するカスタムイベントを収集しました。そのイベントを目標到達プロセスデータ探索レポートで可視化すると、次のファネルが描けます。カスタムイベントと目標到達プロセスデータ探索レポートを組み合わせた、フォームの改善に有効なユーザー行動可視化の一例だといえるでしょう。

フォームの利用状況を、目標到達プロセス
データ探索レポートで可視化している

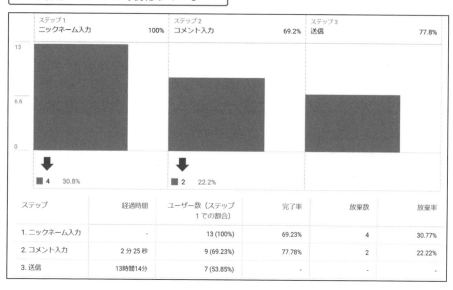

ステップ	経過時間	ユーザー数（ステップ1での割合）	完了率	放棄数	放棄率
1. ニックネーム入力	-	13 (100%)	69.23%	4	30.77%
2. コメント入力	2分25秒	9 (69.23%)	77.78%	2	22.22%
3. 送信	13時間14分	7 (53.85%)	-	-	-

このレポートは、サイト内でユーザーに起こしてほしい行動の順番が設計されている場合、最適な可視化を提供してくれます。

基礎知識

導入

設定

指標

ディメンション

データ探索

成果の改善

Looker Studio

BigQuery

ワザ 155 「経路データ探索」レポートを作成する

🔑 経路データ探索レポート／ページの表示

> ユーザーがサイト内のページをどのような順番で表示したのかを知りたい場合に利用するのが、本ワザで紹介する「経路データ探索」レポートです。表示された順番は、順方向と逆方向の2つを利用できます。

「経路データ探索」レポートは、ユーザーがサイト内でどのような順番でイベントを発生させているか、あるいはページを表示しているかを「サンキーダイアグラム」のかたちで可視化するレポートです。

経路データ探索レポートを利用するシーンとしては、ページが表示された順番を確認するために使われることが多いです。また、表示された順番は、あるページの次にどのページを表示したのかを表す「順方向」と、あるページの前にどのページを表示していたのかを表す「逆方向」のどちらも可視化できます。

ユーザーの動きは多様なので実際には見つかることはまれですが、「ゴールデン導線」、つまり「コンバージョンに至る1本の太い導線があるのではないか?」という仮説の検証に利用できます。その場合、コンバージョンページから「逆方向」を利用しましょう。

また、「特集ページを閲覧したユーザーは一定数存在するが、それらのユーザーからコンバージョンが発生しなかった場合に、特集ページの閲覧後ユーザーはどこにいってしまったのか?」という疑問を検証できます。その場合は、特集ページからの「順方向」を利用しましょう。本レポートの利用手順は次のページの通りです。

次のページに続く ▷

GA4 　探索 ▶ 経路データ探索

ユーザーがサイト内のページを
表示した順番を確認できる

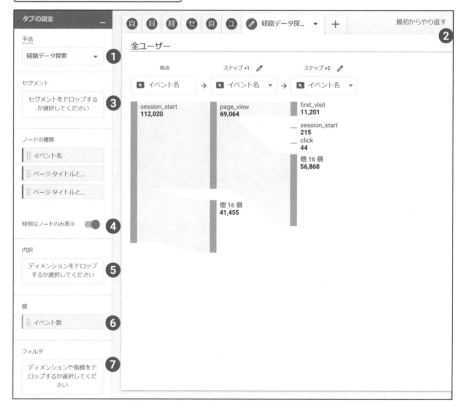

❶手法

既存のレポートを廃棄し、新たに経路データ探索レポートを作成したい場合は、[手法]
のドロップダウンメニューから [経路データ探索] を選択します。新規にレポートを作成
したい場合は、レポートが表示されているタブの右にある [+] をクリックして [経路デー
タ探索] を選択します。

❷最初からやり直す

新規で経路データ探索レポートを作成すると、上記の画面にあるようなサンプルレポー
トが表示されます。このレポートが、自分にとって作成したいレポートであることはまれな
ので、基本的に [最初からやり直す] をクリックして新規に作成することになります。新
規に作成する方法については後述します。

基礎知識

導入

設定

指標

ディメンション

データ探索

成果の改善

Looker Studio

BigQuery

❸セグメント

［セグメント］で、セグメントを1つだけ適用できます。

❹特別なノードのみ表示

経路を構成するステップを「ノード」と呼びますが、［特別なノードのみ表示］をオンにすると、ノードに変化があった場合のみレポートに含めます。オフにするとノードに変化がなくてもレポートに表示されるため、同じページが連続する傾向にあります。基本的に［特別なノードのみ表示］はオンにするのが望ましいです。

❺内訳

［内訳］では、内訳を1つだけディメンションとして適用できます。例えば「デバイスカテゴリ」を選択したうえでレポート上の経路をマウスオーバーすれば、デバイスカテゴリごとに経路データを確認できます。

❻値

［値］には、デフォルトの値として［イベント数］が入っています。経路を通過したユーザー数を確認したい場合には、［総ユーザー数］あるいは［アクティブユーザー数］に切り替えてください。

❼フィルタ

［フィルタ］で、レポートにフィルタを適用できます。

▌経路データ探索レポートを新規作成する

［最初からやり直す］をクリックすると、次のような画面になります。

> ［最初からやり直す］をクリックすると、
> ［始点］［終点］を設定する画面になる

次のページに続く ▷

順方向を確認したい場合は［始点］、逆方向を確認したい場合は［終点］に、［ノードの種類］にある可視化項目のディメンションをドラッグ&ドロップします。

ディメンションは4つありますが、ページタイトルを可視化したい場合は［ページタイトルとスクリーン名］もしくは［ページタイトルとスクリーンクラス］を選択してください。URLを可視化したい場合は［ページパスとスクリーンクラス］を利用してください。［ページタイトルとスクリーン名］［ページタイトルとスクリーンクラス］は、どちらを選択しても結果は同じになります。

［始点］もしくは［終点］にノードをドラッグ&ドロップすると、「どのページを起点とするか?」を選択する次の画面となります。「このページからの経路」、あるいは「このページまでの経路」とするページの、ページタイトルをクリックしてください。

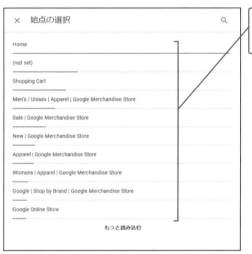

始点もしくは終点とする
ページのページタイトル
を選択する

ポイント

・サンキーダイアグラムとは、工程間の流量を表現する図表です。矢印の太さで流れの量を表しています。
・［特別なノードのみ表示］をオフにすると同じページタイトルが連続しやすくなるのは、同じページで「page_view」イベント、「scroll」イベント、「user_engagement」イベントなど、複数のイベントが送信されることがよくあるためです。

［特別なノードのみ表示］は、英語版GA4では［VIEW UNIQUE NODES ONLY］と表記されています。

ワザ 156 「セグメントの重複」レポートを作成する

🔑 セグメントの重複レポート／セグメント／ユーザーセグメント

> 複数のセグメントを設定し、それぞれに属するユーザー数などを確認できるのが、本ワザで紹介する「セグメントの重複」レポートです。最大3つのセグメントを指定し、重複するユーザー数を調べられます。

「セグメントの重複」レポートは、最大3つまでのセグメントについて「重複するユーザー数」とそれらのユーザーのパフォーマンスを可視化します。「ユーザーセグメント」を利用すると、もっともレポートを理解しやすいでしょう。設定方法を次に解説します。

📊 GA4 　探索 ▶ セグメントの重複

重複するユーザー数やパフォーマンスを可視化できる

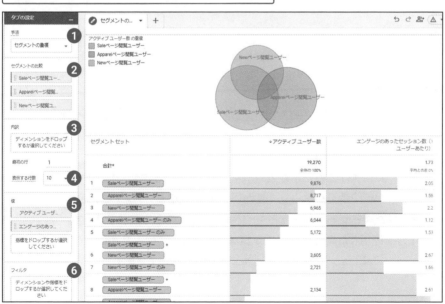

❶手法

既存のレポートを廃棄し、新たに［セグメントの重複］レポートを作成したい場合は、［手法］のドロップダウンメニューから［セグメントの重複］を選択します。新規にレポートを

次のページに続く ▷

作成したい場合は、レポートが表示されているタブの右にある [+] をクリックして [セグメントの重複] を選択します。

❷セグメントの比較

[セグメントの比較] で、セグメントを最大3つまで比較できます。

❸内訳

最大5つまでのディメンションを内訳として適用できます。例えば「デバイスカテゴリ」を選択すれば、デバイスカテゴリごとにセグメントの重複を可視化できます。

❹表示する行数

[表示する行数] で、内訳として利用したディメンションにメンバーが多数存在した場合、一度に表示するメンバーの数を制御できます。

❺値

[値] では、レポートに利用する指標を設定できます。ただし、[アクティブユーザー] は必須の値なので削除できません。

❻フィルタ

[フィルタ] では、レポートにフィルタを適用できます。

✎ポイント

- このレポートを「特定ページを表示したユーザー」「コンバージョンしたユーザー」の2セグメントで利用すると、特定ページを表示したユーザーのうち何%がコンバージョンしたかを確認できます。
- メディアサイトで1つの記事が2ページに分かれている場合、「最初のページを見たユーザー」と「2番目のページを見たユーザー」の2セグメントで利用すると、1ページ目を見たユーザーの何%が2ページ目に進んだのかを確認できます。
- [内訳]を適用した場合は一覧性が損なわれるので、CSVファイルなどとしてエクスポートし、TableauやExcelで別途加工する必要が出てきます。

レポート上部のベン図、もしくは下部のディメンションをマウスオーバーすると、該当する部分がハイライトされます。

ワザ 157 「ユーザーエクスプローラ」 レポートを作成する

🔑 ユーザーエクスプローラレポート／ユーザー

> 本ワザで紹介する「ユーザーエクスプローラ」レポートは、UAにも存在していました。個別のユーザーの詳細なサイト利用状況を可視化するレポートで、仮説を持ってユーザー行動を分析する際に役立ちます。

本ワザで紹介する「ユーザーエクスプローラ」レポートは、標準レポートとも他の探索レポートとも、異なった性質を持っています。

標準レポートや探索レポートでユーザースコープのレポートを作成した場合、1つのディメンションの値に分類されるユーザー数には、複数のユーザーが含まれます。例えば、「地域」ディメンションに「総ユーザー数」を組み合わせてレポートを作成すれば、「Tokyo」の行に表示されるユーザー数は200や3,000、1,500など、複数のユーザーが含まれていることは明らかです。

一方、ユーザーエクスプローラレポートは、個別のユーザーの詳細な行動を可視化します。ディメンションごとの分析を「マクロ分析」と呼ぶことがありますが、その文脈に準じると、本レポートが提供するのは「ミクロ分析」だといえます。

┃ ユーザーエクスプローラレポートを利用する前提

ユーザーエクスプローラレポートを利用するには、分析したい個別のユーザーを選択する必要があります。一方、すべてのユーザーの詳細な行動が含まれるので、漫然と場当たり的に分析するユーザーを選択したのでは、有用な知見はまったく得られません。「ユーザーの中にはそういう行動をする人もいる」ということが分かるだけです。

従って、課題意識に合致したユーザーセグメント（ワザ148を参照）を適用し、それに合致したユーザーを選択たうえで、数名から十数名程度を確認するという使い方が妥当です。

次のページに続く ▷

基礎知識

導入

設定

指標

ディメンション

データ探索

成果の改善

Looker Studio

BigQuery

ユーザーエクスプローラレポートで知見を得やすい課題

ユーザーエクスプローラレポートで有用な知見を得やすい課題として、次のようなものがあります。

サイト内ナビゲーションの改善

特定ページにランディングしてから、次のページに遷移するまでのスクロールの有無や、ランディングページでの経過秒数などが分かります。

特集ページの改善

特集ページを表示した人がどのページから来たのか、特集ページでスクロールはしたのか、その後どのページを表示してコンバージョンに至ったのか、至っていないのかなど、特集ページ表示前後の詳細な行動が分かります。

グローバルナビゲーションの改善

ワザ056で解説したように、グローバルナビゲーションの利用でカスタムイベントを取得していれば、どのページで、かつどのようなタイミングでグローバルナビゲーションが利用されているのかといった利用シーンが分かります。また、グローバルナビゲーションの利用後に元のページに戻っていないかなど、利用後におおよそ満足したかどうかも分かります。

ユーザーエクスプローラレポートの利用方法

ユーザーエクスプローラレポートの利用方法を次のページの画面で説明します。

❶手法

既存のレポートを廃棄し、新たにユーザーエクスプローラレポートを作成したい場合は、[手法] のドロップダウンメニューから [ユーザーエクスプローラ] を選択します。新規にレポートを作成したい場合は、レポートが表示されているタブの右にある [+] をクリックして [ユーザーエクスプローラ] を選択します。

❷セグメントの比較

[セグメントの比較] で、セグメントを1つだけ適用できます。

❸行

[行] は操作できず、必ず「アプリインスタンスID」(ユーザーを識別するID) と「ストリーム名」が入ります。

基礎知識

導入

設定

指標

ディメンション

データ探索

成果の改善

Looker Studio

BigQuery

.ıl GA4 　探索 ▶ ユーザーエクスプローラ

個別のユーザー（アプリインスタンスID）ごと
に、イベント数などの指標を確認できる

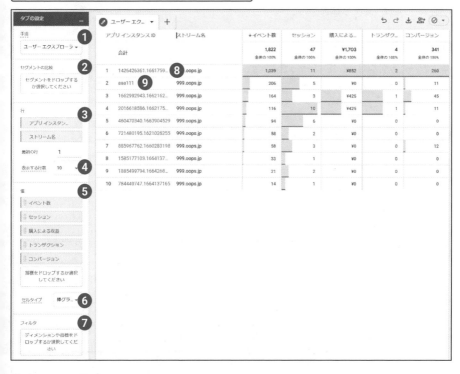

❹表示する行数

[表示する行数] で、レポートに一度に表示する行数を制御します。

❺値

[値] で、表に表示したい指標を選択します。

❻セルタイプ

[セルタイプ] については、ワザ146を参照してください。

❼フィルタ

[フィルタ] で、レポートにフィルタを適用できます。

次のページに続く ▷

基礎知識

導入

設定

指標

ディメンション

データ探索

成果の改善

Looker Studio

BigQuery

⑧個別のアプリインスタンスID

「アプリインスタンスID」列には、ユーザーを特定したまま識別する、Cookie値に基づくIDが表示されています。個別のアプリインスタンスIDをクリックすると、そのユーザーの詳細行動が表示されます。

⑨UserID

ユーザー識別をUserIDで行った場合には、アプリインスタンスIDのところにUserIDが入ります（ワザ065を参照）。

▍個別のアプリインスタンスIDで設定できる項目

ユーザーエクスプローラレポートで個別のアプリインスタンスIDをクリックすると、次のような画面になります。

> 個別のアプリインスタンスIDをクリックし、
> 個別のユーザーの詳細行動を表示した

❶イベントの選択

[イベントの選択] では、表示するイベントの種類を選択できます。選択肢は [スクリーンビュー][コンバージョン][エラー][その他] があります。Web分析では適当な選択肢がないので、あまり利用することはないでしょう。

❷タイムラインの表示

[タイムラインの表示] では、[すべて展開][すべて折りたたむ] の2つから選択できます。❽で日別に展開したり、折りたたんだりできますが、一挙にすべてを展開したい、折りたたみたいときに利用します。

❸タイムラインの並べ替え

[タイムラインの並べ替え] は、[降順](デフォルト) と [昇順] から選択できます。[降順] は時系列的に新しいイベントが上から順に、[昇順] は古いイベントが上から順に並びます。

❹フィルタ

[フィルタ] で、レポートにフィルタを適用できます。ディメンション「イベント名」を利用して「page_view」のみ、もしくは「page_view」と「scroll」のみなどを適用すると、このレポートを利用しやすくなります。

❺ユーザープロパティを表示

表示しているユーザーがユーザープロパティを持っている場合、[ユーザープロパティを表示] をクリックするとユーザープロパティが表示されます。

❻上位のイベント

[上位のイベント] では、レポートに表示しているユーザーが送信したイベントのサマリーが表示されます。コンバージョン設定(ワザ097を参照) をしているイベントは青の旗アイコンで表示されます。

❼スコアカード

レポートに表示しているユーザーの主要な指標が、スコアカード形式で表示されます。

❽タイムライン

タイムラインでは、イベントとして取得されたユーザー行動ユーザーが表示されます。

次のページに続く ▷

基礎知識

導入

設定

指標

ディメンション

データ探索

成果の改善

Looker Studio

BigQuery

次の画面は、あるユーザーの「page_view」イベントをクリックした画面です。「page_view」イベントに紐付く「page_location」「page_title」に値が入っていますが、この値は、それらのパラメータをカスタムディメンションとして設定しないと出てきません。非常に多くの人から質問される内容なので、本書でも周知したいと思います。カスタムディメンション（イベントスコープ）の設定方法については、ワザ101を参照してください。

「page_view」イベントのクリック後、「page_location」などの値を得るにはカスタムディメンションの設定が必要になる

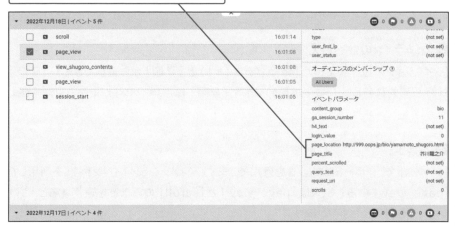

アプリインスタンスIDやUserIDに基づくユーザーの削除

ワザ112では、パラメータやユーザープロパティの削除ができることを解説しました。一方、アプリインスタンスIDやUserIDに基づいてユーザーを削除するには、ユーザーエクスプローラレポートから行います。

次の個別のユーザーの行動を示す画面で、右上のゴミ箱アイコンをクリックすると削除できます。

ゴミ箱アイコンをクリックすると
データを削除できる

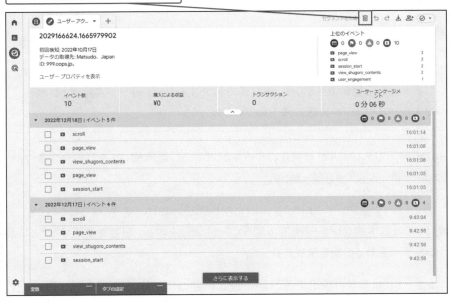

[削除]をクリック
すると実行される

警告

削除をリクエストすると、このユーザー ID に関連付けられているデータがユーザー単位レポートから 24 時間以内に削除されます。さらに、その後 63 日以内に実施される削除プロセスでアナリティクス サーバーからも削除されます。

このデータを Google アナリティクスから別の場所にエクスポートした場合は、まずそれを削除することをおすすめします。

Google アナリティクスでこのユーザー ID に関連付けられているデータを削除してもよろしいですか？この操作は元に戻すことができません。

キャンセル　　削除

本ワザで紹介したユーザーエクスプローラレポートは、あらかじめ課題意識を持たないと有用な知見は見い出せません。

ワザ 158 「コホートデータ探索」レポートを作成する

🔑 **コホートデータ探索レポート／顧客維持**

> コホートとは「特定の条件を満たすユーザーの集団」を表します。そのコホートの振る舞いを可視化できるのが、本ワザで紹介する「コホートデータ探索」レポートです。このレポートの設定方法を見ていきましょう。

Googleアナリティクス4が可視化のテーマとしている「顧客維持」を可視化するのが、「コホートデータ探索」レポートです。

コホートデータ探索レポートは、基本的に次の画面のような「見かけ」をしています。まずは、この基本的なレポートを読み取ってみましょう。その後、設定を変更するとどのように表示が変わるのかを学びます。

本レポートには多数の設定項目があり、設定内容のサマリーが画面上部にテキストで記載されています。

📊 GA4 探索 ▶ **コホートデータ探索**

設定内容のサマリーが画面上部に記載されている

レポートの設定項目の選択肢は、次の表の通りです。前掲のレポートで選択されている項目を太字で表しています。期間は「2022年3月6日〜 4月2日」までの、ちょうど4週間としています。

| 基礎知識 |
| 導入 |
| 設定 |
| 指標 |
| ディメンション |
| データ探索 |
| 成果の改善 |
| Looker Studio |
| BigQuery |

図表158-1 コホートデータ探索レポートで設定できる要素

番号	要素	選択肢
❶	コホートへの登録条件	**初回接触** すべてのイベント すべてのトランザクション すべてのコンバージョン イベント（「session_start」「scroll」「page_view」など）
❷	リピートの条件	**すべてのイベント** すべてのトランザクション すべてのコンバージョン イベント（「session_start」「scroll」「page_view」など）
❸	コホートの粒度	毎日、**毎週**、毎月
❹	計算	**標準**、連続、累計
❺	内訳	選択しない、もしくは特定のディメンション
❻	値	**アクティブユーザー数** セッション エンゲージのあったセッション イベント数 トランザクション 購入による収益　など
❼	指標のタイプ	**合計**、コホートあたり

つまり、前掲のレポートは「週0」で初回接触したユーザーのうち、「週1」以降においても週内にアクションを起こしたユーザー数を可視化している、と表現できます。各要素の読み解き方を、さらに詳しく見ていきましょう。

❶コホートへの登録条件

レポートの各行が「コホート」、つまり特定の条件に当てはまる集団を示しています。「コホートへの登録条件」で、どのような条件でコホートが作成されたのかを指定します。

設定内容のサマリーを見ると、[初回接触（ユーザー獲得日）]とあります。従って、前掲のレポートでは「3月6日から3月12日」の週0の値が、15,362となっています。これは当該の1週間で、初回訪問ユーザーが15,326人いたことを示しています。

❷リピートの条件

前掲のレポートの「3月6日〜3月12日」の週1の列には、835という値があります。これは、「3月6日〜 3月12日」の1週間に初回訪問した15,362のうち、835人が翌週である3月13日〜 3月19日の1週間で再訪問したということを示しています。

次のページに続く ▷

基礎知識

導　入

設　定

指　標

ディメンション

データ探索

成果の改善

Looker Studio

BigQuery

どのような条件でリピートと判断させるかの設定は、［タブの設定］にある［リピートの条件］で行います。前掲のレポートでは［すべてのイベント］となっています。つまり、「15,326人のうち、翌週にイベントを発生させた（イベントの種類は問わない）ユーザーが811人いた」ということを示しています。

仮に［リピートの条件］を［すべてのトランザクション］に変えれば、3月6日〜3月12日に初回訪問したユーザーの発生させたトランザクション数に値が切り替わります。

❸コホートの粒度

前掲のレポートでは［コホートの粒度］が［毎週］になっているので、各行が「週」で分けられています。また、各列についても「週1」が初回訪問の発生した週の翌週、「週2」は翌々週を表しています。

❹計算

前掲のレポートでは［計算］が［標準］となっているので、各セルはユーザー数を示しています。

一方、［計算］で［累計］を選択すると、「週0」には「週0」だけの値、「週1」には「週0」と「週1」の累計値、「週2」には「週0」「週1」「週2」の累計値が表示されます。

また、［計算］で［連続］を選択すると、「週1」には「週0」のユーザーの中で、リピート条件を満たすユーザー数が、「週2」には「週1」のユーザーの中で、リピート条件を満たすユーザー数が表示されます。つまり、連続してリピート条件を満たすユーザー数だけがレポートに含まれます。

❺内訳

前掲のレポートでは指定していませんが、［内訳］としてディメンションを指定することが可能です。例えば「国」を指定すれば国ごとのコホートを、「デバイスカテゴリ」を選択すればデバイスカテゴリごとのコホートを表示できます。

❻値

コホートはユーザーでできています。従って［値］に「アクティブユーザー数」を選択すれば、そのものズバリ、ユーザー数を表しますが、例えば「イベント数」を選択すれば、そのコホートに含まれるユーザーが発生させたイベント数が表示されます。

❼指標のタイプ

［指標のタイプ］は、［合計］［コホートユーザーあたり］の2つから選択できます。［合計］を選択すると各セルの値そのものが表示されます。一方、［コホートユーザーあたり］を選択した場合、値の種類によって表示が変わります。

値を「利用ユーザー」とした場合、週0のユーザー数を100％とした際の「週1」「週2」……の割合が表示されます。例えば、あるコホートの「週0」のユーザー数が100人で、「週1」が10人、「週2」が8人であれば、「週1」が10％、「週2」が8％と表示されます。

一方、利用ユーザー以外の値を選択した場合は、「値」（例えばイベント数）を、そのコホートに含まれるユーザー数で割った、ユーザーあたりの値が表示されます。

☝ポイント

- コホートへの登録条件を「初回接触」としたうえで、内訳に「ユーザーの最初のメディア」や「ユーザーの最初のキャンペーン」を適用すると、どのような施策がリピート訪問してくれるユーザーを効率よく獲得できるのかが非常によく分かります。

コホートデータ探索レポートでは、共通の属性を持つユーザーのグループの行動とパフォーマンスが分かります。

基礎知識

導入

設定

指標

ディメンション

データ探索

成果の改善

Looker Studio

BigQuery

ワザ 159 「ユーザーのライフタイム」レポートを作成する

🔍 ユーザーのライフタイムレポート／ LTV ／メディア

> 本ワザで紹介する「ユーザーのライフタイム」レポートは、レポート表示期間にサイトを利用したユーザーの、それまでに発生させた収益、セッション数、エンゲージのあったセッション数などを表示します。

「ユーザーのライフタイム」レポートはかなり特殊なレポートですが、仕様を理解して使いこなすことができれば非常に有用です。特殊な点は次の3点に集約されます。

- レポート期間の終わりが、必ず昨日となる
- 利用できるディメンションと指標が限定される
- レポート期間以外のユーザー行動に関する指標が表示される

1点目は分かりやすく、誰でも一度作成すると理解できるでしょう。まずはレポートの作成方法を解説し、最後に2点目、3点目についてまとめます。

❶手法

既存のレポートを廃棄し、新たにユーザーのライフタイムレポートを作成したい場合は、[手法]のドロップダウンメニューから[ユーザーのライフタイム]を選択します。新規に作成したい場合は、レポートが表示されているタブの右にある[+]をクリックして[ユーザーのライフタイム]を選択します。

❷セグメントの比較

[セグメントの比較]では、セグメントを最大4つまで適用し、比較することができます。

❸行

[行]で、行方向に配置するディメンションを設定します。

❹表示する行数

レポートで一度に表示する行数を制御する場合には、[表示する行数]で設定します。

基礎知識

導入

設定

指標

ディメンション

データ探索

成果の改善

Looker Studio

BigQuery

.ıl GA4 　探索 ▶ ユーザーのライフタイム

ユーザーの最初のメディアとLTV：平均、
LTV：合計を表している

タブの設定　　　　　　　　　—				
手法	🖊 ユーザーのラ... ▾ ＋			↺ ↻ 😊 ⊘ ▾
ユーザーのライフタイム ▾ **①**	ユーザーの最初のメディア	↓総ユーザー数	LTV: 平均	全期間のエンゲージメント時間:平均
ビジュアリゼーション	合計	**62,424** 全体の 100%	**$1.99** 全体の 100%	1分 46 秒 全体の 100%
▦	1　(none)	25,344	$3.35	2 分 17 秒
	2　organic	17,736	$1.60	1 分 57 秒
セグメントの比較 **②**	3　cpc	15,909	$0.25	0 分 46 秒
セグメントをドロップする か選択してください	4　referral	2,560	$1.93	1 分 52 秒
	5　(not set)	203	$0.00	0 分 06 秒
行 **③**	6　affiliate	130	$0.00	0 分 39 秒
⠿ ユーザーの最初の...	7　email	102	$17.43	7 分 40 秒
ディメンションをドロップ するか選択してください	8　cpm	45	$0.00	0 分 06 秒
最初の行　　1				
表示する行数　10　▾ **④**				
ネストされた行　Yes ▾ **⑤**				
列				
ディメンションをドロップ するか選択してください **⑥**				
最初の列グループ　1				
表示する列グル **ープ数**　　5　▾ **⑦**				
値 **⑧**				
⠿ 総ユーザー数				
⠿ LTV: 平均				
⠿ 全期間のエンゲー...				
指標をドロップするか選択 してください				
セルタイプ　棒グラ... ▾ **⑨**				
フィルタ **⑩**				
ディメンションや指標をド ロップするか選択してくだ さい				

次のページに続く ▷

基礎知識

導　入

設　定

指　標

ディメンション

データ探索

成果の改善

Looker Studio

BigQuery

❺ ネストされた行

［ネストされた行］は、ワザ146を参照してください。

❻ 列

［列］で、列方向に配置するディメンションを指定します。

❼ 表示する列グループ数

列方向に配置したディメンションで、一度に表示するメンバーの数を制御する場合は、［表示する列グループ数］で設定します。

❽ 値

［値］では、レポートで表示したい指標を設定できます。

❾ セルタイプ

［セルタイプ］については、ワザ146を参照してください。

❿ フィルタ

［フィルタ］でレポートにフィルタを適用できます。

以上がユーザーのライフタイムレポートの設定画面の内容です。続いて、このレポートが特殊である点を説明しましょう。

❘ 利用できるディメンションと指標が限定される

ユーザーのライフタイムレポートで利用できるディンションと指標は、次の表に示したもののみです。ディメンションは、ユーザースコープ（ユーザー単位で必ず一意に決まる内容）であることが分かります。指標は、ライフタイム系および予測系の指標が利用可能です。

図表159-1 ユーザーのライフタイムレポートで利用可能なディメンションと指標

ディメンション	指標
ユーザーの最初のキャンペーン	アクティブユーザー数
ユーザーの最初のメディア	総ユーザー数
ユーザーの最初の参照元	LTVカテゴリの6指標
最終オーディエンス名	ライフタイムのセッション数の6指標
最終プラットフォーム	全期間のエンゲージメントセッション数の6指標
最終購入日	全期間のエンゲージメント時間の6指標
最終利用日	全期間のセッション継続時間の6指標
初回購入日	全期間のトランザクション数の6指標
初回訪問日	全期間の広告収入の6指標
	購入の可能性の6指標
	予測収益の6指標
	離脱の可能性の6指標

レポート期間以外のユーザー行動に関する指標が表示される

次の画面は、ディメンションを「ユーザーの最初のメディア」としています。

ユーザーがサイトの初回訪問に利用した
メディアをディメンションとしている

	ユーザーの最初のメディア	↓総ユーザー数	LTV: 平均	LTV: 合計
	合計	**62,424** 全体の100%	**$1.99** 全体の100%	**$124,060.33** 全体の100%
1	(none)	25,344	$3.35	$85,003.10
2	organic	17,736	$1.60	$28,412.40
3	cpc	15,909	$0.25	$3,918.43
4	referral	2,560	$1.93	$4,948.54
5	(not set)	203	$0.00	$0.00
6	affiliate	130	$0.00	$0.00
7	email	102	$17.43	$1,777.87
8	cpm	45	$0.00	$0.00

レポート2行目の「organic」に注目してください。「サイトに初回訪問した際のメディアが
organicだったユーザー」が、設定されたレポート期間に17,736人訪問したことを示し
ています。それらのユーザーは、レポート期間中に収益を発生させたかもしれませんし、
発生させなかったかもしれません。もしくは、レポート期間より前に収益を発生させてい
た可能性もあります。

次のページに続く ▷

「LTV：合計」に表示されている金額は、レポート期間より前に発生した収益を含めて、17,736人が初回訪問以降、サイトにもたらしたすべての収益額となります。つまり、レポート期間と「総ユーザー数」は対応していますが、「LTV：合計」はレポート期間外に発生した額も含んでいます。

「LTV：平均」列は、「LTV：合計」を総ユーザー数で割った値です。つまり、このレポートは、どのメディアからユーザーを獲得するのがもっとも収益が増加しやすいかを表しています。

LTV系の指標として、金銭換算した「LTV」以外にも「セッション」「エンゲージのあったセッション」「ユーザーエンゲージメント」などがあり、次の画面のようにレポートで利用できます。

セッションやユーザーエンゲージメントを確認できる

ユーザーの最初のメディア	↓総ユーザー数	ライフタイムのセッショ…平均	全期間のエンゲージメントセッション数: 平均	全期間のエンゲージメン…平均	全期間のセッション継続時…平均
合計	62,424 全体の 100%	1.35 全体の 100%	1.24 全体の 100%	1分 46秒 全体の 100%	6分 19秒 全体の 100%
1　(none)	25,344	1.39	1.25	2分 17秒	8分 00秒
2　organic	17,736	1.41	1.28	1分 57秒	7分 13秒
3　cpc	15,909	1.24	1.2	0分 46秒	2分 21秒
4　referral	2,560	1.48	1.25	1分 52秒	8分 20秒
5　(not set)	203	1.29	1.22	0分 06秒	9分 54秒
6　affiliate	130	1.42	1.24	0分 39秒	5分 54秒
7　email	102	2.62	2.28	7分 40秒	14分 48秒
8　cpm	45	1	1	0分 06秒	0分 04秒

ECサイト以外では、金銭換算したLTVは取得していないのが一般的だと思います。しかし、上記の画面にあるような「ライフタイムのセッション数」や「全期間のエンゲージメントセッション数」などの指標は利用可能です。それらの指標を確認することで、どのようなメディアを利用して初回訪問を獲得すれば、熱心にサイトを利用してくれるユーザーを増やせるのかが分かります。

ユーザーのライフタイムレポートがECサイトでのみ利用できると思い込まず、ECサイト以外でも積極的に利用してください。

昨日までではなく、初回訪問からN日以内のLTVを確認したい場合には、BigQueryのデータを利用しましょう。

160 サンプリングについて理解する

ワザ

🔑 サンプリング／しきい値

> 本ワザでは、探索レポートで適用されることのあるサンプリングについて説明します。サンプリングがかかることが必ずしも悪いことではありませんが、正しく理解したうえで回避する方法を見ていきましょう。

探索レポートでは、レポート対象のデータ量がしきい値を超えると「サンプリング」がかかります。標準レポートにはサンプリングはかかりません。

サンプリングのしきい値は、無料版のGoogleアナリティクス4では「1,000万イベント」です。つまり、レポートを作成する対象期間のイベント数が1,000万イベントを超える場合に、サンプリングがかかります。サンプリングがかかっている場合、次の画面にあるように探索レポートの右上に注意を促すアイコンが表示されます。

.ıl GA4 探索 ▶ 自由形式など

> サンプリングがかかっていると、画面右上に△マークのアイコンが表示される

地域	↓イベント数
合計	12,572,590 全体の100%
1 California	3,021,112
2 (not set)	838,256
3 New York	795,899
4 Texas	579,008

🖊 自由形式1 ▼ ＋ ↶ ↷ 😃⁺ ⚠ ▾

> 🗗 サンプリング データ: データ探索
> このレポートは、利用可能なデータの78.5%に基づいています。詳細

また、△マークのアイコンをクリックすると、実際に存在したデータ量に対し、レポートで利用したデータ量の割合（サンプリングレート）が表示されます。上記の画面が示しているサンプリングレートは「78.5%」となっています。

次のページに続く ▷

基礎知識

導入

設定

指標

ディメンション

データ探索

成果の改善

Looker Studio

BigQuery

▌サンプリングについての注意点

サンプリングを行う場合、サンプリングレートが高いほうが一般に実際のデータとは乖離が出づらいです。

サンプリングを回避する、あるいはワークアラウンド（サンプリングは回避できないものの、実用上は問題ない、あるいは少ない方法）としては、次の方法があります。

標準レポートを利用する

標準レポートやライブラリ機能を利用して、カスタマイズしたレポートを作成すれば、サンプリングはかかりません。

Looker Studioを利用する

Looker Studioを利用し、同ツールが提供しているディメンションと指標を利用すれば、サンプリングはかかりません。

不要なイベントを収集しない

サンプリングがかかる条件のしきい値が1,000万イベントなので、イベントの数が減ればサンプリングがかかりにくくなります。

レポートの期間を短くする

レポートで計測する期間が短くなれば、対象となるイベント数も減ります。

BigQueryエクスポートを利用する

BigQueryのデータにはサンプリングがかかりません。

 🔗 **[GA4]**レポートとデータ探索におけるデータの違い
https://support.google.com/analytics/answer/9371379?hl=ja

GA4を「マーケティング上、適切なアクションを起こすための装置」
と考えれば、サンプリングを忌み嫌う必要はありません。

ワザ
161 しきい値が適用される理由と対処法を理解する

🔑 しきい値

> Googleシグナルを有効にしたプロパティの探索レポートで、時々「しきい値」が適用される場合があります。ユーザーの身元を推測できないようにするためのものですが、対処法を学びましょう。

Googleシグナル（ワザ090を参照）をオンにしたり、ユーザー属性（ワザ140を参照）をディメンションとして利用した探索レポートを作成したりしていると、時々「しきい値」が適用され、レポートのデータの一部が表示されないことがあります。その場合、探索レポートの右上に次の画面にあるアイコンと説明が表示されます。

📊 **GA4** 探索 ▶ 自由形式など

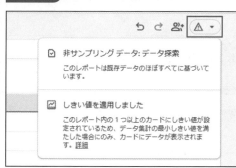

探索レポートでしきい値が適用された

しきい値が適用される理由について、公式ヘルプでは「レポートやデータ探索を閲覧する際、データに含まれるシグナル（ユーザー属性、インタレストなど）から個別ユーザーの身元を推測できないようにするために設けられています」と記述されています。

また、公式ヘルプでは、しきい値が適用される可能性があるのは次の2つのケースだと説明されています。

①1行に含まれるユーザー数が少ない場合
②「年齢」「性別」といったユーザー属性に関連するディメンションをレポートで利用する場合

次のページに続く ▷

基礎知識

導入

設定

指標

ディメンション

データ探索

成果の改善

Looker Studio

BigQuery

ただし、①の場合、含まれるユーザーが1人であってもしきい値が適用されていない例があります。

また、②の場合、ユーザー数が大量にいる場合にもしきい値がかかる例があります。

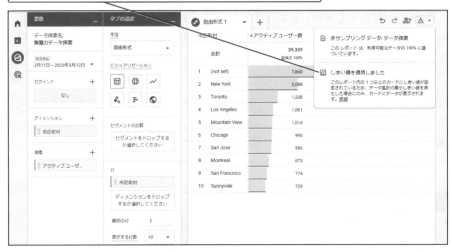

しきい値がかからないようにする対処法としては、次の3つが挙げられます。

- 期間を広げ、含まれるユーザーを多くする
- Googleシグナルによるユーザー識別から、デバイスのみのユーザー識別方法に変更する（ワザ090を参照）
- しきい値のかからないBigQueryのデータを利用する（第9章を参照。ただし年齢、性別などのデータは含まれない）

 [GA4]データのしきい値
https://support.google.com/analytics/answer/9383630

しきい値の具体的な値は公開されていません。また、しきい値についての設定項目は存在せず、調整もできません。

162 折れ線グラフで異常値を確認する

ワザ

🔑 **自由形式レポート／折れ線グラフ／異常値**

> 探索配下の自由形式レポートは、デフォルトの表・散布図・棒グラフに加え、時系列グラフ（折れ線グラフ）での表示ができます。折れ線グラフは設定により、「異常値」の検出のために利用することも可能です。

探索レポートで折れ線グラフを表示したい場合、自由形式レポートの［ビジュアリゼーション］から［折れ線グラフ］を選択すると、X軸に「日付」ディメンションが配置された折れ線グラフを表示できます。

📊 GA4 **探索 ▶ 自由形式**

自由形式レポートで折れ線グラフを利用できる

折れ線グラフは表形式から切り替えて利用しますが、ディメンション、指標は表形式で利用していた最初の項目が自動的に選択されます。従って、利用したいディメンションや指標でない場合、切り替えて利用する必要があります。

また、この折れ線グラフでは「異常値」を検出できます。異常値とは、過去の値を統計的に分析したうえで「そのような事象が起きる確率が一定レベル以上低い」場合に、「通常ではめったに発生しない値」とみなす値です。次のページの画面にある❶で示すように、レポートの折れ線グラフで「○」が付いているのが異常値です。

次のページに続く ▷

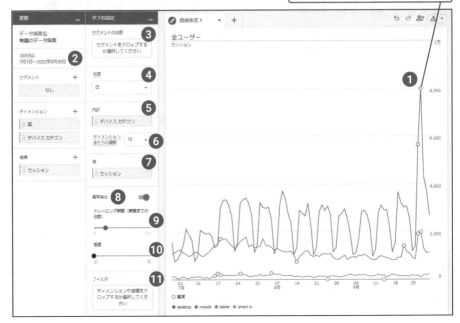

「○」が付いている値が異常値を表している

折れ線グラフの設定項目は次の通りです。

変数の設定

❷日付範囲

日付範囲を設定できます。この例において折れ線グラフのX軸の範囲が「7月1日〜 9月30日」になっているのは、この日付範囲の設定を反映しているためです。

タブの設定

❸セグメントの比較

[セグメントの比較] で、セグメント (ワザ147を参照) を最大4つまで適用できます。セグメントを4つ適用した画面は次のページの通りです。

セグメントを4つ適用している

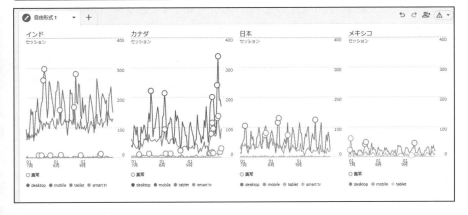

❹粒度

X軸の時系列項目を「時間」「日」「週」で切り替えるには、[粒度]を使用します。

❺内訳

[内訳]で、折れ線グラフに適用するディメンションを設定できます。

❻ディメンションあたりの線数

[ディメンションあたりの線数]では、内訳を高基数のディメンションで設定した場合、何本の線をグラフ中に表示するか指定できます。線の数は[5][10][15][20]から選択可能ですが、線が多いと判断がつかないので[5]が妥当です。

❼値

折れ線グラフに表示する値を、[値]で設定します。左側にある[変数]メニュー内の指標リストから、[値]にドラッグ&ドロップすることで適用できます。

❽異常検出

[異常検出]で、異常値の検出を行うかどうかを設定できます。デフォルトはオンになっていますが、不要であればオフにしてください。

❾トレーニング期間

[異常検出]をオンにした場合、過去のどの期間をもとに異常と判断するか、[トレーニング期間]で設定します。データが安定している期間を選択するのが基本です。

次のページに続く ▷

基礎知識

導入

設定

指標

ディメンション

データ探索

成果の改善

Looker Studio

BigQuery

❿感度

［感度］は、［0.05］から［0.25］の範囲で選択可能です。数値が低いほど「鈍感」、数値が高いほど「敏感」です。

感度で設定する値は、「そのような事象（例えば、ある日のセッションが△になった）が、過去のデータのばらつき具合を勘案したときに、どの程度珍しいか?」の指定を行っています。

設定できる値の最小値である［0.05］は、その事象が起きる確率が5%未満だということを意味しています。［0.05］あるいは［0.1］程度にしておくのが妥当です。

⓫フィルタ

ディメンション、あるいは指標に基づき、レポートにフィルタを適用する場合は、［フィルタ］を設定します。

 🔗 **【GA4】**自由形式のデータ探索
https://support.google.com/analytics/answer/9327972?hl=ja

総ユーザー数などの値が小さくなった場合には、構造的・根本的な理由がないかを確認するとよいでしょう。

関連ワザ **146** 「自由形式」レポートを作成する　　　　　　　　P.470

第**7**章

成果の改善

本章では、GA4の探索レポートを活用し、サイトのパフォーマンスを改善するヒントを得る方法を紹介します。ここで紹介したワザがすべてではありませんが、アイデアを得るために、ぜひ参考にしてください。

ワザ 163 探索レポートの7つの 活用シーンを理解する

🔑 探索レポート／概要／ヒント

> 探索配下にある7つのレポートについて、業務上での活用方法について学んでいきましょう。本章で紹介しているレポートは、デモアカウントに準拠しているので、気になる場合はデモアカウントで再現してください。

第6章では、Googleアナリティクス4が提供する探索配下の7つのテンプレートに従って、レポートを作成する手順を紹介しました。本章では、Web担当者やマーケターが日常的に実行したいタスクを念頭において、GA4の探索レポートを活用する方法を解説しています。レポート種別とワザの紐付きは次の通りです。

- 自由形式レポート（ワザ164）
- 自由形式とセグメントを作成したレポート（ワザ165、166）
- 目標到達プロセスデータ探索レポート（ワザ167）
- セグメントの重複レポート（ワザ168）
- 経路データ探索レポート（ワザ169）
- コホートデータ探索レポート（ワザ170）
- ユーザーのライフタイムレポート（ワザ171）
- ユーザーエクスプローラレポート（ワザ172）

また、活用シーンとともに紹介するレポートは、できるだけGA4のデモアカウントに準拠し、みなさんが再現できるようにしてあります。デモアカウントに準拠していない場合でも、セグメント、ディメンション、指標、フィルタなどの詳細を明示しています。実際に自身が分析しているサイトの「page_title」「page_location」に合わせて修正すれば、自身の知りたいことや、確認したいことが確認できると思います。

それでは、ここまでに学んだ知識を生かして、業務に活用できる利用シーンについて学んでいきましょう。

> ワザ018を参照し、自身のGAアカウントにデモアカウントを紐付けると本章をより活用できると思います。

ワザ 164 ユーザーの初回訪問を獲得したチャネルを評価する

🔑 **初回訪問**

UAがセッション軸での計測だったのに対し、GA4はユーザー軸に変化しています。本ワザでは、表形式のレポートである自由形式レポートを利用して、ユーザーの最初のチャネルを評価する方法を学びます。

ワザ007で解説した通り、Googleアナリティクス4でのパフォーマンス改善は、セッション軸からユーザー軸に変化しています。ユーザー軸で考えたとき、どのユーザーにも必ず「初回訪問」があるので、初回訪問時に利用した経路別にどのチャネルやメディア、参照元、キャンペーンが機能しているのかを評価するワザを紹介します。

レポートのテンプレートとしては「自由形式」を用い、次の表を参考にレポートを作成してください。ディメンションを切り替えることで、チャネル、メディア、参照元、キャンペーンごとに初回訪問の経路を確認できるので、ディメンションとしてはひとまずチャネルを取り上げています。

図表164-1 自由形式レポートの設定内容①

設定項目	設定内容
アカウント	筆者のアカウント
テンプレート	自由形式
ディメンション	最初のユーザーのデフォルトチャネルグループ
指標	アクティブユーザー数
	セッション
	エンゲージメント率
	コンバージョン
	ユーザーのコンバージョン率
セグメント	なし

この設定を行い、完成したレポートは次のページにある通りです。

次のページに続く ▷

.ıl GA4 　探索 ▶ 自由形式

最初のユーザーのデフォルトチャネルグループに
対するそれぞれの指標が分かる

最初のユーザーのデフォルト チャネル グループ	↓アクティブ ユーザー数	セッション	エンゲージメン…	コンバージョン	ユーザー コンバージョン率
合計	2,048 全体の100%	3,186 全体の100%	53.7% 平均との差 0%	20 全体の100%	0.83% 全体の100%
1　Direct	877	1,363	52.75%	7	0.8%
2　Organic Social	764	1,225	64.41%	4	0.52%
3　Display	171	239	15.48%	0	0%
4　Organic Search	154	239	55.65%	9	3.9%
5　Paid Search	61	86	19.32%	0	0%
6　Referral	16	19	68.42%	0	0%
7　Unassigned	5	6	83.33%	0	0%

上記のレポートを見ると、「Organic Search」（自然検索）から初回訪問を獲得した
ユーザーが高いコンバージョン率でコンバージョンしていることが分かります。中期的な
戦略としては、SEOを強化する方針が妥当です。

SEOの強化には、本質的にはコンテンツの強化が必要です。そこで、今度はレポートの
設定を次の表のように変更し、自然検索から初回訪問したユーザーがどのようなページ
にランディングすると、コンバージョン率が高いのかを調べるために深掘りを行いましょう。

図表164-2　自由形式レポートの設定内容②

設定項目	設定内容
フィルタ	ユーザーの最初のデフォルトチャネルグループがOrganic Searchに 等しい
ディメンション（追加）	ランディングページ
指標（削除）	ユーザーコンバージョン率
	アクティブユーザー数
指標（追加）	セッションコンバージョン率

上記の設定をすると、次のページのレポートになります。

.il GA4　探索 ▶ 自由形式

Organic Searchをさらに深掘りしている

最初のユーザーのデフォルト チャネル グループ	ランディング ページ + クエリ文字列	+セッション	エンゲージメント率	コンバージョン	セッションのコンバージョ...
合計		239 全体の 100%	55.65% 平均との差 0%	9 全体の 100%	2.51% 全体の 100%
1　Organic Search	/only_chois_is_bigquery_to_connec.../	88	68.18%	4	3.41%
	/ga4_google_analytics_certification/	59	69.49%	5	5.08%
	(not set)	46	10.87%	0	0%
	/just_one_event_for_ga4_conversio.../	14	71.43%	0	0%
	/bigquery_data_from_ga4_is_not_1.../	12	50%	0	0%
	/	11	63.64%	0	0%
	/difference_between_demo_and_yo.../	4	25%	0	0%
	/bigquery_data_from_ga4_is_not_1.../?s=09	2	0%	0	0%
	/category/ga4/	1	100%	0	0%
	/sample-page/	1	100%	0	0%
	/tag/ga4/	1	100%	0	0%

「ランディングページ」はセッションスコープのディメンションなので、このレポートでは指標をセッションスコープで統一しました。このレポートを参考にすることで、どのコンテンツを強化するべきかのヒントが得られるでしょう。

例えば、もっともセッションのコンバージョン率が高いのは、ランディングページとして「/ga4_google_analytics_certification/」というブログ記事が利用された場合だということが分かります。「GA4認定資格取得対策」のような記事を作成し、自然検索からユーザーの初回訪問を獲得すると、コンバージョンが増やせる可能性が高いと判断できます。

なお、セッションメディアとも組み合わせたいところですが、探索配下のレポートでは組み合わせができません。「ユーザーの最初のメディア」と「セッションのメディア」両ディメンションを使った可視化は、Looker Studioを利用すると可能です。

GA4を使ううえで必要な「適切なレポートを作成するスキル」を向上させるには、スコープの知識が必要です。

ワザ 165 特定コンテンツが再訪問を喚起した貢献度を確認する

🔑 **自由形式レポート／ユーザーセグメント**

> 探索配下の自由形式レポートとユーザーセグメントを組み合わせた活用例として、初回訪問で特定のページをスクロールしたユーザーと、スクロールしていないユーザーのユーザーセグメントの作成方法を紹介します。

探索レポートを利用すると、特定のコンテンツを初回訪問で閲覧したユーザーが、サイトに再訪問したかどうかを確認できます。ユーザーの再訪問を喚起できたということは、そのコンテンツがユーザーの期待値を満たし、サイトへの信頼感を高めたと考えられるでしょう。

ユーザーの再訪問喚起効果が分かれば、「ユーザーが自社にどのようなコンテンツを期待しているのか?」「ユーザーを満足させるコンテンツの品質はどの程度か?」といったことが分かり、コンテンツを作成するうえでのヒントになります。

また、再訪問したユーザーは、ファネルの「認知」から「関心」へとフェーズが移りつつあると考えてよいはずです。よって、リターゲティング広告で購入を促しても、比較的高いコンバージョン率を得られる可能性があります。探索レポートの設定は次の表の通りです。

図表165-1 自由形式レポートの設定内容

設定項目	設定内容
アカウント	デモアカウント
期間	2022年9月1日〜30日
テンプレート	自由形式
ディメンション	なし
指標	アクティブユーザー数
	セッション
	エンゲージメント率
	ユーザーあたりのセッション数
	エンゲージのあったセッション
	エンゲージのあったセッション数（1ユーザーあたり）
セグメント	初回訪問でSaleページをScrollしたユーザー　→セグメント①
	初回訪問でSaleページをScrollしていないユーザー　→セグメント②
ピボット	最初の行

.ıl GA4 探索 ▶ 自由形式 ▶ セグメントの新規作成 ▶ ユーザーセグメント

セグメント①を設定する

```
←  初回訪問でSaleページをScrollしたユーザー                    ヘルプ

📄  説明を追加

  ⬤  次の条件に当てはまる ユーザー を含める:              ▣ ▾    🗑

     first_visit    ▾   + パラメータを追加                      OR
     ─── AND ─────────────────────────────────────────
                        page_title が Sale | Googl... と完全に一致（=）  ✕
     scroll         ▾                                          OR
                        + パラメータを追加

     AND
```

設定内容 セグメント名 初回訪問でSaleページをScrollしたユーザー

条件① first_visit 条件② scroll

パラメータ② page_title 完全一致（=） Sale | Google Merchandise Store

セグメント②を設定する

```
←  初回訪問で SaleページをScrollしていないユーザー             ヘルプ

📄  説明を追加

  ⬤  次の条件に当てはまる ユーザー を含める:

  ＋ 条件グループを追加  │  ⋮≡ シーケンスを追加

  ◯  次の条件に当てはまるユーザーを一時的に除外する: ▾      ▣ ▾    🗑

     first_visit    ▾   + パラメータを追加                      OR
     ─── AND ─────────────────────────────────────────
                        page_title が Sale | Googl... と完全に一致（=）  ✕
     scroll         ▾                                          OR
                        + パラメータを追加

     AND
```

次のページに続く ▷

| 設定内容 | セグメント名 | 初回訪問でSaleページをScrollしていないユーザー |

次の条件に当てはまるユーザーを一時的に除外する

| 条件① | first_visit | 条件② | scroll |

| パラメータ② | page_title　完全一致(=)　Sale | Google Merchandise Store |

初回訪問でSaleページをスクロールしたユーザーと、していないユーザーで分類できた

セグメント	アクティブ ユーザー数	+セッション	ユーザーあたりのセ...	エンゲージのあった...	エンゲージのあったセ...（ユーザーあたり）	エンゲージメント率
合計	70,958 全体の 100%	115,289 全体の 100%	1.62 平均との差 0%	74,425 全体の 100%	1.05 平均との差 0%	64.56% 平均との差 0%
1　初回訪問で SaleページをScrollしていないユーザー	65,733	106,379	1.62	66,520	1.01	62.53%
2　初回訪問で SaleページをScrollしたユーザー	4,773	9,174	1.92	7,535	1.58	82.13%

上記のレポートでもっとも注目するべき指標は「エンゲージのあったセッション（1ユーザーあたり）」です。スクロールしなかったユーザーが1.01であるのに対し、スクロールしたユーザーは1.58とかなり高くなっています。スクロールしたユーザーのほうが、エンゲージのあったセッションをより多くサイトにもたらしているということが分かります。

本ワザでは例として、特定コンテンツに接触したユーザーのセグメントを作成するにあたり、「Sale」ページをスクロールしたユーザーというセグメントを作成しました。実際には、特集ページ、あるいは自社の商品・サービスのユーザーベネフィットを端的に訴求しているページを対象とすると、効果が大きい改善につながる知見が読み取れるでしょう。

UAのセグメントは「フィルタ」のように利用できましたが、GA4のセグメントはディメンションのように利用できます。

| 関連ワザ 146 | 「自由形式」レポートを作成する | P.470 |
| 関連ワザ 148 | ユーザーセグメントを作成する | P.479 |

ワザ 166 コンバージョンしたユーザーが閲覧したコンテンツを確認する

🔑 **コンバージョン／セグメント／ユーザーセグメント**

> 自由形式レポートを用いて、コンバージョンしたユーザーと、コンバージョンしていないユーザーをセグメントとして対比し、どのコンテンツを表示したのかを可視化する方法を見ていきましょう。

前のワザ165や後述するワザ168では、コンバージョンや再訪問に対する貢献度を「コンテンツ」側から確認する方法を紹介しました。本ワザでは逆に、コンバージョンした「ユーザー」側からどのようなコンテンツを閲覧したのかを確認する方法を紹介します。

レポートの作成方法は、探索配下の「自由形式」テンプレートに2つのユーザーセグメントを適用します。1つはコンバージョンしたユーザー、もう1つはコンバージョンしていないユーザーです。それらを対比することで、コンバージョンしたユーザーが頻繁に閲覧しているコンテンツや、熟読しているコンテンツが見つかります。それにより、

- サイト内でユーザーをそのコンテンツに誘導する
- そのコンテンツに類似するコンテンツを追加する

などのコンバージョン増加施策を立案できます。レポートの設定は次の表の通りです。

図表166-1 自由形式レポートの設定内容

設定項目	設定内容
アカウント	筆者のアカウント
手法	自由形式
ディメンション	page_title
指標	アクティブ ユーザー数
	ユーザー エンゲージメント
セグメント	CVユーザー　→セグメント①
	Non-CVユーザー　→セグメント②
ピボット	最初の行

次のページに続く ▷

セグメント①を設定する

設定内容 | セグメント名 | CVユーザー

次の条件に当てはまるユーザーを含める

条件 | purchase

セグメント②を設定する

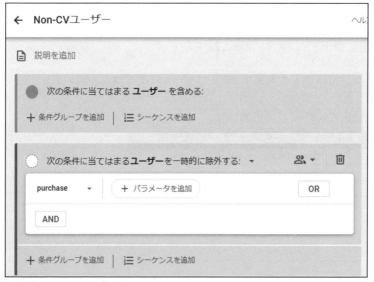

設定内容 | セグメント名 | Non-CVユーザー

次の条件に当てはまるユーザーを一時的に除外する

条件 | purchase

前述の2つのセグメントとも、コンバージョンしたユーザーが発生させたイベントとして「purchase」を利用しています。実際には、自社のGoogleアナリティクス4に設定してあるコンバージョンイベントの名前を記述してセグメントを作成してください。

次の画面が、筆者の運営するブログサイトを計測しているGA4で、本ワザに従って作成したレポートです。

コンテンツを表示したユーザーを表示できた

セグメント	Non-CVユーザー		CVユーザー		合計	
ページ タイトル	アクティブ ユーザー数	ユーザー エンゲージ...	アクティブ ユーザー数	ユーザー エンゲージ...	↓アクティブ ユーザー数	ユーザー エンゲージメ...
合計	2,580 全体の 98.44%	1日 18 時間 全体の 92.76%	41 全体の 1.56%	3時間16分 全体の 7.24%	2,621 全体の 100%	1日 21 時間 全体の 100%
1 GA4の新テスト Google Analytics Certification を受験してみた – kazkida.com	647	8時間14分	13	14 分 11 秒	660	8時間28分
2 GA4がBigQueryにエクスポートするのは「生データ」って訳で... – kazkida.com	593	10時間18分	7	15 分 12 秒	600	10時間34分
3 kazkida.com – kazkidaからの情報発信サイト	404	1時間13分	6	9 分 35 秒	410	1時間23分
4 GA4のCV設定は「たった1イベント」が正解 – kazkida.com	379	8時間06分	8	40 分 18 秒	387	8時間46分
5 TableauからGA4に接続するにはBigQuery一択 – kazkida.com	368	4時間00分	9	32 分 40 秒	377	4時間33分
6 GA4経路データ探索レポートのクセ – kazkida.com	205	4時間12分	18	26 分 40 秒	223	4時間39分
7 GTMを使わずにスクロール数、スクロール完了率を取得する – kazkida.com	191	2時間03分	14	31 分 40 秒	205	2時間34分
8 GA4のDEMOアカウントと一般アカウントの違い – kazkida.com	167	2時間54分	10	22 分 40 秒	177	3時間17分

このレポートをエクスポートしてGoogleスプレッドシートで加工すると、次の通りに可視化できます。コンバージョンしたユーザーがじっくり閲覧している、つまり、興味を持ったコンテンツが見つかります。

GA4のレポートを出力し、スプレッドシートで加工した

番号	セグメント ページ タイトル	Non-CVユーザー			CVユーザー			平均の比
		アクティブ ユーザー数	ユーザー エンゲージメント 合計	平均	アクティブ ユーザー数	ユーザー エンゲージメント 合計	平均	
1	GA4の新テスト Google Analytics Certification を受験してみた	647	29,669	45.9	13	851	65.5	1.4
2	GA4がBigQueryにエクスポートするのは「生データ」って訳でもない	591	37,129	62.8	7	912	130.3	2.1
3	GA4のCV設定は「たった1イベント」が正解	378	29,147	77.1	8	2,418	302.3	3.9
4	TableauからGA4に接続するにはBigQuery一択	302	12,760	42.3	8	1,509	188.6	4.5
5	GA4経路データ探索レポートのクセ	205	15,149	73.9	18	1,600	88.9	1.2
6	GTMを使わずにスクロール数、スクロール完了率を取得する	189	7,302	38.6	14	1,900	135.7	3.5

コンバージョンしたユーザーが評価したコンテンツを確認し、コンテンツ強化の指針にするのは妥当な取り組みです。

基礎知識
導入
設定
指標
ディメンション
データ探索
成果の改善
Looker Studio
BigQuery

ワザ 167 フロント商品を購入したユーザーが本商品を購入しているかを確認する

🔑 フロント商品／購入／目標到達プロセスデータ探索

> 目標到達プロセスデータ探索レポートを利用して、フロント商品（見込み顧客に最初に購入してもらう目的の比較的安価な商品）の購入後、本商品を購入したユーザーがどの程度いるのかを可視化していきます。

サイトによっては初回購入を促進するために、利幅はあまりないが安価なフロント商品を用意し、それらを購入した顧客に対して、次に利益が取れるバックエンド商品（本商品）の購入を促す設計をしている場合があります。そのような設計を「2ステップマーケティング」と呼ぶことがあります。

また、実物を見たり、使ったりしないと購入できないタイプの商品（カーテンや化粧品など）では、安価、あるいは無料のサンプル品を取り寄せてもらい、その後に本発注をしてもらう設計にしている場合があるでしょう。

そうした2ステップマーケティングの効果を測定するのがこのワザです。フロント商品やサンプル品を購入した顧客は何人いるのか、それらの顧客のうち何割程度の顧客が利幅の大きいバックエンド商品を購入したのかを可視化します。可視化結果をもとに顧客がバックエンド商材を購入してくれるまでの設計を見直せば、2ステップマーケティングを最適化することができます。

そうした目的に利用できるレポートを本ワザで紹介します。利用するのは探索配下のテンプレートとして用意されている「目標到達プロセスデータ探索」レポートです。デモアカウントで計測している「Google Merchandise Store」では、Googleのグッズを販売していますが、商品の多くに「ブランド」という属性が付いており、「Google」「Google Cloud」「YouTube」「Android」などのブランドが存在しています。

.ıl GA4　レポート ▶ 収益化 ▶ eコマース購入数

Google Merchandise Storeで購入
できるブランドが表示されている

	アイテムのブランド ▼ +	↓ 閲覧されたアイテム数	カートに追加されたアイテム数	アイテムの購入数	アイテムの収益
		60,722 全体の100%	575 全体の100%	7,073 全体の100%	$101,242.02 全体の100%
1	Google	35,805	203	4,676	$55,972.16
2		13,670	279	1,369	$28,014.98
3	Google Cloud	4,658	23	525	$11,017.78
4	YouTube	2,531	16	192	$1,739.10
5	Android	1,846	8	148	$1,741.00
6	Chrome Dino	1,111	10	47	$846.60
7	#IamRemarkable	471	2	66	$769.40
8	GFiber	442	4	41	$1,088.20
9	Super G	152	0	8	$52.80
10	(not set)	36	0	1	$0.00

本ワザでは便宜上、Googleブランドの商品をフロント商品、それ以外のブランドの商品を本商品と仮定してレポートを作成します。また、フロント商品の購入後、30日以内に別のセッションで本商品の購入を行ったユーザー数を確認したい状況だとしましょう。次の表を参考に、目標到達プロセスデータ探索レポートを作成・設定してください。

図表167-1　目標到達プロセスデータ探索レポートの設定内容

設定項目	設定内容
アカウント	デモアカウント
期間	2022年7月1日〜 9月30日
テンプレート	目標到達プロセスデータ探索
ディメンション	なし
指標	総ユーザー数
ステップ	Googleブランドのアイテムの購入　→ステップ①
	Googleブランド以外のアイテムの購入　→ステップ②
セグメント	なし

ステップを作成する際には、設定したいユーザー行動をイベントとパラメータ（ワザ030を参照）を使って特定することを考えます。ステップ1は「Googleブランドの商品を購入した」というユーザー行動を設定したいので、イベントはpurchase、パラメータは、

次のページに続く ▷

item_brandを利用します。具体的には、item_brandが「Google」に完全一致という条件とします。

ステップ2は、ステップ1と同じ考え方自体は同じですが、purchaseイベントに紐付けるパラメータの内容をitem_brandが「Google」に完全一致しないとする必要があります。

ステップ2の条件に「30日以内」の条件を付与することで、全体では「Googleブランドの商品を購入してから、30日以内にGoogleブランド以外の商品を購入した」というファネルが完成します。

📊 GA4 　探索 ▶ 目標到達プロセスデータ探索 ▶ ステップ

ステップの①と②を設定する

設定内容　ステップ①

ステップ名　Googleブランドアイテムの購入

条件　purchase　パラメータ　item_brand　完全一致（＝）　Google

ステップ②

ステップ名　Googleブランド以外のアイテムの購入

条件　purchase　パラメータ　item_brand　完全一致しない（≠）　Google

時間制限　30日以内

フロント商品を購入後、本商品を
購入したユーザーが表示された

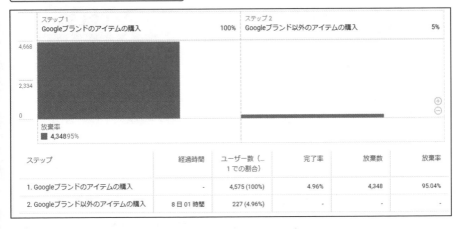

このレポートから、フロント商品を購入したユーザーが4,575人いて、そのうち227人が30日以内に本商品を購入していることが分かります。また、その2つの購入の間隔の平均日数は8日程度ということが分かりました。この例を参考に、読者のみなさんのGA4に当てはめてみてください。

ポイント

- フロント商品（フロントエンド商品）とは、見込み顧客に最初に購入してもらうことを目的とした、比較的安価で購入しやすい商品を指します。
- GA4の目標到達プロセスデータ探索レポートは、その名前から、購入導線にあたるフォームの効率性を確認するといった短期のユーザー行動の可視化をするレポートだと捉えがちです。しかし、本ワザで紹介したように、どちらかというと長期間を想定したユーザー行動の可視化も対象とすることができます。

本ワザは、Googleが推奨する方法でeコマーストラッキングを実装しているプロパティを前提としています。

関連ワザ **154** 「目標到達プロセスデータ探索」レポートを作成する　　P.502

ワザ 168 2つのコンテンツを閲覧したユーザーのパフォーマンスを確認する

🔑 **セグメントの重複／オッズ比**

> 概要ページと詳細ページなど、2つのページを閲覧することでより商品を理解できる場合があります。セグメントの重複レポートで、2つのコンテンツを閲覧したユーザーのパフォーマンスを可視化する方法を解説します。

サイトに存在するページの中で、2つのページを見ると、その商品やサービスの価値をよりよく分かってもらえるという性質のページは多いものです。例えば「概要ページと詳細ページ」「スペックページと事例紹介ページ」「スペックページと価格ページ」などです。

そのような場合、「何人のユーザーがそうした2つのコンテンツの両方を閲覧してくれているのか?」や、「2つのコンテンツを表示したユーザーのコンバージョン率は高まっているのか?」を確認したくなりますが、それを実現できるのが本ワザで紹介する「セグメントの重複」レポートを利用したテクニックです。

Googleアナリティクス4のデモアカウントにある「Sale｜Google Merchandise Store」と「New｜Google Merchandise Store」を2つのコンテンツと見立てて、分析していく例で解説しましょう。レポートの設定内容は次の表の通りです。

図表168-1 セグメントの重複レポートの設定内容

設定項目	設定内容
アカウント	デモアカウント
期間	2022年9月1日〜30日
テンプレート	セグメントの重複
ディメンション	なし
指標	アクティブ ユーザー数
	総購入者数
	トランザクション
	購入による収益
	ユーザーあたりの平均購入収益額
	購入による平均収益
セグメント	Saleページ閲覧したユーザー　→セグメント①
	Newページ閲覧ユーザー　→セグメント②
ピボット	最初の行

基礎知識

導入

設定

指標

ディメンション

データ探索

成果の改善

Looker Studio

BigQuery

.ıl GA4 探索 ▶ セグメントの重複 ▶ セグメントの新規作成 ▶ ユーザーセグメント

セグメント①を設定する

設定内容　セグメント名 Saleページ閲覧ユーザー

次の条件に当てはまるユーザーを含める

条件 page_view

パラメータ page_title　完全一致 (=)　Sale | Google Merchandise Store

次に、セグメント②を作成します。イベント名はセグメント①と同様にpage_viewとし、page_titleパラメータの値を「Newページ」のページタイトルに設定します。具体的な設定内容は次の通りです。

設定内容　セグメント名 Newページ閲覧ユーザー

次の条件に当てはまるユーザーを含める

条件 page_view

パラメータ page_title　完全一致(=)　New | Google Merchandise Store

次のページに続く ▷

基礎知識
導入
設定
指標
ディメンション
データ探索
成果の改善
Looker Studio
BigQuery

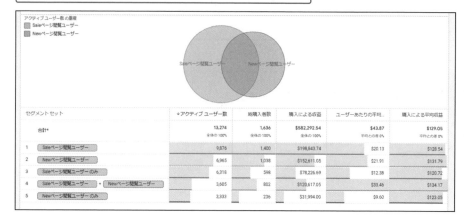

SaleページとNewページを閲覧したユーザーを比較できた

セグメントセット	↓アクティブユーザー数	総購入者数	購入による収益	ユーザーあたりの平均..	購入による平均収益
合計*	13,274 全体の100%	1,636 全体の100%	$582,292.54 全体の100%	$43.87 平均との差 0%	$129.05 平均との差 0%
1　Saleページ閲覧ユーザー	9,876	1,400	$198,843.74	$20.13	$126.54
2　Newページ閲覧ユーザー	6,965	1,038	$152,611.05	$21.91	$131.79
3　Saleページ閲覧ユーザーのみ	6,318	598	$78,226.69	$12.38	$120.72
4　Saleページ閲覧ユーザー + Newページ閲覧ユーザー	3,605	802	$120,617.05	$33.46	$134.17
5　Newページ閲覧ユーザーのみ	3,333	236	$31,994.00	$9.60	$123.05

このレポートの4行目から、3,605人のユーザーが2つのコンテンツとも閲覧したということが分かります。それらのユーザーのうち802人が購入したこと、また、それらのユーザーは「ユーザーあたりの平均購入収益額」が33ドルを超えていて、購入金額が高いという特徴も確認できます。

さらに、レポート3行目からはSaleページのみを閲覧したユーザーが6,318人で、うち購入者が598人ということも分かります。

では、Saleページのみを閲覧した場合と、SaleページとNewページの両方を閲覧した場合では、どのくらいユーザー単位のコンバージョン率が変化するのでしょうか? ユーザー単位コンバージョン率を以下の通りに比較すると、2.3倍となります。

SaleページとNewページの両方を閲覧したユーザー：802人/3,605人 = 22.2%
Saleページのみを閲覧したユーザー：598人/6,318人 = 9.5%
22.2 / 9.5 = 2.34

自社サイトでも2つのコンテンツについて、本ワザで紹介したテクニックでユーザー単位コンバージョン率を比較できます。2つのコンテンツを閲覧してもらうとコンバージョン率が高まるようであれば、2つのページに相互リンクを張るなどの施策により、ユーザーに両方のコンテンツを閲覧してもらうとコンバージョン率が高まる可能性があります。

セグメントの重複レポートでは、どのような振る舞いをするユーザーのパフォーマンスが高いのかを確認できます。

ワザ 169 特定のページの次にユーザーが遷移したページを確認する

🔑 経路データ探索

> ユーザーがサイト内でたどったページ遷移を確認できるのが、本ワザで利用する経路データ探索レポートです。ここでは「Home」ページを閲覧したユーザーが、どのページに遷移したかを確認する方法を紹介します。

特定のページを閲覧後、ユーザーがどのページに遷移しているのかを確認するのに最適なレポートが、探索配下のテンプレートの1つである「経路データ探索」レポートです。

このレポートはセグメントを適用せずに利用することもできます。その場合、レポートはセッションにこだわらず、単純に特定のページの次にどのページが表示されたかを示します。一方、本ワザではセッションベースで確認するため、ランディングページが「Home」だったセッションにおいて、ユーザーが「Home」ページにランディング後、どのページに遷移したかを見ていきます。

図表169-1 経路データ探索レポートの設定内容

設定項目	設定内容
アカウント	デモアカウント
期間	2022年9月1日〜9月30日
テンプレート	経路データ探索
セグメント	Homeからランディングしたセッション
ノード	ページタイトルとスクリーン名
値	アクティブユーザー数
フィルタ	なし

セグメントを適用した場合としない場合で数値が変わるので注意が必要です。参考までに、セグメントを適用した状態のレポートの後にセグメントを適用していない状態のレポートも掲載するので、数値が変わっていることを確認してください。

次のページに続く ▷

基礎知識

導入

設定

指標

ディメンション

データ探索

成果の改善

Looker Studio　BigQuery

セグメントを設定する

設定内容　**セグメント名** Homeからランディングしたセッション

条件 session_start

パラメータ page_title　完全一致（=）　Home

セグメントを適用した状態の経路
データ探索レポートを表している

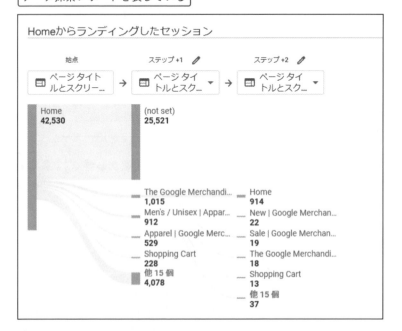

> セグメントを適用しない場合、
> 異なる内容のレポートとなる

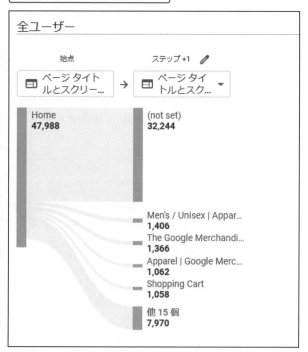

ポイント

- 実際にレポートを作成する場合で、対象とするスタートページに「セッションの最初に表示された」という条件を付与したいときには、今回紹介したようにセッションセグメントを適用してください。
- コンバージョンページからの「逆順」についても、「コンバージョンが発生したセッション」のセッションセグメントを適用して本レポートを利用するとよいでしょう。
- セグメントとして「セッションのキャンペーン」を適用すると、特定の広告キャンペーンから発生したセッションについて、ユーザーのページ遷移を確認できます。

> レポートの設定方法についてはワザ155を参照してください。「順方向」に加え「逆方向」のレポート作成方法も解説しています。

関連ワザ **155** 「経路データ探索」レポートを作成する　　　　　　　　　　　　P.509

基礎知識

導入

設定

指標

ディメンション

データ探索

成果の改善

Looker Studio

BigQuery

ワザ 170 広告で獲得したユーザーがサイトに残ってくれているかを確認する

🔍 **コホートデータ探索／初回訪問**

> ネット広告で獲得したユーザーが継続してサイトを訪問してくれているのか、それとも再訪問していないのかを、コホートデータ探索レポートを利用して確認する方法を解説します。これにより、広告施策の改善が可能です。

Googleアナリティクス4のパフォーマンス改善アプローチは、「自社にフィットするユーザーの獲得」だと説明しました（ワザ007を参照）。その一環として「ユーザーの最初の○○」というディメンションが用意され、ユーザーが初回訪問の後、どのようなチャネルを使ってコンバージョンしても「ユーザーの最初の○○」に付与されたコンバージョンを確認できます。

このコンバージョンの付与方法で流入経路を評価すると、ユーザーの初回訪問を獲得した広告、つまり認知獲得を目的とした広告を出稿しやすくなります。なぜなら、認知獲得を目的とした広告で獲得したユーザーが、その後の訪問で発生させたコンバージョンが可視化されるからです。

また、認知を得ることを目的とした広告で獲得したユーザーが、すぐにはコンバージョンすることは期待していないということもあるでしょう。その場合、認知を獲得したユーザーがブログ記事などを通じて熱心に情報収集をするファンになってくれたら、それで広告の目的は十分に達成されたと考えることができる場合もあります。

この場合、初回訪問を広告で獲得したユーザーが、その後もサイトに残ってくれているのかを確認したくなるでしょう。本ワザでは、そうした目的に利用できる探索配下の「コホートデータ探索」レポートの活用方法を紹介します。レポートの設定内容は次のページの通りです。

基礎知識

導入

設定

指標

ディメンション

データ探索

成果の改善

Looker Studio

BigQuery

図表170-1 コホートデータ探索レポートの設定内容①

設定項目	設定内容
アカウント	デモアカウント
期間	2022年7月1日〜9月30日
テンプレート	コホートデータ探索レポート
コホートへの登録条件	初回接触（ユーザー獲得日）
リピートの条件	session_start
コホートの粒度	毎月
計算	標準
ディメンション	ユーザーの最初のメディア
ディメンションあたりの行数	10
指標	アクティブユーザー数
指標のタイプ	合計
セグメント	なし
ピボット	最初の行

GA4 探索 ▶ コホートデータ探索レポート

期間を7月から9月に設定したコホートデータ
探索レポートの7月部分を表している

各セルは「アクティブ ユーザー数」の合計（「初回接触（ユーザー獲得日）」の後に「session_start」がその
月に発生したユーザー）

	月 0	月 1	月 2
全ユーザー アクティブ ユーザー数	198,015	6,763	1,112
7月1日〜2022年7月… 68,264 人のユーザー	68,259	3,570	1,112
(none) 35,396 人のユーザー	35,388	2,268	784
organic 18,515 人のユーザー	18,515	927	232
cpc 9,386 人のユーザー	9,386	125	17
referral 3,898 人のユーザー	3,898	244	78
email 9 人のユーザー	9	0	0
(not set) 212 人のユーザー	212	2	0
affiliate 136 人のユーザー	136	5	1

7月に広告（メディア名がcpc）から9,386人の初回訪問ユーザーを獲得し、そのうちの
125人のユーザーが翌月（月1）に再訪問していることが分かります。つまり、翌月の再
訪問率は1.33%（125÷9386）です。

次のページに続く ▷

さらに、再訪問率をキャンペーン単位で確認するため、次の表で示した2点をレポートの設定に追加します。すると、得られるレポートは次の画面のようになり、広告キャンペーンごとの翌月再訪問率を確認できます。

図表170-2 コホートデータ探索レポートの設定内容②

設定項目	設定内容
セグメント	ユーザーの最初のメディアがcpcに一致
内訳	ユーザーの最初のキャンペーン

広告キャンペーンごとの翌月
再訪問率を確認できる

各セルは「アクティブユーザー数」の合計（「初回接触（ユーザー獲得日）」の後に「session_start」がその月に発生したユーザー）　　　　　　　Based on device data only

	月 0	月 1	月 2
ユーザーの最初のメディアがcpcに一致 アクティブ ユーザー数	50,676	237	17
7月1日〜2022年7月... 9,386 人のユーザー	9,386	125	17
1009693	Google ... 2,315 人のユーザー	2,315	53	5
Demo	YouTube Ac... 1,522 人のユーザー	1,522	15	0
1009693	Google ... 1,954 人のユーザー	1,954	6	2
1009693	Google ... 536 人のユーザー	536	21	6
1009693	Google ... 614 人のユーザー	614	6	1
1009693	Google ... 296 人のユーザー	296	3	0
1009693	Google ... 358 人のユーザー	358	14	3
(not set) 149 人のユーザー	149	0	0
1009693	Google ... 146 人のユーザー	146	0	0
1009693	Google ... 146 人のユーザー	146	4	0

レポートの2行目にあるキャンペーンの翌月再訪問率は2.29%（53÷2315）となり、再訪問率の観点では、メディア全体の1.33%よりもかなりよい成績が記録されています。

このようにレポートを見ながら、再訪問を喚起しやすい広告の予算を増やしたり、再訪問を喚起しやすい広告の訴求を他の広告にも転用したりする最適化が有効です。

加えて、次の表に示したようにレポートの設定項目「リピートの条件」を変更すると、cpc経由で初回訪問を獲得したユーザーからのトランザクションの発生状況を確認できます。

図表170-3 コホートデータ探索レポートの設定内容③

設定項目	設定内容
リピートの条件（変更）	すべてのトランザクション

広告経由で初回訪問を獲得したユーザーからの、
トランザクションの発生状況を確認できる

各セルは「アクティブ ユーザー数」の合計（「初回接触（ユーザー獲得日）」の後に「すべてのトランザクション」がその月に発生したユーザー）　　Based on device data only

	月 0	月 1	月 2
全ユーザー アクティブ ユーザー数	3,582	653	171
7月1日～2022年7月… 68,264 人のユーザー	892	293	171
(none) 35,396 人のユーザー	631	213	127
organic 18,515 人のユーザー	183	65	33
referral 3,898 人のユーザー	38	12	9
email 9 人のユーザー	0	0	0
cpc 9,386 人のユーザー	39	3	0
affiliate 136 人のユーザー	0	0	1
(not set) 212 人のユーザー	0	0	0

このレポートを見ると、cpc経由で獲得した9,386人のユーザーが、獲得した月である7月には39件のトランザクションをサイトにもたらし、翌月（月1）にも3件のトランザクションをもたらしていることが確認できます。

広告で獲得したユーザーが継続してサイトを訪問したら、すぐにコンバージョンしなくても、広告の成果と考えられます。

関連ワザ **158** 「コホートデータ探索」レポートを作成する　　P.522

ワザ 171 LTVの高いユーザーを獲得したチャネルや施策を評価する

🔑 **LTV／ユーザーのライフタイム**

> ユーザーのライフタイムレポートを利用して、高いLTVをもたらす流入元を見つけるワザを紹介します。ECサイトのように、繰り返し収益が発生する可能性があるサイトにとっては役立つワザでしょう。

ECサイトのように繰り返し収益が発生しうるサイトにとっては、LTVが高くなる可能性の高いユーザーを集客することは非常に重要です。そこで、どのようなチャネルから集客したユーザーのLTVが高いかを確認するワザを紹介します。

利用するのは探索配下の「ユーザーのライフタイム」レポートです。次の表に示した設定を参考に作成してください。

図表171-1 ユーザーのライフタイムレポートの設定内容

設定項目	設定内容
アカウント	デモアカウント
期間	2022年9月1日～レポート作成日の時点の昨日。本レポートでは10月30日
テンプレート	ユーザーのライフタイム
ディメンション	ユーザーの最初のメディア
	ユーザーの最初の参照元
指標	総ユーザー数
	LTV：合計
	LTV：平均
セグメント	なし
フィルタ	総ユーザー数＞＝100

次のページの画面で示すレポートを確認すると、ユーザーの初回のメディアと参照元の中で、メディアが「email」、参照元が「Newsletter-Sept_2022」となる2,222人の「LTV：平均」が非常に高いことが分かります。つまり、Google Merchandise Storeで中期的に収益を向上させるには、emailから初回訪問を獲得するのが有効だという仮説が成り立ちます。しかし通常、emailで初回訪問することはないので、Google社員向けのNewsletterの可能性があります。

.iI GA4　探索 ▶ ユーザーのライフタイムレポート

「ユーザーの最初のメディア」と「ユーザーの最初の
参照元」ごとに、ユーザー数とLTVを確認できる

ユーザーの最初のメディア	ユーザーの最初の参照元	↓総ユーザー数	LTV: 合計	LTV: 平均	
	合計	135,147 全体の100%	$266,229.04 全体の100%	$1.97 全体の100%	
1　(none)	(direct)	52,990	$174,952.36	$3.30	
2　organic	google	44,405	$53,735.33	$1.21	
	baidu	4,493	$0.00	$0.00	
	bing	490	$97.34	$0.20	
3　cpc	google	21,508	$6,278.15	$0.29	
4　referral	analytics.google.com	1,760	$0.00	$0.00	
	support.google.com	1,426	$1,343.66	$0.94	
	sites.google.com	708	$3,514.75	$4.96	
	perksatwork.com	654	$2,562.55	$3.92	
	t.co	616	$9.93	$0.02	
	art-analytics.appspot.com	558	$2,643.17	$4.74	
	youtube.com	505	$25.83	$0.05	
	m.baidu.com	469	$0.00	$0.00	
	coursera.org	290	$0.00	$0.00	
	groups.google.com	257	$332.96	$1.30	
5　email	Newsletter_Sept_2022	2,222	$18,287.52	$8.23	
	Newsletter_October_2022	395	$769.17	$1.95	
6　(not set)	(not set)	1,081	$0.00	$0.00	
7　affiliate	Partners	292	$20.66	$0.07	

このレポートの「総ユーザー数」は135,147人ですが、それらのユーザーがいつ初回
訪問したのかはバラけています。あるユーザーは10カ月前、別のユーザーは昨日かも
しれません。

ワザ159でも解説した通り、ユーザーのライフタイムレポートはレポート期間より前に発
生した収益も含めて示します。3年前に初回訪問したユーザーと、先週に初回訪問した
ユーザーを想定すれば明らかですが、一般に初回訪問日からの経過日数が多いほう
がLTVが高まりやすいといえます。そのため、初回訪問日を揃えたほうが、より厳密に
ユーザーのライフタイムを測定できます。そこでディメンション「初回訪問日」を利用して、

初回訪問日が　^2022(09|10).+　に正規表現一致

というフィルタを適用すると、初回訪問日が2022年9月か10月のユーザーに絞り込むこ
とができます。上記のレポートは9月、10月を対象としているので、どの参照元、メディア
も直近の2カ月以内に初回訪問したユーザーを対象とすることができます。

> ユーザーのライフタイムを収益、つまり金額で測定するには、本
> ワザの通りLTVを利用しましょう。

ワザ 172 コンバージョンしたユーザーから ミクロなヒントを得る

🔑 **ユーザーエクスプローラ**

> ユーザーエクスプローラレポートから、コンバージョン増加のための仮説を導く例を紹介します。初回訪問でコンバージョンしてくれたユーザーの詳細な行動を確認するというシナリオで、レポートを作成します。

ワザ157で解説した通り、Googleアナリティクス4ではユニバーサルアナリティクスでも利用できたものと同様の、ユーザーの詳細なサイト利用状況が分かる「ユーザーエクスプローラ」レポートを利用できます。

ただ、ユーザーエクスプローラレポートはデモアカウントでは利用できません。そのため、本ワザでは筆者のサイト「https://kazkida.com」に導入しているGA4の環境を例に、ユーザーエクスプローラレポートの活用方法を説明します。

筆者はオンライン講座サイト「Udemy」でSQLなどの動画講座を提供しており、筆者のサイトから、その講座ページへの外部リンククリックが発生した場合に「purchase」イベントを送信しています。そして、筆者のサイトでは、その「purchase」イベントをコンバージョンとしています。本ワザでは、初回訪問でコンバージョンしてくれたユーザーの詳細な行動を確認するというシナリオで、次の表の通りにレポートを作成します。

図表172-1 ユーザーエクスプローラレポートの設定内容

設定項目	設定内容
アカウント	筆者のアカウント
期間	2022年10月1日〜10月31日
テンプレート	ユーザーエクスプローラ
セグメント	コンバージョンしたユーザー
ピボット	最初の行
指標	セッション
	エンゲージメント率
	表示回数
	コンバージョン
フィルタ	訪問回数（※）が「1」に完全一致

※ディメンション「訪問回数」は「ga_session_number」に基づくカスタムディメンション（ワザ102を参照）です。

前述の設定に基づいてユーザーエクスプローラレポートを作成すると、初回訪問でコンバージョンしてくれたユーザーとして、8人が該当しました。この程度の人数であれば、全員のチェックが可能です。そのうちの1人のユーザーである、アプリインスタンスIDが「1342718203.1665977456」のユーザーの行動を確認したのが、次の画面です。

📊 GA4 探索 ▶ **ユーザーエクスプローラ**

初回訪問でコンバージョンしてくれた
ユーザーの詳細情報を表示した

このレポートを確認すると、港区から初回訪問したユーザーが、訪問から10分以内にコンバージョンしていることが分かります。その間、閲覧したページは1ページでした。「オンライン講座ページへのリンククリック」という気軽に行えるコンバージョンのため、記事を気に入り、筆者の専門性にある程度納得すれば、1ページで即コンバージョンが発生することが分かります。

続いて、12:40:35に発生した「purchase」イベントをクリックすると、次のページにある画面のように、どのページから発生したコンバージョンかを確認できます。

次のページに続く ▷

「purchase」イベントが発生した
ページなどを確認できる

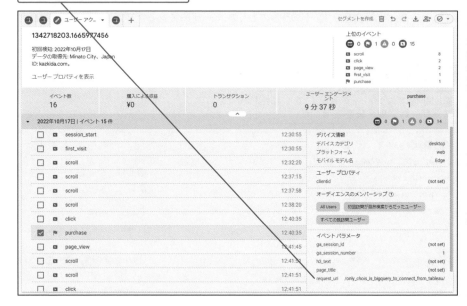

確認したユーザーの行動はたった1人分ですが、例えば、このユーザーの振る舞いからは「ブログ記事で取り扱っている内容と関連させてUdemyの講座内容を説明すると、クリック率が高まるのではないか?」といった仮説が導けます。当該の記事は「TableauからGA4に接続するにはBigQuery一択」という記事ですが、そのページに掲載するUdemy講座は「TableauでGA4データを可視化するためのSQLが書けるようになる講座」という切り口で紹介したらどうだろう、というアイデアが生まれます。

ユーザーエクスプローラレポートは、コンバージョンに関連したセグメントを適用すると改善につながる知見を得やすいです。

関連ワザ **157** 「ユーザーエクスプローラ」レポートを作成する　　　　　　　P.515

第8章

Looker Studio

本章では、Googleが提供する無料のBIツールである
Looker Studioを利用して、GA4ではできないのグラフ
表現でデータを可視化し、組織で共有するためのテク
ニックを紹介します。

ワザ 173 Looker Studioを利用する メリットを理解する

🔑 **Looker Studio ／データポータル／概要**

> 本章を通じて、GA4のデータを「Looker Studio」で可視化するテクニックを紹介します。Looker Studioは「Googleデータポータル」と呼ばれていたダッシュボード作成ツールです。概要を見ていきましょう。

これまでの章で、Googleアナリティクス4が優れたデータ収集・分析・可視化機能を持つプラットフォームだと理解できたと思います。一方、組織内でのデータの「共有」という点に目的を絞ると、必ずしも理想的ではありません。例えば、次のような点でGA4は組織内での共有に不向きです。

- 目的のレポートに到達するには、階層が深いため何回もクリックしないといけない
- 標準レポートのデフォルト期間が過去28日間に固定されており、別の期間を表示するには、その都度カレンダーの調整が必要
- 探索レポートがカレンダーと連動しておらず、「過去7日間」を選択しても自動的に期間がスライドしない

これらの点を解決し、組織での共有を目的とする場合には、「Looker Studio」（ルッカースタジオ）を利用することが選択肢として考えられます。

Looker Studioとは、以前は「Googleデータポータル」、米国では「Google Data Studio」という名称でサービスが提供されていたダッシュボード作成ツールです。2022年10月にリブランディングされ、この名称になりました。本書執筆時点では、本書で紹介する範囲において、GoogleデータポータルとLooker Studioに機能的な違いはありません。Looker Studioは無料で利用できます。

Looker Studioは、その主目的がデータの「共有」であり、そのための機能が充実しています。例えば、Looker Studioで作成した、次のページにあるダッシュボードを見てください。

このダッシュボードでは、ワザ010で解説した「データに文脈を付与する5つのテクニック」が盛り込まれています。GA4と比較しても、データへの意味付けがより容易に行えるため、利用するメリットが大きいといえます。

GA4のデータでダッシュボードを作成できる

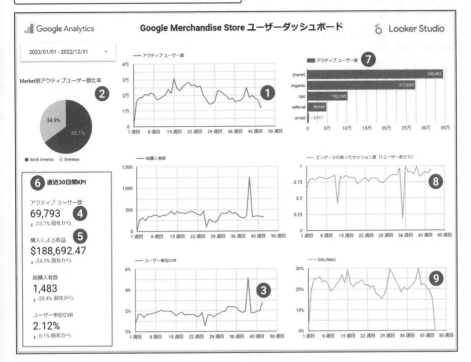

① トレンド
② 構成比
③ サイト全体との比較

④ 同期比
⑤ 金額換算

また、このダッシュボードを作成するにあたっては、Looker Studioが備えるさまざまな機能を活用しています。まとめると次のようになりますが、以降の各ワザで解説します。

⑥ スコアカードの作成：　　　　　　　　　ワザ176
⑦ ドリルダウンの適用：　　　　　　　　　ワザ177
② グラフのフィルタとしての利用：　　　　ワザ178
③⑧⑨ 四則演算を利用した新しい指標：ワザ179
② CASE文によるグルーピング：　　　　　ワザ180

本書で全機能を網羅することはできませんが、自社のダッシュボード作成で役立つノウハウを紹介していきます。

基礎知識

導入

設定

指標

ディメンション

データ探索

成果の改善

Looker Studio

BigQuery

ワザ 174 Looker StudioからGA4のデータに接続する

🔑 **Looker Studio／接続**

> Looker Studioを開いて最初に行う作業は、新規にデータソースを作成することです。Looker Studioでは、データに基づきダッシュボードを作成するための「コネクタ」がたくさん用意されています。

これまでの章で説明した通り、Googleアナリティクス4にはサイトの基本的な情報が分かる標準レポートと、「分析」を主目的とする探索レポートがあります。しかし、そのどちらも、情報を共有することにはあまり向いていません。

例えば、標準レポートの概要レポート（レポートのスナップショット）は、複数のレポートのウィジェットを並べて表示できますが、ビジュアル表現が弱いため、グラフが表す情報がスムーズに頭に入ってきません。また、詳細レポートは、ページ上部に2つまでグラフを表示することができますが、とても表現力が豊かとはいえません。

一方、探索レポートは、仮説を見つけたり検証したりするためのレポートです。そのため、共有に向いていない性質があるほか、複数のレポートをダッシュボードとして1画面で表示できないところが、情報共有ツールとしては致命的です。

簡単に情報を共有したり、リッチなビジュアル表現でグラフを見たり、複数のチャートを同時に見て、複合的にサイトの状況を計測したりする場合には、Looker Studioを利用しましょう。

Looker StudioはGA4への「コネクタ」を有しているので、簡単にGA4のデータに接続し、可視化を開始できます。本書は詳しいところまでは踏み込みませんが、Looker StudioからGA4への接続は次の通りの手順で行います。操作3で選択しているのがGA4のコネクタです。

🔗 **Looker Studio**
https://datastudio.google.com/

基礎知識

導入

設定

指標

ディメンション

データ探索

成果の改善

Looker Studio

BigQuery

Looker Studio ホーム

1 [＋作成] をクリック

2 [データソース] を
クリック

3 [Googleアナリティクス] をクリック

Google Connectors（23）
Connectors built and supported by Looker Studio 詳細

 Looker
開発者: Google
Looker のセマンティック モデルに接続します。

 Google アナリティクス
開発者: Google
Google アナリティクスに接続します。

 Google スプレッドシート
開発者: Google
Google スプレッドシートに接続します。

 BigQuery
開発者: Google
BigQuery テーブルとカスタムクエリに接続します。

次のページに続く ▷

できる 573

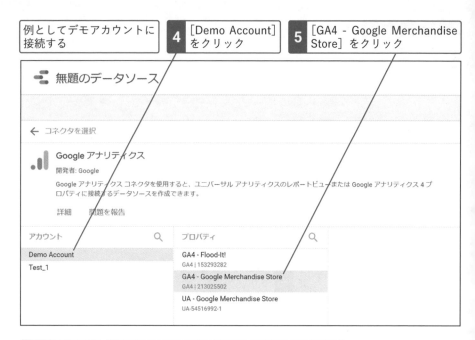

例としてデモアカウントに接続する

4 [Demo Account] をクリック

5 [GA4 - Google Merchandise Store] をクリック

6 [接続] をクリック

ディメンションと指標の一覧が表示されたら、[レポートを作成] をクリックする

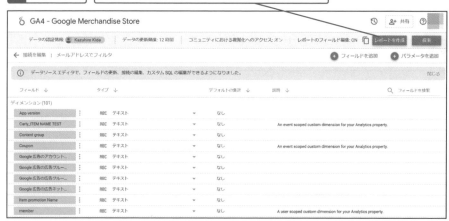

Googleアナリティクスのコネクタに入ると、次はアカウント、プロパティを選択します。いずれもLooker Studioにログインしているアカウントに紐付いたGoogleアナリティクスのアカウントやプロパティです。操作4では例としてデモアカウントに接続していますが、自社のアカウントからプロパティを選択すれば、そのプロパティとのデータ接続が完了します。

操作6の後、接続が完了した画面が表示されます。レポートで利用できる「フィールド」に、ディメンションと指標の一覧が表示されていることが確認できます。画面右上にある［レポートを作成］をクリックすると、次のように新しいレポートが作成されます。

GA4とのデータ接続が
完了した

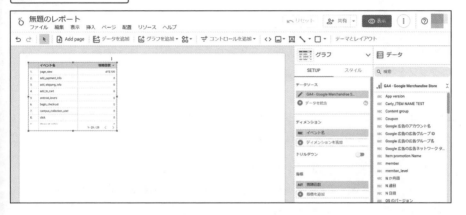

ここまでの手順で、Looker Studioを利用する準備が整いました。次の設定を行うことで、簡単にダッシュボードを作成できます。

- グラフ形式の選択
- ディメンションや指標の設定
- 計算フィールドを利用したディメンションや指標の作成
- 必要に応じてフィルタの設定

ポイント

- GA4のディメンション名や指標名が、Looker Studioでは別の名称となっている場合があります。例えば、GA4の指標「表示回数」は、Looker Studioでは「視聴回数」という名前で利用できます。
- 本書の巻末には、GA4とLooker Studioで利用できるディメンションと指標の一覧表を掲載しています（P.632を参照）。併せて活用してください。

Looker Studioで利用できるディメンションや指標は完全にGA4と同じではないので、注意してください。

175 共有したい情報に適した グラフの種類を理解する

ワザ

🔑 **Looker Studio／グラフ/ダッシュボード**

> Looker Studioでダッシュボードを作成するうえでは、適切なグラフを選択することが重要です。本ワザでは代表的な9つのグラフを例に、何を表現するのにどのグラフを利用するべきかを解説します。

Looker Studioは、直感的な操作で簡単に共有用のダッシュボードを作成できます。ダッシュボード作成の大きな流れは、次の通りです。

①「ページ」に共有したい情報を表示するためのグラフを貼り付ける
②貼り付けたグラフにディメンションや指標、フィルタなどを適用する
③サイズや色、凡例の有無や位置などを調整する
④コントロール（フィルタやカレンダーなどのパーツ）、画像、テキストなどを貼り付け、ユーザーが利用しやすいかたちに見かけや操作感を整える
⑤共有範囲を設定する

「訴えたいこと」と「グラフの種類」には適性があります。例えば、時系列に沿ったトレンドを訴えたいのであれば、グラフの種類は「折れ線グラフ」が最適ですし、項目別の量の大小を訴えたいのであれば棒グラフが適しています。つまり、利用しやすいダッシュボードにするためには、適切にグラフの種類を選択することが重要なのです。本ワザでは、どのグラフが何を訴えるのに適しているかを説明しながら、グラフを紹介します。

グラフの種類は大分類で14種類、小分類で37種類ありますが、そのうちの主要な9種類を取り上げます。グラフの選択は、次の画面で示したツールバーの［グラフを追加］から行います。

基礎知識

導入

設定

指標

ディメンション

データ探索

成果の改善

Looker Studio

BigQuery

Looker Studio レポート ▶ グラフを追加

ツールバーにある[グラフを追加]をクリックすると、グラフの種類が一覧表示される

グラフの種類と共有に適した情報の性質

表

Looker Studioにおけるグラフの種類の1つである「表」は、単位面積あたりの情報量をもっとも多くできる表現形式です。しかし、文字通り「表」であるため、文字列や数値が羅列されるのみでビジュアルに表現されておらず、解釈に時間がかかります。

また、表はGoogleアナリティクス4のレポートでも実現できるので、ダッシュボードにはあまり利用しないか、ユーザーがExcelなどの他のツールでデータ自体を自由に利用できるようにダウンロード目的で提供するにとどめるのが望ましいです。

	イベント名	イベント数...
1.	view_promotion	547,095
2.	view_item_list	429,866
3.	page_view	415,130

イベント名別のイベント数を表で表現している

次のページに続く ▷

スコアカード

「スコアカード」は、主要な指標を「単一の値」として表示することに適しており、KGIや主要KPIを表示する用途で利用します。また、簡易的な比較機能も備えています。

次の画面は「イベント数」をスコアカードで表現した例です。表示しているイベント数は直近の28日間のものですが、その前の28日間と比べて22.3%も減少していることが分かります。

イベント数
2,464,334
↓ -22.3% 前の 28 日間から

> イベント数と前の28日間との比較を
> スコアカードで表現している

折れ線グラフ

「折れ線グラフ」は、時系列的なトレンドを表す用途で最適なグラフです。たまに、時系列的なトレンドを棒グラフで表現しているレポートを見かけますが、トレンドを表す基本的なグラフは折れ線グラフだと理解してください。

オプションの「内訳ディメンション」を適用すると、適用したディメンションの個別項目ごとに複数の折れ線が描かれます。

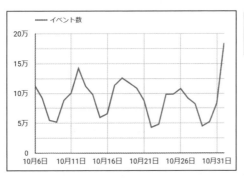

> 週別のイベント数を
> 折れ線グラフで表現
> している

棒グラフ

「棒グラフ」は、特定のディメンションにおけるディメンションに含まれる個別項目ごとの指標の大小を表す用途で最適なグラフです。オプションとして方向（縦・横）、内訳ディメンションの適用などがあります。

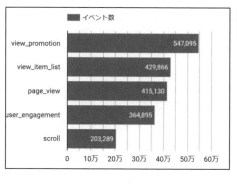

イベント別のイベント数の数量を
横向きの棒グラフで表現している

100%積み上げ棒グラフ

「100%積み上げ棒グラフ」は、割合を表す用途で最適なグラフです。ディメンションを
適用できる（次のグラフでは「デバイスカテゴリ」を適用しています）ので、円グラフに
比べて情報量を多くできるという特徴があります。

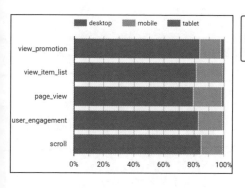

イベントごとに、デバイスカテゴリ
別のイベント数の割合を100%積み上
げ棒グラフで表現している

円グラフ

「円グラフ」は、割合を表す用途で最適なグラフです。類似のグラフに、真ん中に穴の
空いた「ドーナツグラフ」があります。

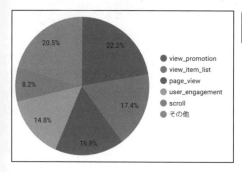

イベント数の割合を円グラフで
表現している

基礎知識

導入

設定

指標

ディメンション

データ探索

成果の改善

Looker Studio

BigQuery

次のページに続く ▷

基礎知識

導　入

設　定

指　標

ディメンション

データ探索

成果の改善

Looker Studio

BigQuery

マップチャート

「マップチャート」は、地理的な性質を持つディメンションについて、地図で表示するグラフです。「東日本でコンバージョン率が高い」「沿海部でエンゲージメント率が低い」などを直感的に発見するために有用です。

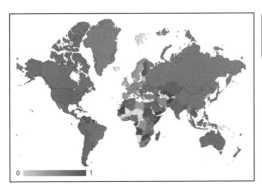

地理的な性質を持つディメンションをマップチャートで表現している

散布図

「散布図」は、2つの指標の間の相関を確認できるグラフ表現です。X軸に説明変数、Y軸に目的変数を配置するのが基本です。次の画面は、X軸に「アクティブユーザー数」、Y軸に「総購入者数」を配置した散布図の例となっています。

なお、3つ目の指標（例えば、次の画面に対して「トランザクション数」や「購入による収益」）を適用したい場合は、別のグラフである「バブルチャート」を利用します。

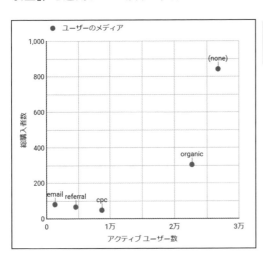

アクティブユーザー数と総購入者数の相関を散布図で表現している

ピボットテーブル

「ピボットテーブル」は、表頭（列の見出し部分）と表側（行の見出し部分）の両方にディメンションを配置することで、「クロス集計表」を作成できます。前述した「表」と同様の表現であるため情報量は多くなりますが、ビジュアル表現がなく解釈に時間がかかるため、共有を目的とするダッシュボードではあまり利用しないほうがよいでしょう。

	国 / セッション		
ユーザーのメ...	United States	India	Canada
(none)	31,730	2,205	1,733
organic	13,795	5,442	1,700
cpc	9,647	44	987
referral	3,420	474	316
email	2,075	29	80
(not set)	819	-	-
affiliate	19	37	3

ユーザーのメディア別、および国別のクロス集計表でセッションを表現している

基礎知識

導入

設定

指標

ディメンション

データ探索

成果の改善

Looker Studio

BigQuery

本ワザで紹介したグラフだけでビジネス上、実用レベルになるダッシュボードを作成することができます。

ワザ 176 スコアカードで重要指標を効率よく共有する

🔑 **Looker Studio ／スコアカード**

> 「スコアカード」はKGIやKPIを端的に表示するのに適したグラフで、GA4ではできないLooker Studioらしい表現が可能です。スコアカードを過去の値と比較して表示する方法を紹介します。

Looker Studioの「スコアカード」の作成方法を紹介します。スコアカードは、簡単に作成ができるうえ、「サイトの主要KPIを見やすいかたちで表示する」機能において優れています。また、ワザ010で紹介した「データに文脈を付与する5つのテクニック」の1つである「前年同期比」を表示する用途に適しているため、非常に使い勝手のよいグラフです。

実際の利用例はワザ173に掲載したダッシュボードの通りで、左側にある「直近30日間KPI」を構成しているのがスコアカードです。本ワザでは、スコアカードを過去の値との比較とともに、表示する手順を見ていきましょう。

🔷 Looker Studio 　レポート ▶ グラフを追加

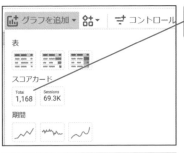

1 ［グラフを追加］から［スコアカード］を選択

2 ページ上の配置したい場所をクリック

3 スコアカードに表示したい指標を
[データ] タブからドラッグ

4 [デフォルトの日付範囲]
で [カスタム] をクリック
し、期間を指定

最初は [自動]（過去28日間）に
設定されているが、[カスタム]
から任意の期間を指定できる

スコアカードは単一の指標を選択するだけで作成可能です。操作3の画面では「アク
ティブユーザー数」を選択しています。また、どの期間の値かを「デフォルトの日付期間」
で設定できます。

次のページに続く ▷

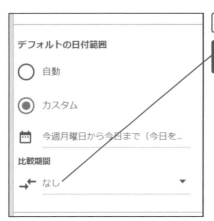

期間を指定できた

5 [比較期間] の [なし] を
クリック

6 [デフォルトの日付範囲]
と比較したい期間を指定

[前の期間] [前年] などの相
対的な期間も指定できる

| スコアカードが配置 | 続けて、どの期間との比較かが分かる |
| された | ように「比較ラベル」を追加する |

アクティブユーザー数
10,017
↓ -29.1%

「比較期間」を設定することにより「デフォルトの期間」と比較した値が表示されるよう
になります。さらに、次のページにあるように「比較ラベルを隠す」のチェックを外すこと
で、いつと比較した増減なのか? をスコアカード上で明示できます。

7 [スタイル] タブをクリック

8 [比較ラベルを隠す] のチェックを外す

スコアカードに「前年から」と表示され、どの期間との比較かが明示された

アクティブ ユーザー数
10,017
↓ -29.1% 前年から

👆 ポイント

- Webサイトを運営する目的の達成状況を示すのがKGI、そのKGIに影響を与える自社の活動の程度を表すのがKPIです（ワザ003を参照）。
- 本ワザで紹介したスコアカードはKGIやKPIを共有するのに最適です。

読者のみなさんもスコアカードを有効に利用すれば、ひと目で分かりやすいダッシュボードを作成できるでしょう。

基礎知識

導入

設定

指標

ディメンション

データ探索

成果の改善

Looker Studio

BigQuery

ワザ 177 グラフにドリルダウンを適用して深堀りする

🔑 **Looker Studio ／ドリルダウン**

> 本ワザではセッション別メディアからセッション参照元への深堀りを例に、データの「ドリルダウン」のテクニックを学びます。グラフにドリルダウンを適用すると、ユーザーが自分の画面で「深掘り」できます。

Looker Studioで作成したグラフの中には、より詳細なデータへ掘り下げる「ドリルダウン」を適用できるものがあります。本ワザではドリルダウンをグラフに適用し、ダッシュボードを利用しているユーザーが自らの操作でデータを深掘りできるようにする方法を紹介します。

次の画面は、「セッションメディア」別のセッションを棒グラフで表現した例です。このグラフにドリルダウンを適用し、「セッション参照元」へと深掘りできるようにします。

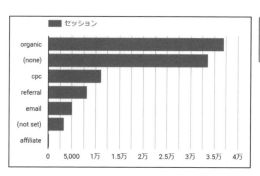

セッションメディア別のセッションを棒グラフで表現している

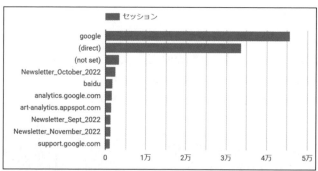

ドリルダウン機能を利用し、ディメンションを「セッション参照元」に切り替えた

グラフの設定

このようなグラフを作成してドリルダウンを適用するには、次の通りに操作します。

①棒グラフをディメンション「セッションメディア」、指標「セッション」として作成する
②[ドリルダウン] をオンにする
③2番目のディメンションに「セッションの参照元」を設定する

ディメンションと指標の設定が完了すると、次の画面の状態となります。

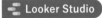 **Looker Studio** **レポート ▶ グラフ ▶ 設定**

> [ドリルダウン] をオンにし、2つのディメンションを設定している

グラフの操作

ユーザーが実際にドリルダウンするには、次のページの画面のように完成したグラフを右クリックして [詳細の確認] を選択すると、ディメンションが「セッションの参照元」に切り替わります。[詳細の確認] がドリルダウンを意味します。

逆にドリルアップするには、同様にグラフを右クリックして [ドリルアップ] を選択します。デフォルトの状態に戻すには、右クリックメニューで [リセット] を選択するか、画面左上にあるリセットボタンをクリックします。

次のページに続く ▷

基礎知識

導入

設定

指標

ディメンション

データ探索

成果の改善

Looker Studio

BigQuery

Looker Studio　レポート ▶ グラフ

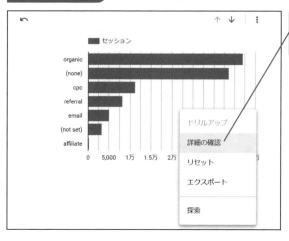

グラフを右クリックして［詳細の確認］を選択するとドリルダウンできる

ドリルダウンの注意点として、ダッシュボードを利用するユーザーがグラフを見ただけでは、ドリルダウンできることに気付かないことがあります。従って、次の画面の通りにテキストで注釈を付けると親切です。

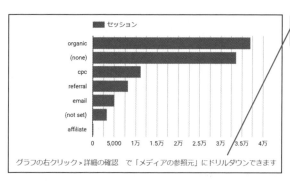

ドリルダウンできることを示す注釈を付けている

ポイント

- 「ドリルダウン」には大分類から小分類に「深掘りする」という意味があります。
- 「地域」と「デバイスカテゴリ」のように大分類・小分類の関係にないディメンションを利用すると、名前はドリルダウンですが「ディメンションの切り替え」のように機能します。

ドリルダウンは決まったスペースしかない「ページ」における「情報量」を増やすテクニックと理解できます。

ワザ 178 グラフをフィルタとして利用してユーザーの関心に応える

🔑 **Looker Studio／クロスフィルタリング／円グラフ**

> グラフをフィルタとして利用することにより、興味関心が異なる複数のユーザーの情報ニーズに応えるダッシュボードを作成できます。設定には「クロスフィルタリング」機能を利用します。

Looker Studioで作成したダッシュボードをユーザーが利用する際、ユーザーによって「主となる関心事」が異なるのが普通です。

例えば、マーケティング責任者がダッシュボードを利用する場合、細かい数値やディメンションごとの指標ではなく、収益やリード獲得数などのKGIをクイックに確認したいかもしれません。一方、北米担当者は、担当するマーケットからのアクティブユーザー数などの指標に興味があるでしょう。

前述のようなユーザーによって異なる関心事に応えようとすると、ダッシュボード数が増えたり、1つのダッシュボードにおけるページ数が増えたりして、使いづらくなります。そこで利用できるのが、本ワザで紹介する「グラフをフィルタとして利用する」テクニックです。

例えば、次のページの画面を見てください。ダッシュボードがこの状態であれば、マーケティング責任者の「サイトのパフォーマンスをユーザー軸で確認したい」というニーズには応えられるでしょう。しかし、北米担当者にとっては、円グラフで示されている地域ごとのユーザー構成比には関心があるものの、残りのグラフはサイト全体の指標となるため、それほど大きな意味を持たないと考えられます。

そこで、「グラフをフィルタとして利用する」テクニックの出番です。このテクニックを使えば、円グラフの [North America] をクリックすることで、すべてのグラフに「North America」に一致するフィルタを適用できます。つまり、次のページの画面の状態から1クリックするだけで、サイト全体の指標が「North America」のみの指標に切り替わり、北米担当者のニーズに応えるダッシュボードへと早変わりするわけです。

次のページに続く ▷

サイト全体のパフォーマンスが
表示されている

この円グラフを使ってダッシュボードの
絞り込みができるようにする

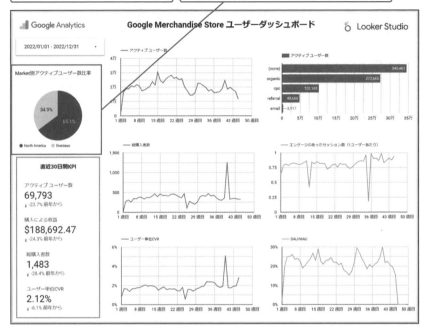

円グラフをフィルタとして利用する手順は、次の通りです。

①円グラフをディメンションを「Market」、指標を「アクティブユーザー数」で作成する
②[グラフインタラクション]にある[クロスフィルタリング]をオンにする

Looker Studio　レポート ▶ グラフ ▶ 設定

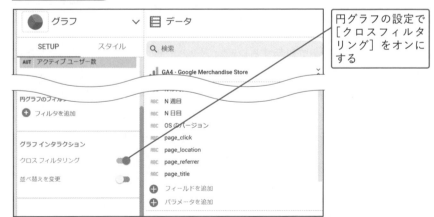

円グラフの設定で
[クロスフィルタ
リング]をオンに
する

次の画面が、円グラフの［North America］をクリックし、ダッシュボードにフィルタが適用された状態です。前掲のダッシュボードの状態から、すべてのグラフが変化していることが確認できます。

円グラフの［North America］をクリックし、
フィルタを適用した

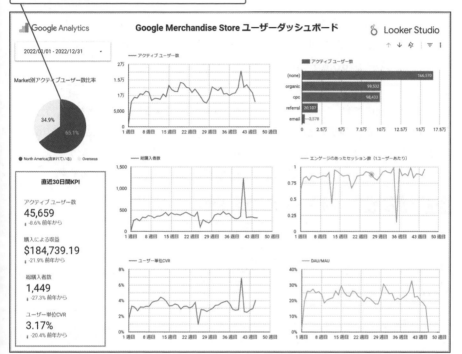

ポイント

・「North America」という地域は、後述するワザ180に従って作成しています。

・ディメンション「Market」に含まれる値の種類は「North America」と「Overseas」の2つだけです。

レポートを利用するユーザーの「主たる関心」がクローズアップされるように、グラフでフィルタを適用できるように設計しましょう。

関連ワザ **010** データに文脈を付与する5つのテクニックを理解する　　　　　　　P.38

ワザ 179 指標の四則演算を利用して新しい指標を作成する

🔑 **Looker Studio／四則演算／指標**

> Looker Studioに存在しない指標は、四則演算を利用した計算式で新しく作成できます。四則演算で、既存の指標同士を計算して新しい指標を作成できるところが、Looker StudioがGA4と根本的に異なるところです。

Looker Studioでは、Googleアナリティクス4で利用できるすべての指標が、デフォルトで利用できるとは限りません。例えば、次の画面にあるのは、Looker Studioの標準的な指標のリストの一部です。GA4の標準レポートで利用できる「エンゲージのあったセッション数（1ユーザーあたり）」という指標が存在しないことが分かります。

⇌ Looker Studio レポート ▶ グラフ ▶ 指標 ▶ データ

GA4では利用できる「エンゲージのあったセッション数（1ユーザーあたり）」が存在しない

🗒 データ

🔍 検索

📊 GA4 - Google Merchandise Store ⌄

- 123 イベント収益
- 123 イベント数
- 123 エンゲージのあったセッション数
- 123 エンゲージメント率
- 123 カートに追加
- 123 コンバージョン
- 123 セッション
- 123 セッションあたりのイベント数
- 123 トランザクション
- 123 ユーザー エンゲージメント
- 123 ユーザーあたりのイベント数
- 123 ユーザーあたりのセッション数
- 123 決済回数
- 123 広告収入合計
- 123 購入による収益
- 123 購入による平均収益
- 123 合計収益
- 123 視聴回数
- 123 初回購入者数
- 123 商品の購入数量
- 123 新規ユーザー数
- ➕ フィールドを追加
- ➕ パラメータを追加

このように、利用したい指標がLooker Studioで見つからない場合は、利用できる指標同士を計算することで、新しい指標として作成する方法があります。「エンゲージのあったセッション数（1ユーザーあたり）」をLooker Studioで新しい指標として作成し、レポートで利用できるようにしましょう。

四則演算を利用して新しい指標を作成するには、次の2つの方法があります。本ワザでは前者の方法を解説しています。

- データ自体に新しい指標を追加し、他のグラフでも利用できるかたちで作成する
- 特定のグラフで利用できる指標として作成する

┃ レポートの設定

設定手順は次の通りです。

①データ列の下部にある［フィールドを追加］をクリックする
②計算式を利用して、新しい指標「エンゲージのあったセッション数（1ユーザーあたり）」を作成する
③「エンゲージのあったセッション数（1ユーザーあたり）」をレポートで利用する

まず、画面右側のデータ列の下部にある［+フィールドを追加］をクリックし、フィールドを新規作成します。

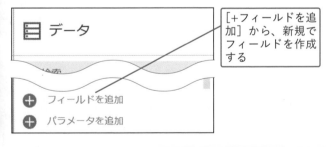

［+フィールドを追加］から、新規でフィールドを作成する

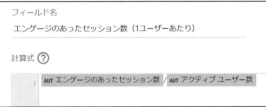

フィールド名と計算式を入力する

| 設定内容 | フィールド名 | エンゲージのあったセッション数（1ユーザーあたり） |
| | 計算式 | エンゲージのあったセッション数/アクティブ ユーザー数 |

次のページに続く ▷

基礎知識

導入

設定

指標

ディメンション

データ探索

成果の改善

Looker Studio

BigQuery

新規作成の画面の［フィールド名］は、レポートで利用したい新しい指標の名前を入力します。［計算式］では、作成したい指標の分子である「エンゲージのあったセッション数」と、分母である「アクティブユーザー数」を、割り算の記号である「/」で区切って入力します。これら2つの指標は、Looker Studioにもデフォルトで存在しています。

新しい指標（フィールド）の作成後、「エンゲージのあったセッション数（1ユーザーあたり)」をレポートで利用すると次の画面の通りとなります。

「エンゲージのあったセッション数（1ユーザーあたり)」をグラフで利用できた

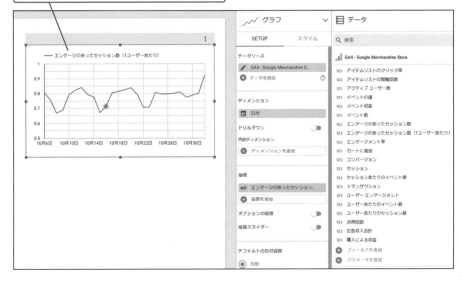

デフォルトで存在しない指標をレポートで利用したくなったら、本ワザを応用し、作成できないか検討しましょう。

| 関連ワザ 120 | 「エンゲージのあったセッション数」を正しく理解する | P.415 |
| 関連ワザ 180 | CASE文を使ってディメンションメンバーをグルーピングする | P.595 |

ワザ 180 CASE文を使ってディメンションメンバーをグルーピングする

🔑 Looker Studio ／ CASE文

> Looker Studioでは、計算式を利用して複数のディメンションメンバーを任意のグループにまとめられます。本ワザでは「国」というディメンションから、北米のみをグループ化する方法を紹介します。

次の画面にあるLooker Studioのレポートでは、ディメンションとしてGoogleアナリティクス4の「国」を利用しています。「国」にはディメンションメンバー（ディメンションに含まれる個別項目）が多数あるため、「United States」「India」「Canada」……と国名が並んでいるのが見て取れます。

ディメンションに「国」を利用している

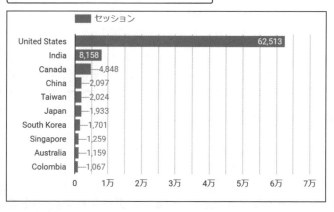

このグラフを利用するサイトのマーケティング担当者が「北米（United StatesとCanada）担当」と「それ以外の国担当」に分かれていたらどうでしょう。このレポートを見ても、前者の担当者は「United States」と「Canada」を自分で合計しないと全体を把握できませんし、後者の担当者は全体の把握そのものが難しいでしょう。

このような場合に利用するのが「CASE文」です。CASE文を利用すると、次の画面にあるレポートのようにできます。つまり、「国」のディメンションメンバーである個別の国々を、

次のページに続く ▷

基礎知識
導入
設定
指標
ディメンション
データ探索
成果の改善
Looker Studio
BigQuery

基礎知識

導入

設定

指標

ディメンション

データ探索

成果の改善

Looker Studio

BigQuery

「North America」(北米) と「Overseas」(米国から見た海外) にグルーピングしたうえで、Looker Studioでの可視化が可能になるというわけです。

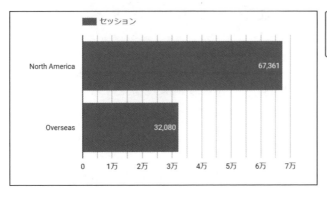

北米とそれ以外の国でグラフを分類している

▌レポートの設定

設定手順は次の通りです。

①[フィールドを追加] をクリックする
②CASE文を利用して、新しいディメンション「Market」を作成する
③グラフのディメンションとして、「国」の代わりに「Market」を利用する

まずは前のワザ179と同様に、[+フィールドを追加] をクリックしてフィールドを新規作成します。フィールド名はレポートで利用できる新しいディメンションの名前となりますが、この例では担当する市場という意味で「Market」としています。

フィールドの計算式は、次の画面の通り、場合分けを行う機能を持つCASE文で記述します。CASE文の意味は次のページに挙げた通りです。

🎙 Looker Studio　**レポート ▸ グラフ ▸ ディメンション ▸ データ ▸ フィールドを追加**

フィールドの計算式として、場合分けを行うCASE文を入力する

基礎知識

導入

設定

指標

ディメンション

データ探索

成果の改善

Looker Studio

BigQuery

設定内容　**フィールド名** Market

　　　　　　計算式 case 国ID
　　　　　　　　　　 when 'US' then 'North America'
　　　　　　　　　　 when 'CA' then 'North America'
　　　　　　　　　　 else 'Overseas'
　　　　　　　　　　 end

- 1行目：国IDをもとに場合分けをすることを指定
- 2行目：国IDが「US」であれば、「North America」という名前に分類
- 3行目：国IDが「CA」であれば、「North America」という名前に分類
- 4行目：2〜3行目に該当しなければ「Overseas」という名前に分類
- 5行目：CASE文の終わりを宣言（宣言しないとエラーになる）

新しいディメンション（フィールド）の作成後、「Market」をレポートで利用すると次の画面の通りとなります。グラフのディメンションが「Market」に変更されるとともに、ディメンションメンバーが「North America」「Overseas」となっていることが分かります。

グラフのディメンションが「Market」
に変更された

本ワザで紹介したテクニックを利用すると、例えばデバイスカテゴリを「PCかPC以外か」に分類することもできます。

ワザ 181 任意のイベントをCVとした セッションCVRを可視化する

🔑 **イベント／コンバージョン／セッションのコンバージョン**

> 複数のイベントをコンバージョン（CV）として登録してある場合に、個別のイベントごとのセッションのコンバージョン率を可視化する方法を紹介します。本ワザでは例として「scroll」イベントを対象とします。

Googleアナリティクス4の「セッションのコンバージョン率」については、ワザ127で解説しました。一方、この指標は、複数のイベントをコンバージョンとして設定していると、あまり意味のない指標です。例えば、イベントA、イベントBの2つをコンバージョンとして登録してあり、次のような状況だったとします。

- サイト全体のセッションが100
- イベントAが発生したセッションが5
- イベントBが発生したセッションが10

※イベントAとイベントBのセッションに重複なし

このとき、「セッションのコンバージョン率」は15%となります。

しかし、Web担当者が知りたいのは、イベントAについてのセッションのコンバージョン率5%であり、イベントBについてのセッションのコンバージョン率10%のはずです。

そこで、本ワザではLooker Studioを利用して「任意のイベント」に対して、セッションのコンバージョン率を可視化するワザを紹介します。このワザのよいところは、対象とするイベントをGA4でコンバージョン登録する必要がないところです。

筆者の検証用サイトにおいて、GA4側ではコンバージョン登録されていない「scroll」イベントを対象としてセッションのコンバージョン率を可視化します。全体の手順は次の通りです。

①GA4側で、パラメータ「ga_session_id」に基づくカスタムディメンションを作成する
②計算フィールドを利用してサイト全体のセッションを表す指標「sessions」を作成する

③計算フィールドを利用してscrollイベントが発生したセッションを表す指標「scrolled_sessions」を作成する

④計算フィールドを利用してscrollイベントをコンバージョンとする、セッションのコンバージョン率を表す指標「session_cvr(scroll)」を作成する

カスタムディメンションの作成

ワザ101と次の画面を参照して、カスタムディメンション「ga_session_id」を作成しましょう。

.ıl GA4   **管理 ▶ カスタム定義 ▶ カスタムディメンションを作成**

GA4でカスタムディメンションを作成する

×   新しいカスタム ディメンション   保存

⚠ 固有の値が多いカスタム ディメンションを登録すると、レポートに悪影響が及ぶ可能性があります。カスタム   おすすめの方法の詳細
　　ディメンションの作成に関するベストプラクティスを実践してください。

ディメンション名 ⑦   範囲 ⑦
ga_session_id   イベント   ▼

説明 ⑦
パラメータ ga_session_idに基づくセッション識別子

イベント パラメータ ⑦
ga_session_id   ▼

設定内容   ディメンション名 ga_session_id
          範囲 イベント
          説明 パラメータ ga_session_idに基づくセッション識別子
          イベントパラメータ ga_session_id

指標「sessions」の作成

ワザ179を参照し、新規フィールド（指標）として「sessions」を次のページにある画面の通りに作成します。計算式に入力しているCOUNT_DISTINCT()関数は、固有の値を数えて返す働きをします。従って、「COUNT_DISTINCT(ga_session_id)」では、固有のga_session_idの個数を返します。

次のページに続く ▷

基礎知識

導入

設定

指標

ディメンション

データ探索

成果の改善

Looker Studio

BigQuery

Looker Studioで新規フィールド「sessions」
を作成し、計算式を入力する

フィールド名

sessions

計算式 ⑦

1 | COUNT_DISTINCT(ga_session_id)

設定内容 | **フィールド名** | sessions

計算式 | COUNT_DISTINCT(ga_session_id)

▌指標「scrolled_sessions」の作成

次に、scrollイベントが発生したセッション数をカウントする指標「scrolled_sessions」を作成します。2つの計算指標を組み合わせて実現しています（1つの計算指標でも作成できますが、本ワザでは分かりやすさを優先します）。1つ目の計算指標は「scrolled_session_id」です。

■ Looker Studio ｜ レポート ▶ グラフ ▶ 指標 ▶ データ ▶ フィールドを追加

新規フィールド「scrolled_sessions_id」
を作成し、計算式を入力する

フィールド名

scrolled_session_id

計算式 ⑦

1 | IF(イベント名 ="scroll", ga_session_id , null)

設定内容 | **フィールド名** | scrolled_session_id

計算式 | IF(イベント名 = "scroll", ga_session_id, null)

IF()関数は「IF(条件, 条件に合致した場合の戻り値, 条件に合致しない場合の戻り値)」という構文で利用します。従って、この計算式のIF関数は「もしイベント名がscrollであれば、ga_session_idを返す」という内容になっています。

次の表は、2人のユーザー（A、B）が、合計3回のセッション（識別子a1、a2、b1）をもたらし、そのうちの2回でscrollイベントが発生した際に、scrolled_session_idにどのような値が入るかを示しています。参考にしてください。

図表181-1 モデル化したユーザー行動とscrolled_session_id

ユーザー	イベント名	ga_session_id	scrolled_session_id
A	first_visit	a1	
A	session_start	a1	
A	page_view	a1	
A	scroll	a1	a1
A	session_start	a2	
A	page_view	a2	
B	page_view	b1	
B	scroll	b1	b1

もう1つの計算指標「scrolled_sessions」を次の通りに作成します。

Looker Studio レポート ▶ グラフ ▶ 指標 ▶ データ ▶ フィールドを追加

scrolled_sessionsを作成する

フィールド名

scrolled_sessions

計算式 ⑦

```
1  COUNT_DISTINCT( scrolled_session_id )
```

設定内容　フィールド名　scrolled_sessions
　　　　　計算式　COUNT_DISTINCT(scrolled_session_id)

計算指標「sessions」を作成したときにも利用したCOUNT_DISTINCT()関数を利用して、先に作成したscrolled_session_idのユニークな個数を数えています。図表181-1の例では、「2」となるのが理解できるでしょう。それがscrollイベントの発生したセッション数を示しています。

基礎知識

導入

設定

指標

ディメンション

データ探索

成果の改善

Looker Studio

BigQuery

次のページに続く ▷

指標「session_cvr(scroll)」の作成

最後に、セッションのコンバージョン率を表す指標「session_cvr(scroll)」を作成します。scrollイベントが発生したセッションを全体のセッションで割れば、セッションのコンバージョン率を取得できます。新規フィールドの作成時に入力する実際の計算式は、次の画面にある通りです。

新規フィールド指標「session_cvr(scroll)」
を作成し、計算式を入力する

設定内容	フィールド名	session_cvr(scroll)
	計算式	scrolled_sessions / sessions

なお、Looker Studioのレポートでsession_cvr(scroll)を利用する場合には、タイプを「%」とするとよいでしょう。レポートで利用した指標にマウスオーバーすると表示される鉛筆アイコンから、次の画面のように設定可能です。

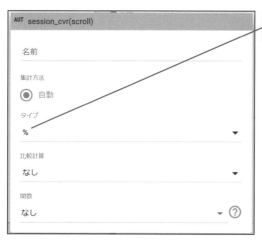

session_cvr(scroll)のタイプを
「%」に変更する

作成した指標は、次の通りにレポートで可視化することができます。

作成した3つの指標をレポート
で可視化できた

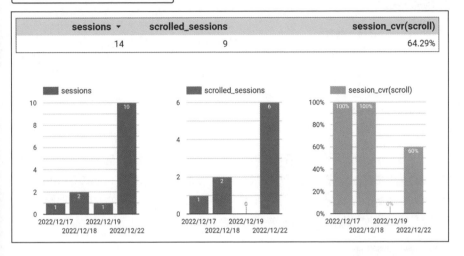

基礎知識

導入

設定

指標

ディメンション

データ探索

成果の改善

Looker Studio

BigQuery

Looker Studioでの可視化は、GA4が持っていない指標や、実現できない表現形式を採用すると、より付加価値が高まります。

関連ワザ **179** 指標の四則演算を利用して新しい指標を作成する　　　　　P.592

基礎知識

導入

設定

指標

ディメンション

データ探索

成果の改善

Looker Studio

BigQuery

ワザ 182 Looker Studioの共有設定を適切に行う

🔑 **Looker Studio／共有**

> Looker Studioではレポートの共有に加え、編集権限も付与できます。編集権限を持つ複数のメンバーでダッシュボードをメンテナンスできるので、特定のメンバーに負担が集中する状況を避けることが可能です。

Looker Studioは、レポートを簡単に他のユーザーと共有したり、他のユーザーと共同で編集したりできます。そのための権限付与の方法は、基本的には他のGoogleサービスと同じであるため、それらのツールで共有したことがある人なら、戸惑いなく設定可能だと思います。共有設定は、次の画面のように行います。

⦿ Looker Studio　レポート

1 ［共有］をクリック

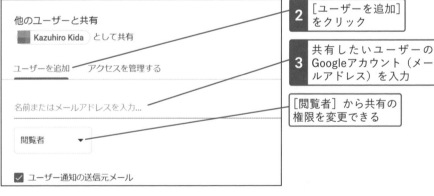

2 ［ユーザーを追加］をクリック

3 共有したいユーザーのGoogleアカウント（メールアドレス）を入力

［閲覧者］から共有の権限を変更できる

［他のユーザーと共有］画面で［閲覧者］をクリックすると、ドロップダウンメニューが開いて［編集者］を選択できます。共同で編集したいユーザーを追加する場合には［編集者］にしてください。

なお、個別のユーザー単位ではなく、まとまったユーザー群に対して権限を追加したい場合は、次の画面のように[アクセスを管理する]タブをクリックして設定します。

基礎知識

導入

設定

指標

ディメンション

データ探索

成果の改善

Looker Studio

BigQuery

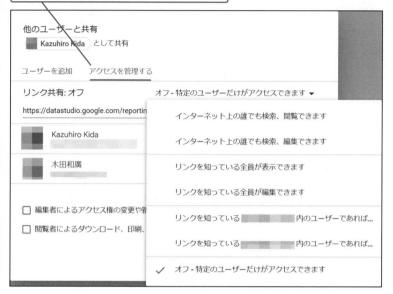

[アクセスを管理する]タブをクリックし、共有する方法を選択する

[アクセスを管理する]タブで[オフ - 特定のユーザーだけがアクセスできます]をクリックすると、上記の画面の通り、「インターネット上の誰でも」「リンクを知っている全員」「リンクを知っている、オーナーが属する組織内のユーザーであれば誰でも」の3つの条件に対し、[閲覧者][編集者]の設定が可能になります。

ここまでで個別のユーザー、あるいはユーザー群に対する共有権限の付与方法について解説しましたが、[共有]メニュー配下では、さらに次のような設定が可能です。それぞれの画面も次のページに掲載するので、参考にしてください。

- メール配信をスケジュール
- レポートへのリンクを取得
- レポートをダウンロード

次のページに続く ▷

Looker Studio レポート ▶ 共有［＋］

メール配信をスケジュール

メールの配信
このレポートのメールの配信をスケジュールします。詳細

差出人	Kazuhiro Kida
宛先	Kazuhiro Kida　他の受信者を追加
	☐ 件名とメッセージをカスタマイズする
開始時刻	2022/12/02　📅　8:00　▼　GMT+09:00 日本標準時
リピート	毎日　▼

> レポートを定期的に
> メールで配信できる

レポートへのリンクを取得

このレポートへのリンクを取得　　　　　　　　　✕

リンクを共有するユーザーとこのレポートを共有してください。共有設定を表示

共有リンク
https://datastudio.google.com/s/██████████　　リンクをコピー

☑ レポートの現在のビューにリンクする

現在のレポートビューには、期間設定やフィルタ オプションなどの設定内容が表示されます。詳細

> レポートを閲覧可能な
> リンクを取得できる

レポートをダウンロード

PDF 形式でダウンロード

詳細

☐ カスタムの背景色を無視する

☐ レポートに戻るリンクを追加する

☐ レポートをパスワードで保護する

キャンセル　　ダウンロード

> レポートをPDF形式で
> ダウンロードできる

Looker Studioはデータを共有するためのツールです。共有設定を理解し、適切な範囲で共有できるようにしましょう。

第 **9** 章

BigQuery

GA4の新しい機能として、無料版でもGoogle BigQuery
にデータをエクスポートできるようになりました。
BigQueryとSQLを利用すると、どのような改善のヒント
が得られるのかを解説します。

基礎知識

導　入

設　定

指　標

ディメンション

データ探索

成果の改善

Looker Studio

BigQuery

ワザ 183 BigQueryによる高度な分析の前提を理解する

🔑 **BigQuery**

> GA4はGoogleアナリティクスの歴史上、無料版で初めてデータをGoogle BigQueryにエクスポートできるようになりました。本章では、BigQueryにエクスポートされたデータをどのように分析できるかを解説しています。

第6章、第7章で解説した探索レポートは、強力な分析機能を提供します。そして、第8章で解説したLooker Studioは、高機能なダッシュボード作成基盤でした。しかし、それらの存在を考慮したうえでも、Googleアナリティクス4からBigQueryにデータをエクスポートすることには、独自のメリットと利用シーンがあります。

本章では、ワザ091にて7つ挙げたBigQueryのメリットのうちの「高度な分析」、すなわち「探索レポートでは対応できない可視化やレポーティングを行える」点について、実例を交えつつ解説していきます。

とはいえ、BigQueryとSQLで可能になる分析は多岐にわたり、とても本書だけでは扱いきれません。そこで、本書ではWebサイトの分析にかかわるマーケターが知りたくなるテーマに絞って取り上げました。

また、本書はSQLの解説書ではないため、SQL文（クエリ）の細かな説明については省いています。そのため、SQLの素養がまったくない場合、本章の内容はかなり難しく感じるかと思います。一方で、次の点についてはしっかり学べるようになっています。

- BigQueryとSQLを利用することでどのような分析ができるのか?
- その分析はどのような「結果テーブル」として表現されるのか?
- その結果を導いたSQL文はどのようなものか?

以降のワザでBigQueryとSQLについて学んだ後、マーケターがまったく同じ分析を自社サイトで行いたい場合には、本書に掲載しているSQL文をベースに、自社のデータに適宜置き換えて利用してください。また、「こういうことができるなら、もっとこうした分析をしたい」というニーズであれば、掲載しているSQL文を社内のSQLが書けるエンジニアに共有したうえで、相談していただくとよいと思います。

さらに、自社のGA4がまだBigQueryにエクスポートされていない場合は、以降のワザを読むことで「自社でもBigQueryにエクスポートするべきかどうか?」の判断に役立てることができるでしょう。

各ワザにはSQL文が記述してありますが、その中のFROM句に次のような記述がある場合は、GA4のデモアカウントのデータを参照していることを指しています。つまり、SQL文を変更しなくても、読者のみなさんの環境で本書と同じ結果を得ることが可能です。

```
1  `bigquery-public-data.ga4_obfuscated_sample_ecommerce.events_XXXXXXXX`
```

一方、自社のデータを使って本章で説明している分析を行いたい場合は、FROM句で指定している対象テーブルを変更してからSQL文を実行します。例えば、次のようなFROM句のAAAのところに自社のBigQueryのプロジェクトIDを、BBBのところにGA4のプロパティIDを、YYYYMMDDのところに分析したい日付を入れ、SQL文を実行してください。

```
1  FROM `AAA.analytics_BBB.events_YYYYMMDD`
```

なお、もしみなさん自身がSQL文を書きたい、読み解けるようになりたい場合は、2021年発刊の拙著『集中演習 SQL入門 Google BigQueryではじめるビジネスデータ分析 (できるDigital Camp)』を手にとっていただければと思います。

> GA4のデータをBigQuery上で、SQLを使ってどのように分析できるのかを、本章で学んでいきましょáう。

関連ワザ **091** Google BigQueryとリンクする   P.321

基礎知識

導　入

設　定

指　標

ディメンション

データ探索

成果の改善

Looker Studio

BigQuery

ワザ 184 テーブルのスキーマを理解する

🔑 **BigQuery／テーブル／データ型**

> BigQueryにどのようなデータが格納されているのかを確認しましょう。テーブルを構成する列（フィールド）には、格納されるデータのデータ型が決まっています。本ワザでは、特に重要な列を解説しています。

Googleアナリティクス4からBigQueryにデータをエクスポートする設定を行うと、日別の「テーブル」が作成されます。テーブルとは、データを格納している表のことです。BigQueryに限らず、データベースが持つテーブルは1列に1種類のデータ型しか格納できません。つまり、列により格納できるデータ型が決まっています。

また、テーブルを構成する列（フィールド）の名前やデータ型などをまとめた情報を「スキーマ」と呼びます。いわばデータベースの構造を定義したもので、具体的には次の画面のようになります。例えば、最初の列に「event_date」という名前の列があり、その列に格納されているデータのデータ型（種類）は「STRING」、つまり「文字列型」だと示しています。

BigQueryを利用した分析には、どの列にどのようなデータが、どのようなデータ型で格納されているかを知る必要があります。

🔵 BigQuery エクスプローラ ▶ テーブル ▶ スキーマ

列（フィールド）の［種類］列にデータ型が表示される

	♢ フィールド名	種類	モード
☐	event_date	STRING	NULLABLE
☐	event_timestamp	INTEGER	NULLABLE
☐	event_name	STRING	NULLABLE
☐ ▶	event_params	RECORD	REPEATED
☐	event_previous_timestamp	INTEGER	NULLABLE
☐	event_value_in_usd	FLOAT	NULLABLE
☐	event_bundle_sequence_id	INTEGER	NULLABLE
☐	event_server_timestamp_offset	INTEGER	NULLABLE
☐	user_id	STRING	NULLABLE
☐	user_pseudo_id	STRING	NULLABLE

☰ フィルタ プロパティ名または値を入力

BigQueryを使用するうえで、特に重要な列を次の表にまとめました。これらの列が格納しているデータをSQL文によって取得し、グルーピングや集計を行うことが、BigQuery上でGA4のデータを分析することの本質といえます。

図表184-1 特に重要な列とデータ型

フィールド名	データ型	格納されている情報	関連ワザ
event_data	文字列型	イベントが発生した日	
event_timestamp	整数型	イベントが発生したタイムスタンプ（UNIX時のマイクロ秒）	ワザ030
event_name	文字列型	イベントの種別	ワザ030
event_params	レコード型	「event_params.key」「event_params_value」を持つ。「event_params」が格納するデータにアクセスするには「UNNEST」という関数が必要	
user_id	文字列型	ユーザー固有のログインID	ワザ065
user_pseudo_id	文字列型	匿名のユーザー識別ID	
user_properties	レコード型	GTMタグのカスタマイズで取得したユーザープロパティ	ワザ064
user_first_touch_timestamp	整数型	ユーザーの初回訪問日時のUNIX時	
user_ltv.revenue	小数型	ユーザーごとのLTV	ワザ159
device.category	文字列型	デバイスカテゴリ	
geo.country	文字列型	国	
geo.region	文字列型	地域	
traffic_source	レコード型	ユーザーの最初の訪問手段	ワザ164
ecommerce	レコード型	eコマース関連の各種の情報	ワザ128
items	レコード型	商品に関連する各種の情報	

ワザ030で解説した「イベントごとのパラメータ」のパラメータは、event_paramsという列にデータが格納されています。

関連ワザ **091** Google BigQueryとリンクする　　　　　　　　　　　　P.321

基礎知識
導入
設定
指標
ディメンション
データ探索
成果の改善
Looker Studio
BigQuery

ワザ 185 ユニバーサルアナリティクスと同じ定義の直帰率を求める

🔑 BigQuery／直帰率

> GA4にも直帰率はありますが、UAの直帰率とは定義が異なっています。UAと同じ定義の直帰率（1ページビューしか発生しなかったセッションの割合）をBigQueryのデータから取得してみましょう。

Googleアナリティクス4にも「直帰率」という指標はありますが、ユニバーサルアナリティクスの定義である「1ページビューしか発生しなかったセッションの割合」とは異なるものとなっています。つまり、GA4ではUAの定義に従った直帰率は取得できません（GA4の直帰率の定義はワザ121を参照）。

一方、UAで計測していたサイトについては、旧来の定義で直帰率を確認したい場合があると思います。そこで、本ワザではBigQueryとSQLを利用してUAと同じ定義の直帰率を求める方法を紹介します。

行	event_date	sessions	bounces	bounce_rate_percent
1	20201101	2417	1455	60.2
2	20201102	3342	1803	53.95
3	20201103	4811	2715	56.43
4	20201104	3825	1994	52.13
5	20201105	3414	1649	48.3
6	20201106	2905	1374	47.3
7	20201107	2053	1001	48.76
8	20201108	1992	1039	52.16
9	20201109	2886	1442	49.97

UAと同様の「直帰率」を取得している

この結果テーブルを得るために記述したSQL文は次の通りです。

```
1  WITH master AS (
2  SELECT event_date, ga_session_id, COUNT(*) AS pv_by_session
3  FROM (
4  SELECT
5  event_date
6  , (SELECT value.int_value FROM UNNEST(event_params) WHERE key = 'ga_session_id') AS ga_session_id
7  FROM `bigquery-public-data.ga4_obfuscated_sample_ecommerce.events_202011*`
8  WHERE event_name = 'page_view'
```

```
 9  ) GROUP BY event_date, ga_session_id
10  )
11
12  SELECT event_date, COUNT(DISTINCT ga_session_id) AS sessions, SUM(bounce) AS
    bounces
13  , ROUND(SUM(bounce) / COUNT(DISTINCT ga_session_id) * 100, 2) AS bounce_rate_
    percent
14  FROM (
15  SELECT
16  event_date, ga_session_id, IF(pv_by_session = 1, 1, 0) AS bounce
17  FROM master
18  )
19  GROUP BY event_date
20  ORDER BY 1
```

1行目〜10行目のWITH句では、「日」と「ga_session_id別」のページビュー数の合計を3カラムの仮想テーブルとして作成しています。ページビュー数はセッション中に発生したため、カラム名を「pv_by_session」としました。

12行目以降の本体のSQLでは、「pv_by_session」が1のセッションが直帰なので、「bounce」列（bounceは直帰の意味の英語）に値「1」のフラグを立てています。そのうえで、日別のユニークな「ga_session_id」の個数をセッション数、「SUM(bounce)」を直帰数として直帰率を求めています。

✋ ポイント

- 第8章のLooker StudioによるGA4データの可視化は、Googleアナリティクスコネクタを利用してGA4に接続しました。
- 一方、Looker StudioからBigQueryに接続し、本ワザのSQL文を「カスタムクエリ」として投入すると、Looker Studioで日別の直帰率を可視化できます。

BigQuery上のGA4データとSQLの利用で、GA4でもLooker Studioでもできない可視化ができます。

関連ワザ **121** セッションを評価する割り算の指標を理解する　　　　　P.418

ワザ 186 LPと2ページ目の組み合わせごとの コンバージョン率を確認する

🔑 BigQuery／セッションスコープ／コンバージョン率／最適化

> UAに存在していたディメンション「2ページ目」は、GA4ではなくなってしまいました。本ワザでは「ランディングページ」と「2ページ目」を取得し、その2つの組み合わせごとにコンバージョン率を求めます。

ユニバーサルアナリティクスでは、セッションスコープのディメンションとして「2ページ目」がありました。ディメンション「ランディングページ」と組み合わせることで、ランディングしたページの次に、どのページに遷移したセッションのコンバージョン率が高いかを確認できる、ランディングページの最適化に役立つディメンションでした。

しかし、Googleアナリティクス4には「2ページ目」というディメンションがありません。そこで、BigQueryとSQLによって「ランディングページ」「2ページ目」を取得し、セッションスコープのコンバージョン率を求めるワザを紹介します。

UAと同様の「ランディングページ」
「2ページ目」を取得している

行	landing_page	second_page	sessions	cvs	cvr_percent
1	Home	null	16997	1	0.01
2	Apparel | Google Merchandise Store	null	14007	0	0.0
3	Google Online Store	null	11765	0	0.0
4	Google Dino Game Tee	null	6465	0	0.0
5	Google Online Store	Home	5468	85	1.55
6	YouTube | Shop by Brand | Google Merchandise Store	null	4662	0	0.0
7	Google Online Store	Google Online Store	2473	1	0.04
8	Home	Home	2446	36	1.47
9	Drinkware | Lifestyle | Google Merchandise Store	null	1366	0	0.0
10	Home	New | Google Merchand...	1209	44	3.64
11	Home	Men's / Unisex | Apparel...	1208	100	8.28

この結果テーブルを得るために記述したSQL文は次の通りです。

```
1  WITH cv_sessions AS
2  ( SELECT DISTINCT ga_session_id, 1 AS cv
3  FROM ( SELECT
4  (SELECT value.int_value FROM UNNEST(event_params) WHERE key = 'ga_session_id') AS
   ga_session_id
```

```
 5 FROM `bigquery-public-data.ga4_obfuscated_sample_ecommerce.events_202101*`
 6 WHERE event_name = 'purchase'
 7 ))
 8 , pages AS (SELECT ga_session_id, MAX(landing_page) AS landing_page
 9 , MAX(IF(second_page = landing_page, third_page, second_page)) AS second_page
10 FROM (
11   SELECT ga_session_id
12   , FIRST_VALUE(page_title) OVER (PARTITION BY ga_session_id ORDER BY event_timestamp) AS landing_page
13   , NTH_VALUE(page_title,2) OVER (PARTITION BY ga_session_id ORDER BY event_timestamp) AS second_page
14   , NTH_VALUE(page_title,3) OVER (PARTITION BY ga_session_id ORDER BY event_timestamp) AS third_page
15   FROM (
16   SELECT
17   event_timestamp
18   , (SELECT value.int_value FROM UNNEST(event_params) WHERE key = 'ga_session_id') AS ga_session_id
19   , (SELECT value.string_value FROM UNNEST(event_params) WHERE key = 'page_title') AS page_title
20   FROM `bigquery-public-data.ga4_obfuscated_sample_ecommerce.events_202101*`
21 WHERE event_name = 'page_view'
22 ))
23 GROUP BY ga_session_id)
24
25 SELECT landing_page, second_page, COUNT(DISTINCT ga_session_id) AS sessions, SUM(cv) AS cvs
26 , ROUND(SUM(cv) / COUNT(DISTINCT ga_session_id) * 100 , 2) AS cvr_percent
27 FROM (
28 SELECT p.ga_session_id , p.landing_page , p.second_page , COALESCE(cvs.cv,0) AS cv FROM pages AS p
29 LEFT JOIN cv_sessions AS cvs
30 ON p.ga_session_id = cvs.ga_session_id
31 )
32 --WHERE second_page is not null
33 GROUP BY landing_page, second_page
34 ORDER BY 3 DESC
```

※32行目のコメントを外すと直帰のランディングページは除外

全体の構成として、WITH句で「cv_sessions」(1行目〜7行目)と「pages」(8行目〜23行目)という2つの仮想テーブルを作成し、本体のSQL文 (25行目以降) でそれら2つの仮想テーブルをJOIN (結合) しています。

仮想テーブル「pages」では、セッションにおける2番目と3番目のページを取得し、2番目のページがランディングページと同じ場合には、3番目のページを「2ページ目」として取得します。

本ワザの応用として、パラメータ「page_location」を利用すれば、URLでも同様の分析が可能です。

ワザ 187 指標「ページの価値」で ページの評価を行う

🔑 **BigQuery／ページの価値／コンバージョン貢献**

> UAで人気のあった指標に「ページの価値」がありましたが、GA4ではなくなって
> しまいました。この指標ではコンテンツのコンバージョン貢献度を求められるので、
> BigQueryのデータとSQLで求めてみましょう。

ユニバーサルアナリティクスには、ページのコンバージョン貢献度を可視化する指標とし
て「ページの価値」がありました。この指標は、セッションがもたらした収益を「ページ別
セッション」で割って求めます。

ページの価値は、あるページが表示されたセッションで収益が発生すれば上がり、収
益が発生しなければ下がる指標です。ページの価値の算出方法を次の図と表に示し
ます。

図表187-1 「ページの価値」の算出方法

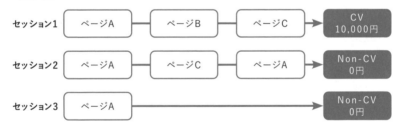

図表187-2 「ページの価値」の算出例

ページ	セッション1 上段（通過有無） 下段（収益）	セッション2 上段（通過有無） 下段（収益）	セッション3 上段（通過有無） 下段（収益）	ページ別 セッション （A）	発生した 収益（B）	ページの 価値（B）／ （A）
A	○	○	○	3	¥10,000	¥3,333
	¥10,000	¥0	¥0			
B	○			1	¥10,000	¥10,000
	¥10,000	¥0	¥0			
C	○		○	2	¥10,000	¥5,000
	¥10,000	¥0	¥0			

ページの価値は、コンテンツのコンバージョン貢献度をシンプルに表す指標として人気がありましたが、Googleアナリティクス4ではなくなってしまいました。この指標を引き続き利用したい場合は、BigQueryとSQLを使って取得しましょう。

基礎知識

導入

設定

指標

ディメンション

データ探索

成果の改善

Looker Studio

BigQuery

UAと同様の「ページの価値」を取得している

行	page_title	unique_sessions_per_page	revenue	page_value
1	Home	45786	53830.0	1.1756868911894465
2	Google Online Store	21670	5901.0	0.27231195200738351
3	Apparel | Google Merchandise Store	21542	11135.0	0.51689722402748117
4	YouTube | Shop by Brand | Google Merchandise Store	8172	2416.0	0.29564366128242781
5	Men's / Unisex | Apparel | Google Merchandise Store	7477	34535.0	4.6188310819847533
6	Google Dino Game Tee	7468	1722.0	0.23058382431708624

この結果テーブルを得るために記述したSQL文は次の通りです。

```
1  WITH page as (
2    SELECT ga_session_id, page_title
3    FROM (
4    SELECT
5  (SELECT value.int_value FROM UNNEST(event_params) WHERE key = 'ga_session_id') AS ga_session_id
6  ,(SELECT value.string_value FROM UNNEST(event_params) WHERE key = 'page_title') AS page_title
7    FROM `bigquery-public-data.ga4_obfuscated_sample_ecommerce.events_202101*`
8    ORDER BY 1)
9    WHERE page_title NOT IN ('Shopping Cart', 'Checkout Your Information', 'Payment
     Method', 'Checkout Confirmation', 'Checkout Review')
10   GROUP BY ga_session_id, page_title)
11 , revenue AS (
12   SELECT ga_session_id, SUM(revenue) AS revenue
13   FROM (
14   SELECT
15 (SELECT value.int_value FROM UNNEST(event_params) WHERE key = 'ga_session_id') AS ga_session_id
16 , ecommerce.purchase_revenue AS revenue
17   FROM `bigquery-public-data.ga4_obfuscated_sample_ecommerce.events_202101*`
18 ) GROUP BY ga_session_id)
19
20 SELECT *, revenue / unique_sessions_per_page AS page_value
21 FROM (
22 SELECT page_title, COUNT(DISTINCT ga_session_id) AS unique_sessions_per_page, SUM(revenue) AS revenue
23 FROM (
24   SELECT p.ga_session_id, p.page_title, COALESCE(r.revenue, 0) AS revenue
25   FROM page AS p
26   LEFT JOIN revenue AS r
27   ON p.ga_session_id = r.ga_session_id
28 )
```

次のページに続く ▷

```
29  GROUP BY page_title
30  ) ORDER BY 2 DESC
```

全体の構成として、WITH句で「page」(1行目〜10行目)と「revenue」(11行目〜18行目)という2つの仮想テーブルを作成し、本体のSQL文(20行目以降)でそれら2つの仮想テーブルをJOIN(結合)しています。

仮想テーブル「page」では「ga_session_id」別のユニークなページタイトルの仮想テーブル(page_title)を作成しています。また、仮想テーブル「revenue」では、「ga_session_id」別の合計収益テーブル(revenue)を作成しています。

本体のSQLでは「page」を左テーブルとして「revenue」と左外部結合したテーブルを対象に集計を行っています。ページごとのユニークな「ga_session_id」で「ページ別セッション」を、revenueをSUM関数で合計して「合計収益」を計算し、最後に「合計収益」を「ページ別セッション」で割ってページの価値を求めています。

WITH句で作成した仮想テーブルと、本体SQL文の関係を表したのが次の図です。多少の理解の助けとなると思うので参照してください。

図表187-3 仮想テーブルと本体SQL文の関係

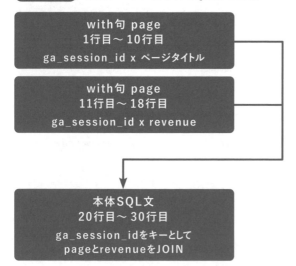

SQLを学ぶと指標の理解も深まるという効果も期待でき、マーケターとしてのスキルは向上するでしょう。

ワザ 188 平均以外の指標でセグメントの本当の評価を行う

🔑 **平均値／中央値／標準偏差**

> 「平均値が必ずしも代表値ではない」というケースはよくありますが、GA4は多くの場合、平均値しか提供していません。BigQuery上のデータをSQLで分析し、中央値と標準偏差を取得するワザを紹介します。

ワザ121、125などで解説した通り、Googleアナリティクス4では「平均値」についての指標が用意されています。

例えば、標準レポートで利用されている「平均ユーザーエンゲージメント時間」は、全ユーザーの「ユーザーエンゲージメント」の合計を、アクティブユーザー数で割った平均値です。

一方、平均値が必ずしも代表値(あるセグメントの振る舞いを代表的に表す値)ではないということは、統計学では当たり前の知識として周知されています。そこで、本ワザではBigQueryとSQLで、平均値以外の指標を確認するワザを紹介します。

次の結果テーブルは、国別のユーザーエンゲージメントを平均値、中央値、標準偏差で示したものです。

国別の「ユーザーエンゲージメント」について
平均値、中央値、標準偏差を取得している

行	country	users	average_engagement_time	median_engagement_time	std_dev_engagement_time
1	United States	1103	46.3	7.7	141.1
2	India	245	36.0	6.6	91.2
3	Canada	180	57.8	9.1	152.8
4	United Kingdom	80	33.2	11.0	73.9
5	Germany	47	24.5	7.3	47.6
6	France	45	28.1	6.1	54.1
7	Spain	44	26.8	5.7	51.7

この結果を見ると、すべての国で平均値(average_engagement_time)が中央値(median_engagement_time)よりもずいぶん大きくなっています。これは、非常に長い「engagement_time」をもたらしたユーザーがいることを示唆しています。

次のページに続く ▷

また、「United States」では標準偏差（std_dev_engagement_time）もかなり大きくなっています。これは、ユーザーごとの「engagement_time」のばらつきが大きいことを示しています。以上の2点から考えても、平均値だけでエンゲージメントの傾向を判断するのは危険だということが分かります。

前掲の結果テーブルを得るために記述したSQL文は次の通りです。

```
1  WITH master AS (
2  SELECT user_pseudo_id
3  , MAX(geo.country) AS country
4  , SUM((SELECT value.int_value FROM UNNEST(event_params) WHERE key = 'engagement_
   time_msec')) / 1000 AS engagement_time
5  FROM `bigquery-public-data.ga4_obfuscated_sample_ecommerce.events_20210131`
6  GROUP BY user_pseudo_id)
7  , a AS (
8  SELECT country, COUNT(DISTINCT user_pseudo_id) AS users
9  , ROUND(AVG(engagement_time), 1) AS average_engagement_time
10 FROM master
11 GROUP BY country)
12 , m AS (
13 SELECT DISTINCT country
14 , ROUND(PERCENTILE_CONT(engagement_time, 0.5) OVER(PARTITION BY country), 1) AS median_engagement_time
15 , ROUND(STDDEV_POP(engagement_time) OVER(PARTITION BY country), 1) AS std_dev_engagement_time
16 FROM master)
17
18 SELECT a.country, a.users, a.average_engagement_time, m.median_engagement_time, m.std_dev_engagement_time
19 FROM a
20 INNER JOIN m
21 ON a.country = m.country
22 ORDER BY 2 DESC
```

全体の構成として、WITH句で次の3つの仮想テーブルを作成しています。

- master（1行目〜6行目）: ユーザー別の国と、合計したengagement_time
- a（7行目〜11行目）: 　仮想テーブル「master」を利用して求めた国別のengagement_timeの平均値
- m（12行目〜16行目）: 　仮想テーブル「master」を利用して求めた国別のengagemnet_timeの中央値と標準偏差

18行目以降の本体のSQL文では、aとmの2つの仮想テーブルを、国をキーとして単純に結合しています。

さらに、「United States」の「engagement_time」の度数分布表を次の画面のように作成しました。平均値は前掲の画面の通り46.3秒でしたが、度数分布表を見ると、それを大きく上回るユーザーが少なからずいます。よって、それらのユーザーが平均値を引き上げていることが見て取れます。

行	engagement_time_bucket	users
1	01. <10	542
2	02. <20	120
3	03. <30	59
4	04. <40	32
5	05. <50	27
6	06. <60	26
7	07. <70	10
8	08. <80	14
9	09. <90	13
10	10. <100	6
11	11. <110	20
12	12. <120	5
13	13. <130	3
14	14. <140	6
15	15. <150	7
16	16. <160	3
17	17. <170	5
18	18. <180	3
19	19. >=180	202

United Statesの
engagement_timeの
度数分布表を作成した

GA4に限らず、データー一般を扱うときには「平均値が代表値として適切だろうか?」を常に疑う姿勢が必要です。

ワザ 189 アトリビューションの考えを コンテンツ分析に適用する

🔑 **BigQuery／アトリビューション**

> コンテンツの評価に「アトリビューション」の考え方を適用し、複合的にコンバージョンへの貢献を可視化してみましょう。本ワザでは「purchase」イベントをコンバージョンとして各ページに値を割り振っています。

ワザ088では、ユーザーが利用した複数の流入経路に対して、Googleアナリティクス4がコンバージョンを付与するモデルが複数あることを学びました。また、コンバージョンの割り振りを「アトリビューション」と呼ぶことを学びました。

本ワザでは、閲覧したコンテンツに対してアトリビューションの考えを取り入れて分析する手法を紹介します。利用するのは、次の表の4つのモデルです。

図表189-1 アトリビューションの考えを取り入れるために必要なモデル

モデル名	アトリビューションの方法
first_touch	コンバージョンしたユーザーが最初に見たコンテンツにコンバージョンを付与する
last_touch	コンバージョンしたユーザーが最後に見たコンテンツにコンバージョンを付与する
linear	コンバージョンしたユーザーが見たコンテンツすべてに、均等にコンバージョンを付与する
touch_point	コンバージョンしたユーザーが最初に見たコンテンツに0.4、最後に見たコンテンツに0.4、残りのコンテンツに0.2を均等に分割してコンバージョンを付与する

例えば、GA4のデモアカウントで「purchase」イベントをコンバージョンとしてページごとに割り振ると、次の結果となりました。BigQueryとSQLで、コンテンツについてもアトリビューション分析ができることが理解できると思います。

> ページ別のコンバージョン貢献度をアトリビューションモデルごとに取得している

行	page_title	first_touch	last_touch	linear	touch_point
1	Home	723	251	238.797396...	431.25761122529622
2	Google Online Store	112	5	20.6340272...	49.955171764029252
3	Google | Shop by Brand | Google Merchandise Store	37	10	17.1939356...	22.107507097695898
4	Apparel | Google Merchandise Store	26	5	22.2107810...	16.9371698863706
5	The Google Merchandise Store - Log In	16	278	101.337027...	135.33232822685576
6	Men's / Unisex | Apparel | Google Merchandise Store	15	55	76.0725730...	44.440008848903169

この結果テーブルを得るために記述したSQL文は次の通りです。

基礎知識

導入

設定

指標

ディメンション

データ探索

成果の改善

Looker Studio

BigQuery

```
1  WITH cv_users AS (
2  SELECT
3  user_pseudo_id
4  , MAX(IF(event_name = 'purchase', 1, 0)) AS cv_flag
5  , MIN(IF(event_name = 'purchase', event_timestamp, NULL)) AS min_cv_timestamp
6  FROM `bigquery-public-data.ga4_obfuscated_sample_ecommerce.events_202101*`
7  GROUP BY user_pseudo_id
8  HAVING cv_flag = 1
9  )
10 , pageviews AS (
11   SELECT * FROM (
12   SELECT user_pseudo_id, event_name
13 , event_timestamp
14 , (SELECT value.string_value FROM UNNEST(event_params) WHERE key = 'page_title') AS page_title
15 FROM `bigquery-public-data.ga4_obfuscated_sample_ecommerce.events_202101*`
16 WHERE event_name IN ('page_view', 'purchase')
17   ) WHERE page_title NOT IN ('Shopping Cart', 'Checkout Your Information',
   'Payment Method', 'Checkout Confirmation', 'Checkout Review')
18 )
19 , master AS (
20   SELECT * FROM (
21 SELECT pv.user_pseudo_id
22 , pv.event_name
23 , pv.page_title
24 , pv.event_timestamp
25 , cv.min_cv_timestamp
26 , ROW_NUMBER() OVER(PARTITION BY pv.user_pseudo_id ORDER BY pv.event_timestamp) AS
   row_num
27 FROM pageviews AS pv
28 INNER JOIN cv_users AS cv
29 ON pv.user_pseudo_id = cv.user_pseudo_id
30   ) WHERE event_timestamp < min_cv_timestamp
31 )
32
33 SELECT page_title
34 , SUM(first_touch) AS first_touch
35 , SUM(last_touch) AS last_touch
36 , SUM(linear) AS linear
37 , SUM(touch_point) AS touch_point
38 FROM (
39 SELECT *
40 , IF(row_num = MIN(row_num) OVER(PARTITION BY user_pseudo_id), 1, 0) AS first_
   touch
```

次のページに続く ▷

```
41  , IF(row_num = MAX(row_num) OVER(PARTITION BY user_pseudo_id), 1, 0) AS last_touch
42  , 1 / MAX(row_num) OVER(PARTITION BY user_pseudo_id) AS linear
43  , CASE
44  WHEN MAX(row_num) OVER(PARTITION BY user_pseudo_id) = 1 THEN 1
45  WHEN MAX(row_num) OVER(PARTITION BY user_pseudo_id) = 2 THEN 0.5
46  ELSE
47    CASE
48  WHEN row_num = MIN(row_num) OVER(PARTITION BY user_pseudo_id) THEN 0.4
49  WHEN row_num = MAX(row_num) OVER(PARTITION BY user_pseudo_id) THEN 0.4
50  ELSE 0.2 / (MAX(row_num) OVER(PARTITION BY user_pseudo_id) - 2)
51  END
52  END AS touch_point
53    FROM master
54  ) GROUP BY page_title
55  ORDER BY 2 DESC
```

全体の構成として、WITH句で次の3つの仮想テーブルを作成しています。

- `cv_users`(1行目〜 9行目):コンバージョンしたユーザーの絞り込みを行ったうえで、`user_pseudo_id`と初回コンバージョンの`event_timestamp`をテーブルにしています。
- `pageviews`(10行目〜 18行目):ユーザーごとに表示したページのリストを、表示した時間と併せて仮想テーブルにしています。その際、次の2点を除外しています。
  - ショッピングカート以降のページ
  - コンバージョン後に表示したページビュー (コンバージョンに貢献したとみなすことができないため)
- `master` (19行目〜 31行目):仮想テーブル`cv_users`と`pageviews`を内部結合することで、コンバージョンしたユーザーが、コンバージョン前に表示したページのリストに絞り込んでいます。

33行目以降の本体のSQL文は、アトリビューションモデルを計算式で実現しています。

> コンテンツは確固たる評価手法が定まっていません。複数のルールでコンテンツを評価してみるという姿勢が必要です。

関連ワザ **088** 複数のアトリビューションモデルを理解する　　　　　　P.310

ワザ 190 閲覧するとCVRが高くなるページを網羅的に探索する

🔑 BigQuery ／ CVR ／ コンテンツ

> 「閲覧するとユーザー単位コンバージョン率が上昇するのではないか?」という仮説の対象となるページは複数あります。SQL文をBigQueryのデータに対して投げることで、複数のページに対して仮説検証ができます。

ワザ165では、「特定コンテンツをスクロールしたユーザー」「スクロールしていないユーザー」という2つのセグメントを比較することで「特定コンテンツのスクロールの有無で再訪問率が変わるか?」を確認する方法を紹介しました。少し応用すれば、「特定コンテンツの表示の有無でコンバージョン率は変わるか?」も確認できます。

その場合、仮に調査したい「特定コンテンツ」が10個あった場合、合計20個ものセグメントを作成する必要があります。1つのコンテンツの調査に、「表示したユーザー」と「表示していないユーザー」の2つのセグメントを作成する必要があるためです。とても現実的ではありません。

本ワザではBigQueryとSQLを使って、複数のコンテンツについて「表示したユーザー」「表示し、かつコンバージョンしたユーザー」「表示していないユーザー」「表示していない、かつコンバージョンしたユーザー」を可視化し、どのコンテンツを表示した場合にユーザー単位コンバージョン率が変化するのかを、網羅的に可視化する方法を紹介します。次のページに結果テーブルを記載しますが、各列は以下の通りに解釈してください。

- page：対象となるコンテンツのページタイトル
- view_users：コンテンツを表示したユーザー (A)
- view_cv_users：(A) のうちコンバージョンしたユーザー (B)
- view_user_cvr：コンテンツを表示したユーザーのCVR (C) = (B) / (A)
- non_view_users：コンテンツを表示していないユーザー (S)
- non_view_cv_users：(S) のうちコンバージョンしたユーザー (T)
- non_view_user_cvr：コンテンツを表示していないユーザーのCVR(U) = (T)/(S)
- difference_racio：コンテンツ表示有無の差によるCVRの差 (C) / (U)

次のページに続く ▷

コンテンツ別の表示・非表示／ CV・非CV
ユーザー数とCVRを取得している

行	page	view_users	view_cv_users	view_user_cvr	non_view_users	non_view_cv_users	non_view_user_cvr	difference_ratio
1	Home	37207	1026	0.0276	57583	43	0.0007	39.4
2	YouTube | Shop by Brand | Google Merchandise Store	7654	78	0.0102	87136	991	0.0114	0.9
3	Men's / Unisex | Apparel | Google Merchandise Store	5895	631	0.107	88895	438	0.0049	21.8
4	Sale | Google Merchandise Store	5866	617	0.1052	88924	452	0.0051	20.6
5	New | Google Merchandise Store	5221	483	0.0925	89569	586	0.0065	14.2
6	Bags | Lifestyle | Google Merchandise Store	4013	334	0.0832	90777	735	0.0081	10.3
7	Small Goods | Lifestyle | Google Merchandise Store	2261	362	0.1601	92529	707	0.0076	21.1

1行目のトップページは、表示したユーザーのほうが39倍もコンバージョン率が高まっていますが、2行目のYouTubeブランドページは0.9と、表示したユーザーのほうがコンバージョン率が低下していることが分かります。

この結果テーブルを得るために記述したSQL文は次の通りです。

```
1  WITH master AS (
2  SELECT DISTINCT user_pseudo_id AS cid
3  FROM `bigquery-public-data.ga4_obfuscated_sample_ecommerce.events_202101*`
4  ), pvu AS (
5  SELECT * FROM (
6  SELECT user_pseudo_id AS cid
7  , (SELECT value.string_value FROM UNNEST(event_params) WHERE key = "page_title") AS page
8  FROM `bigquery-public-data.ga4_obfuscated_sample_ecommerce.events_202101*`
9  WHERE  REGEXP_CONTAINS(page,  r"^(Home|Men's\s/\sUnisex\s\|\sApparel|Sale\s\|\sG|New\s\|\sG|Small\sGoods\s\|\sLifestyle|YouTube\s\|\sS|Bags\s\|)") IS true
10 group by cid, page
11 ), cvu AS (
12 SELECT DISTINCT user_pseudo_id AS cid, 1 AS cv
13 FROM `bigquery-public-data.ga4_obfuscated_sample_ecommerce.events_202101*`
14 WHERE event_name = "purchase")
15
16 SELECT *, ROUND(view_user_cvr / non_view_user_cvr, 1) AS difference_ratio
17 FROM (
18 SELECT *
19 , ROUND(non_view_cv_users / non_view_users, 4) AS non_view_user_cvr
20 FROM (
21 SELECT *, ROUND(view_cv_users / view_users, 4) AS view_user_cvr
22 , (SELECT COUNT(DISTINCT cid) FROM master) - view_users AS non_view_users
23 , (SELECT SUM(cv) FROM cvu) - view_cv_users AS non_view_cv_users
24 FROM (
25 SELECT page, COUNT(DISTINCT view_users) AS view_users, SUM(cv) AS view_cv_users
26 FROM (
27 SELECT master.cid AS all_users, pvu.cid AS view_users, pvu.page, cvu.cv
28 FROM master
29 LEFT JOIN pvu
```

```
30  USING (cid)
31  LEFT JOIN cvu
32  USING (cid)
33  WHERE page IS NOT NULL
34  ) GROUP BY page)))
35  ORDER BY 2 DESC
```

全体の構造としては、WITH句で3つの仮想テーブルを作成し、本体のSQL文でそれ
ら3つをJOIN（結合）して、ページごとに次の計算をしています。WITH句で作成してい
る仮想テーブルの内容は次の通りです。

- master（1行目〜 3行目）: 重複しない全ユーザーのリストテーブル
- pvu（4行目〜 10行目）: ユーザーごとに閲覧したページのテーブル。ただし、対象と
  している7つのページに絞り込んでおり、9行目の正規表現の関数に記述を追加す
  ることで対象ページを簡単に増やすことが可能
- cvu（11行目〜 14行目）：コンバージョンを「purchase」イベントと定義し、コンバー
  ジョンしたユーザーに「1」というフラグを立てている

仮想テーブルと16行目以降の本体SQLの関係は、次の図の通りとなっています。

図表190-1　仮想テーブルと本体SQL文の関係

with句 master（1行目〜 3行目）
固有のuser_pseudo_idをcidという別名で読み替えたリスト

with句 pvu（4行目〜 10行目）
user_pseudo_idをcidという別名で読み替え x ページタイトル

with句 cvu（11行目〜 14行目）
user_pseudo_idをcidという別名で読み替え x 「CVしたら1」のフラグ

本体のSQL（16行目以降）
cidをキーとして、master、pvu、cvuの3仮想テーブルを結合
（masterを左側テーブルとする左外部結合）
ページタイトルごとに総ユーザー数とCVユーザー数を集計

「GA4の探索レポートを利用すればできるが、網羅的には確認で
きない」ことをBigQueryで実現しましょう。

関連ワザ **165**　特定コンテンツが再訪問を喚起した貢献度を確認する　　　　　　　　P.544

基礎知識

導入

設定

指標

ディメンション

データ探索

成果の改善

Looker Studio

BigQuery

191 初回訪問からN日以内のLTVで初回訪問獲得を最適化する

ワザ

🔑 BigQuery / LTV / ユーザーのライフタイム

> 初回訪問メディアごとにユーザーのLTVを分析するには、ユーザーを「初回訪問から○日以内」という条件で絞り込むべきです。本ワザでは、初回訪問から30日以内という条件で絞り込む方法を紹介します。

ワザ171で紹介した「ユーザーのライフタイム」レポートで分かることを、さらに発展させたのが本ワザです。

ユーザーの初回訪問を獲得したメディアを評価するにあたり、その評価を厳密に行うには、どのユーザーも「初回訪問からN日以内のLTV」で比較する必要があります。

本ワザでは、デモアカウントのBigQueryを利用し、「初回訪問から30日以内のLTV」でユーザーの最初のメディアを評価する方法を紹介します。具体的には、次の画面のような結果が得られます。

メディア別の「初回訪問から30日以内のLTV」
を取得している

行	user_first_medium	users	ltv_within_30days_from_first_visit	avg_ltv_within_30days_from_first_visit
1	organic	64436	87846.0	1.36
2	referral	24280	68826.0	2.83
3	(none)	39723	30522.0	0.77
4	<Other>	30121	27520.0	0.91
5	cpc	9244	8630.0	0.93
6	(data deleted)	18	51.0	2.83

この結果テーブルを得るために記述したSQL文は次の通りです。

```
1  WITH master AS (
2    SELECT user_pseudo_id
3    , MAX(user_first_touch_date) AS user_first_touch_date
4    , MAX(user_first_medium) AS user_first_medium
5    , SUM(revenue) AS revenue
6  FROM (
7  SELECT user_pseudo_id
8    , CAST(DATETIME_TRUNC(DATETIME(timestamp_micros(user_first_touch_timestamp),
       'America/Los_Angeles'), day) AS date) AS user_first_touch_date
```

```
 9     , PARSE_DATE("""%Y%m%d""",event_date) AS event_date
10     , traffic_source.medium AS user_first_medium
11     , ecommerce.purchase_revenue_in_usd AS revenue
12   FROM `bigquery-public-data.ga4_obfuscated_sample_ecommerce.events_2020*`
13   WHERE event_name IN ('first_visit','purchase')
14   )
15   WHERE DATE_DIFF(event_date, user_first_touch_date, day) <=30 AND user_first_touch_date >= '2020-11-01'
16   GROUP BY user_pseudo_id
17   )
18
19   SELECT user_first_medium, COUNT(DISTINCT user_pseudo_id) AS users
20     , SUM(revenue) AS ltv_within_30days_from_first_visit
21     , ROUND(SUM(revenue)/COUNT(DISTINCT user_pseudo_id),2) AS avg_ltv_within_30days_from_first_visit
22   FROM master
23   GROUP BY user_first_medium
24   ORDER BY 2 DESC
```

全体の構成は、WITH句でユーザーごとの初回訪問日(user_first_touch_date)、
初回訪問時のメディア(user_first_medium)、収益(revenue)の4カラムからなる
仮想テーブルを作成しています。その際、15行目のWHERE句で次の2点で絞り込み
をしています。

- ユーザーの初回訪問日が2020年11月1日以降であること
- ユーザーの初回訪問日から30日以内の購入であること

19行目からの本体のSQLは、WITH句で作成した仮想テーブルを初回訪問時のメディ
ア(user_fisrt_medium)別に集計し直しています。

☝ ポイント

- SQL文の中でキーとなるのが、15行目で使用されている「DATE_DIFF関数」です。
- この関数はDATE_DIFF(Aの日付,Bの日付,粒度)のかたちで利用され、Aの日付と
  Bの日付の間の差分を「粒度」に合わせて返します。
- SQL文の中では、Aがpurchaseイベントの発生した日付、Bが初回訪問日、粒度が
  「日」として利用されています。

一見、複雑に見えるSQL文ですが、ポイントで解説した関数以
外は基本的な関数、基本的な句しか利用していません。

ワザ 192 初回訪問時のメディアとランディングページごとのLTVを確認する

🔑 BigQuery ／ランディングページ／ LTV

> GA4に用意されている「ユーザーの最初の○○」に、ユーザーの最初のランディングページを掛け合わせて分析します。同じメディアでも、ランディングページによってユーザーの性質が異なると考えられるためです。

ワザ171で紹介した「ユーザーの初回訪問を獲得したチャネル」のLTVの分析を行うと、「初回訪問時のランディングページ」も組み合わせてLTVを確認したくなります。なぜなら、同じ初回訪問時のメディアを使っていても、ランディングページが異なれば、その性質は異なると考えられるからです。例えば、初回訪問のメディアとランディングページの組み合わせが「自然検索-トップページ」ならば、ユーザーはあらかじめ自社を知っていた可能性が高いです。一方「自然検索-商品詳細ページ」ならば、能動的に特定の商品を探すユーザーの可能性が高いでしょう。

そこで本ワザでは、BigQuery上のデータで初回訪問時のメディアと初回訪問時のランディングページを組み合わせて、LTVを取得するワザを紹介します。結果の例としては次の画面のようになり、3行目の「初回に参照トラフィックからトップページにランディングしたユーザー」の平均LTVが非常に高いことが分かります。

初回訪問のメディアとランディングページ別に
ユーザー数とLTVを取得した

行	first_media	first_landing_page	users	ltv	avg_ltv
1	organic	https://shop.googlemerchandisestore.com/	7857	15485.0	1.9708540155275551
2	organic	https://shop.googlemerchandisestore.com/Google+Redesign/Apparel	6364	512.0	0.08045254556882464
3	referral	https://shop.googlemerchandisestore.com/	4903	26047.0	5.312461758107288
4	(none)	https://shop.googlemerchandisestore.com/	4243	6489.0	1.5293424463822767
5	(none)	https://shop.googlemerchandisestore.com/Google+Redesign/Apparel	3851	125.0	0.032459101532069594
6	organic	https://googlemerchandisestore.com/	3365	1055.0	0.31352154531946508
7	<Other>	https://shop.googlemerchandisestore.com/	3245	2956.0	0.910939907550077

この結果テーブルを得るために記述したSQL文は次の通りです。

```
1  WITH ltv AS (
2  SELECT user_pseudo_id, MAX(user_ltv.revenue) AS ltv, MAX(traffic_source.medium) AS first_media
3  FROM `bigquery-public-data.ga4_obfuscated_sample_ecommerce.events_202101*`
4  GROUP BY user_pseudo_id)
```

```
 5  , flp AS(
 6  SELECT user_pseudo_id
 7  , (SELECT value.string_value FROM UNNEST(event_params) WHERE key = 'page_location') AS page_location
 8  FROM `bigquery-public-data.ga4_obfuscated_sample_ecommerce.events_*`
 9  WHERE event_name = "first_visit" )
10
11  SELECT first_media, first_landing_page, COUNT(DISTINCT user_pseudo_id) AS users, SUM(ltv) AS ltv
12  , SUM(ltv)/COUNT(DISTINCT user_pseudo_id) AS avg_ltv
13  FROM (
14  SELECT ltv.first_media, flp.page_location AS first_landing_page, ltv.user_pseudo_id, ltv.ltv
15  FROM ltv JOIN flp USING(user_pseudo_id)
16  WHERE ltv.first_media <> "(data deleted)"
17  )
18  GROUP BY first_media, first_landing_page
19  ORDER BY 3 DESC
```

全体の構成としては、WITH句で次の2つの仮想テーブルを作成しています。

- ltv (1行目〜 4行目): ユーザーごとのLTVと初回訪問時のメディア
- flp (5行目〜 9行目): ユーザーごとの初回訪問時のランディングページ

そのうえで、11行目以降の本体のSQLで、2つの仮想テーブル「ltv」と「flp」を、user_pseudo_idをキーにJOIN (結合) しています。

仮想テーブル「ltv」は、2021年1月にサイトを訪問したユーザーを取得しています。一方、仮想テーブル「flp」は、データが存在する全期間を指定しています。ユーザーの初回訪問ランディングページは、どこまでさかのぼれば取得できるかが分からないためです。

ポイント

- GA4がエクスポートしたBigQueryのテーブルには次の特徴があります。本ワザで紹介したSQL文は、その特徴を利用しています。
- 2回目以降のセッションを記録したレコードにもユーザーの初回訪問の参照元、メディアが記録されています。購入をしていないセッションを記録したレコードにも、ユーザーのLTVが記録されています。

「ユーザーの初回訪問時のランディングページ」は、GA4には用意されていないディメンションです。

ディメンション・指標一覧表

GA4のディメンションと指標を、利用可能な場所とともに示した一覧です。●は第1階層のレポート、▲はサマリーレポートからリンクした第2階層のレポートで利用可能です。
カテゴリはGA4の分類に従っています（一部は筆者による分類）。Looker Studioで名称が異なる場合、GA4の名称を優先しています。最新情報は公式ヘルプをご参照ください。

カテゴリ	ディメンション名	標準レポート＋ライブラリ		探索レポート	Looker Studio
		プライマリ	セカンダリ		
アトリビューション	デフォルトチャネルグループ	●		●	
	キャンペーン	●		●	●
	キャンペーンID			●	●
	メディア	●		●	
	参照元	●		●	
	参照元／メディア	●		●	
	参照元プラットフォーム			●	
	Google広告クエリ			●	
	Google広告のアカウント名	●		●	●
	Google広告のキーワードテキスト	●		●	
	Google広告のキャンペーンテキスト			●	
	Google広告の広告グループ名	●		●	
	Google広告の広告グループID			●	
	Google広告の広告ネットワークタイプ	●		●	
	Google広告のお客様ID			●	
イベント	イベント名	●		●	
	コンバージョンイベント			●	
トラフィックソース	ユーザーの最初のデフォルトチャネルグループ	●	●	●	●
	ユーザーの最初のメディア	●	●	●	●
	ユーザーの最初の参照元	●	●	●	
	ユーザーの最初の参照元／メディア	●	●	●	●
	ユーザーの最初の参照元プラットフォーム	●	●	●	
	ユーザーの最初のキャンペーン	●	●	●	
	ユーザーの最初のGoogle広告の広告ネットワークタイプ	●	●	●	
	ユーザーの最初のGoogle広告の広告グループ名	●	●	●	
	ユーザーの最初のGoogle広告クエリ	●	●	●	
	ユーザーの最初の手動キーワード	●	●	●	
	ユーザーの最初の手動広告コンテンツ	●		●	
	ユーザーの最初のGoogle広告アカウント名			●	
	ユーザーの最初のGoogle広告のお客様ID			●	
	ユーザーの最初のGoogle広告のキーワードテキスト			●	
	ユーザーの最初のGoogle広告の広告キャンペーン			●	
	ユーザーの最初のGoogle広告の広告グループID		●	●	●
	ユーザーの最初のキャンペーンID			●	
	セッションのデフォルトチャネルグループ	●	●	●	●
	セッションの参照元／メディア	●	●	●	●
	セッションのメディア	●	●	●	
	セッションの参照元	●	●	●	
	セッションの参照元プラットフォーム	●	●	●	
	セッションのキャンペーン	●	●	●	●
	セッションの手動キーワード	●	●	●	
	セッションの手動広告コンテンツ	●	●	●	
	セッションのGoogle広告アカウント名	▲		●	
	セッションのGoogle広告お客様ID			●	
	セッションのGoogle広告キーワードのテキスト	▲		●	
	セッションのGoogle広告キャンペーン	▲		●	
	セッションのGoogle広告クエリ	▲		●	
	セッションのGoogle広告グループID		●	●	●
	セッションのGoogle広告グループ名	▲	●	●	
	セッションのGoogle広告ネットワークタイプ	▲		●	
	セッションのキャンペーンID			●	
プラットフォーム／デバイス	OSとバージョン	●	●	●	●
	OSのバージョン	●	●	●	
	アプリストア			●	
	アプリのバージョン	●	●	●	
	オペレーティングシステム	●	●	●	
	デバイスカテゴリ	●	●	●	
	デバイスモデル	●	●	●	
	デバイス			●	
	デバイスのブランド	●	●	●	
	ブラウザ	●	●	●	
	ブラウザのバージョン			●	
	プラットフォーム	●	●	●	
	モバイルモデル			●	
	画面の解像度	●	●	●	
	言語	●	●	●	
	プラットフォーム／デバイスカテゴリ			●	
	ストリーム名	●	●	●	●
	ストリームID	●	●	●	
	言語コード			●	●
ページ／スクリーン	コンテンツグループ	●		●	
	ページタイトルとスクリーンクラス	●		●	
	ページタイトルとスクリーン名	●		●	●
	ページパスとスクリーンクラス	●	●	●	
	コンテンツID			●	
	コンテンツタイプ			●	
	ページタイトル	●		●	●

カテゴリ	ディメンション名	標準レポート+ライブラリ プライマリ	セカンダリ	探索レポート	Looker Studio
ページ / スクリーン	ページロケーション	●		●	
	ページの参照元URL	●		●	
	ページパス+クエリ文字列	●		●	●
	ホスト名	●	●	●	●
	ランディングページ	●			
	ページ階層				●
	ランディングページ+クエリ文字列	●	●	●	●
ユーザー	オーディエンス名	●	●	●	●
	ユーザーIDでログイン済み			●	
	新規 / 既存			●	
ユーザーのライフタイム	最終オーディエンス名			●	
	最終プラットフォーム			●	
	最終購入日			●	
	最終利用日			●	
	初回購入日			●	
	初回訪問日		●	●	●
ユーザー属性	インタレストカテゴリ	●		●	●
	性別	●	●	●	●
	年齢	●	●	●	●
リンク	リンクID	●		●	
	リンクテキスト	●		●	
	リンクドメイン	●		●	
	リンクのクラス	●		●	
	リンク先URL	●		●	
	送信	●		●	
時刻	Nか月目	●		●	●
	N時間目	●		●	
	N週目	●		●	●
	N日目	●		●	●
	N年目	●		●	
	月	●	●	●	
	時間	●	●	●	●
	週	●	●	●	
	日	●	●	●	●
	日時（YYYYMMDDHH）	●	●	●	
	日付	●	●	●	●
	年	●	●	●	
	曜日				●
全般	A/Bテストのテストイベント			●	
	グループID	●		●	
	スクロール済みの割合	●		●	
	テストデータのフィルタ名		●	●	
	ファイル拡張子	●		●	
	ファイル名	●		●	
	検索キーワード	●		●	
	表示	●		●	
	方法	●		●	
地域	亜大陸	●		●	
	亜大陸ID			●	
	国	●	●	●	●
	国ID			●	●
	大陸			●	
	大陸ID			●	
	地域	●	●	●	●
	市区町村	●	●	●	●
	地方ID			●	
	都市ID			●	●
動画	動画URL	●		●	
	動画のタイトル	●		●	
	動画プロバイダ	●		●	
eコマース	アイテム名	●		●	●
	アイテムID	●		●	●
	アイテムのカテゴリ（2〜5）	●		●	●
	アイテムのブランド	●		●	●
	アイテムプロモーションID	▲		●	●
	アイテムプロモーション名	▲		●	●
	アイテムのクーポン			●	
	アイテムのバリエーション			●	
	アイテムのプロモーション（クリエイティブのスロット）			●	
	アイテムのプロモーション（クリエイティブ名）	▲		●	●
	アイテムの現地価格			●	
	アイテムの地域ID			●	
	アイテムリストID	▲		●	●
	アイテムリスト位置			●	
	アイテムリスト名	▲		●	●
	オーダークーポン	▲		●	●
	カテゴリ			●	
	サービス名			●	
	取引ID	▲		●	●
	商品ID			●	
	送料区分			●	
	通貨			●	
パブリッシャー	広告ユニット	●		●	
	広告フォーマット	●		●	
	広告のソース	●		●	

カテゴリ	指標名	標準レポート＋ライブラリ	探索レポート	Looker Studio
eコマース	合計収益	●		●
	eコマースの収益		●	
	平均日次収益	●		
	eコマースの数	●	●	
	eコマース購入数	●	●	●
	新規購入者数	●		
	新規ユーザーあたりのFTP	●		
	アイテムプロモーションのクリック数	▲	●	●
	アイテムプロモーションのクリック率	▲		●
	アイテムプロモーションの表示回数	▲	●	●
	アイテムの収益	●	●	●
	アイテムの払い戻し額		●	
	アイテムリストのクリックイベント数	▲	●	●
	アイテムリストのクリック率	▲		●
	アイテムリストのビューイベント数	▲	●	●
	商品の平均収益	●		
	カートに追加	●	●	●
	チェックアウト	●	●	
	トランザクション	●	●	●
	購入	●	●	
	決済回数			●
	購入による収益	●	●	
	購入者あたりのトランザクション数	●	●	
	表示後カートに追加された商品の割合			●
	表示後購入された商品の割合	●		●
	商品の収益	●	●	
	数量	●	●	
	払い戻し金額	●	●	
イベント	イベント数	●	●	●
	イベントの値	●	●	●
	コンバージョン	●	●	●
	セッションあたりのイベント数	●	●	●
	ユーザーあたりのイベント数	●	●	●
	初回起動	●	●	
	初回訪問	●	●	
セッション	エンゲージのあったセッション数	●	●	●
	エンゲージのあったセッション数（1ユーザーあたり）	●	●	
	エンゲージメント率	●	●	
	セッション	●	●	●
	セッションのコンバージョン率	●	●	
	ユーザーあたりのセッション数	●	●	●
	直帰率	●	●	
	平均セッション継続時間	●		
パブリッシャー	広告の表示時間		●	
	パブリッシャー広告インプレッション数	●	●	
	広告ユニットの表示時間	●	●	
	広告収入合計	●	●	●
ページ/スクリーン	セッションあたりのページビュー数	●	●	
	ユーザーあたりのビュー	●	●	
	閲覧開始数		●	
	表示回数	●	●	●
	離脱数		●	
ユーザー	1日の最小購入者数		●	
	1日の最大購入者数		●	
	1日の平均購入者数		●	
	1日後のリピート購入者数	●	●	
	1日のアクティブユーザー			●
	28日間のアクティブユーザー			●
	7日間のアクティブユーザー			●
	2～7日後のリピート購入者数	●	●	
	30日以内に購入のあったアクティブユーザー数	●	●	
	31～90日後のリピート購入者数	●	●	
	7日以内に購入のあったアクティブユーザー数	●	●	
	8～30日後のリピート購入者数	●	●	
	90日以内に購入のあったアクティブユーザー数	●	●	
	DAU/MAU	●	●	
	DAU/WAU	●	●	
	PMAU/DAU	●	●	
	PWAU/DAU	●	●	
	WAU/MAU	●	●	
	ユーザー	●	●	●
	平均エンゲージメント時間	●		
	スクロールしたユーザー数	●		
	セッションあたりの平均エンゲージメント時間	●	●	
	ユーザーエンゲージメント		●	●
	ユーザーコンバージョン率	●	●	
	リピーター数		●	
	初回訪問者のコンバージョン数		●	
	初回購入者数	●	●	●
	新規ユーザーあたりの初回購入者数		●	
	新規ユーザー数	●	●	●
	総ユーザー数	●	●	●
	総購入者数	●	●	●
	FTPのコンバージョン		●	
ユーザーのライフタイム	LTV：10パーセンタイル		●	

カテゴリ	指標名	標準レポート +ライブラリ	探索レポート	Looker Studio
ユーザーのライフタイム	LTV：50パーセンタイル		●	
	LTV：80パーセンタイル		●	
	LTV：90パーセンタイル		●	
	LTV：合計		●	
	LTV：平均		●	
	ライフタイムのセッション数：10パーセンタイル		●	
	ライフタイムのセッション数：50パーセンタイル		●	
	ライフタイムのセッション数：80パーセンタイル		●	
	ライフタイムのセッション数：90パーセンタイル		●	
	ライフタイムのセッション数：合計		●	
	ライフタイムのセッション数：平均		●	
	全期間のエンゲージメントセッション数：10パーセンタイル		●	
	全期間のエンゲージメントセッション数：50パーセンタイル		●	
	全期間のエンゲージメントセッション数：80パーセンタイル		●	
	全期間のエンゲージメントセッション数：90パーセンタイル		●	
	全期間のエンゲージメントセッション数：合計		●	
	全期間のエンゲージメントセッション数：平均		●	
	全期間のエンゲージメント時間：10パーセンタイル		●	
	全期間のエンゲージメント時間：50パーセンタイル		●	
	全期間のエンゲージメント時間：80パーセンタイル		●	
	全期間のエンゲージメント時間：90パーセンタイル		●	
	全期間のエンゲージメント時間：合計		●	
	全期間のエンゲージメント時間：平均		●	
	全期間のセッション継続時間：10パーセンタイル		●	
	全期間のセッション継続時間：50パーセンタイル		●	
	全期間のセッション継続時間：80パーセンタイル		●	
	全期間のセッション継続時間：90パーセンタイル		●	
	全期間のセッション継続時間：合計		●	
	全期間のセッション継続時間：平均		●	
	全期間のトランザクション数：10パーセンタイル		●	
	全期間のトランザクション数：50パーセンタイル		●	
	全期間のトランザクション数：80パーセンタイル		●	
	全期間のトランザクション数：90パーセンタイル		●	
	全期間のトランザクション数：合計		●	
	全期間のトランザクション数：平均		●	
	全期間の広告収入：10パーセンタイル		●	
	全期間の広告収入：50パーセンタイル		●	
	全期間の広告収入：80パーセンタイル		●	
	全期間の広告収入：90パーセンタイル		●	
	全期間の広告収入：合計		●	
	全期間の広告収入：平均		●	
広告	Google広告のクリック数	▲	●	
	Google広告のクリック単価		●	
	Google広告の動画再生数		●	
	Google広告の動画費用		●	
	Google広告の費用	▲	●	
	Google広告の表示回数		●	
	Google広告以外のクリック数		●	
	Google広告以外のクリック単価	▲	●	
	Google広告以外のコンバージョン単価		●	
	Google広告以外の費用		●	
	Google広告以外の費用対効果		●	
	Google広告以外の表示回数		●	
	広告費用	●		
	コンバージョン単価	●		
	広告費用対効果	●		
収益	1日の最高収益	●	●	
	1日の最低収益	●	●	
	ARPPU	●	●	
	ARPU	●	●	●
	イベント収益	●	●	●
	ユーザーあたりの平均購入収益額	●	●	
	購入による平均収益	●	●	●
予測可能	アプリ内購入の可能性：10パーセンタイル		●	
	アプリ内購入の可能性：50パーセンタイル		●	
	アプリ内購入の可能性：80パーセンタイル		●	
	アプリ内購入の可能性：90パーセンタイル		●	
	アプリ内購入の可能性：平均		●	
	購入の可能性：10パーセンタイル		●	
	購入の可能性：50パーセンタイル		●	
	購入の可能性：80パーセンタイル		●	
	購入の可能性：90パーセンタイル		●	
	購入の可能性：平均		●	
	予測収益：10パーセンタイル		●	
	予測収益：50パーセンタイル		●	
	予測収益：80パーセンタイル		●	
	予測収益：90パーセンタイル		●	
	予測収益：平均		●	
	離脱の可能性：10パーセンタイル		●	
	離脱の可能性：50パーセンタイル		●	
	離脱の可能性：80パーセンタイル		●	
	離脱の可能性：90パーセンタイル		●	
	離脱の可能性：平均		●	
アトリビューション	コンバージョンまでの日数	●		
	コンバージョンまでのタッチポイント	●		

索引

●著者

木田和廣（きだ かずひろ）

株式会社プリンシプル 取締役副社長

早稲田大学政治経済学部卒業。2004年にWeb解析業界でのキャリアをスタートする。
2009年からGoogleアナリティクスに基づくWebコンサルティングに従事し、2015年に
Googleアナリティクス解説書のベストセラー『できる逆引きGoogleアナリティクス
Web解析の現場で使える実践ワザ240』を上梓。
BIツールのTableau、データベース言語のSQLにも習熟し、2016年に『できる100の新
法則 Tableau ビジュアルWeb分析』、2021年に『集中演習 SQL入門 Google BigQuery
ではじめるビジネスデータ分析』を発刊。アナリティクスアソシエーション（a2i）や
個別企業でのセミナー登壇、トレーニング講師実績も多数。Googleアナリティクス認
定資格、統計検定2級、G検定保有。

株式会社プリンシプル：https://www.principle-c.com/

●STAFF

カバーデザイン	伊藤忠インタラクティブ株式会社
本文フォーマットデザイン	伊藤忠インタラクティブ株式会社
カバー・本文イラスト	こつじゆい
DTP制作	柏倉真理子・町田有美・田中麻衣子
制作担当デスク	柏倉真理子<kasiwa-m@impress.co.jp>
デザイン制作室	今津幸弘<imazu@impress.co.jp>
	鈴木　薫<suzu-kao@impress.co.jp>
校正	株式会社トップスタジオ
編集	水野純花<mizuno-a@impress.co.jp>
編集長	小渕隆和<obuchi@impress.co.jp>

■商品に関する問い合わせ先

このたびは弊社商品をご購入いただきありがとうございます。本書の内容などに関するお問い合わせ
は、下記のURLまたは二次元バーコードにある問い合わせフォームからお送りください。

https://book.impress.co.jp/info/

上記フォームがご利用いただけない場合のメールでの問い合わせ先
info@impress.co.jp

※お問い合わせの際は、書名、ISBN、お名前、お電話番号、メールアドレスに加えて、「該当するページ」と「具体的
なご質問内容」「お使いの動作環境」を必ずご明記ください。なお、本書の範囲を超えるご質問にはお答えできないの
でご了承ください。

● 電話やFAXでのご質問には対応しておりません。また、封書でのお問い合わせは回答までに日数をいただく
場合があります。あらかじめご了承ください。

● インプレスブックスの本書情報ページ https://book.impress.co.jp/books/1122101014 では、本書のサポート
情報や正誤表・訂正情報などを提供しています。あわせてご確認ください。

● 本書の奥付に記載されている初版発行日から3年が経過した場合、もしくは本書で紹介している製品やサー
ビスについて提供会社によるサポートが終了した場合はご質問にお答えできない場合があります。

■落丁・乱丁本などの問い合わせ先
FAX　03-6837-5023
service@impress.co.jp
※古書店で購入された商品はお取り替えできません。

できる逆引き Googleアナリティクス4
成果を生み出す分析・改善ワザ192

2023年4月21日　初版発行
2023年8月1日　第1版第2刷発行

著　者　木田和廣 & できるシリーズ編集部

発行人　小川 亨

編集人　高橋隆志

発行所　株式会社インプレス
　　　　〒101-0051　東京都千代田区神田神保町一丁目105番地
　　　　ホームページ　https://book.impress.co.jp/

印刷所　音羽印刷株式会社
ISBN978-4-295-01564-2 C3055

Printed in Japan